新领域新业态专利审查案例精解

国家知识产权局专利局专利审查协作北京中心◎组织编写

知识产权出版社
全国百佳图书出版单位
—北 京—

图书在版编目（CIP）数据

新领域新业态专利审查案例精解/国家知识产权局专利局专利审查协作北京中心组织编写. —北京：知识产权出版社，2023.5
ISBN 978 – 7 – 5130 – 8740 – 7

Ⅰ. ①新… Ⅱ. ①国… Ⅲ. ①专利—检查—案例—中国 Ⅳ. ①G306.3

中国国家版本馆 CIP 数据核字（2023）第 072361 号

内容提要

本书系国家知识产权局专利局专利审查协作北京中心近年来关于新领域新业态专利审查的研究成果。全书聚焦 22 个新领域新业态技术主题，从对各产业最新发展和技术特点的认识出发，提炼焦点疑难法律问题，通过审查案例的阐释，深入辨析审查规则。本书可为新领域新业态的专利保护提供智慧支持，为审查实践提供经验借鉴，并为未来审查标准的调整、法律法规的完善提供研究基础。

责任编辑：王祝兰　　　　　　　　　　　　　责任校对：谷　洋
封面设计：杨杨工作室·张冀　　　　　　　　责任印制：刘译文

新领域新业态专利审查案例精解
国家知识产权局专利局专利审查协作北京中心　组织编写

出版发行：知识产权出版社 有限责任公司		网　　址：http://www.ipph.cn	
社　　址：北京市海淀区气象路 50 号院		邮　　编：100081	
责编电话：010 – 82000860 转 8555		责编邮箱：wzl_ipph@163.com	
发行电话：010 – 82000860 转 8101/8102		发行传真：010 – 82000893/82005070/82000270	
印　　刷：天津嘉恒印务有限公司		经　　销：新华书店、各大网上书店及相关专业书店	
开　　本：787mm×1092mm　1/16		印　　张：24	
版　　次：2023 年 5 月第 1 版		印　　次：2023 年 5 月第 1 次印刷	
字　　数：470 千字		定　　价：118.00 元	

ISBN 978-7-5130-8740-7

《新领域新业态专利审查案例精解》撰写人员

第一编 现代电子及通信技术

第二编 现代生物、医药、化学及材料技术

第三编　现代机械及光电技术

其中部分章节具体分工如下：

前　言

2015 年，在全球新一轮科技革命和产业变革蓄势待发的背景下，为促进新技术、新产业、新业态蓬勃发展，进而为实施创新驱动发展战略提供有力支撑，国务院印发《关于新形势下加快知识产权强国建设的若干意见》（国发〔2015〕71号），其中首次明确提出"加强新业态新领域创新成果的知识产权保护"，并要求"……加强互联网、电子商务、大数据等领域的知识产权保护规则研究，推动完善相关法律法规"。如何在法律法规规则层面给予新领域新业态创新成果知识产权保护是亟待研究解决的问题。

"十三五"期间，党中央、国务院先后印发《"十三五"国家知识产权保护和运用规划》《关于强化知识产权保护的意见》等一系列重要文件，要求完善新业态新领域专利保护制度规则，并对涉及领域、保护力度、工作进度等作出具体部署。2017 年，习近平总书记主持召开中央财经领导小组第十六次会议时指出，要加快新兴领域和业态知识产权保护制度建设。这些都体现了党和国家对新领域新业态知识产权保护问题的高度关注。

迈入"十四五"后，"加快新领域新业态知识产权立法"被写入了《中华人民共和国国民经济和社会发展第十四个五年规划和 2035 年远景目标纲要》。《知识产权强国建设纲要（2021—2035 年）》对立法和知识产权规则构建提出更高要求，"加快大数据、人工智能、基因技术等新领域新业态知识产权立法"属于"构建门类齐全、结构严密、内外协调的法律体系"的重要内容；"建立健全新技术、新产业、新业态、新模式知识产权保护规则……"则要求规则体系"响应及时、保护合理"。随后国务院印发了《"十四五"国家知识产权保护和运用规划》，一方面，要求"加强审查与产业发展的政策协同和业务联动，满足产业绿色转型和新领域新业态创新发展等社会多样化需求"，对审查中如何合理把握审查标准适应科技进步和经济社会发展形势需要作出明确指引；另一方面，要求"积极研究和参与数字领域等新领域新业态知识产权国际规则和标准的制定"，站在参与知识产权全球治理的角度，将新领域新业态审查规则的研究和把握提到新的高度。

知识产权的审查授权是加强知识产权保护的源头。新领域新业态的创新或是对传统产业的彻底颠覆，或是源自不同产业的跨界融合，技术研发难度大，创新成本投入高。同时，新领域新业态的迅猛发展带来的生产生活的变化已经并更将渗透到方方面面，其商业价值和应用前景难以估量。因此，新领域新业态的创新主体往往会积极寻求专利特别是发明专利的保护，并对专利制度变革和审查标准调整提出各类诉求，以期提高专利申请获权难度的可预期性及专利权的稳定性。为此国家知识产权局积极予以回应，先后发布局令第 74 号，局公告第 328 号、第 343 号、第 391 号等，多次对专利审查指南进行修改。《专利法》也于 2020 年完成第四次修改。然而，无论是《专利法》及其实施细则，还是专利审查指南，相对于新领域新业态专利申请的快速增长，成文规定的滞后性和模糊性尤为凸显，因此，如何准确把握审查标准以适应科技进步和经济社会发展形势需要，是审查实践中需要深入研究思考的命题，也是作为审查主力军排头兵的国家知识产权局专利局专利审查协作北京中心（以下简称"北京中心"）理应肩负的责任。本书将北京中心近年来关于新领域新业态专利审查的研究成果予以共享，以期为新领域新业态的专利保护提供智慧支持，为审查实践提供经验借鉴，并为未来标准的调整、法律法规的完善提供研究基础。

全书聚焦 22 个新领域新业态技术主题，从各产业最新发展和技术特点的认识出发，提炼焦点疑难法律问题，通过审查案例的阐释，深入辨析审查规则。全书按照领域划分为三编。第一编为现代电子及通信技术编，聚焦人工智能算法、集成电路制造、通信技术等主题，针对业界普遍关心的人工智能算法的专利客体判断、集成电路制造产业创造性把握、通信协议标准类发明专利申请的审查等焦点问题展开讨论。第二编为现代生物、医药、化学及材料技术编，聚焦现代生物医药、中药、食品、节能环保、新兴材料等技术主题，其中生物医药部分包括单克隆抗体药物、抗体偶联药物、基因编辑技术、胚胎模型和合成胚胎技术等热点方向，谈及的法律问题既包括创造性、实用性，也包括涉及伦理道德审查的《专利法》第 5 条等。第三编为现代机械及光电技术编，聚焦智能制造、智慧医疗、智慧家居等数字化应用场景以及各类场景中通用的智能语音交互技术，重点探讨智能制造领域辅助设计、生产管理等发明的客体审查，手术机器人领域涉及外科手术方法的审查，智慧家居和智能语音的技术理解和创造性审查等。

本书的编写人员是以北京中心业务指导委员会委员及技术咨询专家为主体的业务专家。他们的专业领域全面覆盖本书所涉新领域新业态的细分领域，平均审查年限达到 15 年以上，每人经手案件上千件；常年在专业领域一线耕耘、潜心钻研，多人曾任或现任国家知识产权局业务指导委员会专家，在更高层面发挥指导作用；多人参与专利审查指南修改、重大专项课题研究等工作，为专利法律法规及规章制定贡献智慧。他们大多被国家及地方各级行政管理部门和法院聘为知识产权专家库专家、技术调查官或人民陪审员,具有审查授权、行政执法、司法保护等全链条各环节的丰富经验,也更能够从保护创新的角度出发去认识问题、解决问题。他们凭借着厚植于心的为知识产权事业贡献力量的情怀和饱含于胸的对专利审查工作的热爱,始终如一地专注新领域新业态审查难题的思考和解决。为保障内容质量,本书成书过程中几易其稿、反复斟酌,但囿于认知、能力和精力所限,书中难免有不足之处,编写人员希望将所思所想所得分享给各界读者的同时,得到大家的批评指正。论证比结论更宝贵,衷心希望本书的出版能促进交流、引发思考,助力新领域新业态的创新保护。

目　录

第一编　现代电子及通信技术

第二编　现代生物、医药、化学及材料技术

第三编 现代机械及光电技术

第一编

现代电子及通信技术

- ➢ 人工智能
- ➢ 大数据
- ➢ 互联网
- ➢ 商业方法
- ➢ 集成电路
- ➢ 移动通信

概　述

当前，以大数据、人工智能、云计算、量子通信等为代表的新技术推动的第四次工业革命，正在不断走向深入，给人类的生产和生活带来深刻的变化。2021年发布的《中华人民共和国国民经济和社会发展第十四个五年规划和2035年远景目标纲要》（以下简称《"十四五"规划和2035年远景目标纲要》）对深入实施创新驱动发展战略、完善国家创新体系、加快建设科技强国作出了全面布局，包括：瞄准人工智能、量子信息、集成电路等前沿领域，实施一批具有前瞻性、战略性的国家重大科技项目；在量子信息等前沿科技和产业变革领域，谋划布局一批未来产业；加强前沿技术多路径探索、交叉融合和颠覆性技术供给。在新技术高速发展、交叉融合、日益复杂的情况下，对发明专利保护客体范围、创造性高度的考量等专利审查实务都提出了很大的挑战，需要我们与时俱进地去研究解答时代提出的问题。本编聚焦业界广泛关注的现代电子及通信技术的重点前沿领域，直面审查中的疑难问题并展开探讨。

对于人工智能、大数据算法而言，相较于传统算法，深度学习的算法具有"黑匣子"特性，可解释性差，同时算法迭代速度快，应用场景广泛，通用性越来越强，行业应用价值凸显。对于以算法为核心的发明而言，什么样的算法会被视为抽象的数学理论和算法，被排除出专利保护的客体范围一直是创新主体长期关注的焦点问题。当各类算法与应用领域交叉融合时，又会引入更多考量因素。例如：当算法应用于医疗诊断领域时，经常需要判断是否属于疾病诊断方法；当大数据预测应用于社会管理层面时，则需要面对经济规律、社会规律与自然规律的区分；当算法应用于商业方法时，要分析商业方法特征和技术特征间功能上的支持和相互作用关系；当区块链技术应用于虚拟货币时，需要探讨技术和社会公共利益之间的关系。

对于集成电路产业而言，随着器件特征尺寸的不断微缩和集成度的不断提高，制造复杂度不断增大，通常一条集成电路制造工艺线需要数百种工艺设备共同完成成百上千道工序。相应地，集成电路的专利申请，无论是器件、设备还是工艺方法，技术划分非常细致，国际专利分类（IPC）细分非常庞杂，大组下的细分能达到十几个下位组。这给专利审查工作带来了一定的困难：首先，在理解发明时，正确甄别出器件类型和工艺种类的异同是审查工作的难点，也是准确把握发明构思、衡量技术贡献的关键；其次，在进行创造性判断时，如果发明与现有技术不属于同一技术领域，也就是说，当相同或类似的技术手段涉及不同技术领域、不同工艺或应用于上下游的不同工序时，合理确定发明实际解决的技术问题和客观判断是否存在技术启示，也是创造性审查的一大难点。

对于移动通信技术而言，仅仅用 40 年左右的时间，就从 1G 向前发展迭代至 5G，正在朝着抢占 6G 移动通信技术标准先机的方向迈进，使人类通信从简单的单连接迅速演进为万物皆可互联。移动通信技术的专利申请首先呈现出代际交叉的特点，导致在创造性判断中经常会遇到新旧技术场景下不同现有技术是否可以结合的困扰。同时，为提升竞争力，获取更高收益，创新主体倾向于获取更多的标准必要专利。专利申请流程和标准制定流程同步进行，关联庞杂的现有技术基础，对站位所属技术领域的技术人员（以下简称"本领域的技术人员"）水平提出了更高要求，需要跟进相关提案或协议的演进过程，才能准确认定技术事实，合理把握技术贡献，正确适用法律条款。

本编各章带着上述问题，分享对各产业最新发展和技术特点的认识，阐释典型审查案例，辨析审查规则，旨在探讨如何准确把握审查标准以适应科技进步和经济社会发展形势需要，使得现代电子及通信技术领域的技术创新能够得到合理保护。

第一章 人工智能算法应用类发明的审查

人工智能是计算机科学的一个分支，它企图了解智能的实质，并生产出一种新的能以与人类智能相似的方式作出反应的智能机器。在人工智能的第三次发展浪潮中，深度学习等人工智能算法的普及促进了机器人、语音识别、图像识别等技术的快速发展，各类人工智能算法也被广泛应用到医疗、金融、商业、交通、教育等领域中，在各个应用领域中引发了新一轮的技术革命。专利申请是技术创新活跃度的晴雨表，随着技术的快速发展，人工智能算法应用类发明的专利申请量也呈现出爆发式增长的趋势。对于该类涉及新领域、新业态的专利申请是否属于保护客体的判断以及其创造性高度的把握，已经成为审查实践中的焦点。

第一节 人工智能算法及其应用

一、人工智能算法概述

人工智能算法也被称为软计算，它是人们受自然界规律的启迪，根据其原理模拟求解问题的算法，可使计算机从以前的结果中学习并获得信息的更新，而无须人工干预。如同人类随着年龄、阅历增长，心智会不断健全完善一样，人工智能算法的智能水平也始终处于一个不断更新、完善的动态过程，简单地向其输送大量结构化数据以完成任务，而无须就如何执行此任务编程，而且更新周期更短、进化程度更高。

人工智能算法专注于解决"如何模拟人类智能"这一特定问题，通过考虑多种因素来建立假设并提出可能的新结果，帮助人们作出比人类决策更好的决策。其应用既包括如何运用信息技术再现人类智能，也包括如何在社会管理和经济活动中应用这种信息化的智能，提供根据某种机制或数据来学习人类某种能力的框架算法。

人工智能算法可按照解决任务的不同来分类❶，常见的分类有：二分类算法（two－class classification）、多分类算法（multi－class classification）、回归算法（regression）、聚类算法（clustering）、异常检测（anomaly detection）和迁移学习等。当在某一领域应用人工智能算法时，需要首先考虑待解决的业务场景中的问题属于哪一任务类型，进而选择合适的人工智能算法。因此，在不同的应用领域中，面对同样的任务类型，人们可能采用相同的人工智能算法来解决问题。

二、人工智能算法的应用概况

人工智能算法在近几十年得到了蓬勃发展，应用领域也越来越广泛。

20世纪70年代初至80年代中期，通过专家系统模拟人类专家的知识和经验解决特定领域的问题，实现了人工智能算法从理论研究走向实际应用、从一般推理策略探讨转向运用专门知识的重大突破。专家系统在医疗、化学、地质等领域取得成功，推动人工智能算法走入应用发展的新高潮。

20世纪90年代中期至2010年，网络技术特别是互联网技术的发展加速了人工智能算法的创新研究，促使人工智能算法进一步走向实用化。

2011年至今，随着大数据、云计算、互联网、物联网等信息技术的发展，泛在感知数据和图形处理器等计算平台推动以DNN（深度神经网络）为代表的人工智能算法飞速发展，大幅跨越了科学与应用之间的"技术鸿沟"，人工智能算法实现了从"不能用、不好用"到"可以用"的技术突破，进而被应用于各个领域中，如在医疗领域进行辅助医学筛查，在交通领域进行智能车辆的环境感知与决策等。

随着时代的发展，人工智能算法在各个领域的应用已经成为新一轮科技革命和产业变革的核心驱动力，正在对世界经济、社会进步和人民生活产生极其深刻的影响。❷

第二节　人工智能算法应用类发明的保护客体审查

本节所称的人工智能算法应用类发明即将人工智能算法应用于技术领域的发

---

❶ nfzhlk. 人工智能常见算法简介［EB/OL］.（2018－09－16）［2023－01－13］. https：//blog. csdn. net/nfzhlk/article/details/82725769.

❷ 柔性测量. 人工智能的意义［EB/OL］.（2020－09－29）［2023－01－13］. https：//zhuanlan. zhihu. com/p/260347793？ utm_source＝wechat_timeline.

明。《中华人民共和国专利法》（以下简称《专利法》）的立法目的在于促进国家科技进步和社会经济发展。《专利法》在划定的保护范围内将单纯的数学算法排除在外，人工智能算法也不例外，但是为应用于特定技术领域中、解决该技术领域中的技术问题的人工智能算法提供了专利保护。

一、主要国家或地区的审查标准

（一）欧洲专利局

在欧洲专利局的审查实践中，对专利申请主题是否属于保护客体，通常审查权利要求是否包含技术手段。审查中采用"任意技术手段法"，即任意技术手段本身以及使用技术手段的任意方法均具有技术性，属于专利保护客体。对于涉及人工智能算法的专利申请，在权利要求中引入"计算机"等技术手段或在权利要求中限定真实世界的具有技术性的数据，即认为权利要求包含技术特征。例如，对于权利要求"一种用于对皮肤病变图像进行分类的计算机实现的方法，利用增广数据生成训练数据，训练神经网络"，其由于包括了计算机、皮肤病变图像等技术特征而被认为属于保护客体。但是，该权利要求也包括神经网络等本身指向抽象模型或算法的非技术特征，是混合型权利要求，还需要在审查权利要求是否具备新颖性和创造性时进一步考虑这些抽象模型或算法是否构成对发明的技术性有贡献的特征。

可见，欧洲专利局坚持以"技术性"作为专利保护客体的判定标准，重点考察人工智能是否具备技术属性。其将人工智能算法作为数学方法的例外，强调虽然数学方法本身不具备技术属性，但是人工智能算法的技术应用和技术实施都具备技术属性。也就是说，其从保护客体角度仅排除了不包含任何"技术特征"的人工智能算法。

（二）日本特许厅

2019年3月，日本特许厅针对人工智能相关专利申请的审查标准，发布了案例指引"Case Examples Pertinent to AI – Related Technology"，结合具体案例给出了涉及人工智能基础算法的方案是否属于保护客体的审查标准。其给出的一个示例是"一种训练模型，用于使计算机能够根据住宿设施评价的相关文本数据输出住宿评价的量化值"。该模型包括第一神经网络和第二神经网络，使计算机能够基于所述第一神经网络和第二神经网络中训练的权重执行计算，响应输入到所述第一神经网络输入层的住宿设施评价的文本数据获得的特定单词的出现频率，输出所述第二神经网络输出层住宿设施评价的量化值，例如"10 星"。对该示例的分析认为，该训练模型是"程序"，该方案对特定信息的具体计算或处理是出于准确分析住宿设施的评价这一预期用途，利用软件和硬件资源互相协作的特定手段或过程来实现，从而使计算机能够输出住宿设施评价的量化值。该方案通过软硬件资源的协同，构建了一个特定的、依赖于预期用途的信息处理系统。由于软件信息处理通过使用硬件资源具体实现，该方案是利用自然规律的技术思想的创造，属于"发明"（即本章所称专利保护客体）。

日本特许厅认为，人工智能相关发明属于软件相关发明，按照软件相关发明的审查标准进行审查，即对于涉及人工智能技术实现的计算机程序、数据结构、机器模型的保护主题，如果其基于预期用途使用软件和硬件资源相互协作的特定手段或过程来实施，则属于"利用自然规律的技术思想的创造"，即属于"发明"。按照此标准，其保护客体范围基本上涵盖了通过计算机的硬件资源对软件的信息进行处理的各种情况，人工智能算法类发明如果满足该条件，即便是没有限定具体的应用领域，也属于保护客体。

（三）美国专利商标局

2019 年 1 月，美国专利商标局发布了修订的《专利客体适格性审查指南》（2019 PEG），其中规定了判断是否属于专利保护客体的通常步骤：首先判断是否属于方法、机器、产品或组合物四类法定类别，如否，则不属于专利保护客体；如是，则进一步判断其是否涉及法定排除对象（自然法则、自然现象和抽象概念），如否，则属于专利保护客体；如涉及法定排除对象，则进一步判断权利要求是否记载了法定排除对象之外的附加元素，如是，则仍属于专利保护客体。

在审查实践中，人工智能算法往往很容易落入抽象概念的范畴，进而被排除于专利保护客体之外。当权利要求记载有法定排除对象（如人工智能算法）时，如果还记载了将该法定排除对象整合到实际应用（practical application）的附加元素，例如附加元素使得人工智能算法能够具体应用到技术领域，则该权利要求的方案仍属于专利保护客体。根据《专利客体适格性审查指南》中的指导性案例来看（例如第 40 号案例），所谓的"整合到实际应用"要求在技术领域中应用时能够解决具体的技术问题。

可见，美国专利商标局认为，对于人工智能算法类的发明，如果没有具体的应用领域，其通常不属于专利保护客体；如果将人工智能算法应用于具体技术领域，则通常认为其将抽象概念"整合到实际应用"，从而属于专利保护客体。

（四）中国国家知识产权局

我国对于人工智能算法相关专利申请的审查，一般适用《专利审查指南2010》❶ 第二部分第九章的规定。

专利申请所要保护的主题是否属于专利保护客体是该申请审查中首先要判断的内容。通常情况下，发明专利申请的审查中所涉及的保护客体条款包括：《专利法》第25条第1款，以及《专利法》第2条第2款。

《专利审查指南2010》第二部分第九章第6.1.1节"根据专利法第二十五条第一款第（二）项的审查"规定："如果权利要求涉及抽象的算法或者单纯的商业规则和方法，且不包含任何技术特征，则这项权利要求属于专利法第二十五条第一款第（二）项规定的智力活动的规则和方法，不应当被授予专利权。例如，一种基于抽象算法且不包含任何技术特征的数学模型建立方法，属于专利法第二十五条第一款第（二）项规定的不应当被授予专利权的情形。……如果权利要求中除了算法特征或商业规则和方法特征，还包含技术特征，该权利要求就整体而言并不是一种智力活动的规则和方法，则不应当依据专利法第二十五条第一款第（二）项排除其获得专利权的可能性。"

《专利审查指南2010》第二部分第九章第6.1.2节"根据专利法第二条第二款的审查"中规定："对一项包含算法特征或商业规则和方法特征的权利要求是否属于技术方案进行审查时，需要整体考虑权利要求中记载的全部特征。如果该项权利要求记载了对要解决的技术问题采用了利用自然规律的技术手段，并且由此获得符合自然规律的技术效果，则该权利要求限定的解决方案属于专利法第二条第二款所述的技术方案。例如，如果权利要求中涉及算法的各个步骤体现出与所要解决的技术问题密切相关，如算法处理的数据是技术领域中具有确切技术含义的数据，算法的执行能直接体现出利用自然规律解决某一技术问题的过程，并且获得了技术效果，则通常该权利要求限定的解决方案属于专利法第二条第二款所述的技术方案。"

综上，从各国或地区的审查标准来看，对于人工智能算法应用类发明，大都认为人工智能算法本身不属于保护客体，当人工智能算法应用于具体的技术领域时，则一般被纳入保护客体的范围。而关于人工智能算法与所应用的技术领域结合到何种程度才会被纳入保护客体的范围，各国或地区的审查标准并不明确。就我国而言，在对人工智能算法应用类发明是否属于保护客体进行判断时，依然适

---

❶ 本书中如无特别指明，《专利审查指南2010》系指本书出版时现行有效的版本。

用技术三要素的判断方法，即是否对要解决的技术问题采用了利用自然规律的技术手段，并且由此获得符合自然规律的技术效果。《专利审查指南 2010》要求"权利要求中涉及算法的各个步骤体现出与所要解决的技术问题密切相关"，然而，如何理解"密切相关"，人工智能算法与所应用的技术领域结合到何种程度才能符合保护客体的要求，是当前审查实践中的一个难点。

二、专利审查案例分析

（一）人工智能算法应用案例

【案例 1 – 1 – 1】 一种聚类数据的方法和装置

现有的经典聚类算法（K – Means 算法）是以空间中 k 个点为中心进行聚类，对最靠近它们的对象归类，通过迭代的方法，逐次更新各聚类中心的值，直至得到最好的聚类结果。在计算归类时，通过计算样本数据 I_i 到聚类中心 O_j 的欧几里得距离需要 n 个基本运算操作，n 为数据的维数，因此聚类稀疏数据所需时间几乎和聚类同等密集数据的时间相同，尤其在数据维度大、稀疏程度高时，聚类速度很慢。因此，涉案申请目的在于提供一种聚类数据的方法，以解决聚类速度较慢的问题。涉案申请在数据聚类的过程中，将数据向量的 0 维度值与非 0 维度值进行区分后，计算数据向量中非 0 维度值到聚类中心的欧几里得距离，减少了计算距离时对数据向量 0 维度值进行运算操作的次数，从而提高了聚类计算的速度。说明书中提及聚类分析是数据挖掘中的重要研究领域，应用广泛，无论是在商务领域，还是在生物学、web 文档分类、图像处理、计算机科学等其他领域都可应用，除此之外并未记载如何在各领域中具体适用该聚类方法。

涉案申请权利要求 1 如下：

1. 一种用于 web 文档分类的聚类数据的方法，其特征在于，所述方法包括：

从 N 条样本数据中选取 K 个数据作为 K 个类的聚类中心；

计算每个聚类中心与 $\mathbf{0}$ 向量的欧几里得距离 d_j，并对剩余的每个样本数据，计算非 0 的维度值与每个聚类中心中与所述非 0 的维度值对应的维度下的维度值的欧几里得距离 $d'_{i,j}$，以得出样本数据与聚类中心的距离为 $d_{i,j} = \sqrt{\left(d'_{i,j}\right)^2 + d_j^2}$，并将剩余的样本数据归到最近的聚类中心所在的类，其中 $1 \leqslant j \leqslant K$；

重新计算并更新已经得到的各个类下的聚类中心；

判断重新计算后的各个类下的聚类中心与计算前的聚类中心是否一致或差值小于预定阈值，若是，则结束聚类。

涉案申请权利要求 1 的主题名称中限定了该聚类数据的方法"用于 web 文档分类"，已经将人工智能算法应用于技术领域。争议焦点在于：人工智能算法与技术领域的这种结合是否足以使得方案属于保护客体，即是否具有技术三要素——技术问题、技术手段和技术效果。有观点认为：对于涉及人工智能算法的专利申请，其请求保护的方案是否结合了技术领域不能仅从该权利要求的主题名称来判断，而是要在权利要求记载的方案中体现该算法如何具体应用于该领域以解决该领域的技术问题；涉案申请中所描述的数据聚类步骤均是针对抽象的"样本数据"进行处理，并未体现该算法与具体领域的结合，因此不属于专利保护客体。不同观点则认为：数据聚类是一种常见的数据处理方法，在已经限定了"用于 web 文档分类"的具体技术领域的情况下，本领域的技术人员能够很明确地获知如何将算法与相应具体技术领域的数据处理对象相结合，并解决该具体技术领域中数据分类的问题，因此涉案申请的主题名称中已经限定了具体技术领域，即能克服不属于专利保护客体的问题。

可以理解，聚类虽然是大数据分析和数据挖掘中的一种重要分析方法，但其本身实质上是对抽象数据进行的处理，相关方法步骤也仅涉及抽象的数学运算，该方法本身仍然属于单纯的数学算法。如果涉案申请的权利要求中没有限定"用于 web 文档分类"，那么其方案就仅仅是对聚类分析方法本身进行的改进，以实现算法效能的提升，不涉及任何具体技术领域，其中的各项参数也不具备相应的物理含义，仅为单纯的数学算法表达，属于《专利法》第 25 条第 1 款第（二）项规定的智力活动的规则和方法，不属于专利保护客体。

目前的权利要求仅在主题名称中限定了"用于 web 文档分类"，并未涉及如何在该特定技术领域中体现具体应用算法的各步骤，例如用于 web 文档分类时，相应方案并不涉及如何处理 web 文档使其转换为 n 维样本数据向量，也未说明相应的"样本数据"是具有何种技术含义的数据，对这些"样本数据"的处理也依然是按照人的思维进行抽象的数学计算。可见，仅仅简单限定聚类算法用于某一技术领域，并不能形成技术手段，所解决的问题也仅是降低聚类算法本身运算操作次数的数学问题，实质上并没有与所应用的技术领域相结合来解决该领域中的特定技术问题，进而也未取得任何技术上的效果，不构成技术方案。因此，仅通过在权利要求中简单加入算法应用的技术领域，而未体现如何在该技术领域中具体适用相应算法，则该基于算法的解决方案不属于《专利法》第 2 条第 2 款规定的技术方案，依然不属于专利保护客体。

【案例1-1-2】一种卷积神经网络模型的训练方法❶

现有技术在训练CNN（卷积神经网络）模型的过程中，需要从预先选取的训练图像中获取固定高度和固定宽度的待处理区域，因此，训练好的CNN模型仅能识别具有固定高度和固定宽度的图像，即训练好的CNN模型在识别图像时具有一定的局限性，适用范围有限。涉案申请提供了一种CNN模型的训练方法，旨在能够识别任意尺寸的待识别图像，使得通过该种方式训练好的CNN模型在识别图像时的适用范围比较广泛。涉案申请通过在各级卷积层上对训练图像进行卷积操作和最大池化操作后，进一步对最大池化操作后得到的特征图像进行水平池化操作，从而能够从特征图像中提取出标识特征图像水平方向特征的特征图像，确保训练好的CNN模型在识别图像类别时，不受限于待识别图像水平方向尺寸的显示。

涉案申请权利要求1如下：

1. 一种卷积神经网络CNN模型的训练方法，其特征在于，所述方法包括：

获取待训练CNN模型的初始模型参数，所述初始模型参数包括各级卷积层的初始卷积核、所述各级卷积层的初始偏置矩阵、全连接层的初始权重矩阵和所述全连接层的初始偏置向量；

获取多个训练图像；

在所述各级卷积层上，使用所述各级卷积层上的初始卷积核和初始偏置矩阵，对每个训练图像分别进行卷积操作和最大池化操作，得到每个训练图像在所述各级卷积层上的第一特征图像；

对每个训练图像在至少一级卷积层上的第一特征图像进行水平池化操作，得到每个训练图像在各级卷积层上的第二特征图像；

根据每个训练图像在各级卷积层上的第二特征图像确定每个训练图像的特征向量；

根据所述初始权重矩阵和初始偏置向量对每个特征向量进行处理，得到每个训练图像的类别概率向量；

根据所述每个训练图像的类别概率向量及每个训练图像的初始类别，计算类别误差；

基于所述类别误差，对所述待训练CNN模型的模型参数进行调整；

---

❶《专利审查指南2010》第二部分第九章第6.2节例2。

基于调整后的模型参数和所述多个训练图像，继续进行模型参数调整的过程，直至迭代次数达到预设次数；

将迭代次数达到预设次数时所得到的模型参数作为训练好的 CNN 模型的模型参数。

涉案申请涉及一种 CNN 模型的训练方法，其中明确了模型训练方法的各步骤中处理的数据均为图像数据以及各步骤如何处理图像数据，体现出神经网络训练算法与图像信息处理密切相关。该方案所解决的是如何克服 CNN 模型仅能识别具有固定尺寸的图像的技术问题，采用了在不同卷积层上对图像进行不同处理并训练的手段，利用的是遵循自然规律的技术手段，获得了训练好的 CNN 模型能够识别任意尺寸待识别图像的技术效果。因此，该发明专利申请的解决方案属于《专利法》第 2 条第 2 款规定的技术方案，属于专利保护客体。❶

（二）总结分析

人工智能算法归类于抽象的数学算法，抽象的数学算法不属于专利保护客体。如果人工智能算法只是具有宽泛的潜在应用性，例如，"聚类分析是数据挖掘中的重要研究领域，应用广泛，无论是在商务领域，还是在生物学、web 文档分类、图像处理、计算机科学等其他领域都可应用"，那么仍然会因为缺乏与具体应用领域的结合而被认为不构成技术方案，从而被排除在专利保护客体之外。只有当要求保护的方案中人工智能算法与特定的技术领域紧密结合，即算法的各个步骤体现出与所要解决的技术问题密切相关，如算法所处理的数据是技术领域中具有确切技术含义的数据，算法的执行能够直接体现出利用自然规律解决某一技术问题的过程，并且获得了技术效果时，才会构成技术方案，被认为属于专利保护客体。

三、专利审查规则辨析

通过上述两个涉及人工智能算法应用类发明案例的对比分析可知，对于人工智能算法与所应用的技术领域结合到何种程度才能符合保护客体的要求的问题，基本的判断思路是：人工智能算法应当与所应用的技术领域进行紧密结合，这种紧密结合体现为要解决的问题为该技术领域中的特定问题，应用人工智能算法的过程中体现了该技术领域中具有确切技术含义数据的特点，并且获得了该技术领域的技术效果。上述判断思路，主要基于如下考量。

---

❶ 《专利审查指南 2010》第二部分第九章第 6.2 节例 2。

（1）人工智能算法本身属于抽象概念

《专利法》对于单纯的算法不给予专利保护，是因为自然现象、自然规律和抽象概念本身是不可授予专利权的。人工智能算法本身是一种单纯的算法，属于抽象概念，可以广泛应用于各个领域。对它们赋予专利权会垄断不可授予专利权的对象本身，从而先占其所有后继应用。这样不仅不能促进发明创造和科技进步，反而会阻碍知识的自由传播与使用，给未来的知识生产带来阻力。

美国、欧洲也均与中国相同，认为没有与应用领域结合的专利申请不能得到专利保护。然而在审查实践中，难免会出现个别单纯的人工智能算法被授予专利权的情况，例如2019年6月26日美国专利商标局对谷歌的Dropout算法专利申请授予专利权。对此，业界存在不同意见，反响很大。不少人认为谷歌对深度学习底层算法进行专利申请，握住了整个深度学习领域的命脉，所有Dropout算法使用者都面临"卡脖子"的风险。❶ 因此，就目前来看，将人工智能通用算法给予垄断性的专利权尚存在一定的风险，不宜给予专利保护。当然，Dropout案也值得我们后续继续跟踪观察。

（2）人工智能算法应用时需要对算法作出适应性修改

人工智能算法是通用算法，其可以应用于各种特定应用领域。在应用时，并不是只要有该算法即可以实现该算法的应用，通常是在算法出现多年之后，才会因为算法的应用而使得该算法广为人知；或者算法的改进本身就是在算法应用中进行的。从算法到算法的应用还需要跨越一定的鸿沟，而将算法应用于不同的特定应用领域就会面对不同的适应性改进。

以案例1-1-1为例，聚类分析算法是一个通用的数据挖掘方法，其本身具有广泛应用性，说明书中也记载了其可以应用于生物学、web文档分类、图像处理、计算机科学等领域。但是该聚类分析算法应用于web文档分类或者应用于图像处理领域时，相应形成的方案将会涉及"样本数据"的技术含义是web文档数据或图像数据、n维样本数据向量是web文档的哪些维度数据或者图像数据的哪些维度数据，当将这些样本数据的维度值提取出来后所采取的聚类方式虽然可能是一样的，但是具体的聚类数据却是不同的。

即便是相同的技术领域，例如图像处理领域，在图像处理的目的不同的时候，所采用的算法在应用时也会有不同的适应性改动。例如，应用神经网络技术来构建一套计算机视觉系统，通过该系统来识别图片中的猫，就需要收集多样化的训

---

❶ 郑子亨. AI专利战再起波澜 谷歌人工智能算法Dropout专利申请生效［N］. 通信产业报，2019-08-19（16）.

练数据集，增加梯度下降的迭代次数，尝试一个拥有更多层/更多隐藏元/更多参数的规模更大的神经网络，尝试加入正则化，改变神经网络的架构（激活函数、隐藏元数量等）。

因此，并不是在专利申请文件中简单披露一下人工智能算法可以应用于某个技术领域，所属领域技术人员即可依照披露的内容直接实现相应的应用方案，而是需要对算法作出适应性修改，进而才能解决该技术领域存在的具体技术问题。因此，审查中要求人工智能算法与应用领域的结合是紧密的，而非泛泛表述。

（3）人工智能算法与技术领域紧密结合有利于充分公开和产业落地

社会公众可以通过专利文献所披露的内容，在一定程度上了解人工智能算法的原理和设计思想，了解人工智能算法能够应用于某技术领域中。但是，在专利文献中缺乏必要具体应用实施方式的情况下，并不足以使"本领域的技术人员"再现专利技术或者得到专利文献所声称的技术效果。换言之，仅仅知晓人工智能算法步骤并不足以使得社会公众能够再现该人工智能算法应用于某特定技术领域中的具体实施方式，即无法依照该专利文献披露的人工智能算法生产出应用于特定技术领域的人工智能产品或实现人工智能控制。

因此，要求专利申请人详细记载人工智能算法与技术领域之间如何紧密结合，加强其披露义务，不仅有知识产权视野下的人工智能算法保护客体范畴始终不够明确的技术性原因，也是专利制度在面对人工智能算法这一新型知识产品时应有的态度：希望通过专利制度的运行，促使人工智能相关领域尽可能多的技术细节得以披露或者共享，而非对抽象思维层面的创意授予垄断性权利❶，以此促进人工智能算法应用类发明的充分公开和产业落地。

第三节　人工智能算法应用类发明的创造性审查

对于属于专利法保护客体的人工智能算法应用类发明的申请，经常会面临相同的人工智能算法被应用到不同场景中的情形，那么应用场景转换后的创造性高度如何把握？如果转换前后的应用场景差别较大，那么人工智能算法在转换前的应用场景中的应用对应用场景转换后的发明是否存在技术启示？本节将从具体的案例出发，结合人工智能算法的特点来尝试进一步厘清人工智能算法应用场景转换类发明的创造性审查思路。

---

❶ 王德夫. 论人工智能算法的知识产权保护［J］. 知识产权，2021（11）：66.

一、人工智能算法应用场景转换类发明的创造性审查

（一）创造性审查的标准

根据《专利法》第 22 条第 3 款规定，审查发明是否具备创造性，应当审查发明是否具有突出的实质性特点，同时还应当审查发明是否具有显著的进步。

《专利审查指南 2010》第二部分第四章第 2.4 节规定了"所属技术领域的技术人员"的内涵："发明是否具备创造性，应当基于所属技术领域的技术人员的知识和能力进行评价。"

《专利审查指南 2010》第二部分第四章第 3.2.1 节规定了如何进行突出的实质性特点的判断："判断发明是否具有突出的实质性特点，就是要判断对本领域的技术人员来说，要求保护的发明相对于现有技术是否显而易见。如果要求保护的发明相对于现有技术是显而易见的，则不具有突出的实质性特点；反之，如果对比的结果表明要求保护的发明相对于现有技术是非显而易见的，则具有突出的实质性特点。"

《专利审查指南 2010》第二部分第四章第 3.2.1.1 节中也给出了突出的实质性特点的判断方法，即"三步法"。①确定最接近的现有技术。最接近的现有技术，是指现有技术中与要求保护的发明最密切相关的一个技术方案，它是判断发明是否具有突出的实质性特点的基础。②确定发明的区别特征和发明实际解决的技术问题。首先应当分析要求保护的发明与最接近的现有技术相比有哪些区别特征，然后根据该区别特征所能达到的技术效果确定发明实际解决的技术问题。从这个意义上说，发明实际解决的技术问题，是指为获得更好的技术效果而需对最接近的现有技术进行改进的技术任务。③判断要求保护的发明对本领域的技术人员来说是否显而易见。在该步骤中，要从最接近的现有技术和发明实际解决的技术问题出发，判断要求保护的发明对本领域的技术人员来说是否显而易见。判断过程中，要确定的是现有技术整体上是否存在某种技术启示，即现有技术中是否给出将上述区别特征应用到该最接近的现有技术以解决其存在的技术问题（即发明实际解决的技术问题）的启示，这种启示会使本领域的技术人员在面对所述技术问题时，有动机改进该最接近的现有技术并获得要求保护的发明。如果现有技术存在这种技术启示，则发明是显而易见的，不具有突出的实质性特点。

（二）人工智能算法应用场景转换类发明创造性审查面临的困难

人工智能算法应用场景转换类发明的特点是算法的应用场景发生了变化，即

相同或相类似的人工智能算法被应用于不同的应用场景中。对于应用场景转换前后相差较小的情况，在审查实践中比较容易得出发明是否具备创造性的结论。比如利用神经网络算法进行肺部结节的标记和利用神经网络算法进行甲状腺结节的标记，对于本领域的技术人员来说，其熟知肺结节、甲状腺结节都是医疗诊断中常见的结节类型，因此，面对此种场景转换差别较小的情形，本领域的技术人员有动机在相关的场景中去寻找解决方案。而对于应用场景转换前后相差较大的情况，比如基于深度学习算法进行安防监控图像中的箱包识别和基于深度学习算法进行自动驾驶过程中的障碍物识别，其中，如果箱包识别的方法是现有技术，自动驾驶中的障碍物识别为要求保护的发明，此时，在判断发明是否具备创造性时，通常会存在困惑：安防领域的相关技术对本领域的技术人员在解决障碍物识别的问题时是否存在技术启示；如果存在，这种技术启示能否促使本领域的技术人员有动机改进最接近的现有技术以获得要求保护的发明。即对于应用场景转换前后相差较大的情况，怎样判断对本领域的技术人员而言是否存在技术启示、本领域的技术人员是否有改进动机，是人工智能算法应用场景转换类发明创造性审查时面临的困难。

二、专利审查案例分析

（一）应用场景转换案例

【案例 1 – 1 – 3】 一种基于 MaskRcnn 的肿瘤检测装置

目前，在医学上，判定肿瘤的方法需结合多项指标进行综合判定，且当遇到复杂情况时，不能很好地进行判断，因此需要根据肿瘤的特点，并将其与人工智能的思想相结合，进行综合判断，才能达到更好的效果。但是肿瘤识别和标识是一个对数据区分度要求较高的问题，在整幅医学图像中，绝大多数是非肿瘤块区域，只有少数部分才是肿瘤块区域，而目前尚没有好的检测方法。如何更加准确地界定和识别肿瘤区域是需要攻克的技术难题。涉案发明涉及医疗领域，具体提供一种基于人工智能检测技术的肿瘤检测装置。基于 MaskRcnn 实例分割模型，确定医学图像中肿瘤的区域，其中 MaskRcnn 实例分割模型中进行特征提取时采用 ResNet（深度残差网络）。在识别效果方面，输入任意一张测试图片，输出一张识别好的图片，矩形框识别为肿瘤，准确率为 94.5%。

涉案申请权利要求 1 如下：

1. 一种基于 MaskRcnn 的肿瘤检测装置，其特征在于，该装置至少包括：

训练模块，采集医学图像作为训练样本，该图像具有矩形识别框，所述矩形识别框包含了肿瘤位置标记，利用训练样本对深度残差网络 ResNet 进行训练；

特征提取模块，利用训练好的深度残差网络 ResNet 对医学图像进行特征提取，并生成预测的 ROI 区域；所述预测的 ROI 区域表示了肿瘤可能存在的位置；

标记模块，利用非极大值抑制得到目标矩形框。

对比文件 1 公开了一种基于 DNN 的肿瘤自动识别装置。该装置实现的方法为：获取待识别的图像，输入训练好的 DNN 以识别出肿瘤区域，所述 DNN 包括四个卷积模块、四个反卷积模块、联合反卷积模块、第一融合模块和第二融合模块；所述卷积模块、反卷积模块和联合反卷积模块均采用 VGG16 模型构建。该方法能够对原始图像中的特征进行有效利用，使肿瘤区域分割更加准确。

对比文件 2 涉及安全防控领域。在火车站、机场等人员密集场所，有时根据安防要求，需要对特定物品进行识别，比如安检图像中的钝器。由于钝器在整个被识别图像中的面积占比并不高，因此现有技术中基于 CNN 的钝器检测方法，识别准确度不高。对比文件 2 提供了一种基于 MaskRcnn 的安检图像中的钝器检测方法：获取安检图像，将它们分为训练集和验证集，使用 VIA 工具用矩形标注图像中的钝器（相当于采集图像作为训练样本，该图像具有矩形识别框，所述矩形识别框包含感兴趣目标区域标记）对 ResNet 进行训练；MaskRcnn 是一个两阶段的框架，第一个阶段扫描图像并生成提议，即有可能包含一个目标的区域，第二阶段分类提议并生成边界框和掩码；MaskRcnn 的主要构件模块有主干架构、RPN（区域建议网络）、ROI（感兴趣区域）分类器和边界框回归器，主干架构使用训练好的 ResNet50 或 ResNet101，底层检测的是低级特征，较高层检测的是更高级的特征，然后 RPN 寻找存在目标的区域，输出 ROI（相当于利用 ResNet 对图像进行特征提取，并生成预测的 ROI）；RPN 扫描的区域被称为 anchor，这是在图像区域上分布的矩形；如果有多个 anchor 互相重叠，采用非极大值抑制的方法将保留拥有最高前景分数的 anchor，并舍弃余下的，然后就得到最终的钝器区域建议（相当于利用非极大值抑制得到目标矩形框）。测试结果显示，该方法的钝器区域识别准确率为 95%，识别结果基本正确。

根据上述公开内容可知，对比文件 1 公开了一种采用 DNN 识别肿瘤的装置。涉案申请与对比文件 1 相比，区别技术特征主要在于：肿瘤检测时采用的网络模型是 MaskRcnn 实例分割模型，且特征提取时采用的是 ResNet。根据该区别技术特征可知，涉案申请实际要解决的技术问题是：如何提高图像中肿瘤区域的识别准确率。对比文件 2 公开了一种安检图像中的钝器检测方法，其利用 MaskRcnn 实例分割模型进行钝器检测，且特征提取时采用的也是 ResNet，解决了安检图像中钝器区域识别不准确的问题。对于该案例，在进行创造性判断时，争议的焦点主要在于：对比文件 2 对本领域的技术人员而言是否具有技术启示，本领域的技术人员是否有动机将对比文件 2 公开的技术特征应用到对比文件 1 以解决其存在的技术问题，从而获得涉案申请权利要求 1 所要求保护的技术方案。

（二）总结分析

对于技术启示和改进动机的判断，在《专利审查指南 2010》第二部分第四章第 3.2.1.1 节中给出了指引，即创造性判断"三步法"的最后一步："要从最接近的现有技术和发明实际解决的技术问题出发，判断要求保护的发明对本领域的技术人员来说是否显而易见。判断过程中，要确定的是现有技术整体上是否存在某种技术启示，即现有技术中是否给出将上述区别特征应用到该最接近的现有技术以解决其存在的技术问题（即发明实际解决的技术问题）的启示，这种启示会使本领域的技术人员在面对所述技术问题时，有动机改进该最接近的现有技术并获得要求保护的发明。如果现有技术存在这种技术启示，则发明是显而易见的，不具有突出的实质性特点。"

从上述规定中可以看出，在判断技术启示和改进动机时，需要考虑三个层次[1]：其一，技术启示的来源是现有技术整体，因此，在寻找技术启示时，需要对现有技术整体考虑，即包括最接近的现有技术本身、其他现有技术以及本领域的技术人员所具备的普通技术知识和能力；其二，技术启示的寻找过程是以发明实际解决的技术问题为导向而进行的有目的的寻找；其三，当技术启示的程度达到能够促使本领域的技术人员产生改进最接近的现有技术的"动机"时，才意味着发明相对于现有技术是显而易见的。

具体到案例 1 - 1 - 3，在判断对比文件 2 对本领域的技术人员而言是否存在技术启示、本领域的技术人员根据对比文件 2 公开的内容是否有动机改进对比文件 1 时，要以现有技术整体——对比文件 1、对比文件 2 和本领域的技术人员所具备的普通技术知识和能力作为技术启示的来源，以发明实际解决的技术问题为导向来

---

[1] 李越，冯涛，邹凯，等. 问题导向下的我国创造性标准评判研究 [J]. 审查业务通讯，2017，23 (3)：14 - 17.

进行判断。对比文件 1 已公开了采用 DNN 识别肿瘤的技术方案,给出了利用神经网络来识别医学图像中肿瘤区域的思路。在对比文件 1 的基础上,涉案申请实际要解决的技术问题是:如何提高图像中肿瘤区域的识别准确率。在该技术问题的引导下,本领域的技术人员有动机去医学图像识别或其他图像识别的技术领域中寻找解决该技术问题的技术手段。对比文件 2 公开的安检图像中的钝器检测方法,同样也涉及图像识别,并且公开了利用 MaskRcnn 实例分割模型识别安检图像中的钝器区域的技术特征,同时该技术特征所起的作用也是提高识别准确率。虽然对比文件 2 中 MaskRcnn 实例分割模型相关的技术特征解决的是识别图像中钝器区域的技术问题,与涉案申请所要解决的识别图像中肿瘤区域的技术问题相比,在识别对象上有所不同,但对比文件 2 在利用 MaskRcnn 实例分割模型识别安检图像中的钝器区域的过程中,其训练样本是预先标注了钝器区域的图像样本,并用该具有标注的图像样本对 ResNet 进行训练,并且在特征提取和预测 ROI 的过程中,由经过训练的 ResNet 自动完成特征提取和 ROI 预测,不需要额外凭借钝器的属性特征。因此,对于上述 MaskRcnn 实例分割模型识别钝器区域的过程,本领域的技术人员基于普通的人工智能算法知识可知,对比文件 2 所公开的 MaskRcnn 实例分割模型也可用于其他图像中的某一对象区域的识别,只要对模型训练时先标注出要识别对象的区域,则训练后的模型会根据训练样本中对象的特征来提取待识别图像中对象的特征,进而预测出对象区域。即本领域的技术人员基于普通的人工智能算法知识明了:MaskRcnn 实例分割模型在用于识别图像中某一对象区域时具有通用性。也就是说,在对比文件 1、对比文件 2 以及本领域普通的人工智能算法知识整体的启示下,本领域的技术人员容易想到对比文件 2 中公开的 MaskRcnn 实例分割模型也可用于图像中肿瘤区域的识别。同时,基于对比文件 2 中钝器区域的识别效果,本领域的技术人员根据肿瘤与钝器通常都具有形状不固定、区域像素密集度高等特点,可以合理预期将 MaskRcnn 实例分割模型应用于肿瘤区域识别也很有可能具有较高的识别准确率。因此,本领域的技术人员在对比文件 1、对比文件 2 以及本领域普通的人工智能算法知识所给出的整体启示下,有动机去改进对比文件 1 所公开的图像中肿瘤区域识别的技术方案,进而得到涉案申请的技术方案。故在对比文件 1 的基础上结合对比文件 2 及本领域的公知常识以得到涉案申请权利要求 1 的技术方案,这对本领域的技术人员来说是显而易见的,即涉案申请的权利要求 1 不具备创造性。

三、专利审查规则辨析

对于人工智能算法应用场景转换类发明,在判断应用场景转换前的发明对本领域的技术人员而言是否存在技术启示、本领域的技术人员是否有改进动机时，需要注意以下几点。

首先，要以实际要解决的技术问题为导向，考量应用场景转换前的发明中的相关技术特征所要解决的技术问题与本申请实际要解决的技术问题是否相同或合理相关，该技术特征所起的作用和效果与其在本申请中所起的作用和效果是否相同或合理相关。只有相同或合理相关，才有可能成为技术启示，本领域的技术人员才有动机去应用场景转换前的发明所属的技术领域寻找解决技术问题的技术手段。

其次，在判断应用场景转换前的发明对本领域的技术人员是否具有技术启示时，有两点需要注意。①从现有技术整体来判断是否具有技术启示，即技术启示的来源包括最接近的现有技术、应用场景转换前的发明以及本领域的技术人员所具备的普通技术知识和能力。对于人工智能算法应用场景转换类发明来说，本领域的技术人员所具备的普通技术知识，应包括人工智能算法的普通知识。比如，在上述关于应用场景转换的案例 1 - 1 - 3 中，虽然对比文件 2 公开的钝器区域识别与涉案申请的肿瘤区域识别相比识别的对象不同，但是基于本领域的技术人员所具有的人工智能算法的普通知识可知，对比文件 2 所公开的 MaskRcnn 实例分割模型具有通用性，也可用于其他图像中某一对象区域的识别。因此，现有技术整体给出了对比文件 2 公开的技术特征可应用于对比文件 1 以解决其存在的技术问题的启示。②基于本领域的技术人员所具有的普通知识和能力水平客观分析技术启示。人工智能算法在解决同类型的问题时往往具有通用性，即在不同的应用场景中可采用相同的人工智能算法。比如，对于图像中的对象识别问题，通常可采用 CNN，其既可以用于医学影像中的病灶识别，也可以用于监控图像中的行人识别等；而对于与时间序列相关的问题，则适合采用长短时记忆（long short - term memory，LSTM）模型，其可以用于机器翻译、对话生成等应用场景中。这是人工智能算法本身所具有的特点，也是本领域的技术人员所具备的人工智能算法的普通知识。因此，对于同一个人工智能算法，在判断其在应用场景转换前的应用对其在应用场景转换后的应用是否有技术启示时，需站位本领域的技术人员所具有的普通知识和能力水平客观分析，考量该人工智能算法在应用场景转换后的应用是仅利用了人工智能算法的通用性特点进行处理对象的简单转换，还是已针对应用场景转换后的处理对象的属性进行了改进。如果是前者，那么本领域的技术人员基于人工智能算法的普通知识，明了该人工智能算法也可以应用于其他应用场景中，即应用场景转换前的发明对本领域的技术人员存在技术启示；如果是后者，由于人工智能算法本身已发生改变，应用场景转换前的人工智能算法已经不能解决其技术问题，则不宜再从人工智能算法具有通用性的角度，认为应用场景转换前的发明对本领域的技术人员存在技术启示。

最后，在判断改进动机时，应当基于现有技术整体给出的技术启示，考量这种启示是否会使本领域的技术人员在面对实际要解决的技术问题时，能够合理预期应用场景转换前的发明中所采用的人工智能算法在应用于应用场景转换后的场景中所能达到的效果。如果本领域的技术人员能够合理预期人工智能算法应用于应用场景转换后能够解决其技术问题，那么则说明该技术启示的程度已经达到能够促使本领域的技术人员产生改进最接近的现有技术的动机，进而获得应用场景转换后的发明。

第二章 基于人工智能的医疗信息处理方法保护客体审查

人工智能技术迅猛发展，不断渗入各个应用领域，特别是在医疗领域中以辅助筛查与诊断、生物标志物识别、新药研发、医疗信息化为代表的场景应用中。人工智能技术极大地提升了医疗信息处理的效率和准确率，拓展了医疗信息利用的深度和广度。全球范围内，基于人工智能的医疗信息处理领域的专利申请量逐年攀升，我国创新主体表现也较为突出。基于未来技术发展趋势，我国推出了一系列的相关规划措施，包括在《"十四五"规划和2035年远景目标纲要》中明确提出"推动人工智能同各产业的深度融合""为人民提供全方位全周期健康服务"，在《"十四五"国家知识产权保护和运用规划》中提出"健全新领域新业态知识产权保护制度"等。因此，明确基于人工智能的医疗信息处理方法专利保护客体的审查标准，对于完善我国人工智能医疗领域知识产权保护体系、促进人工智能医疗领域产业融合发展具有重要的现实意义。

第一节 基于人工智能的医疗信息处理方法的技术特点

基于人工智能的医疗信息处理方法是指基于人工智能技术，通过机器自我学习进行有目的的推理和计算，以完成对医疗信息的处理，提高信息处理效率和/或准确率的方法。上述方法的技术核心是医疗信息数据和人工智能算法模型。为满足产业应用要求，相关实现过程需要依托对海量医疗信息数据的学习和分析，同时所采用的人工智能算法模型也必须具备依据处理结果进行模型修正、实现机器自我学习的能力。

图1-2-1显示了基于人工智能的医疗信息处理方法的一般流程，包括模型训练和模型应用两个阶段。模型训练阶段主要包括数据预处理和模型训练两个主要步骤。近年来随着医疗技术的发展，医疗信息数据的外延不断拓展，包括各类医学影像、临床试验数据、基因组数据、实验室结果和医疗记录在内的各种数据

都被纳入医疗信息数据的范畴，构成了医学研究和实践的基础。数据预处理步骤是对原始医疗信息数据进行数据清洗的过程，以获得能够用于模型训练的训练数据。数据预处理步骤包括将原始医疗信息数据进行脱敏、去噪、泛化、增广、数据标注、特征提取、归一化/标准化、选取先验知识等数据处理过程。在获得训练数据之后，利用这些数据进行模型训练。常见的机器学习算法有监督学习、非监督学习、回归算法、决策树、贝叶斯方法、支持向量机、聚类、神经网络、深度学习以及集成算法等。模型训练步骤重点在于模型配置和训练迭代的过程。例如，针对神经网络模型，在初始配置时需要确定神经网络的类型、结构和层数，在训练迭代过程中需要调整学习率、损失函数等模型参数。

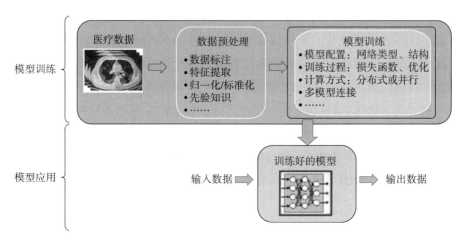

图1-2-1　基于人工智能的医疗信息处理方法的一般流程

模型应用阶段主要是使用训练好的算法模型对输入数据进行处理，以获得识别或预测结果的过程。对机器学习模型的评估往往关注两个方面的特性——预测性（prediction）和解释性（interpretation）。其中，预测性是指所述算法模型能否发现数据中的规律，对未知数据进行准确判断；解释性是指所述算法模型能够对提取出的特征进行分析，寻找已有数据中的规律，帮助人们理解模型。通常来讲，具有高解释性的模型在预测性上不是很强（例如决策树和线性回归），而针对复杂问题预测性很强的模型往往难以解释（例如神经网络和带非线性核函数的支持向量机）。人们常说的人工智能算法模型具有"黑匣子"特性就是指部分算法模型解释性差，类似于一个"黑匣子"处理过程。比如DNN模型，其可以非常复杂，包含数百个层、数百万个参数，即使输入数据、算法模型是确定的，其输入数据与输出结果两者之间的逻辑关系也难以判断，即解释DNN的内部工作原理及其如何作出决策几乎是不可能的。此外，模型应用阶段还包括利用新产生的数据对模型进行更新，从而使得算法模型更为完善。

　　根据以上对基于人工智能的医疗信息处理方法的技术分析可以明确该类方法具有以下技术特点：①相关信息处理过程的计算复杂度较高，其中模型训练等步骤需要由计算机等具有信息处理能力的装置实施；②整个信息处理过程是一个复杂的数学运算、推理、统计过程，部分人工智能算法模型解释性差，表现出一定的“黑匣子”特性。结合以上技术特点可以看出，新出现的基于人工智能的医疗信息处理方法与传统的疾病诊断方法之间存在一定的区别。这也正是准确把握基于人工智能的医疗信息处理方法是否属于专利保护客体的难点所在。所述区别对应体现在以下两个方面。

　　一是实施主体方面。传统的疾病诊断方法一般由医生参与实施，而基于人工智能的医疗信息处理方法由计算机等具有信息处理能力的装置实施，相关信息处理过程的计算复杂度高，特别是对于全部步骤均由计算机等具有信息处理能力的装置实施的方法，该类方法没有医生直接参与，不是将基于医学知识的医生诊断过程利用计算机程序实现自动化处理，因此基于人工智能的医疗信息处理方法在实施主体上与传统的疾病诊断方法产生了一定的区别。上述由技术实质的不同而产生的区别，对于保护客体的判断具有重要意义。

　　二是直接目的方面。传统的疾病诊断方法以获得疾病诊断结果或健康状况为直接目的，而基于人工智能的医疗信息处理方法在直接目的判断上更为复杂。一般来说，由计算机等具有信息处理能力的装置实施的信息处理方法，其目的是提高信息的准确率，方便信息的识别、存储和传输，采取的核心技术手段通常涉及算法、信息统计分析、信息互联互通、人工智能等技术。具体到医疗领域，计算机提供的信息处理结果通常是为医生准确地诊断疾病和制定治疗方案提供参考；如果没有医生的参与、专业分析和确认，通常不能仅仅依据计算机提供的结果直接得出具体病人或对象的疾病诊断结论或确定其健康状况。更进一步，针对基于人工智能的医疗信息处理方法，由于人工智能算法模型中部分算法模型具有“黑匣子”特性，整个信息处理过程是一个复杂的机器学习过程，输入数据与输出结果之间可能不完全是基于医学知识推演的逻辑关系，这种情况下显然更需要医生根据病人或对象的具体情况进行判断才能给出确定的疾病诊断结果或健康状况。因此，在判断基于人工智能的医疗信息处理方法的“直接目的”时，需要把握相关技术实质，仔细加以辨别。

第二节　主要国家或地区疾病诊断方法
保护客体审查标准的比较

上节对基于人工智能的医疗信息处理方法的技术特点进行了分析，从中可以看出基于人工智能的医疗信息处理方法与传统疾病诊断方法具有一定的关联性，但同时在技术实质上又存在一定的区别。为了更好地明晰两者之间的关系，确定法律适用条件，接下来将针对我国及国外关于疾病诊断方法的规定以及涉及人工智能的诊断方法的审查标准进行梳理和比较。

《专利法》第 25 条第 1 款第（三）项规定"疾病的诊断和治疗方法"属于不授予专利权的范围。《专利审查指南 2010》在第二部分第一章第 4.3.1 节中规定："诊断方法，是指为识别、研究和确定有生命的人体或动物体病因或病灶状态的过程。"同时在该章第 4.3.1.1 节中规定："一项与疾病诊断有关的方法如果同时满足以下两个条件，则属于疾病的诊断方法，不能被授予专利权：（1）以有生命的人体或动物体为对象；（2）以获得疾病诊断结果或健康状况为直接目的。"

对于上述第（1）项判断条件即对象的判断一般较为明确。基于人工智能的医疗信息处理方法所处理的数据，如人体影像数据等，一般都属于有生命的人体或动物体的离体样本，判断上不容易存在争议。针对疾病诊断方法，判断的重点和难点通常集中于第（2）项判断条件，即是否以获得疾病诊断结果或健康状况为直接目的。《专利审查指南 2010》对于第（2）项条件的判断并没有作进一步的正面阐述，而是在第二部分第一章第 4.3.1.1 节中规定："如果请求专利保护的方法中包括了诊断步骤或者虽未包括诊断步骤但包括检测步骤，而根据现有技术中的医学知识和该专利申请公开的内容，只要知晓所说的诊断或检测信息，就能够直接获得疾病的诊断结果或健康状况，则该方法满足上述条件（2）。"第二部分第一章第 4.3.1.2 节中列举了几类不属于诊断方法的发明的例子，其中包括："（1）在已经死亡的人体或动物体上实施的病理解剖方法；（2）直接目的不是获得诊断结果或健康状况，而只是从活的人体或动物体获取作为中间结果的信息的方法，或处理该信息（形体参数、生理参数或其他参数）的方法；（3）直接目的不是获得诊断结果或健康状况，而只是对已经脱离人体或动物体的组织、体液或排泄物进行处理或检测以获取作为中间结果的信息的方法，或处理该信息的方法。"同时，进一步指出："对上述（2）和（3）项需要说明的是，只有当根据现有技术中的医学知识和该专利申请公开的内容从所获得的信息本身不能够直接得出疾病的诊断结果或健康状况时，这些信息才能被认为是中间结果。"由此看出，《专利审查指南 2010》第二部分第一章第 4.3.1.2 节中给出的不属于诊断方法的情况（2）和（3）中所获取的信息作为中间结果的前提是"直接目的不是获得诊断结果或健康状况"，并且最后还对于中间结果作了"本身不能够直接得出疾病的诊断结果或健康状况"的补充限定。

为了进一步深入把握我国关于疾病诊断方法保护客体判断标准的问题，有必要对专利审查指南相关规定的历史沿革作一个简单梳理。现行《专利审查指南 2010》第二部分第一章第 4.3 节中明确指出了我国对疾病的诊断方法不授予专利权的理由："出于人道主义的考虑和社会伦理的原因，医生在诊断和治疗过程中应当有选择各种方法和条件的自由。另外，这类方法直接以有生命的人体或动物体为实施对象，无法在产业上利用，不属于专利法意义上的发明创造。因此疾病的诊断和治疗方法不能被授予专利权。"专利审查指南中关于我国对疾病的诊断方法不授予专利权的理由描述也经历过一定的发展变化。在第一版审查指南制定之前，《中国专利局法规汇编》规定："疾病的诊断和治疗方法是直接以有生命的人体或动物躯体作为实施对象，无法在产业上进行制造或者使用，不具备实用性，因而不能被授予专利权。"在该审查规范性文件中仅仅提及"疾病的诊断方法"由于不具备实用性，因而排除其获得专利权的可能。从相关论述逻辑来看，上述规定完全源于实用性的判断，并未提及与"人道主义""社会伦理""医生……选择各种方法和条件的自由"相关的理由。由此可见，最初我国针对"疾病的诊断方法"的审查逻辑是完全借助于实用性的论述逻辑。

1993 年制定的第一版审查指南中不仅加入了关于疾病的诊断和治疗方法的定义，还对不授予其专利权的理由作了新的说明："出于人道主义的考虑和社会伦理的原因，医生在诊断和治疗过程中应当有选择各种方法和条件的自由。另外，这类方法直接以有生命的人体或动物为实施对象，无法在产业上利用，不具备实用性，不属于专利法意义上的发明创造。因此疾病的诊断和治疗方法不能被授予专利权。"在该版审查指南中保留了此前关于"实用性"的论述逻辑，还首次提出"出于人道主义的考虑和社会伦理的原因，医生在诊断和治疗过程中应当有选择各种方法和条件的自由"的理由，并将该部分理由置于实用性理由之前。关于上述两点不授予专利权的理由，有学者认为是源于对他国或地区专利审查实践的借鉴。如欧洲专利局在一项与诊断方法相关的上诉扩大委员会决定（G1/04）中认为："在 G1/04 中，上诉扩大委员会援引诊断方法，认为 EPC 1973 第 52（4）条［现为 EPC 第 53（C）条］规定将其排除在可专利性之外，看起来实际是基于社会道德和公众健康的考虑。因此 EPC 1973 第 54（4）条的法律假定的背后的目的看起来在于，确保实施作为人体的医学治疗或动物的兽医治疗的一部分的诊断方法的人不受到专利约束。"从上述表述中可以看出，欧洲专利局上诉扩大委员会的相关决定中使用的"社会伦理""公众健康""确保实施……诊断方法的人不受到专利约束"等表述与我国专利审查指南中相关表达存在较高的相似性，其论述逻辑也较为一致。由此可以看出，我国将疾病诊断方法排除在保护客体之外的理由和论述逻辑也在根据理论发展和实际需要进行调整。我国专利审查指南中关于"出于人道主义的考虑和社会伦理的原因"的描述主要是为了确保"医生"或者广义而言"实施诊断方法的人"在诊断过程中不受到专利约束，有选择各种方法和条件的自由。

针对当前快速发展的涉及人工智能的医疗技术，中国国家知识产权局、美国专利商标局、欧洲专利局、日本特许厅、韩国知识产权局〔五局（IP5）〕都在不断完善疾病诊断方法相关的审查标准。根据各自情况的不同，五局之间也存在一定的差异。前文已经对我国的相关保护客体判断标准进行了介绍，接下来将对欧洲专利局、日本特许厅、韩国知识产权局、美国专利商标局的审查标准进行梳理。通过与他局相关标准的比较，从中获得如何更好适用我国相关法律条款的借鉴和启示。

（1）欧洲专利局

方法权利要求只有记载或隐含记载以下全部步骤①～④，并且其中的具有技术属性的步骤必须实施于人体或动物体时，才被认为是诊断方法：①涉及数据采集的检查阶段；②与标准值进行对比；③找出任何显著性的偏离（一种症状）；④将数据偏离归因于特定的临床表现（严格意义上的治疗目的的诊断行为）。判断过程的关键点在于是否包含诊断的全过程且具有技术属性的步骤实施于人体或动物体。

（2）日本特许厅

方法权利要求是医生对人体实施诊断的方法或者其包含：①医疗行为的步骤；②以医疗为目的对以下（ⅰ）或（ⅱ）进行判断的步骤：（ⅰ）人体的病情、健康状态等身体状态或精神状态；（ⅱ）基于上述（ⅰ）状态的处方、治疗或手术计划。判断过程的关键点在于实施诊断的主体是否是医生或者进行判断步骤的目的是否是医疗目的。

（3）韩国知识产权局

方法权利要求是医生对人体实施诊断的方法或者其包含医疗行为的步骤（其中医疗行为是指医疗人员或接受医疗人员指示的人基于医学知识，对人进行手术、治疗或诊断的行为）；或者判断方法权利要求是与诊断相关的方法，只有当其包含临床诊断时，才被认为是诊断方法（其中临床诊断是指医疗人员基于医学知识或经验进行的判断疾病或健康状态的精神性活动）；但如果诊断的步骤是在计算机上进行的信息处理步骤，则该步骤不被认为是临床诊断。判断过程的关键点在于实施诊断的主体是否是医生，并明确将依托计算机实施的诊断方法排除在诊断方法之外。

（4）美国专利商标局

美国专利法并未排除对诊断方法授予专利权，而只是通过规定医学从业者的免责条款来满足相关人道主义需要。

表1-2-1从多个维度对各局诊断方法的保护客体判断标准进行了分析对比。需要说明的是，由于美国未将诊断方法排除在专利保护客体之外，因此无须对诊断方法进行保护客体的判断。以下仅就中国、欧洲、日本以及韩国涉及诊断方法的保护客体判断标准进行比较。

表1-2-1　中国、欧洲、日本、韩国涉及诊断方法的保护客体的判断标准

比较项目	中国国家知识产权局	欧洲专利局	日本特许厅	韩国知识产权局
诊断方法的定义	● 识别、研究和确定有生命的人体或动物体病因或病灶状态的过程。 ● 满足条件：①对象（活的人体或动物体）；②直接目的（获得疾病诊断结果或健康状况）	无单独文字定义	● 包含以医疗为目的对以下（ⅰ）或（ⅱ）进行判断的步骤的方法： （ⅰ）人体的病情、健康状态等身体状态或精神状态； （ⅱ）基于上述（ⅰ）状态的处方、治疗或手术计划	无单独文字定义
实施对象	有生命的人体或动物体	有生命的人体和动物体	有生命的人体	有生命的人体

比较项目	中国国家知识产权局	欧洲专利局	日本特许厅	韩国知识产权局
属于诊断方法，不授予专利权的情形	• 直接目的是获得疾病诊断结果或健康状况的方法。 • 包括诊断步骤的方法。 • 包括检测步骤的方法。 其中检测步骤是指，根据现有医学知识和该申请公开内容，只要知晓该检测步骤得到的检测信息，就能直接获得疾病的诊断结果或健康状况	• 记载或隐含式记载以下所有步骤（ⅰ）～（ⅳ）的权利要求： （ⅰ）涉及数据采集的检查阶段； （ⅱ）与标准值进行对比； （ⅲ）找出任何显著性的偏离（一种症状）； （ⅳ）将数据偏离归因于特定的临床表现（严格意义上的治疗目的的诊断行为）	• 属于医疗行为的诊断方法。 其中"医疗行为"是医生（包括接受了医生的指示的人）对人体实施手术、治疗或诊断的方法。 • 包含以医疗为目的对以下（ⅰ）或（ⅱ）进行判断的步骤的方法： （ⅰ）人体的病情、健康状态等身体状态或精神状态； （ⅱ）基于上述（ⅰ）状态的处方、治疗或手术计划	• 属于医疗行为的诊断方法。 其中"医疗行为"是指医疗人或接受医疗人的指示的人基于医学知识，对人进行手术、治疗或诊断的行为。 • 作为至少一个步骤或不可分的构成要素而包含医疗行为的方法
不属于诊断方法，可授予专利权的情形	• 直接目的不是获得诊断结果或健康状况，只是获取作为中间结果的信息的方法或处理该信息的方法。 其中只有根据现有医学知识和该申请公开内容，从所获得的信息本身不能直接得出疾病的诊断结果或健康状况时，这些信息才被认为是中间信息	• 从活的人体或动物身上获取信息的方法	• 医疗设备的动作方法。 其中包含医生操作的步骤或设备对人体的作用步骤的情况除外。 • 从人体收集各种资料的方法。 其中包含以医疗为目的对以下（ⅰ）或（ⅱ）进行判断的步骤的方法除外： （ⅰ）人体的病情、健康状态等身体状态或精神状态； （ⅱ）基于上述（ⅰ）状态的处方、治疗或手术计划	• 医疗设备的动作方法或使用了医疗设备的测定方法。 其中包含医疗行为或对人体有非临时性影响的情况除外。 • 处理从人类获取的物质的方法。 其中需要在与医疗行为分离的步骤中进行或单纯收集数据。 • 与诊断相关的方法中不包含临床诊断的情况

五局针对疾病诊断方法的判断标准差异较大，美国认可对诊断方法授予专利权，中国、欧洲专利局、日本、韩国则依据各自不同的理由将诊断方法排除在授权范围之外。虽然美国认可授予诊断方法专利权，但其同时在专利法中制定了免责条款，针对从事医疗活动的人员在使用相应方法时免除侵权责任，从而保障了包括医生在内的医疗工作者的自由。在中国、欧洲、日本、韩国，虽然总的原则是将诊断方法排除在专利保护客体之外，但具体论述逻辑和判断标准不尽相同。这也导致了当面对基于人工智能的医疗信息处理方法时，其包容性和适应性存在差异。

相对而言，我国虽然在针对诊断方法进行排除时，给出的理由和依据的逻辑与欧洲专利局相近，但在判断方法上更专注于目的导向，即判断直接目的是否是获得疾病的诊断结果或健康状况。在面对基于人工智能的医疗信息处理方法这一类新领域新业态技术时，容易忽视所述方法实施主体变化造成的影响，或者脱离对技术实质的把握而简单化"直接目的"的判断。这是在判断基于人工智能的医疗信息处理方法保护客体时的难点，也是作出正确判断的关键点所在。

综合此前对基于人工智能的医疗信息处理方法技术特点的分析、《专利审查指南2010》中关于疾病诊断方法审查的相关规定，并借鉴他局有关审查实践，可以归纳出在针对"基于人工智能的医疗信息处理方法"相关申请进行保护客体判断时的审查要点：①所述信息处理方法是否以有生命的人体或动物体为对象；②所述信息处理方法是否以获得疾病诊断结果或健康状况为直接目的。其中，如果所述信息处理方法的全部步骤由计算机等装置实施，其直接目的不是获得诊断结果或健康状况，该方法不属于诊断方法。

第三节　专利审查案例分析

针对基于人工智能的医疗信息处理方法的保护客体判断，如何准确认定该类方法的实施主体和直接目的，厘清各要素之间的相互关系，进而依据方案的技术实质进行保护客体的判断？以下将通过对几个具体案例的分析来进行说明。

【案例1-2-1】基于双随机游走重启动的多数据整合环状RNA与疾病相关性预测方法

涉案申请权利要求1如下：

1. 基于双随机游走重启动的多数据整合环状RNA与疾病相关性预测

方法，其特征在于，包括以下步骤：

（1）人类环状 RNA – 疾病关系提取

将环状 RNA – 疾病关系网络转换成一个无向图，环状 RNA – 疾病之间的关系的邻接矩阵记为 A，$A(i, j)$ 表示环状 RNA – 疾病关系邻接矩阵 A 中的一对环状 RNA – 疾病关系实体，如果环状 RNA $C(i)$ 与疾病 $D(j)$ 存在关系，则 $A(i, j) = 1$，否则 $A(i, j) = 0$；

（2）构建环状 RNA 功能注释语义相似性网络

由环状 RNA 的靶点基因相关基因本体数据构建环状 RNA 功能注释语义相似性网络，从人类蛋白质参考数据库下载基因对应的本体数据，再将环状 RNA 的靶点基因和从人类蛋白质参考数据库中处理好的基因及其对应的本体数据进行匹配，基于信息增益来计算环状 RNA $C(i)$ 和 $C(j)$ 之间的功能注释相似性，从而构建环状 RNA 功能注释语义相似度网络；

（3）构建环状 RNA 结构相似性网络

通过 python 的一个工具包 BioPython 中的 Needleman – Wunsch 序列比对算法计算每对环状 RNA 之间的碱基序列相似性得分，为了统一相似性分数的数量级，对环状 RNA 的结构相似性进行归一化，最终获得环状 RNA 结构相似性网络；

（4）构建环状 RNA 功能相似性网络

首先通过计算环状 RNA 相关的一种疾病 gt 与一组疾病 GT 之间的最大相似性得分，其被定义为 $S_{max}(gt, GT)$，然后通过计算得出的某一疾病与全部疾病集合的最大相似性得分，计算两个环状 RNA 之间的功能相似性，从而构建环状 RNA 功能相似性网络；

（5）构建疾病语义相似性网络

将筛选出来的疾病在 Disease Ontology 数据库中进行手动匹配，将疾病名称对应为相关的 DOID，其次采用名为 DOSE 的 R 包来计算每两种疾病之间的语义相似度得分，在得到每对疾病相似性得分之后进而可以构建疾病语义相似网络 DSN1，疾病语义相似网络 DSN1 中的 $DSN_1(i, j)$ 表示疾病 i 和 j 的语义相似性得分；

（6）构建疾病功能相似性网络

在 DisGeNet 和人类在线孟德尔遗传数据库中下载疾病相关的基因数据，通过统计学算法 JACCARD 来计算疾病功能相似性，进而构建疾病功能相似网络 DSN2，疾病功能相似网络 DSN2 中的 $DSN_2(i, j)$ 代表疾病 i

和 j 的功能相似性分数；

（7）整合环状 RNA 相似性网络

通过步骤（2）、（3）以及（4）构建的环状 RNA 功能注释语义相似网络 CSN1、结构相似性网络 CSN2 以及功能相似性网络 CSN3，整合环状 RNA 相似性网络：

（8）整合疾病相似性网络

将构建的疾病语义相似性网络 DSN1 和疾病功能相似性网络 DSN2 整合成最终的疾病相似性网络 DSN；

（9）通过双随机游走算法预测环状 RNA – 疾病潜在关系

为了给整合后的环状 RNA 相似性网络和疾病相似性网络中的环状 RNA 和疾病节点赋予一个初始的传播概率，将环状 RNA 相似性网络和疾病相似性网络按照列来进行标准化，$NCS(i, j)$ 和 $NDS(i, j)$ 分别代表的是标准化后的环状 RNA i 和 j 之间的相似性得分以及疾病 i 和 j 的相似性得分，为了在整合后的环状 RNA 相似性网络和疾病相似网络中进行节点概率传播的概率转移，首先初始化整合后环状 RNA 相似性网络和疾病相似性网络中的环状 RNA 和疾病节点的转移概率，再通过分别在整合后的环状 RNA 相似网络和疾病相似性网络中采用随机游走算法，最后综合在环状 RNA 相似性网络和疾病相似性网络中的预测结果获取最终的环状 RNA – 疾病关系预测结果。

该申请请求保护一种基于双随机游走重启动的多数据整合环状 RNA 与疾病相关性预测方法，处理的对象是人体 RNA 信息，属于有生命的人体或动物体的离体样本。所述方案的全部步骤均由计算机等装置实施，利用大数据技术进行生物分子与疾病相关性的预测，实质上属于生物信息学领域的一种信息处理方法，其目的是通过对数据库中的大数据信息进行挖掘和提取，识别和得到生物分子信息与疾病之间可能存在的关系，为进一步验证生物分子的真实生物学意义以及与疾病间的关系提供参考信息。该方法并不同于生物分子用于疾病诊断的直接应用，无法根据现有技术中的医学知识和该专利申请公开的内容从所述相关性结果本身直接获得疾病的诊断结果或健康状况。也就是说，该方法并非以得出疾病的诊断结果或健康状况为直接目的，因此不属于疾病的诊断方法。

【案例 1 – 2 – 2】一种乳腺癌评分系统中的细胞有丝分裂识别方法

涉案申请权利要求 1 如下：

1. 一种乳腺癌评分系统中的细胞有丝分裂识别方法，其特征在于，包括如下步骤：

A. 通过查询病理医师标注文件中的信息获取乳腺癌数字化切片中的ROI区，得到细胞有丝分裂的图像；

B. 读入数字化切片文件图像，将图像切割成小块，通过查询病理医师标注文件中的信息，得到该小块图像中是否包含有丝分裂的信息，并对有丝分裂的位置予以标记，由此获得两类样本集，即：有丝分裂样本，不含有丝分裂样本；

C. 设计细胞有丝分裂生成模型；

D. 将不含有丝分裂的样本作为模拟训练集，模拟得到有丝分裂细胞样本；

E. 将模拟得到的有丝分裂的样本作为训练样本，医生标注的有丝分裂的样本作为验证样本，启动 CNN 神经网络，开始训练，让网络自动学习有丝分裂的特征，建立识别模型。

涉案申请请求保护一种乳腺癌评分系统中的细胞有丝分裂识别方法。其处理对象是乳腺癌数字化切片，属于有生命的人体或动物体的离体样本。所述方案的全部步骤均由计算机等装置实施，其过程是利用神经网络技术，通过图像样本来训练细胞有丝分裂的识别模型，目的是提供一种识别细胞有丝分裂的信息处理工具，以解决现有技术中人工识别细胞有丝分裂是否存在的识别不准确的问题。尽管权利要求保护的主题中限定了该细胞有丝分裂识别方法是用于乳腺癌评分系统，但这种限定仅是表明该方案所应用的场景，并未得出任何诊断结论，所建立的识别模型仅是为医生或研究人员提供辅助分析工具，所述方法属于神经网络技术在医疗信息处理领域的一种应用情形，实质上是一种信息分析模型的构建方法，所得到的结果是构建了能够识别"有丝分裂个数"这一中间结果的识别模型，不会限制医生在诊断过程中的选择自由。也就是说，基于神经网络技术构建细胞有丝分裂识别模型的直接目的不是得到特定疾病的诊断结果或具体的健康状况，因此该方法不属于疾病的诊断方法。

【案例 1 - 2 - 3】基于深度卷积神经网络自动识别甲状腺结节良恶性的方法

涉案申请权利要求 1 如下：

1. 基于深度卷积神经网络自动识别甲状腺结节良恶性的方法，其特征在于，包括下述过程：

一、读取甲状腺结节的 B 超数据；

二、对甲状腺结节图像进行预处理；

三、选取图像利用卷积神经网络，即 CNN，自动学习分割出结节部分与非结节部分，结节部分就是感兴趣区域，即 ROI，并对结节形状进行细化；

四、将步骤三提取出来的 ROI，平均分成 p 组，利用 CNN 提取这些 ROI 的特征，并进行归一化；

五、选出步骤四中 $p-1$ 组数据做训练集，剩余一组做测试，通过 CNN 训练出识别模型进行测试；

六、重复步骤五，做 p 次交叉检验，得到识别模型的最佳参数，最终确定基于深度卷积神经网络自动识别甲状腺结节良恶性的辅助诊断模型；

七、将待识别的甲状腺结节 B 超数据输入上述辅助诊断模型进行甲状腺结节良恶性的初步分类；

八、由医生依据甲状腺结节的形态学特征，从上述初步分类结果中对明显有误的分类进行调整，得到甲状腺结节良恶性的识别结果。

该申请请求保护一种基于深度 CNN 自动识别甲状腺结节良恶性的方法。其处理对象是甲状腺结节的 B 超数据，属于有生命的人体或动物体的离体样本。所述方案的步骤一至七由计算机等装置实施，步骤八由医生实施，其处理过程为通过计算机针对甲状腺结节的 B 超数据进行预处理、ROI 的提取、利用获得的数据集进行模型训练、优化确定自动识别甲状腺结节良恶性的辅助诊断模型，并利用所述辅助诊断模型进行初步分类，在上述计算机辅助分析的基础上，再由医生结合甲状腺结节的形态学特征，对甲状腺结节良恶性进行诊断。上述方法由医生直接参与识别的过程，从而可能对医生在诊断过程中的选择自由产生限制。所述对甲状腺结节良恶性的识别是由医生作出的专业分析和确认。基于现有技术的医学知识可知，甲状腺结节良恶性的识别结果是有关癌症病情的诊断结果，而不属于中间结果，因此该方法以获得诊断结果或健康状况为直接目的，属于疾病的诊断方法。

第四节　专利审查规则辨析

基于人工智能的医疗信息处理方法的保护客体判断应当把握好以下两个要点：①所述信息处理方法是否以有生命的人体或动物体为对象；②所述信息处理方法是否以获得疾病诊断结果或健康状况为直接目的。如果所述信息处理方法的全部步骤由计算机等装置实施，其直接目的不是获得诊断结果或健康状况，那么该方法不属于诊断方法。

上述两个要点是《专利审查指南2010》中规定的关于诊断方法的通用构成要件，可适用于对各领域涉及疾病诊断的方法进行保护客体的判断。由于基于人工智能的医疗信息处理方法存在自身的技术特点，在针对该类方法进行保护客体判断时容易产生判断上的不确定性。为更好地把握该类方法的技术实质，作出准确的保护客体判断，需要注意以下两方面：一是对于实施主体的判断，针对全部步骤由计算机等装置实施的医疗信息处理方法，由于其能够明显排除医生直接参与的可能，进而避免对医生自由选择权的限制，满足了《专利审查指南2010》中关于"医生在诊断和治疗的过程中应当有选择各种方法和条件的自由"的要求，因此在进行保护客体判断时应当纳入考量的范围；二是对于直接目的的判断，基于人工智能的医疗信息处理方法本质上是信息学的分析和处理方法，即利用大数据人工智能技术得到信息处理结果，该结果通常只是为医生更准确地诊断疾病和制定治疗方案提供参考，属于中间结果，其直接目的并不是获得疾病的诊断结果或健康状况。

综上所述，对于基于人工智能的医疗信息处理方法，如果全部步骤由计算机等装置实施，其直接目的不是获得诊断结果或健康状况，而只是为医生更准确地诊断疾病和制定治疗方案提供参考，则该方法得到的信息处理结果属于辅助诊断的中间结果，该方法不属于《专利法》第25条第1款第（三）项所述的疾病的诊断方法。

第三章 基于大数据的预测方法的保护客体审查

数据作为新的生产要素，被称为数字经济时代的"石油"，价值巨大，不可忽视。数据挖掘是从大量的、不完全的、有噪声的、模糊不清的、随机的实际数据中，提取出蕴含在其中的潜在的信息和知识的过程。互联网、云计算、人工智能技术的发展和融合，使大数据分析成为各行业的发展主流和创新热点。在对数据进行分析和挖掘时，基于大数据预测未来趋势成为大数据分析的核心目的之一，例如预测未来天气、未来交通、未来经济走势、用户未来行为等。而这种预测方法是否属于专利法保护客体成为专利审查的争议焦点。

第一节 基于大数据的分析技术的发展概况

一、大数据的概念

20 世纪 80 年代，"大数据"的理念由社会学家阿尔文·托夫勒（Alvin Toffler）在《第三次浪潮》一书中首次提出，书中称"大数据"为"第三次浪潮的华彩乐章"。1998 年，美国高性能计算公司 SGI 的首席科学家约翰·马西（John Mashey）指出随着数据量的快速增长，必将出现数据难理解、难获取、难处理和难组织等四个难题，并用"big data"（大数据）来描述这一挑战，在计算领域引发思考。2007 年，数据库领域的先驱人物吉姆·格雷（Jim Gray）指出大数据将成为人类触摸、理解和逼近现实复杂系统的有效途径，并认为在实验观测、理论推导和计算仿真等三种科学研究范式后，将迎来第四范式——"数据探索"，后来同行学者将其总结为"数据密集型科学发现"，开启了从科研视角审视大数据的热潮。2008 年 8 月，牛津大学教授维克托·迈尔－舍恩伯格（Viktor Mayer－Schnberger）在其畅销著作《大数据时代》中指出，"大数据——不用随机分析法（抽样调查）选取随机样本，而是采用所有数据进行分析处理，即样本＝总体"。大数据要求人们改变对精确性的苛求，转而追求混杂性；从对因果关系的串联思维转变成对相关关系的并联思维，这种思维的转变将是革命性的。

二、大数据分析技术的发展

独立的数据本身不具有任何分析价值，而体量巨大的数据集合蕴含着潜在的分析价值。相较于传统的数据，大数据的特征可以体现为：体量大（volume）、增长速度快（velocity）、模态多（variety）、真实性（veracity）和价值密度（value）低。由此，大数据的分析模式也较传统模式发生了变化，正如维克托·迈尔－舍恩伯格指出的，数据分析将从"随机采样""精确求解""强调因果"的传统模式演变为大数据时代的"全体数据""近似求解""只看关联不问因果"的新模式。❶

大数据处理包括采集、存储、传输、管理、计算、分析、可视化等多个流程。其中数据分析是大数据处理流程中最核心的部分，因为数据本身的价值需要数据分析来体现。而数据、算力和算法又是影响数据分析效果的三个最重要因素。虽然"大数据"的概念早在20世纪80年代就被提出，但是对于大数据的研究和产业落地一直处于低迷状态，主要是因为上述三个要素没有被很好地解决。正是互联网时代的到来、分布式计算技术的发展、深度学习算法的产生，使得大数据分析进入了新的发展阶段。

数据上，随着互联网、物联网、移动通信技术的发展，数字信息已经渗透到我们生活和社会的方方面面，近些年信息生产量的增长也势不可当。全球2018年创建、捕获、复制和消耗的数据总量为33ZB，相当于33万亿GB。2020年，这一数字增长到59ZB。2014年3月，"大数据"第一次被写入我国政府工作报告，大数据开始成为国内社会各界关注的热点。2016年3月，《中华人民共和国经济和社会发展第十三个五年规划纲要》（以下简称《"十三五"规划》）正式提出"实施国家大数据战略"，国内大数据产业开始全面、快速发展。2020年，数据正式成为生产要素，数据要素市场化配置上升为国家战略。2021年，《"十四五"规划和2035年远景目标纲要》明确提出"培育壮大人工智能、大数据、区块链、云计算、网络安全等新兴数字产业"。

算力上，深度学习算法需要大量的矩阵乘加运算，对大规模并行计算能力有很高的要求，CPU（中央处理器）和传统计算架构无法满足对于并行计算能力的

---

❶ 迈尔－舍恩伯格，库克耶. 大数据时代：生活、工作与思维的大变革［M］. 盛杨燕，周涛，译. 杭州：浙江人民出版社，2013.

需求。2004—2006 年，Google 陆续发表了 "Google File System" "MapReduce" "Big Table" 三篇革命性文章，奠定了分布式系统理论基础。由于 Hadoop 利用集群的计算和存储能力，对大量数据进行可靠、高效、可伸缩的分布式高速运算，成为大数据分析时代驱动数据价值挖掘和变现的炙手可热的技术之一。与此同时，人工智能芯片逐渐从传统的 CPU 结构发展出 GPU（图形处理器）、FPGA（现场可编程门阵列）、ASIC（专用集成电路）、类脑芯片等多种类型的专用人工智能芯片。伴随着分布计算系统、专用人工智能芯片技术的发展，具有人工智能技术的超级计算中心建设成为一种趋势。其基于云计算技术构建人工智能服务，对用户提供统一架构、统一服务和统一 API（应用程序编程接口），降低了人工智能服务的使用门槛。

算法上，大数据分析过程实际上是计算机理解数据的过程。为了让计算机理解数据，关键的步骤是对数据特征进行计算机提取和表示，计算机基于这些内部特征来理解数据、发现价值。早期，数据表征的方式完全由人工完成，基于专家的知识构建规则。为了解决更复杂的问题，逐渐产生了浅层模型。这类模型一般只有一层隐藏层节点或没有隐藏层节点，比如 SVM、LR 等，有时也需要人工来表达和提取特征。但是当问题更加复杂时，人为建模就会捉襟见肘，效果也不尽如人意。2006 年，杰弗里·辛顿（Geoffrey Hinton）开启了深度学习在学术界和工业界的浪潮，即 DNN。这种网络包括三个以上的隐藏层，每层有成千上万的神经元，整个网络有百万级至百亿级的参数空间，具有非常强大的学习能力和特征提取能力。该网络不需要手工指定特征提取的规则，而是靠网络自身提取数据的特征，并且基于这些特征自动发现数据中存在的关系。此外，对于网络训练的方式可以分为有监督和无监督两种方式。有监督是指样本数据是已经标引好的数据，机器根据学习使模型输出趋近于标引结果。而无监督是指只有数据没有标签，不知道正确答案，模型完全靠自己学习数据中的信息来构建。无监督学习技术的发展为大数据分析提供了更高的实用价值。无论是何种训练方式，由于大数据分析算法的核心是自主挖掘数据中的关联关系，因此其分析结果必然体现了数据本身存在的客观关联性，但是也仅仅体现的是数据本身的内在关联性。

三、大数据分析的价值

基于深度学习技术的数据分析算法依靠深度学习模型强大的自我学习能力，使整个实现过程脱离了人工参与，数据成为大数据分析的唯一入口。正因如此，只要有数据的行业就与大数据分析发生了千丝万缕的联系。大数据能够为制造业带来更精准、更优化的工艺以及更优质的产品，以弥补制造业整体水平低下的现状。大数据可驱动农业发展，提高农业效率，保障食品安全，实现农产品优质优价。在商业领域，可以借助大数据分析实现精准投放广告、用户商品推荐，甚至挖掘新的商业模式。而政府部门利用大数据分析可以感知社会的发展变化需求，从而为社会提供相应的公共服务以及资源配置。因此"大数据"在技术和应用方面不断推陈出新，成为赋能新领域新业态的关键技术之一，也激发了各个业态商业模式的创新，利用大数据进行行业分析和预测成为创新热点，创新主体将创新成果以发明专利的形式进行保护的需求也日渐强烈。

第二节　主要国家或地区审查标准对比及修改动态

基于大数据的预测方法多呈现为利用特定算法或模型对某个领域的海量数据进行分析并得到一预测结果，同时分析结果完全依赖于数据和算法。而由于数据、算法本身都属于抽象的概念，海量数据是否属于技术特征，分析算法是否属于技术手段，整个分析方法是否属于技术方案，成为世界各国或地区专利审查的判断热点和难点，而各国或地区也通过修改审查指南或补充相关案例以给出更加明确的审查标准。本节具体介绍中国、美国、欧洲专利局以及日本对于大数据分析预测方法的客体判断标准和修改动态。

一、中国国家知识产权局

《专利法》对发明创造是否属于技术方案的审查有法定要求。《专利法》第2条第2款规定："发明，是指对产品、方法或者其改进所提出的新的技术方案。"

《专利审查指南2010》第二部分第一章第2节中规定："技术方案是对要解决的技术问题所采取的利用了自然规律的技术手段的集合。技术手段通常是由技术特征来体现的。未采用技术手段解决技术问题、以获得符合自然规律的技术效果的方案，不属于专利法第二条第二款规定的客体。"

《专利审查指南2010》第二部分第九章第2节和第6.1.2节中分别进一步规定："如果涉及计算机程序的发明专利申请的解决方案执行计算机程序的目的是为了处理一种外部技术数据，通过计算机执行一种技术数据处理程序，按照自然规律完成对该技术数据实施的一系列技术处理，从而获得符合自然规律的技术数据处理效果，则这种解决方案属于专利法第二条第二款所说的技术方案，属于专利保护的客体。""如果权利要求中涉及算法的各个步骤体现出与所要解决的技术问题密切相关，如算法处理的数据是技术领域中具有确切技术含义的数据，算法的执行能直接体现出利用自然规律解决某一技术问题的过程，并且获得了技术效果，则通常该权利要求限定的解决方案属于专利法第二条第二款所述的技术方案。"

可见在判断发明是否属于《专利法》第 2 条第 2 款定义的技术方案时，技术问题、技术手段、技术效果是三个需要考量的重要因素，要从是否符合自然规律的角度判断技术问题、技术手段、技术效果。

国家知识产权局第 343 号公告发布、2020 年 2 月 1 日起实施的《国家知识产权局关于修改〈专利审查指南〉的决定》在《专利审查指南 2010》第二部分第九章新增第 6 节，该节对涉及人工智能、"互联网＋"、大数据以及区块链等的发明专利申请的审查规则进行了细化。其中明确在判断该领域发明专利申请的一项权利要求是否是技术方案时应当对其中涉及的技术手段、解决的技术问题和获得的技术效果进行分析。这与《专利审查指南 2010》第二部分第一章第 2 节规定的技术方案是对要解决的技术问题所采取的利用了自然规律的技术手段的集合等判断原则是一致的。其第 6.2 节从正反两方面增加了 10 个关于授权客体和创造性的审查示例，其中引入了例 6 "一种基于用电特征的经济景气指数分析方法"。该申请基于待测地区的经济数据和用电数据，选定各项经济指标和用电指标，进而评估待测地区的经济景气指数。《专利审查指南 2010》对于该案例的分析及结论为：该解决方案处理对象是各种经济指标、用电指标，解决的问题是对经济走势进行判断，不构成技术问题，所采用的手段是根据经济数据和用电数据对经济情况进行分析，仅是依照经济学规律采用经济管理手段，不受自然规律的约束，因为未利用技术手段，该方案最终可以获得用于评估经济的经济景气指数，不是符合自然规律的技术效果，因此该解决方案不属于《专利法》第 2 条第 2 款规定的技术方案。

在国家知识产权局 2021 年发布的《专利审查指南修改草案（征求意见稿）》中，在第 6.1.2 节中新增了对涉及大数据挖掘的发明专利申请的客体进行判断的具体规则，即对于如果权利要求的解决方案处理的是具体应用领域的大数据，利用分类聚类、回归分析、神经网络等挖掘数据中符合自然规律的内在关联关系，据此解决如何提升具体应用领域大数据分析可靠性或精确性的技术问题，并获得相应的技术效果，则该权利要求限定的解决方案属于《专利法》第 2 条第 2 款所述的技术方案。

可见，我国判断大数据分析的预测方法是否属于保护客体时，关注解决方案整体上是否利用符合自然规律的技术手段来解决大数据分析可靠性或精确性的技术问题。如果解决方案仅是依照经济学规律采用经济管理手段，不受自然规律的约束，不属于技术手段。

二、美国专利商标局

《美国专利法》第 101 条❶从正面定义了可授予专利权的四种法定类别，并通过《专利审查程序手册》（Manual of Patent Examining Procedure，MPEP）中的《专利客体适格性审查指南》将三种司法例外排除在外，即自然法则、自然现象和抽象概念。而因美国联邦法院的判例变动，《专利客体适格性审查指南》在近年来被频繁修订，也反映了该领域法律适用的不确定性。2014 年美国联邦最高法院在"Alice 案"（通过援引其先例"Mayo"）中确立了 Alice/Mayo 测试法。为了提高 Alice/Mayo 两步测试法的可预期性，2019 年美国专利商标局两次修改，完善了该测试法，提高了法律适用稳定性和一致性。❷ 从 2018 年 "SAP AMERICA，INC. V. INVESTPIC，LLC" 判例和 2021 年 "IN RE BOARD OF TRUSTEES OF LELAND STANFORD JUNIOR，991 F. 3D 1245" 判例、"IN RE BD. OF TRUSTEES OF LE-LAND STANFORD JR. UNIV.，989 F. 3D 1367" 判例可以看出，法院在对涉及数学算法的发明进行适格性判断时认为：①信息的客观性不等同于信息的非抽象性，对于无形的信息以及对该类信息的收集、分析都在抽象概念的范围内；②对于除算法外限定的特定领域相关的特征，如果使用的是常规计算机设备，则不会将这些特征从抽象概念更改为实际应用，也正因如此，对于特定领域数据分析得到的效果，例如预测准确性，仅能理解为提高数学计算统计本身预测的准确性；③将权利要求限制在特定信息领域，如金融领域、基因数据分析，并不能使权利要求脱离抽象概念的领域，领域的应用仅是导致数学分析本身进行了改进，即使其在特定领域中产生了效果，也仅是存在于"科学和技术工作的基本工具"中。

以上判例反映的判断标准体现出美国专利商标局对于大数据分析方法专利适格性的判断比我国更加严格，其在判断抽象概念外的其他特征是否整合到实际应用中时，更加关注该应用是否为计算机结构或性能带来技术改进，其考虑的技术特性范围更窄。但是，如果申请人在撰写说明书时强调大数据分析方法对计算机带来新的功能或者性能的改进，则有可能使申请通过客体的审查。

---

❶ 《美国专利法》第 101 条规定：无论是发明或发现任何新的且有用的工艺、机器、产品或物体的组成，或任何新的且有用的改进，在满足专利法其他规定的情况下，都可能获得专利。

❷ 张韬略. 美国《专利客体适格性审查指南》的最新修订及评述 [J]. 知识产权，2020 (4)：84 - 96.

三、欧洲专利局

方案是否具有技术特性是欧洲专利局审查的重要要素。欧洲专利局从"发明主题"和"技术贡献"两个维度来考虑发明的技术特性。2018 年 11 月，欧洲专利局对其审查指南进行了修改，在"数学方法"部分增加了"技术应用""技术实施"，以解释数学方法可能有助于发明的技术特性，即通过其应用于技术领域和/或通过适应特定的技术实现，有助于产生服务于技术目的的技术效果。在"技术应用"方面，在评估数学方法对发明技术特征的贡献时，必须考虑到该方法在该发明中是否产生服务于技术目的的技术效果。此外，仅仅有数学方法可以达到技术目的这一事实也是不够的。该权利要求在功能上应限于技术目的，无论是明示的还是隐含的。这可以通过在技术目的和数学方法步骤之间建立充分的联系来实现，例如，通过指定数学步骤序列的输入和输出如何与技术目的相关，以使数学方法与技术效果有因果关系。在技术实现方面，当权利要求书针对数学方法的特定技术实现并且数学方法特别适合于该实现时，数学方法也可以独立于任何技术应用而对本发明的技术特征作出贡献，因为其设计是由计算机系统或网络内部功能的技术考虑驱动的。

同时，《欧洲专利局审查指南》2018 年的修改进一步针对人工智能和机器学习给出具体规则。人工智能和机器学习基于计算模型和算法进行分类、聚类、回归和降维，这种计算模型和算法本身具有抽象的数学性质，无论它们是否可以基于训练数据进行"训练"。因此，"数学方法"中提供的指导（审查指南 G 部第 II 章第 3 节）通常也适用于此类计算模型和算法。

由此，在欧洲专利局，对于大数据分析预测方法也需要判断是否用于技术目的，产生相应的技术效果，或对其算法设计是由计算机系统等技术考虑驱动。此外，审查指南中指出对抽象数据记录甚至"电信网络数据记录"进行分类，而不表明将所得分类用于任何技术用途，这本身也不是一项技术目的，即使分类算法可能被认为具有有价值的数学特性，如鲁棒性。

虽然由计算机实现的大数据预测方法属于《欧洲专利公约》（EPC）第 52 条第 1 款意义上的发明，但是在对其进行创造性判断时，欧洲专利局仍然会判断大数据预测方法是否对发明产生了技术贡献，即算法是否产生服务于技术目的的技术效果。因此，中国国家知识产权局与欧洲专利局的判断标准总体思想类似，而且两局都提及了算法的输入和输出应与技术目的相关，以使数学方法与技术效果有因果关系。

四、日本特许厅

与中国国家知识产权局类似，日本特许厅通过《日本专利法》（JPA）第2条第1款对发明进行了正面定义❶，也将"利用自然法则"作为审查发明的一个重要法定要素。对于软件相关的发明，日本特许厅使用两个步骤来判断。第一步与其他类型的发明的判断标准一样，可以称为通用准则，判断软件的发明是否是"利用自然规律的技术思想的创造"。如果是，审查员将不会进行第二步的判断，因此审查期间不用考虑该发明是否实际上用计算机实现。如果在第一步无法判断是否是"利用自然规律的技术思想的创造"，则再"根据软件立场的概念"进行判断。

在《日本发明和实用新型审查手册》（JPHB）附录B第1章第3.2节案例2-14"用于分析住宿设施评价的训练模型"的分析中，其并未过多关注方案是不是属于抽象概念，而是分析该方案是否通过软件和硬件资源的协作来构建符合使用目的的特定信息处理系统。

可见，对于大数据预测方法，如果其预测过程中基于的是物体的技术特性，预测的结果与该技术特性具有技术相关性，那么日本特许厅则直接通过客体判断的第一步审查，认定该方法属于"利用自然规律的技术思想的创造"；否则，日本特许厅将进行第二步的审查。如果方案中对实现该预测方法的计算模型进行了详细的描述（如案例2-14），体现方案通过软件和硬件资源的协作实现特定目的，则认定该方法属于保护客体。此外，需要说明的是，日本特许厅在判断人工智能相关的发明是否满足"能够实施"要求时，会考虑方案的输入和输出之间的相关性是否在说明书中明确记载或基于申请时的公知技术常识，本领域的技术人员是否可以推定两者之间存在特定的关联关系，例如《日本发明和实用新型审查手册》附录A第1章案例49。

通过以上介绍可以发现，虽然我国与日本特许厅类似，都需要分析数据分析对象和结果之间的技术相关性，但是，对于无法确定方案是否为"利用自然规律的技术思想的创造"时，日本特许厅还会从软件的立场来分析，而对于由计算机硬件实施的具有特定功能的人工智能模型，日本特许厅不单独否认人工智能模型本身的数学抽象属性。而我国国家知识产权局与美国专利商标局、欧洲专利局两

---

❶ 《日本专利法》第2条第1款：本法中的"发明"是指利用自然法则作出的具有一定高度的技术思想的创造。

局一样，认为人工智能模型本身属于抽象概念，因此将判断重点放在方案整体上是否体现了自然规律的实质，即方案不会因人为操作或参与而改变且效果是确定的，不是随机偶然、不可预见的等，同时也关注方案本身是否用于技术目的。

第三节　基于大数据的预测方法的保护客体的审查难点

一、典型案例

【案例 1 - 3 - 1】一种基于气温与经济增长的用电需求预测方法

该申请请求保护一种基于气温与经济增长的用电需求预测方法。根据说明书的记载，传统的用电需求（用电量）预测方法没有考虑经济走势的影响，或者虽然考虑了经济 - 电力关系但预测过程复杂，而且预测中缺乏对气温的有效考虑。该申请综合考虑气温和经济增长两方面因素，通过统计历史年度样本的平均气温数据、经济增长指数和全社会用电量数据，构建一个经济模型；然后基于目标月度/季度的平均气温预测值、经济增长指数预测值，通过该经济模型来预测目标月度/季度的全社会用电量。

涉案申请权利要求 1 如下：

1. 一种基于气温与经济增长的用电需求预测方法，其特征在于，包括以下步骤：

（1）选取规模以上工业增加值或社会消费品零售额作为最佳经济指标；

（2）获取历史年度样本区间各日的平均气温数据、各个月度/季度的最佳经济指标增速数据和全社会用电量数据；

（3）根据所述历史年度样本区间各日的平均气温数据，计算得到历史年度样本区间各个月度/季度的平均气温；

（4）构建逐年同月/季经济增长指数计算模型，根据所述历史年度样本区间各个月度/季度的最佳经济指标增速数据，计算得到历史年度样本区间各个月度/季度的经济增长指数；

（5）根据所述历史年度样本区间各个月度/季度的全社会用电量数据、平均气温和经济增长指数，构建以全社会用电量为解释变量的逐年同月/季计量经济模型；

（6）将历史年度样本区间同月/季的平均气温取平均值，计算得到目标月度/季度的平均气温预测值；

（7）获取目标月度/季度的最佳经济指标增速数据，计算得到目标月度/季度的经济增长指数预测值；

（8）根据所述以全社会用电量为解释变量的逐年同月/季计量经济模型、目标月度/季度的平均气温预测值和经济增长指数预测值，计算得到目标月度/季度的全社会用电量预测值。

该案的争议焦点在于：①社会用电量属于物理指标，如何提高一物理指标的预测准确率这一问题是否是技术问题；②经济增长与用电量之间的关联关系是否符合自然规律；③气温与用电量之间的关联关系是否符合自然规律；④利用数学模型进行评估、预测的解决方案，模型中各参数的影响在客体判断中如何考虑。

【案例1-3-2】一种风电场的年发电量预测方法和系统

现有的序列分析方法和资源-电量方法预测风电场年发电量时，气候变化剧烈或者风速预测不准会导致预测精度低。同时，预测所需的气温观测数据异常丰富，然而风速观测数据却非常稀缺，导致出现气候预测模式的气温预测准、风速预测不准的情况。该案中的方案通过放弃使用气候预测模式提供的预测风速，转而利用风资源驱动力的南北纬温度梯度构建南北纬气温梯度与年发电量的关系模型，从而不受气候剧烈变化的影响，提升了年发电量的预测准确性。

涉案申请权利要求如下：

1. 一种风电场的年发电量预测方法，其特征在于，包括：

获取风电场目标年的南北纬气温梯度、风电场参考年历史南北纬气温梯度和风电场参考年历史年发电量；

将所述目标年的南北纬气温梯度、风电场参考年历史南北纬气温梯度和风电场参考年历史年发电量代入预先建立的发电量预测模型，进行计算得到风电场目标年的年发电量；

其中，所述发电量预测模型的建立，包括：

基于南北纬气温梯度与年平均风速间的对应关系构建南北纬气温梯度-年平均风速间的关系模型；

基于年平均风速与年发电量间的对应关系构建年平均风速-年发电量的关系模型；

结合所述南北纬气温梯度-年平均风速间的关系模型和年平均风速-

年发电量的关系模型，得到南北纬气温梯度 – 年发电量的关系模型；

将目标年的南北纬气温梯度 – 年发电量的关系模型与参考年的南北纬气温梯度 – 年发电量的关系模型相除，并将相除结果转换为关于目标年的年发电量的函数，得到发电量预测模型。

该案的争议焦点在于：该案在预测发电量时人为指定了建模所需的指标，即风电场目标年的南北纬气温梯度、风电场参考年历史南北纬气温梯度和风电场参考年历史年发电量，对于指标的人为选择是否属于技术手段；其效果仅是根据其指定的指标建模得到了一种预测模型，这是否属于技术效果。

二、审查难点

《专利法》《专利法实施细则》《专利审查指南 2010》均未对"自然规律"进行明确的定义。具体到基于大数据分析实现的预测方法，处理的数据属于客观存在的数据，且预测过程全部由计算机执行，并可以产生一预测结果，且该预测结果对行业产生了特定的价值，那么基于大数据分析实现的预测方法是否属于专利法保护的客体？尤其对于应用于金融、社会管理等行业的预测方法，如股票预测、经济走势预测、选举结果预测等，其解决的问题是否是技术问题，采用的手段是否符合自然规律，获得的效果是否为符合自然规律的技术效果？经济规律、社会规律是否属于自然规律？对这些问题如何判断是目前的争议焦点，也是审查难点。

三、案例解析

对于案例 1 – 3 – 1，该案解决的问题是如何准确预测全社会用电量。用电量虽然是一个物理量，但预测用电量本身并不一定具备技术意义。正如本领域的技术人员所知，预测用电量可能用于控制电厂发电、电网调度等技术目的，也可能用于社会管理部门和各生产经营部门的经营安排、物资调度、人员管理等宏观和微观的管理目的。因此，就该案所记载的内容而言，从预测用电量本身并不能确认其一定是技术问题，仍需进一步考量预测过程所采取的手段是否是利用了自然规律的技术手段，所述方案是否具备技术效果。自然规律应当是存在于自然界的客观事物内部的规律，是物质运动固有的、本质的、稳定的联系，不依赖于人的主观意识而存在，不以人的意志为转移。而经济规律不属于专利法意义上的自然规律的范畴。该案所采用的主要手段是通过历史数据来构建气温、经济增长指数、用电量的模型，来预测未来的用电量。其内在的规则体现在经济增长与用电量的关系以及气温与用电量的关系上。以下具体分析这两组关系。

首先，经济增长与用电量之间的关联确实具有一定的规律性，然而该规律在宏观层面上表现为社会各经济要素的变化与关联在统计学意义上具有一定的稳定性和客观性，但其运行的微观基础和内在逻辑本质是经济规律，不属于专利法意义上的自然规律，因此通过经济增长数值也不能必然达到准确预测用电量的效果。

其次，气温与用电量虽然是两个物理量，但该申请并未体现出二者之间的关联反映了自然规律。具体而言，气温与用电量的关联主要取决于人追求环境舒适的主观需求、不同地区人们生活习惯、当地用电设备数量、电的价格水平等因素，反映出设备运行、人的主观需求及习惯偏好、社会经济发展水平、社会规则等共同作用，而非自然规律的作用，因此气温与用电量之间的关联未体现自然规律，即基于气温数据也不能必然达到准确预测用电量的效果。

进一步考虑到数学建模及大数据分析方法本身仍然属于单纯的数学算法范畴，因此从经济增长和气温到用电量的分析与计算并不是利用了自然规律的技术手段的集合。基于这些手段，涉案申请的解决方案实际上解决的是如何更有效地利用经济学规律、社会统计规律等预测用电量的问题，并非技术问题，通过上述手段也无法必然产生其声称的效果，从而也未产生技术效果。因此，该申请的解决方案不是技术方案，不符合《专利法》第2条第2款的规定。

对于案例1-3-2，虽然该方案也用于预测电量，但是该电量为风电场年发电量，该发电量是由风电场所在地的气候模式以及设备的相关物理性能决定的，因此气候模式与发电量之间存在符合自然规律的关联关系；该方案要解决的是如何克服以小样本的风速观测数据预测导致准确率不高的问题，属于技术问题；采用的手段是利用分析得到的历史南北纬气温梯度数据与风电场发电量之间的符合自然规律的关联关系来预测未来发电量，属于技术手段；提高了风电场年发电量的预测准确率，属于技术效果。诚然，在对风电场年发电量进行预测时，可以根据具体的问题有侧重地选取不同的指标，而只要该指标与风电场年发电量之间具有符合自然规律的关联关系，且预测方法基于该关联关系实现，那么该选取手段以及预测过程作为整体就构成了解决其技术问题的技术手段。

第四节　专利审查规则辨析

解决以上争议焦点或审查难点的关键是正确理解专利法中技术方案中"技术"的实质和专利法意义上自然规律的内涵，准确判断技术问题、技术手段、技术效果三要素，并厘清这三个要素与自然规律之间的关系。

一、从立法本意正确理解技术方案的技术特性本质

我国专利制度的建立是为了保护专利权人的合法利益，鼓励发明创造，推动发明创造的应用，提高创新能力，促进科学技术进步和经济社会发展，同时也要实现专利权人和社会公众之间的利益平衡。先进的技术付诸实践的同时专利权人也能获得经济利益，体现专利制度的经济杠杆作用。❶ 可见，《专利法》的终极目的不仅仅是鼓励作出发明创造，而且对发明创造授予专利权必须有利于推动其应用，提高创新能力，促进社会进步与繁荣。

发明创造可以推广应用的前提应是发明创造应用时的效果是确定的，即在发明创造限定的客观环境中，技术方案能以确定的方式实施，并得到发明创造声称的技术效果。这就要求技术方案本身与产生的技术效果之间存在必然性的因果关系，即采用的方案能必然解决其声称的技术问题，达到其所要产生的技术效果。而自然规律是存在于自然界的客观事物内部的规律，是物质运动固有的、本质的、稳定的联系，不依赖于人的主观意识而存在，不以人的意志为转移。因此利用自然规律对客观世界进行改造必然能够满足技术方案与技术效果之间的必然因果关系。

因此，《专利审查指南2010》对于技术方案的定义是：对要解决的技术问题所采取的利用了自然规律的技术手段的集合。该定义强调技术方案具有技术特性的本质是利用自然规律。虽然《专利审查指南2010》对自然规律的内涵没有进行明确的定义，但是根据以上分析可以确定的是，方案中手段遵循的规律必须能够保证技术方案本身与产生效果之间存在必然性的因果关系，只有满足该要求才能确保方案具有技术特性，可以得以产业应用，在发挥专利制度的杠杆作用的同时促进科学技术进步和经济社会发展。

二、经济规律不属于自然规律

虽然人类的经济社会活动会受到自然规律的统摄和制约，并在此过程中形成社会经济规律，但是社会经济规律不能等同于专利法意义上的自然规律，而是比该自然规律更加复杂和多变，从而也不必然具有专利法所限定的客观必然性。例

---

❶ 尹新天. 中国专利法详解：缩编版［M］. 北京：知识产权出版社，2012：10.

如，经济规律就可以按照作用历史时间长短分为：①在一切社会经济形态中起作用的共有经济规律；②在某几个社会经济形态中起作用的共有经济规律；③在某一社会形态的一定阶段起作用的特有经济规律等。❶ 不同时期、不同经济形态的社会经济规律不同，从而也不能保证基于社会经济规律的发明可以产生确定性的效果从而得以在产业上应用和推广。

同时更不能简单、直接地认为某个经济现象或者某段时间内客观存在的经济数据就一定体现了经济规律，甚至自然规律。因为经济现象和经济数据离不开人的参与，人虽然具有符合自然规律的自然属性，但是同时也具有主观属性，因此在经济活动中所起的作用是人的自然属性还是人的主观属性是不确定的，由此出现的经济现象或者经济数据中体现的关联关系也不必然是客观的、符合自然规律的。

三、基于大数据预测所解决的问题不必然是技术问题

基于大数据的预测方法的方案解决的问题多为提高预测的准确率，但是提高准确率本身没有技术特性，即使限定到特定领域，例如提高用电量准确率，也不能单独地判定其解决的就一定是技术问题，还需要结合其所采用的手段以及想要达到的效果来判断。出现这种情形的主要原因是，在确定解决的问题时，易于将问题上位化，而不是给出最贴近方案实现效果所对应的要解决的问题。例如有两个方案，方案 A 为将汽车车型进行改进，方案 B 为汽车驾驶时只走高速道路。两个方案解决的问题都可以上位概括为如何降低汽车油耗，显然方案 B 不属于专利法保护的客体。实际上将方案 A 解决的问题总结为如何减少汽车行驶中的风阻更为恰当，而方案 B 的问题应为如何人为减少车辆启停的次数。通过这两个问题我们就能更直接地判断哪个是技术问题。因此提高某个指标预测的准确率不必然是技术问题，通常情况下需要结合其采用的手段以及所要达到的效果进一步确定其解决的问题是否是技术问题。

四、基于大数据的抽象算法不是技术手段

目前世界各国普遍认为，包括人工智能算法在内的数学算法本身属于抽象概念，不属于可专利性客体。虽然人工智能算法的思想是模拟人脑的思维过程，并

---

❶ 何盛明. 财经大辞典 [M]. 北京：中国财政经济出版社，1990：20.

随着算法的发展，出现了较为通用的人工智能算法，可以应用于多个领域完成多个任务，从而对计算机实现的人工智能算法进行专利保护也成为知识产权界热议的话题，但是从人工智能算法的实现本质以及当前我国的技术发展水平看，将人工智能算法本身认定为抽象概念、不构成技术手段更符合专利法的立法本意和我国的国情。

首先，计算机实现不是人工智能算法具备技术特性的充分条件。虽然目前主流的人工智能算法实现复杂，例如深度学习算法等，必须通过计算机来实现，无法再像传统的算法可以通过人脑进行复现，但是目前的人工算法模型还仅是一种数学模拟方法，而不是物理模拟人脑运作的方法，计算机只是实现该算法的运算载体，算法本身与计算机结构之间没有超出运算对象与运算工具之间的简单关系，单纯的人工智能算法本身仍然是一种数学分析工具，不具有技术特性。

其次，在分析大数据预测方法的方案是否采用了技术手段时，不能将算法与数据分割，而是应该从整体上分析"数据＋算法"是否采用了符合自然规律的技术手段。算法、算力、数据是大数据分析的三个必要要素，如果没有数据的参与，仅仅使用计算机来实现人工智能算法就像人没有血液，仍然是空中楼阁。大数据分析的目的和功能离不开海量数据，离开具体的计算任务谈人工智能模型都是没有意义的。因此，不宜单纯地将大数据分析算法与数据割裂来分析算法本身是否属于技术手段。

五、有价值不等同于有技术效果

首先，有价值的创新可能存在不确定性，而专利技术方案的功能具有的特点是可见性和确定性，并通过专利法中的技术效果来表达。有的方案声称其可以得到预测更为准确的结果，但是由于方案本身未利用自然规律而导致其无法得到确定的能够提高准确率的效果。例如基于历史股票数据和深度学习模型来预测未来的股票价格，该效果显然是需要在特定条件下才能实现的，即目前的市场数据与该方案中使用的训练数据具有极高的相似性，但是经济数据受到各种因素的影响，变化莫测，不会一成不变。因此预测如果不能保证该效果，那么这样的方案也无法在市场中推广应用，这也是技术方案需要遵循自然规律的原因。

其次，对"有价值"的评价不具有客观性和普适性。"价值"属于关系范畴，从认识论上来说，是指客体能够满足主体需要的效益关系，是表示客体的属性和功能与主体需要间的一种效用、效益或效应关系的哲学范畴。[1] 有些大数据分析预测方法可能对于某些使用主体来讲是有价值的，例如利用大数据分析预测选票结果，或者预测企业人员辞职意向，辅助下一步的决策。但是"有价值"的结论可能依赖于个人的感觉，也可能依赖于一段时期内的特定关系，因此"有价值"与专利法中的"技术效果"不同，"有价值"不一定就具有技术效果。

综上所述，在判断基于大数据的预测方法是否属于专利法保护的客体时，需要重点关注预测的目标值与模型的输入值之间是否存在符合自然规律的关联关系。只有存在符合自然规律的关联关系，才能够确保该预测结果具有确定性，从而得到方案声称的同样的技术效果。而经济规律不必然符合自然规律，因为在经济活动中所起的作用是人的自然属性还是人的主观属性是不确定的。同时，大数据挖掘算法本身仍然是一种数学分析工具，不具有技术特性，只有将其与具体的数据和应用场景结合，才能判断方案是否属于专利法保护的客体。

---

[1] 百度百科. 价值（哲学概念）［EB/OL］.［2023-01-18］. https：//baike. baidu. com/item/价值/12756903？fr = aladdin.

第四章　包含商业规则和方法特征发明的审查

随着计算机、网络技术的高速发展，众多传统产业与互联网技术发生深层次融合，催生出"互联网技术＋商业模式"的跨界融合与应用。这种模式创新取得巨大商业成功的同时，创新主体也积极寻求通过专利进行保护，从而形成大量包含商业规则和方法特征的发明。对于这类发明，尤其是当权利要求中包含了商业规则和方法特征时，在专利保护客体、新颖性、创造性评判中如何把握，当下在审查实践中存在一定的难点和争议，值得深入探讨和分析。

第一节　包含商业规则和方法特征的发明及审查演变

商业规则和方法是指实现各种商业活动和事务活动的规则和方法，是一种对人的社会和经济活动规则和方法的广义解释，例如证券、保险、租赁、拍卖、广告、服务、经营管理、行政管理、事务安排等。

对于包含商业规则和方法的发明，通常会将其分为单纯的商业规则和方法发明、涉及商业规则和方法的发明两类。按照我国目前的规定，对于单纯的商业规则和方法发明，因为权利要求涉及单纯的商业规则和方法，且不包含任何技术特征，通常被认为是智力活动的规则和方法。对于涉及商业规则和方法的发明，因为权利要求中既包含商业规则和方法特征，还包含技术特征，此时权利要求就整体而言并不是智力活动的规则和方法。对该类发明，需要进一步从解决方案的整体考虑，判断是否解决了技术问题、是否采用了技术手段、是否取得了技术效果，从而得出是否属于《专利法》第2条第2款规定的技术方案。若认为该解决方案整体上属于技术方案，则需进一步检索并判断其是否具备新颖性和创造性，"三性"判断中也涉及如何认定和处理这些商业规则和方法特征。

一、我国相关发明的审查规则演变

《专利审查指南2010》第二部分第一章第4.2节"智力活动的规则和方法"中

规定了一种情形，即"组织、生产、商业实施和经济等方面的管理方法及制度"。

国家知识产权局令第 74 号公布、2017 年 4 月 1 日起实施的《国家知识产权局关于修改〈专利审查指南〉的决定》在《专利审查指南 2010》第二部分第一章第 4.2 节中增加了"商业模式"的内容，其规定"涉及商业模式的权利要求，如果既包含商业规则和方法的内容，又包含技术特征，则不应当依据专利法第二十五条排除其获得专利权的可能性"。

国家知识产权局第 343 号公告发布、2020 年 2 月 1 日起施行的《国家知识产权局关于修改〈专利审查指南〉的决定》在《专利审查指南 2010》第二部分第九章增设了第 6 节"包含算法特征或商业规则和方法特征的发明专利申请审查相关规定"。其中规定"在审查中，不应简单割裂技术特征与商业规则和方法特征等，而应将权利要求记载的所有内容作为一个整体，对其中涉及的技术手段、解决的技术问题和获得的技术效果进行分析"，具体分析包括根据《专利法》第 25 条、第 2 条第 2 款的审查以及新颖性和创造性审查，并辅助以审查示例。

我国对于包含商业规则和方法特征的发明的审查规则也在逐步演变，以不断符合产业和技术的发展特点，从而促进该新兴领域的创新。其中强调要整体把握权利要求记载的所有内容，尤其是对商业规则和方法特征与技术特征紧密结合的情况，应当将其作为一个技术手段整体考虑。

二、美国相关发明的审查规则演变

美国是较早对商业方法的审查进行实践和研究的。早期有关商业方法的发明被认为不属于专利法保护的客体。美国第二巡回上诉法院于 1908 年判决的"旅馆案"涉及现金登记和记账方法，上诉法院认为，有关的记账方法是一种单纯的商业方法，属于"商业方法例外"的情形，不属于专利法保护的客体。之后很长一段时间，商业方法相关发明都被认为不属于专利法保护的客体。❶

直到 1998 年美国联邦巡回上诉法院判决的"街道银行案"，彻底否定了专利保护客体中的"商业方法例外"，认为有关商业方法发明是否属于保护客体要看发明是否产生实用的、具体的和有形的结果。之后又经历了 2010 年美国联邦最高法院判决的"Bilski 案"和 2014 年的"Alice 案"，美国对商业方法发明的授权标准经历了早期非常严格到后期适当宽松的过程。

---

❶ 李明德. 美国知识产权法［M］. 2 版. 北京：法律出版社，2014：957 - 975.

三、欧洲专利局相关发明的审查规则演变

欧洲专利局最早有关商业方法的规定是在《欧洲专利公约》中。该公约第 52 条第 2 款（c）项明确规定，智力活动、游戏或商业的方案、规则和方法以及计算机程序不应被视为该条第 1 款所指的发明，认为专利仅仅保护技术性发明，而商业方法因为是非技术性的所以不应当是可以获得专利保护的主题，即认为不属于保护客体。

但在 2000 年"Pension Benefit 案"中，欧洲专利局突破了之前的限制，认为如果从事商业活动的方法本身具有技术性或者说具有技术特征，则该方法不是商业活动方法本身，明确只要商业方法具有技术性质就可以获得专利。2001 年欧洲专利局对《欧洲专利局审查指南》进行修订，进一步支持上述判例主张。该指南提出了在对计算机软件的专利审查中，应重点关注技术特征，而非计算机程序本身，执行商业方法的软件发明属于专利权保护的客体范围进而进入创造性的审查。❶

欧洲专利局遵循"任意技术手段法"，即包含技术特征和商业方法特征的权利要求不被排除在可授予专利权的客体之外。然而，只有在要求保护商业方法的技术实施并在某一技术领域解决技术问题时，其创造性通常才会被认可。❷

综上所述，对于包含商业规则和方法特征的发明，各国或地区的审查规则不尽相同，伴随着产业、技术的发展也在逐步变化，目前基本上都是认可相关方案的可专利性而进入新颖性、创造性的审查。

第二节 包含商业规则和方法特征的发明的
保护客体审查难点及审查规则

《专利审查指南 2010》第二部分第九章第 6.1.2 节"根据专利法第二条第二款的审查"中规定：对一项包含商业规则和方法特征的权利要求是否属于技术方案进行审查时，需要整体考虑权利要求中记载的全部特征。下面结合案例 1-4-1

---

❶ 张平. 论商业方法软件的可专利性：特别分析美日欧在 BMP 上的立场和价值取向以及中国的应对策略［M］//张平. 网络法律评论：第 2 卷. 北京：法律出版社，2002：148-150.

❷ 中国国家知识产权局，欧洲专利局. 计算机实施发明/软件相关发明专利审查对比研究报告：2019［R］. 南京：紫金山知识产权国际峰会，2019.

展示何为互联网＋背景下的涉及商业规则和方法特征的发明，以及在根据《专利法》第 2 条第 2 款审查时如何整体考虑权利要求中记载的全部特征。

【案例 1－4－1】 一种为受损车辆定损理赔的方法

当车辆受损时，车辆所有人可以向保险公司提出索赔，保险公司理赔人通过检查车辆来确定损坏状况以及修理汽车所需的费用，修理费用以及其他信息可以由理赔人输入定损评估报告中，理赔人向保险公司服务器发送定损评估报告请求批准理赔，车辆所有人或车辆修理机构收到金额等于所估计的修理费用的支票。上述理赔方式比较烦琐，耗费用户过多时间，影响保险的理赔效率，且影响用户体验。为此涉案申请提出了一种为受损车辆定损理赔的方法。

涉案申请权利要求 1 如下：

一种为受损车辆定损理赔的方法，包括：

移动设备捕获受损车辆的照片图像；移动设备显示受损车辆的图形图像；

移动设备接收用户输入，所述用户输入用于指示受损车辆图形图像上的损坏位置；移动设备使用所述用户输入和所述图形图像来创建经标记的图形图像；

移动设备接收关于车辆信息的用户输入；

移动设备将照片图像、经标记的图形图像和车辆信息发送给索赔服务器并接收返回的车辆定损信息并显示；

移动设备将接收到的车辆定损信息发送保险公司服务器，保险公司服务器接收定损信息请求，进行核实并基于车损理赔预定的理赔费用标准，以完成理赔操作。

该案的难点在于：解决方案涉及客户端/服务器架构下，基于预定流程完成保险车辆的定损理赔，该解决方案是否属于《专利法》第 2 条第 2 款规定的技术方案？

审查中存在不同观点。一种观点认为，该发明为建立在公知的 C/S 或 B/S 架构上的保险理赔系统，旨在对理赔费用进行确认并完成理赔，简化保险理赔流程。其所声称的提高理赔效率和提升用户体验的效果是上述公知架构和网络技术所支撑的保险理赔流程的调整所带来的，该问题非技术问题，依据的流程是受制于保险产品而预先设定的理赔业务流程，达到的效果只是依靠公知的网络技术开展保险业务，没有取得任何技术效果，该发明不属于《专利法》第 2 条第 2 款规定的保护客体。另一种观点认为，该解决方案的整体技术架构与背景技术相比有改变，将原本在保险公司一处实施的理赔行为改变为由用户的移动设备先进行图像识别后经索赔服务器确定受损额度，再由用户的移动设备返回给保险公司，完成理赔流程。其中用户的移动设备、各服务器以及图像识别、信息交互构成了技术手段，且获得理赔效率提高、用户体验变佳的效果，因而不能否定包含该客户端/服务器架构的方案整体的技术性。

根据该发明说明书背景技术部分的记载，现有定损理赔方式由理赔员确定理赔额度，经保险公司批准完成理赔，这样的理赔方式效率低且影响用户体验。为了解决该问题，可以采用多种手段，如增加工作人员、缩短理赔时间、改善服务态度，也可以利用计算机、网络技术改进理赔的流程使得理赔效率提高、用户体验变佳，还可以改进理赔的规则等。因此，仅从该发明要解决的问题本身难以确定要解决的该问题是否是技术问题。

该发明解决方案将原本在保险公司一端实施的保险理赔行为改变为由用户移动设备进行图像拍摄、受损位置确认和车辆信息获取，并发送给索赔服务器，再由索赔服务器端基于接收到的信息确定定损额度，返回给用户移动设备，用户移动设备再发送给保险公司服务器，完成理赔。该解决方案的理赔流程发生了改变，理赔流程的改变也带来了系统架构的变化或调整，从单一服务器端变成了移动客户端和多个服务器交互的架构。在系统架构变化的同时也伴随图像识别、位置确认、信息匹配等数据采集和处理的技术手段。因此，上述移动设备、服务器以及相应的数据采集、交互处理等技术特征构成了解决实时完成车辆定损确认及理赔这一问题的技术手段，而该技术手段直接解决的必然是技术问题，也必然带来一定的技术效果。也就是说，实时定损确认和理赔的问题，提高理赔效率、提升用户体验的效果是由移动设备、服务器架构后台对理赔图像、数据信息的采集、交互处理等所直接带来的，则必然是技术性的。因此，该发明的解决方案属于《专利法》第2条第2款规定的技术方案。

基于该案例能够看出，涉及商业规则和方法的发明中，商业规则和方法特征与技术特征常常互相配合，各种不同应用场景下的商业规则和方法的实现必须紧密依赖于技术特征的支撑。诸如，从现有的仅客户端 – 服务器两端互相交互的系统架构，改变为包括客户端、服务器以及中间的平台商服务器的系统架构，客户端通过中间的平台商服务器完成与服务器的信息交互，这种方式使系统整体架构发生了变化。再如，目前常见的共享单车商业模式，其需使用车辆扫码、定位等多项技术手段才能实现共享单车使用模式。这些方式都是通过具体的技术手段来支撑的新商业模式，商业模式的改变作为原始动机带动了技术上的改变或调整。因此，对于这类发明，通常会认为其属于《专利法》第2条第2款规定的技术方案。

第三节　包含商业规则和方法特征的发明的
创造性审查难点及审查规则

《专利审查指南2010》第二部分第九章第6.1.3节中审查基准部分有关新颖性、创造性的审查中规定：对既包含技术特征又包含商业规则和方法特征的发明专利申请进行创造性审查时，应将与技术特征功能上彼此相互支持、存在相互作用关系的商业规则和方法特征与所述技术特征作为一个整体考虑。"功能上彼此相互支持、存在相互作用关系"是指商业规则和方法特征与技术特征紧密结合，共同构成了解决某一技术问题的技术手段，并且能够获得相应的技术效果。再如，如果权利要求中的商业规则和方法特征的实施需要技术手段的调整或改进，那么可以认为该商业规则和方法特征与技术特征功能上彼此相互支持、存在相互作用关系，在进行创造性审查时，应当考虑所述的商业规则和方法特征对技术方案作出的贡献。

一、保护客体与创造性审查中事实认定的一致性

创造性判断过程中，同样应当考虑权利要求记载的全部特征，尤其要注意将"功能上彼此相互支持、存在相互作用关系"的商业规则和方法特征与技术特征作为一个整体考虑。创造性评判实践中，容易出现将商业规则和方法特征与技术特征进行一定割裂的情形。

如前述的案例1-4-1，用户移动设备和索赔服务器、保险公司服务器共同配合，通过数据采集、处理、交互等，完成了整个车辆定损确认和理赔的流程。也就是说，商业规则和方法特征与技术特征紧密结合，共同构成了解决实时定损确认和理赔这一技术问题的技术手段，并且能获得相应的技术效果。该案例是基于能够实现在客户端进行车辆定损、理赔的需求，改变定损理赔流程的同时需要调整或改进系统架构以及相应的数据采集、处理流程。因此，相关理赔流程等特征与终端设备、服务器等技术特征之间是紧密结合、共同作用的，不宜将其简单割裂开。

如最接近的现有技术具有相同或者类似的移动终端/服务器架构和数据采集、处理功能等，但并不存在相应的车险定损理赔的应用场景或处理流程，那么如何来处理这种应用场景或者具体流程的差异呢？若把具体的处理流程与系统架构、

信息交互过程作为一个整体技术手段考虑，就不会得出区别特征仅在于应用场景或处理流程的不同的结论。否则，如果认定区别特征仅在于应用场景或处理流程的不同，则必然存在把商业规则和方法特征与技术特征相割裂看待的缺陷。这与《专利审查指南 2010》的上述规定不符，也易导致在保护客体判断与创造性判断过程中对这两种特征是否可以割裂作出不同的认定。

二、创造性审查对商业规则和方法特征的把握

对涉及商业规则和方法的发明进行创造性审查时，仍然是基于"三步法"。为把握发明的实质，需要深入理解说明书的内容以及权利要求所请求保护的方案。正确理解权利要求的保护范围，需要认定哪些特征是商业规则和方法特征，这些特征与其他技术特征是否紧密结合并共同构成了一个相对独立的技术手段。进一步，将权利要求所请求保护的技术方案和最接近的现有技术进行全面比对。

如果商业规则和方法特征与相关技术特征紧密结合，则在"三步法"的第二步判断时，上述作为一个整体的技术手段或者被最接近的现有技术披露，或者构成区别特征。进一步，若作为一个整体而构成区别特征，则必然能对应解决某一技术问题。后续第三步的显而易见性判断中，如果将商业规则和方法应用于不同于现有技术的应用场景中，导致现有技术的技术架构或方法流程产生较大变化和改善，并且获得了有益的技术效果，则该技术方案具备创造性。

如果商业规则和方法特征与相关技术特征不存在紧密结合的关系，则二者之间可以相对独立地进行特征对比。进一步，若区别特征仅在于商业规则和方法，此时一般发明实际不会解决技术问题，该方案相对于现有技术未作出技术贡献，因此不具备创造性。

三、审查案例分析

【案例 1 - 4 - 2】一种电力用户交易智能双向推荐系统（属于计算机领域案例）

电力用户与发电企业、售电公司通过签合同确定交易价格；如果没有签订合同，则电价会按较高电价进行结算。为了降低电价，减少无合同电力用户的用电成本，该发明涉及一种电力用户交易智能双向推荐系统，实现了交易撮合的自动化，为无合同电力用户提供信息，帮助其节省电力成本。

涉案申请权利要求 1 如下：

1. 一种电力用户交易智能双向推荐系统，所述系统包括：

电力交易数据库，所述电力交易数据库用于存储所有电力交易用户的用户信息，用户信息包括用户类型及交易信息，用户类型包括无合同电力用户、售电公司和发电企业，交易信息包括当月交易电量、市场化交易平台所有发电企业或售电公司自参加交易以来的交易电量总和、当月电价、每个发电企业的星级评价和售电公司的星级评价；

智能评分模块，通过智能评分算法给所有发电企业和售电公司评分；

智能推荐模块，将发电企业评分最高分的前五名推荐给无合同电力用户，将售电公司评分最高分前五名推荐给无合同电力用户；

发送模块，接收智能推荐模块推荐给无合同电力用户的数据，并将数据分别发送给无合同电力用户的移动终端进行显示，显示效果是按照两类颜色的渐变顺序为各推荐数据分别着色；

所述智能评分算法包括以下步骤：

S01. 遍历电力交易数据库查询无合同电力用户、发电企业和售电企业的用户信息；

S02. 对发电企业的电价得分计算，得到发电企业电价得分集合$f_1(B)$，对售电公司的电价得分计算，得到售电公司电价得分集合$f_1(C)$，计算公式为……

S05. 对发电企业、售电公司的市场的占比得分计算，得到发电企业在发电企业类的售电市场占比得分集合$f_2(B)$，售电公司在售电公司类的售电市场占比得分集合$f_2(C)$……

S06. 对每个发电企业计算星级评价得分，得到集合$f_3(B)$，对售电公司计算星级评价得分，得到集合$f_3(C)$……

S07. 对每个发电企业计算总得分，得到集合$Score(B)$，对每个售电公司计算总得分，得到集合$Score(C)$，

$Score(B) = f_1(B) + f_2(B) + f_3(B)$，

$Score(C) = f_1(C) + f_2(C) + f_3(C)$。

对比文件 1 公开了基于人工智能的电力交易应用系统，主要包括电力市场交易系统数据（包括电力用户、发电企业、售电公司）。电力用户数据包括用户实际用电量、交易计划电量、交易电量、交易电价等（相当于权利要求 1 中的交易信息包括交易电量、电价）；发电企业数据包括：发电企业合同计划电量、交易电量、交易电价；售电公司数据包括：售电公司代理用户实际用电量、交易计划电

量、交易电量、交易电价等（相当于权利要求 1 中的电力交易数据库，所述电力交易数据库用于存储所有电力交易用户的用户信息，用户信息包括用户类型及交易信息，用户类型包括无合同电力用户、售电公司和发电企业）。人工智能在电力交易的行业应用为实体机器人应用、渠道机器人（分为 web 机器人、App 机器人、微信机器人），功能包括业务办理、用户评价、智能评分、信息推送等，web 机器人在对话页面推送展示电量、向无合同电力用户推荐信息等。推荐结果显示的信息颜色有所不同。

权利要求 1 与对比文件 1 的区别在于：①智能评分模块通过智能评分算法给所有发电企业和售电公司评分，基于步骤 S01 ～ S07 的具体的智能评分算法得到发电企业、售电公司的评分；②智能推荐模块推荐时选择前五名，即将发电企业评分最高分前五名、售电公司评分最高分前五名推荐给无合同电力用户。

该案的难点在于：区别认定是否准确？基于上述区别如何确定其实际解决的问题以及该发明是否具备创造性？对上述难点的认识存在两种不同观点。一种观点认为，基于该评分模块能够将排名靠前的发电企业或售电公司推荐给无合同电力用户，提升交易的有效性，且上述评分模块既非现有技术也不是公知常识，因此该发明具备创造性。另一种观点则认为，区别特征属于评分和推荐规则，该规则属于商业规则和方法特征，其与已有技术特征并非密切关联，故该发明并没有给现有技术带来技术贡献，不具备创造性。

事实上，该发明的评分算法和推荐规则与其他技术手段之间不存在功能上彼此相互支持、不存在相互作用关系。区别特征①中的智能评分算法，包括对电价得分进行计算、对市场占比进行计算、对星级评价得分进行计算，其涉及的仅仅是评价规则。区别特征②也只是人为制定的一种推荐规则。即使评价和推荐规则不同，对电力交易数据处理的技术手段也可以是相同的。所以，上述评分和推荐规则属于商业规则和方法特征，该特征不会引起其所基于的通用计算机、数据库系统等技术手段在组成结构、内部性能和技术性能方面的调整和改进，也即该特征与上述具体的数据库处理、显示等技术手段并不存在功能上的彼此相互支持，也不存在相互作用关系。可以将其分离出来与对比文件 1 对比，结果是可单独作为区别特征。上述关于区别特征的认定是正确的。

与对比文件 1 相比，该发明只是提出了特定的评价和推荐规则，没有实际解决任何技术问题，没有针对现有技术作出技术贡献。因此，权利要求 1 相对于对比文件 1 不具备创造性。

其他非计算机的通用领域中也会遇到涉及商业规则和方法特征的发明，如案例 1 - 4 - 3。

【案例1-4-3】一种设计高压直流系统的多调谐滤波器的方法（非计算机领域的通用领域案例）

该发明涉及根据高压直流系统设计多调谐滤波器的方法。在滤波器设计中，由于包含在滤波器中的无源元件是基于设计的额定功率和性能参数通过手动计算确定的，因此没有精确、有效并且标准的方法。另外，当设计滤波器时，也不存在考虑价格的解决方案。该发明提出一种考虑生产成本和性能要求的设计方法。

涉案申请权利要求1如下：

1. 一种设计高压直流系统的多调谐滤波器的方法，所述方法包括：选择用于所述多调谐滤波器的输入参数；设置所述多调谐滤波器的谐振频率；基于所述输入参数和谐振频率计算作为多调谐滤波器的滤波器参数的电感值和电容值；将电阻值与滤波器参数组合，通过考虑电阻、电感和电容的价格和数量来计算所述组合的价格，当价格落入预定价格范围内时，则选择所述组合。

对比文件1涉及一种应用于高压直流系统的多调谐滤波器设计方法：临时滤波器的参数可以是基于谐振频率和阻尼电阻器计算得到的输入参数；能够设置多调谐滤波器的谐振频率；基于输入参数、谐振频率或临时滤波器参数，能够计算电感器和电容器的值。多调谐滤波器进一步包括有阻尼电阻器并联在LC回路上。从上述内容可以直接、毫无疑义地推定出必然要选择相应的电容、电阻、电感值来完成滤波器的设计。权利要求1与对比文件1的区别是：将电阻值与滤波器参数组合，通过考虑电阻、电感和电容的价格和数量来计算所述组合的价格，当价格落入预定价格范围内时，则选择所述组合。

该案的难点在于：上述区别特征认定是否正确？后续如何判断？对于上述难点，也存在两种观点。一种观点认为，对于考虑价格因素如何降低成本属于普遍需求，本领域的技术人员有动机为降低成本而将价格因素进行考虑，因此，该发明不具备创造性。另一种观点则认为，现有技术中其他对比文件中也并未出现利用不同的电阻、电感、电容单个元件价格、数量确定多调谐滤波器总体价格，再利用价格范围进行限定而得到多种符合要求的多调谐滤波器的设计方式，因此，该发明具备创造性。

根据该发明的发明内容可以看出，该价格相关特征与其他技术特征不存在功能上的彼此相互支持，不存在相互作用关系，即使选择标准不同，对应的滤波器设计也可能选择相同的电容、电阻、电感，从而可将选择标准与其他技术特征分开相对独立考虑。因此，在创造性的评判中，与最接近的现有技术相比，区别仅在于对于滤波器器件的选择规则，即考虑电容、电阻、电感的价格和数量并计算组合价格进行选择，这一认定是正确的。该发明实际解决的问题是如何使成本更加合算，费用更低，体现了属于价格杠杆控制的经济方面的规律，没有实际解决任何技术问题，也没有对现有技术作出技术贡献。因此，该发明不具备创造性。

第四节　包含商业规则和方法特征的发明专利的审查要点

本章针对包含商业规则和方法特征的发明的保护客体判断、新颖性和创造性审查进行了解析。在客体判断时需要整体考虑权利要求中记载的全部特征，从是否解决了技术问题、采用了技术手段和取得了技术效果三个要素去判断，其中重点在于是否采用了技术手段。而在新颖性、创造性审查中，在整体考虑权利要求中记载的全部特征的前提下，重点和难点是将与技术特征功能上彼此相互支持、存在相互作用关系的商业规则和方法特征与所述技术特征作为一个整体，考虑所述的商业规则和方法对技术方案作出的贡献。

第五章　涉及虚拟货币发明的审查

本章所说的"虚拟货币"指的是一种基于分布式账本的、非货币当局发行且去中心化的、用于交易目的的数字产品。自 2008 年中本聪（Satoshi Nakamoto）提出比特币的概念以来，各种虚拟货币层出不穷，价格不断上涨，巨大的经济利益促使区块链等虚拟货币相关技术也迅速成为一个新的热门研究领域，相关的专利申请量也随之水涨船高。然而，在经过初期的无序发展后，由于此类虚拟货币所带来的金融风险，我国政府果断喊停了此类虚拟货币的相关业务。因此，虚拟货币的相关专利申请是否合法合规也成为专利审查业务中的一个新的问题。

第一节　虚拟货币的相关技术

目前互联网上的虚拟货币种类繁多，不同虚拟货币所涉及的虚拟货币生成、存储、交易等相关技术也各有特点。比特币作为第一种也是目前最主流的一种虚拟货币，是后续各种虚拟货币模仿的基础，其设计过程中所使用的技术也最具有代表性，并被其他许多虚拟货币所采用。因此，本章以比特币为例，介绍专利审查过程中常见的与虚拟货币最相关的技术，即区块链、工作量证明和非对称加密。其中，区块链技术是虚拟货币实现其去中心化特性的技术基础，工作量证明是用于虚拟货币发行的技术基础（即通常所称的"挖矿"），非对称加密是虚拟货币实现其匿名化特性的技术基础。

一、区块链

区块链的概念最初由中本聪在比特币白皮书《比特币：一种点对点的电子信

息系统》● 中提出，并基于此概念设计了比特币。此后许多其他虚拟货币的设计也都采用了区块链技术。虽然区块链技术也可应用于其他领域，但目前区块链技术最大的应用仍然是虚拟货币。

顾名思义，区块链是一个由区块组成的链条，每个区块包含了一段时间的交易记录和相应的时间戳，并且包含了前一个区块的散列值，各个区块按照时间顺序连接成为一个链式的数据结构。这种链式结构使得篡改和伪造区块是不可能的。因此区块链具有不可篡改和不可伪造的性质，这使得区块链可以作为虚拟货币体系中的一个公共账簿。

在比特币网络中，区块链记载了所有交易信息，并被存储于比特币网络的大量服务器中，构成了一个分布式存储的公共账簿。分布式存储使得部分服务器出现故障不会影响整个比特币网络的运行，保证了数据安全性；要修改公共账簿就需要征得半数以上的服务器同意，但这些服务器通常是隶属于不同的管理者，而并不具有一个核心管理者。因此区块链使得比特币系统具有了一个重要特性，即去中心化。换言之，比特币网络中的交易在理论上并不需要一个监管者的同意，而只要网络中一定数量的用户达成共识即可。

基于区块链的上述特点，比特币系统解决了在一个匿名网络中人们互不信任的问题，为虚拟货币的发行和交易提供了基础。但是，这种去中心化的交易网络也意味着国家难以对其进行监管，容易滋生违法交易，蕴含着巨大的金融风险。

二、工作量证明

工作量证明是发行虚拟货币的核心技术，由于虚拟货币系统不存在中央发行机构，因此通常基于工作量证明机制来生成（发行）虚拟货币。这种基于工作量证明机制来生成虚拟货币的过程有一个通俗的名称——"挖矿"，用于"挖矿"的计算机被称为"矿机"。"挖矿者"使用"矿机"完成一个预定义的复杂数学计算，计算结果由网络中其他多个节点进行校验，从而确认"挖矿者"确实付出了一定的工作量。因此工作量证明就是对"挖矿者"所付出的工作量进行确认，只有贡献了一定工作量的"挖矿者"才能得到一定数量的虚拟货币作为报酬。

在比特币系统中，工作量证明是结合区块链进行的，"挖矿"就是一个计算新区块的过程。但是比特币系统中新区块的出块时间被设置成一个常数 10 分钟，当

● NAKAMOTO S. Bitcoin：A Peer – to – Peer Electronic Cash System［EB/OL］.［2023 – 01 – 18］. https：//bitcoin. org/bitcoin. pdf.

整个比特币网络的算力总和增加时，系统会自动增加"挖矿"难度，保证新区块的出块时间维持在 10 分钟左右。因此从比特币网络全局的角度看，全网算力的大小并不影响新区块的生成时间，全网算力越大，实质上被浪费的算力也越大，被浪费的电能也就越大。

三、非对称加密

虚拟货币系统与真实世界的银行不同，通常都强调匿名性，不会使用任何可能识别用户真实身份的信息。为了确定虚拟货币的归属，就需要采用别的技术手段来标识用户。

在互联网上，为了确认一个用户的真实身份，常常采用数字证书来存储用户的公钥和用户的真实信息，用户的私钥由用户自行保管，以在必要时结合数字证书证明自己的身份。比特币系统在一定程度上采用了类似数字证书的思想，但是其不使用用户的真实信息，而简化到了仅仅使用用户的公私钥对来代表一个用户。通常而言，用户可以使用比特币钱包软件为自己生成一个公私钥对，软件会进一步使用公钥生成一个由字母和数字组成的 26 位到 34 位字符串作为该用户的比特币地址（即比特币地址与用户公钥是一一对应的），该比特币地址可以理解为是该用户在比特币网络中的一个账号，该用户所拥有的比特币与该比特币地址相关联，并且通过该比特币地址就可以完成交易收款，而不需要用户的真实身份信息。用户私钥可以理解为用户认证自身的凭证，用户通过该私钥就可访问和使用相应的比特币地址，而不需要用户的真实身份信息。

比特币系统基于非对称加密技术所建立的比特币地址和交易方法，实现了一个完全匿名化的虚拟的货币交易网络。基于此类匿名化的虚拟货币网络，一个用户可拥有任意数量的比特币地址，同一个比特币地址也可被任意数量的用户使用（只要知道该比特币地址的私钥），每个比特币交易都无法确认其收款方和付款方的真实身份。比特币网络的这些特点使其交易躲避了国家监管，为洗钱等各种地下交易提供了便利，蕴含着巨大的金融风险。

四、小　结

在传统货币体系中，货币由中央银行发行和监管，由银行等金融机构具体管理。传统货币的体系模型如图 1 – 5 – 1 所示。❶

---

❶ 张明德，储志强. 基于区块链技术的比特币体系原理研究 [J]. 信息网络安全，2020（S02）：151.

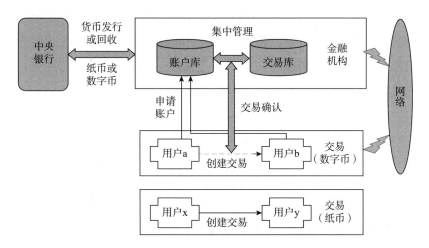

图1-5-1 传统货币体系模型

在虚拟货币体系中，货币发行和交易机制与传统货币体系完全不同。比特币的体系模型如图1-5-2所示。❶

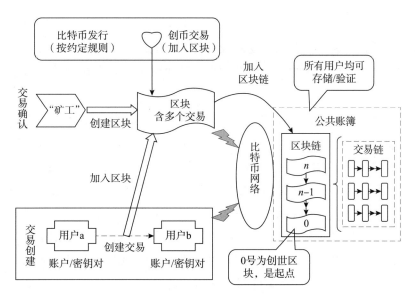

图1-5-2 比特币体系模型

可以看出，在传统货币的体系模型中，即使是数字币，也是由中央银行发行和回收，用户账户由银行等金融机构管理，具体交易也需要由银行等金融机构进行确认和记录。而在比特币体系模型中，其交易账簿的存储采用了区块链技术，

---

❶ 张明德，储志强. 基于区块链技术的比特币体系原理研究 [J]. 信息网络安全，2020（S02）：152.

由大量的"挖矿者"通过工作量证明完成交易确认并据此生成相应的比特币，基于非对称加密技术创建用户账户以实现交易。基于这些技术，整个比特币系统脱离了中央银行和金融机构的管理，颠覆了传统货币的信任体系和组织模式，同时也因此导致了许多难以确定的金融风险和管理盲区。

第二节　我国关于虚拟货币的相关政策

一、虚拟货币发展所带来的问题

比特币作为第一个出现的虚拟货币，在其诞生之初的几年内，仅仅被视为一个极客小圈子内自娱自乐的数字项目，其不具有实际价值，并没什么商家愿意接受比特币。2010 年，美国人拉斯洛·汉耶茨（Laszlo Hanyecz）用 1 万比特币花了 4 天时间才买到了 2 盒奶酪比萨（被视为比特币购买到的第一个实体商品）。因此，虚拟货币这一新兴概念在初期并没有得到政府或金融机构的充分重视，也没人考虑虚拟货币可能遭遇的法律法规问题，这也给虚拟货币初期的野蛮生长提供了空间。

但是，之后的发展让人始料不及，比特币的价值迅速增长：2012 年初，1 个比特币的价格达到了 5 美元；2016 年开始猛烈上涨，1 个比特币的价格达到了 1000 美元；2017 年，突破 10000 美元；到 2021 年的最高点，1 个比特币的交易价格接近 69000 美元。随着比特币行情的快速上升，各种虚拟货币也如雨后春笋般出现，迅速形成一个极其庞大的交易市场。巨大的经济利益引诱大量逐利人群投入各种虚拟货币的"挖矿"和投机交易中，在我国也出现了多个虚拟货币交易市场以及购买大量"矿机"进行"挖矿"的人群，甚至因此出现了"矿场"的概念（即一个场地内有成千上万台矿机同时进行"挖矿"）。据统计，在最高峰时，我国国内的比特币算力约占比特币全网算力的 65%。

虚拟货币的飞速发展带来了三个方面的问题：首先，对"挖矿"而言，其本质上是消耗大量电能，产出虚拟货币，而产出的虚拟货币仅仅是一个虚拟的数字产品，对于国家的实体经济并没有任何帮助；其次，类似比特币系统的设计使得算力的提高可以提高个人的产出，但是并不会从整体上提高产出，因此国内庞大的算力只是带来了庞大的能源消耗和碳排放量，对国民经济贡献度低，这与我国当前追求低碳节能的政策目标背道而驰；最后，当虚拟货币市场已经变成一个庞大的金融市场时，比特币在部分场合具有了一些货币的作用，违反了国家金融和货币相关法律法规，并且其匿名的不受监管的交易方式有可能影响国家金融稳定和货币政策，为非法交易提供交易环境和工具。

因此，当虚拟货币在我国发展到一定程度时，为了满足低碳节能的目标，防范金融风险，防止非法交易，我国陆续出台了一些限制虚拟货币的法律法规，将虚拟货币领域的"挖矿"列为淘汰产业禁止发展，明确了虚拟货币不应当具有货币地位，其交易违反了我国相关法律。此后，虚拟货币相关"挖矿"和交易活动在我国逐渐偃旗息鼓。

二、针对虚拟货币的相关法律法规和政策

（一）2013 年《关于防范比特币风险的通知》

2013 年 12 月，中国人民银行等五个部门联合发布了《关于防范比特币风险的通知》❶。通知依据《中华人民共和国中国人民银行法》《中华人民共和国反洗钱法》《中华人民共和国商业银行法》《中华人民共和国电信条例》《互联网信息服务管理办法》等有关法律法规，明确规定了以下内容。

（1）正确认识比特币的属性。比特币具有没有集中发行方、总量有限、使用不受地域限制和匿名性四个主要特点。虽然比特币被称为"货币"，但由于其不是由货币当局发行，不具有法偿性与强制性等货币属性，并不是真正意义的货币。从性质上看，比特币应当是一种特定的虚拟商品，不具有与货币等同的法律地位，不能且不应作为货币在市场上流通使用。

（2）各金融机构和支付机构不得开展与比特币相关的业务。各金融机构和支付机构不得以比特币为产品或服务定价，不得买卖或作为中央对手买卖比特币，不得承保与比特币相关的保险业务或将比特币纳入保险责任范围，不得直接或间接为客户提供其他与比特币相关的服务，包括：为客户提供比特币登记、交易、清算、结算等服务；接受比特币或以比特币作为支付结算工具；开展比特币与人民币及外币的兑换服务；开展比特币的储存、托管、抵押等业务；发行与比特币相关的金融产品；将比特币作为信托、基金等投资的投资标的等。

（3）加强对比特币互联网站的管理。提供比特币登记、交易等服务的互联网

---

❶　人民银行等五部委发布关于防范比特币风险的通知［EB/OL］. (2013 – 12 – 05) ［2023 – 03 – 01］. http：//www. gov. cn/gzdt/2013 – 12/05/content_2542751. htm.

站应当在电信管理机构备案。电信管理机构根据相关管理部门的认定和处罚意见，依法对违法比特币互联网站予以关闭。

（4）防范比特币可能产生的洗钱风险。中国人民银行各分支机构应当密切关注比特币及其他类似的具有匿名、跨境流通便利等特征的虚拟商品的动向及态势，认真研判洗钱风险，研究制定有针对性的防范措施。各分支机构应当将在辖区内依法设立并提供比特币登记、交易等服务的机构纳入反洗钱监管，督促其加强反洗钱监测。提供比特币登记、交易等服务的互联网站应切实履行反洗钱义务，对用户身份进行识别，要求用户使用实名注册，登记姓名、身份证号码等信息。各金融机构、支付机构以及提供比特币登记、交易等服务的互联网站如发现与比特币及其他虚拟商品相关的可疑交易，应当立即向中国反洗钱监测分析中心报告，并配合中国人民银行的反洗钱调查活动；对于发现使用比特币进行诈骗、赌博、洗钱等犯罪活动线索的，应及时向公安机关报案。

（二）2017 年《关于防范代币发行融资风险的公告》

2017 年 9 月，中国人民银行等七个部门联合发布了《关于防范代币发行融资风险的公告》●。该公告依据《中华人民共和国人民银行法》《中华人民共和国商业银行法》《中华人民共和国证券法》《中华人民共和国网络安全法》《中华人民共和国电信条例》《非法金融机构和非法金融业务活动取缔办法》等法律法规，明确规定了以下内容。

（1）准确认识代币发行融资活动的本质属性，任何组织和个人不得非法从事代币发行融资活动。代币发行融资是指融资主体通过代币的违规发售、流通，向投资者筹集比特币、以太币等所谓"虚拟货币"，本质上是一种未经批准非法公开融资的行为，涉嫌非法发售代币票券、非法发行证券以及非法集资、金融诈骗、传销等违法犯罪活动。代币发行融资中使用的代币或"虚拟货币"不由货币当局发行，不具有法偿性与强制性等货币属性，不具有与货币等同的法律地位，不能也不应作为货币在市场上流通使用。

（2）任何所谓的代币融资交易平台不得从事法定货币与代币、"虚拟货币"相互之间的兑换业务，不得买卖或作为中央对手方买卖代币或"虚拟货币"，不得为代币或"虚拟货币"提供定价、信息中介等服务。

（3）各金融机构和非银行支付机构不得直接或间接为代币发行融资和"虚拟

● 工商总局等七部门关于防范代币发行融资风险的公告［EB/OL］.（2017 - 09 - 05）［2023 - 03 - 01］. http：//www.gov.cn/xinwen/2017 - 09/05/content_5222745.htm.

货币"提供账户开立、登记、交易、清算、结算等产品或服务，不得承保与代币和"虚拟货币"相关的保险业务或将代币和"虚拟货币"纳入保险责任范围。

（三）2021 年《关于进一步防范和处置虚拟货币交易炒作风险的通知》

2021 年 9 月，中国人民银行等十部门联合发布《关于进一步防范和处置虚拟货币交易炒作风险的通知》❶。该通知依据《中华人民共和国中国人民银行法》《中华人民共和国商业银行法》《中华人民共和国证券法》《中华人民共和国网络安全法》《中华人民共和国电信条例》《防范和处置非法集资条例》《期货交易管理条例》《国务院关于清理整顿各类交易场所切实防范金融风险的决定》《国务院办公厅关于清理整顿各类交易场所的实施意见》等规定，在 2017 年中国人民银行等七部门公告的基础上，进一步明确了虚拟货币和相关业务活动的本质属性，包括：

（1）虚拟货币不具有与法定货币等同的法律地位。比特币、以太币、泰达币等虚拟货币具有非货币当局发行、使用加密技术及分布式账户或类似技术、以数字化形式存在等主要特点，不具有法偿性，不应且不能作为货币在市场上流通使用。

（2）虚拟货币相关业务活动属于非法金融活动。开展法定货币与虚拟货币兑换业务、虚拟货币之间的兑换业务、作为中央对手方买卖虚拟货币、为虚拟货币交易提供信息中介和定价服务、代币发行融资以及虚拟货币衍生品交易等虚拟货币相关业务活动涉嫌非法发售代币票券、擅自公开发行证券、非法经营期货业务、非法集资等非法金融活动，一律严格禁止，坚决依法取缔。对于开展相关非法金融活动构成犯罪的，依法追究刑事责任。

（3）境外虚拟货币交易所通过互联网向我国境内居民提供服务同样属于非法金融活动。对于相关境外虚拟货币交易所的境内工作人员，以及明知或应知其从事虚拟货币相关业务，仍为其提供营销宣传、支付结算、技术支持等服务的法人、非法人组织和自然人，依法追究有关责任。

（4）参与虚拟货币投资交易活动存在法律风险。任何法人、非法人组织和自然人投资虚拟货币及相关衍生品，违背公序良俗的，相关民事法律行为无效，由此引发的损失由其自行承担；涉嫌破坏金融秩序、危害金融安全的，由相关部门依法查处。

---

❶ 关于进一步防范和处置虚拟货币交易炒作风险的通知［EB/OL］.（2021 - 10 - 08）［2023 - 03 - 01］. http://www.gov.cn/zhengce/zhengceku/2021 - 10/08/content_5641404.htm.

此外，该通知还要求建立健全应对虚拟货币交易炒作风险的工作机制，加强虚拟货币交易炒作风险监测预警，构建多维度、多层次的风险防范和处置体系，强化组织实施。其中包括：

（1）金融机构和非银行支付机构不得为虚拟货币相关业务活动提供服务。金融机构和非银行支付机构不得为虚拟货币相关业务活动提供账户开立、资金划转和清算结算等服务，不得将虚拟货币纳入抵质押品范围，不得开展与虚拟货币相关的保险业务或将虚拟货币纳入保险责任范围，发现违法违规问题线索应及时向有关部门报告。

（2）加强对虚拟货币相关的互联网信息内容和接入管理。互联网企业不得为虚拟货币相关业务活动提供网络经营场所、商业展示、营销宣传、付费导流等服务，发现违法违规问题线索应及时向有关部门报告，并为相关调查、侦查工作提供技术支持和协助。

（3）加强对虚拟货币相关的市场主体登记和广告管理。市场监管部门加强市场主体登记管理，企业、个体工商户注册名称和经营范围中不得含有"虚拟货币""虚拟资产""加密货币""加密资产"等字样或内容。

（四）清理"挖矿"项目

虽然我国较早就限制了虚拟货币的境内交易，但在 2021 年之前并未限制虚拟货币"挖矿"。直到 2021 年 5 月 21 日，国务院金融稳定发展委员会召开第五十一次会议❶，会议中强调"打击比特币挖矿和交易行为，坚决防范个体风险向社会领域传递"。

上述会议之后，2021 年 5—6 月，国内几个"挖矿"项目集中的省份密集出台政策，禁止虚拟货币矿场的建设，清退关停已有的"挖矿"项目。2021 年 9 月，国家发展和改革委员会等十一个部门正式发布《关于整治虚拟货币"挖矿"活动的通知》❷。该通知指出：

（1）"挖矿"活动能源消耗和碳排放量大，对国民经济贡献度低，对产业发展、科技进步等带动作用有限，加之虚拟货币生产、交易环节衍生的风险越发突出，其盲目无序发展对推动经济社会高质量发展和节能减排带来不利影响。整治虚拟货币"挖矿"活动对促进我国产业结构优化、推动节能减排、如期实现碳达

---

❶ 刘鹤主持召开国务院金融稳定发展委员会第五十一次会议［EB/OL］．（2021 - 05 - 21）［2023 - 03 - 01］．http：//www.gov.cn/guowuyuan/2021 - 05/21/content_5610192.htm.

❷ 国家发展改革委等部门关于整治虚拟货币"挖矿"活动的通知［EB/OL］．（2021 - 09 - 25）［2023 - 03 - 01］．http：//www.gov.cn/zhengce/zhengceku/2021 - 09/25/content_5639225.htm.

峰与碳中和目标具有重要意义。

（2）区分虚拟货币"挖矿"增量和存量项目，严禁投资建设增量项目，禁止以任何名义发展虚拟货币"挖矿"项目；加快有序退出存量项目。

（3）将虚拟货币"挖矿"活动列为淘汰类产业。将"虚拟货币'挖矿'活动"增补列入《产业结构调整指导目录（2019 年本）》"淘汰类"，按照规定期限淘汰。在增补列入前，将虚拟货币"挖矿"项目视同淘汰类产业处理，按照《国务院关于发布实施〈促进产业结构调整暂行规定〉的决定》有关规定禁止投资。

2021 年 12 月 27 日，《产业结构调整指导目录（2019 年本）》正式修改。并于2021 年 12 月 30 日公布实施。其中，在淘汰类"一、落后生产工艺装备""（十八）其他"中增加第 7 项，内容为"虚拟货币'挖矿'活动"。

（五）小　结

2013 年《关于防范比特币风险的通知》首次明确了比特币的属性和地位，并首次对比特币在金融机构的相关业务进行了限制。由于该通知时间较早，其他虚拟货币尚未发展起来，因此仅针对比特币的业务进行限制，重点防止比特币可能产生的洗钱风险；并且，该通知并不限制互联网站提供比特币的交易业务，只要求其完成备案和用户实名制。

2017 年《关于防范代币发行融资风险的公告》明确了虚拟货币的地位以及相关发行融资行为的非法性质，并要求国内各机构不得从事虚拟货币的相关服务，对虚拟货币的种类和交易类型的限制进一步扩大。

2021 年《关于整治虚拟货币"挖矿"活动的通知》明确了"挖矿"项目对于社会发展和产业发展所带来的问题，将"挖矿"项目列入淘汰产业，已有"挖矿"项目有序退出，禁止新建"挖矿"项目。至此，虚拟货币"挖矿"项目在我国被全面禁止。

2021 年《关于进一步防范和处置虚拟货币交易炒作风险的通知》不仅进一步明确了虚拟货币的地位，明确了虚拟货币相关业务活动属于非法金融活动，还限制境内人员为境外虚拟货币交易所提供服务，指出了虚拟货币投资交易活动的法律风险（相关民事法律行为无效）。此外，该通知还进一步明确了对国内各金融机构、互联网企业和市场主体的相关要求，要求其不得从事虚拟货币的相关非法活动。这是目前对虚拟货币限制最严的一份通知，在中国国内的所有涉及虚拟货币的交易业务基本上都被禁止。

总之，由于虚拟货币去中心化、匿名性的特点，涉及虚拟货币的相关交易业务在我国已被认定为非法金融活动，"挖矿"项目也由于其对经济社会发展和节能减排的不利影响被列为淘汰类产业。因此，在对虚拟货币相关专利申请的审查中，需要基于上述政策、法规进行。

第三节 专利审查案例分析

根据上述对虚拟货币相关政策、法规的梳理可知，在我国，虚拟货币相关业务活动（包括"挖矿"、发行、流通、清算、结算、交易、融资、保险等）已经被明确为非法金融活动，因此涉及虚拟货币的发明都应判断是否违反了前述法律法规和政策；如果违反相关规定，则其属于《专利法》第 5 条第 1 款规定的不授予专利权的情形。

基于虚拟货币的相关技术特点，可将虚拟货币的相关发明大致分为两类：涉及"挖矿"的发明和涉及虚拟货币交易等业务的发明。下文以两个具体案例分别对这两类发明进行分析。

一、涉及"挖矿"的发明

【案例 1 - 5 - 1】 一种限制区块链"矿场"算力的方法及系统

涉案申请请求保护一种限制区块链"矿场"算力的方法及系统。根据该申请说明书的记载，在现有的基于区块链的"挖矿"活动中，人们可以不受限制地设立"矿场"，因此大规模"矿场"可获得优势算力，以致控制区块链。为了解决这一问题，该申请请求保护的方案在区块链的共识过程中，确定参与共识的矿机 IP 地址，如果有大量连续 IP 地址的"矿机"参与共识过程，则判断有一个大"矿场"参与"挖矿"，从而不接受此次共识过程。通过这样的方案，大规模的"矿场"在"挖矿"活动中将受到限制，即如果"矿场"的"矿机"数量远大于预设数值，则"矿场"的"矿机"计算会确定为无效。

该案涉及的是一种基于区块链的"挖矿"过程，其目的是限制大"矿场"，从而使得"挖矿"过程更加公平。对于该案，首先，根据前文对虚拟货币涉及的法律法规和政策的梳理可知，为了防范金融风险，防止能源浪费，"挖矿"项目在我国已经被全面禁止。虽然该案的方案限制了大"矿场"参与"挖矿"，但是该方案实质上是使得规模较小的"矿场"或个体"矿工"参与"挖矿"，以实现一个较为公平的"挖矿"系统，其本质上仍然属于一种"挖矿"项目，在我国属于全面禁止和应予淘汰的产业项目。因此该案请求保护的方案违反了前述国家管理规定。其次，"挖矿"行为本身需要耗费大量电力来完成其数学计算，生成不具有现实意义的虚拟货币，从而导致大量能源浪费，不利于我国完成能耗控制目标，违反了绿色环保原则。根据《专利审查指南 2010》第二部分第一章第 3.1.3 节的规定，发明创造的实施或使用会严重浪费能源或资源的，属于妨害公共利益的发明创造，不能被授予专利权。综上所述，案例 1 - 5 - 1 请求保护的方案严重浪费能源，违反了绿色环保原则，妨害了公共利益，根据《专利法》第 5 条第 1 款的规定，不能被授予专利权。

二、涉及虚拟货币交易等业务的发明

【案例 1 - 5 - 2】 多层区块链的清算方法

涉案申请请求保护一种多层区块链的清算方法。根据该申请说明书的记载，现有以比特币为主的区块链技术方案，主要都是在一条区块链上交易，所有的交易都集中在一条链上，交易规模受到限制，也不利于专业化分工。为了克服上述不足，该申请提供了一种多层区块链的清算方法，将父链作为主链，发行主要的虚拟币，子链注册在父链上，孙链注册在子链上，可以让分层授权的不同主体来管理不同的子链或孙链，不同的虚拟币或虚拟资产可以在相应的链上交易或清算，有利于数据的集中存储和检索，节约资源，提高交易速度和检索速度。该申请请求保护的方案中的虚拟货币类似于比特币，具体解决方案涉及基于虚拟货币的发行、清算、股票发行融资等交易行为。基于上述方案，该申请权利要求的具体步骤包括虚拟货币的发行、转移、交易、清算、金额总数、笔数、股权、票据等多种金融交易或货币管理操作。

根据前文对虚拟货币涉及的法律法规和政策的梳理可知，在 2017 年《关于防范代币发行融资风险的公告》中就已经禁止各金融机构和非银行支付机构为代币发行融资和"虚拟货币"提供账户开立、登记、交易、清算、结算等产品或服务，2021 年《关于进一步防范和处置虚拟货币交易炒作风险的通知》中也进一步要求金融机构和非银行支付机构不得为虚拟货币相关业务活动提供账户开立、资金划转和清算结算等服务。因此该案的解决方案直接违反了上述国家管理规定。

进一步地，比特币等虚拟货币本身具有的特点与区块链技术去中心化的固有属性相结合，导致各种虚拟货币很难受到中央银行等国家监管部门的有效管理。如该案的解决方案，虚拟货币呈现出货币属性，并参与发行、流通、清算、交易、融资等金融操作，可能冲击国家法定货币体系，导致投机炒作，影响国家金融稳定和实体经济发展，成为洗钱工具，造成国家财富流失和非法资金外逃，或因资金流向无法监控而导致偷税漏税，影响国家税收财政，从而严重妨害公共利益，根据《专利法》第5条第1款的规定，不应授予专利权。

第四节　专利审查规则辨析

《专利法》第5条第1款规定："对违反法律、社会公德或者妨害公共利益的发明创造，不授予专利权。"

对于《专利法》第5条第1款所指的法律，《专利审查指南2010》第二部分第一章第3.1.1节进一步解释指出："法律，是指由全国人民代表大会或者全国人民代表大会常务委员会依照立法程序制定和颁布的法律。它不包括行政法规和规章。"

对于《专利法》第5条第1款所指的妨害公共利益，《专利审查指南2010》第二部分第一章第3.1.3节进一步解释指出："妨害公共利益，是指发明创造的实施或使用会给公众或社会造成危害，或者会使国家和社会的正常秩序受到影响。"该节例举了妨害公共利益的发明创造的几种情形，其中指出，发明创造的实施或使用会严重浪费能源或资源的，不能被授予专利权。

针对虚拟货币，我国已经出台多项管理规定。基于这些管理规定我们可以确定，此类虚拟货币的相关业务活动在我国属于非法金融活动，因此对此类涉及非法金融活动的发明，都应当根据《专利法》第5条第1款的规定拒绝授予专利权。但是，在具体审查过程中，应当考虑到这些管理规定都属于行政法规和规章，并不属于全国人民代表大会或者全国人民代表大会常务委员会依照立法程序制定和颁布的法律。虽然这些管理规定都是依据《中华人民共和国中国人民银行法》等多项法律制定的，但是其所引用的法律都是较为上位的法律，而不是针对虚拟货币的具体法律。在专利审查实践中，引用这些上位法律来审查虚拟货币的相关专利申请尚缺少说服力，并不是非常适用。因此，对于涉及虚拟货币的专利申请的审查，应当考虑国家出台前述管理规定的本意，即虚拟货币的相关业务活动会扰乱国家和社会的正常金融秩序，严重浪费能源，违反绿色环保原则，从而妨害公共利益，根据《专利法》第5条第1款的规定，不应授予专利权。

具体地，在专利审查中可以指出，虚拟货币具有去中心化、不受地域限制、匿名性等属性，其发行、清算等交易行为无法被中央银行有效监管，可能导致投机炒作、洗钱、偷税漏税等危害，扰乱国家正常的经济、金融秩序。因此，如果一项发明涉及了不能也不应作为货币在市场上流通使用的虚拟货币，并且该虚拟货币参与发行、流通、清算、交易、融资等金融活动，则该发明属于《专利法》第 5 条第 1 款规定的妨害公共利益的情形，相关申请不能被授予专利权。

对于明确以"挖矿"为目的的专利申请，或者实施发明的主要用途为"挖矿"的专利申请，一般都是以产生虚拟货币为最终目的，即"挖矿"一般都是与虚拟货币的产生密切相关，而虚拟货币的产生与虚拟货币的发行、流通、清算、交易、融资等直接相关，为国家金融管理政策所禁止。而且挖矿会导致能源的严重浪费，与低碳节能的绿色发展理念相悖。因此，涉及"挖矿"的发明也属于《专利法》第 5 条第 1 款规定的妨害公共利益的情形，相关申请不能被授予专利权。

但是，对于中国人民银行发行的"数字货币"（数字人民币），其不同于比特币、以太币等去中心化的"虚拟货币"，因此应当基于该"数字货币"所涉及的具体手段及相应解决的问题，来判断专利申请是否涉及前述的非法金融活动以致违反法律或妨害公共利益。在具体实践中，可以在专利申请文件中对数字货币的发行方等内容进行明确限定或在意见陈述书中予以释明。

同时也需注意，我国对区块链技术的研究和其在实体经济中的应用仍然持鼓励态度，因此对于区块链技术本身，如果不涉及"挖矿"或虚拟货币交易等非法金融活动，并不违反国家法律或妨害公共利益，相关申请仍然可以授予专利权。

第六章　集成电路发明的创造性审查

集成电路产业属于国家重点扶持产业，被放在发展新一代信息产业的首位，《"十四五"规划和2035年远景目标纲要》提出集成电路产业要布局战略性前沿技术。这些政策的实施为进一步优化集成电路产业发展环境、提升集成电路产业创新能力创造了有利条件。与集成电路产业适应的创造性把握尺度，对加强集成电路专利保护与服务、促进集成电路产业创新发展有着重要作用，是审查中的一大难点。

第一节　集成电路制造产业的发展概况

集成电路产业是技术密集型产业，技术迭代遵循摩尔定律。集成电路芯片是计算机或其他电子设备不可或缺的核心部件（大脑），也是关系到国家信息安全的非常重要的战略产品。

从全球集成电路先进制造技术来看，台积电3nm FinFET（鳍式场效应晶体管）和三星3nm GAA（环栅）技术已经或即将实现量产。而代表我国最先进制造技术水平的中芯国际刚量产7nm FinFET，仍落后世界最先进技术至少2代。这些关键器件与工艺技术长期处于大幅落后状态，亟待开展自主创新研发，形成关键技术突破。

集成电路产业链主要包括集成电路设计、制造、封装测试三大环节。本章主要探讨国际专利分类H01L下的涉及集成电路制造技术和封装测试技术的发明的创造性审查。

一、集成电路制造技术

集成电路制造是指主要以晶圆为原材料，将光掩模上的电路图形信息大批量复制到晶圆上，并在晶圆上大批量形成特定集成电路结构的过程。其技术含量高、工艺复杂，在芯片生产过程中处于至关重要的地位。集成电路制造工艺水平的主要指标是以晶体管之间的线宽为代表的技术节点。在摩尔定律的推动下，元器件集成度的大幅提高要求集成电路线宽不断缩小，导致生产技术与制造工序愈为复杂，集成电路制造设备的资本投入越来越高，制造成本呈指数级上升趋势。巨额的设备投入只有具备相当规模的集成电路制造厂商可以负担，其进一步加剧了集成电路制造行业向寡头集中的趋势。

随着先进光刻技术、3D封装技术等不断涌现，各种先进工艺不断改进和完善，集成电路已由21世纪初的0.35μm的CMOS（互补金属氧化物半导体）工艺发展至纳米级FinFET工艺，同时，作为集成电路的衬底，晶圆的直径已经由最初的6in、8in增长到现在的12in。目前，全球最先进的量产集成电路制造工艺已经达到7nm至5nm，3nm技术也陆续进入市场。

二、集成电路封装测试技术

集成电路封装测试包括封装和测试两个环节，是集成电路产业链的下游。先进封装主要包括：FC（带倒装芯片）结构的封装、WLP（晶圆级封装）、2.5D封装、3D封装等。

第二节　集成电路发明的创造性审查难点

《专利审查指南2010》关于创造性判断标准的"三步法"中关于技术领域、实际解决的技术问题、技术启示和公知常识的认定在集成电路领域存在不同于传统行业的特点，给创造性审查带来了新的挑战。

一、技术问题

按照《专利审查指南2010》的规定，发明实际要解决的技术问题的确定主要以发明的技术效果为基础。在确认实际要解决的技术问题时，一定要围绕本申请的技术方案、所要解决的技术问题和需要达到的技术效果综合考虑，选择最为合理的技术问题。因为同一个区别技术特征在不同的应用环境、不同的技术方案中能够起到的作用可能完全不同，即使在同一个技术方案中所起的作用也会有多种可能性。在审查中，对任何一个区别技术特征进行上位概括或将技术问题手段化，都会导致在判断显而易见性时出现偏差。

集成电路产业涉及多个学科，例如集成电路的功能部件涉及半导体、导体和绝缘体等材料领域，各功能部件的导电互连和存储器读写等涉及电学领域，半导体发光器件等涉及光学领域，集成电路芯片的化学清洗、蚀刻、抛光等工艺涉及化学领域，集成电路制造和传输设备涉及机械领域，手机芯片、生物或医药芯片、支持人工智能算力、通信标准或图像显示的芯片等与计算机、生物医药、通信等行业密切相关。集成电路技术本身包含微观、深奥的物理和化学原理，工艺步骤和产品类型都比较繁杂，专业性比较强、涉及面比较广，基于区别技术特征确定发明实际要解决的技术问题时，有时需要花费较多的时间和精力查阅现有技术辅助归纳总结，所以可能存在技术问题上位化或直接手段化的现象。

例如，对比文件和涉案申请分别涉及离子注入掺杂或热扩散掺杂，如果对两者掺杂的机理、需要的条件和达到的效果并不明确，将解决的技术问题直接上位到实现衬底掺杂或者提升导电性（衬底掺杂的效果），很容易将要求和应用环境完全不同的掺杂工艺相互借鉴和结合，导致审查结论错误。

又如，集成电路的专利申请经常涉及上下游的多个生产工艺，解决的技术问题通常是在前端工艺作出改进以避免对后端工艺的影响，这样技术问题的提出必须是综合上下游工艺的整体。如果将技术问题仅仅总结为提高产品良率或对某部件的改进，实际上是没有整体考虑背景技术和技术方案。

二、技术领域

根据《专利审查指南 2010》的规定，发明和实用新型的技术领域应当是要求保护的发明或者实用新型所属或直接应用的具体技术领域，不是上位的或者相邻的技术领域，也不是发明或者实用新型本身。技术领域应当与发明或实用新型在国际专利分类表中可能分入的最低位置有关。

对于集成电路产业来说，通常一条集成电路制造工艺线需要数百种工艺设备共同完成成百上千道工序，一个集成电路芯片可能涉及成百上千的发明。相应地，集成电路领域的专利申请，无论涉及器件、设备还是工艺方法，技术划分非常细致，IPC 细分非常庞杂，大组下的细分能达到十几个下位组。这使得专利审查工作中知悉种类繁杂的技术分支和准确站位本领域的技术人员至关重要。正确甄别出器件类型和工艺种类的异同，并进一步判断发明与现有技术是否属于同一技术领域，是审查工作中的难点。

另外，半导体先进制程进到 10nm 以下，微缩技术更加复杂，需要电路线设计、光刻、晶体管构架与材料等各方面的协同，需要突破 EUV 极紫外光刻等关键技术。在这种量级下，有时候看似属于同一个领域，但其不同分支相差可能很远。例如，在集成电路领域，如果申请涉及三维结构的双栅 FinFET，那么二维的普通场效应晶体管、三维结构的单栅 FinFET 或三维结构的多栅 FinFET 与本申请是否属于相同的技术领域？即使同为三维结构的场效应晶体管，FinFET 和 GAA 场效应晶体管二者的晶体管架构不同，是否属于相同的技术领域？这些问题在审查实践中都颇有争议。

最后，涉及例如纳米尺寸的微观领域的集成电路行业，判断显而易见性时需要充分考虑技术障碍，技术领域是否相同也需要结合技术障碍综合考虑。

三、结合启示

在实际审查过程中，现有技术的整体是否存在启示，有时也会存在不同的观点，只有合理适用专利审查指南列举的规定才会得到正确的结论。例如，最接近的现有技术本身是排斥向区别技术特征的方向改进的，如果另一篇对比文件公开了区别技术特征，且作用相同，本领域的技术人员是没有动机对最接近的现有技术进行改进的。另外，如果另外一篇对比文件领域相差比较远，本领域的技术人员在研发过程中基本上没有机会跨到这个领域去调研，在审查中如果忽略领域的跨度，也会出现审查结论的偏差。

集成电路专利申请的发明构思往往和背景技术及技术领域关系非常密切，不同的器件、工艺和技术背景，相同的技术特征所起的作用往往大相径庭。这种情况下，无论是本申请还是现有技术，都需要从背景技术、发明的起点出发，准确把握发明构思，同时还需正确甄别出器件类型、工艺种类的异同，如此才能准确地认定事实和技术特征所起的作用。

由于集成度的不断提高、特征尺寸的不断微缩，集成电路先进制造工艺历经了 22nm、16/14nm、10nm、7nm、5nm 到 3nm 的艰难迭代历程，晶体管尺寸逐渐缩小至接近物理极限。在纳米的微观领域中，显而易见性、技术启示与传统的宏观领域大相径庭，在宏观场景容易想到的，在纳米量级下可能需要克服难以想象的技术障碍。一个极端的例子是，从 A 地到 B 地，可以选择高铁、飞机、轮船的交通方式，让人直接飞过去这样的解决方案 "不容易想到" 是由于存在不可逾越的技术障碍，本领域的技术人员不会朝这个方向去想。英特尔公司从 14nm 到 10nm 的演进不断推迟，就是一个很好的例证。2014 年英特尔实现 14nm 芯片量产后，预计 2017 年量产 10nm 芯片，但 2020 年才迎来了 10nm 芯片。在此过程中，鳍间距要从 42nm 缩小到 34nm，鳍宽度从 8nm 缩小到 7nm。在宏观领域，如果在产业一直追求尺寸缩小的大背景下，用合乎逻辑的分析和说理或有限的试验评述上述数值变化不大的技术方案貌似是合理的。但在微观领域，每 1nm 的尺寸缩小都非常艰难，需要更多的掩模工艺，但多次的掩模会降低产品良率。在该迭代过程中，英特尔公司实现 10nm 量产的关键技术之一是：在 14nm 工艺时，相邻单元之间会有两个伪栅极隔离；而在 10nm 工艺时，相邻的单元可以共享一个伪栅极隔离，这样最多可以节省 20% 的芯片面积。针对涉及伪栅极隔离数量的申请，伪栅极隔离数量由 2 个变成 1 个，从而减少芯片面积，从宏观视角来看的确容易想到，但英特尔耗时 6 年方能实现代际的突破和量产，其中的技术挑战是难以想象的。

因此在集成电路领域考量技术启示时，一定要绷紧微观领域技术障碍的弦。对于集成电路行业而言，如果一项技术不可预测或者说不确定，那么本领域的技术人员倾向于认为相对较小的改进对本领域的技术人员而言是非显而易见的。例如，在宏观领域技术原理相同、技术领域相同、大的结构框架类似的情况下，很容易得到技术方案容易想到的结论，而在微观领域，需要充分预估每个结构改进可能要克服的技术障碍。

四、公知常识

《专利审查指南 2010》有关公知常识范畴和公知常识举证的规定不够具体，界限不够明晰，当审查员偏离本领域的技术人员水平时，对公知常识的认定可能会存在偏差。

集成电路产业一项新技术的提出和产业应用是由不同公司的不同发明人共同推动和完成的，这是一个持续多年逐步迭代演进的过程。为了降低成本，集成电路技术的改进通常尽可能与以往的技术兼容。这使得集成电路的专利申请大多属于改进发明，区别技术特征从宏观上看会有创新高度较低、发明偏简单的预估，这导致审查员常常比较轻易地将区别技术特征认定为本领域的公知常识。另外，集成电路领域区别技术特征相同，但背景技术、应用环境和技术方案的不同，常常导致该特征所起的作用差别很大。如果审查员在公知常识的认定中，仅仅针对技术特征本身考虑，并未谨慎考证采用该手段所解决的技术问题，也会将大量不属于公知常识的技术特征误认为是本领域的公知常识。

第三节 专利审查案例分析

本节将提供若干有关创造性审查的案例，以便具体说明我国集成电路制造产业创造性审查中遇到的上述难点。这些案例在实际要解决的技术问题、技术领域、技术启示和公知常识等几个方面存在一定的争议，笔者希望通过对上述产生争议的问题进行具体的分析，从而对集成电路制造产业创造性审查标准的适用提供参考。

一、实际要解决的技术问题

【案例1-6-1】 一种改善接触孔插塞氧化物凹陷的工艺方法

现有的 3D-NAND 存储器在制备过程中，需要形成多层堆叠结构，其中顶层选择栅切线层通常采用 ALD（原子层沉积）的方法制备，而其他堆叠功能层通常采用 PECVD（等离子增强化学气相沉积）的方法制备，然后通过湿法刻蚀形成接触孔。然而采用 ALD 方法制备的功能层与采用 PECVD 方法制备的功能层密度不同，在湿法刻蚀中导致刻蚀速率不同，最终造成插塞氧化物局部凹陷。涉案申请在通过 PECVD 方法形成其他堆叠功能层之后，首先沉积一层 CMP（化学机械抛光）截止层，在该 CMP 截止层上通过 ALD 方法形成顶层选择栅切线层，然后通过 CMP 去除 CMP 截止层表面形成的顶层选择栅切线材料，然后再去除所述 CMP 截止层，最后通过 PECVD 方法沉积插塞氧化物。上述方法使得通过 ALD 方法形成的多余的顶层选择栅切线材料被去除，从而使得后续形成接触孔工艺所针对的插塞氧化物层中，不再具有 ALD 方法形成的层，从而避免了因湿法刻蚀速率不同而导致局部凹陷的缺陷。

涉案申请权利要求 1 如下：

1. 一种改善接触孔插塞氧化物凹陷的工艺方法，包括以下步骤：

在衬底表面形成多层交错堆叠的层间介质层及牺牲介质层，然后采用化学机械研磨工艺获得顶层层间介质层光滑平整的表面；

在所述光滑平整的表面上沉积一层 CMP 截止层；

在 CMP 截止层的表面上形成复合光刻层；然后在需要形成选择栅切线的位置实施光刻；

在前述光刻位置形成顶层选择栅切线的沟道，并去除所述复合光刻层以露出所述 CMP 截止层的表面；

在所述沟道中沉积填充顶层选择栅切线氧化物材料；

采用 CMP 工艺，将对顶层选择栅切线沟道进行填充时在所述 CMP 截止层表面形成光滑平整的表面；

去除所述 CMP 截止层；

采用 CMP 工艺去除在去除 CMP 截止层后多余的、凸出的顶层选择栅切线氧化物材料，直至顶层选择栅切线氧化物材料与顶层层间介质层表面平齐，以获得平整光滑的表面；

在顶层层间介质层和顶层选择栅切线氧化物材料的表面沉积插塞氧化物，以及在插塞氧化物表面形成氮化硅层。

对比文件 1 公开了一种半导体存储器的制作方法，属于半导体存储器领域，并且具体涉及 3D – NAND 存储器的制作，与涉案申请技术领域相同，其要解决的技术问题是提高存储器中深孔的纵横比并避免"氧化物 – 氮化物 – 氧化物"叠层被破坏。对比文件 1 所公开的方法在多层堆叠结构之上形成顶层选择栅切线材料，然后形成插塞氧化物，然后刻蚀形成接触孔。对比文件 1 没有公开采用刻蚀停止层的工艺，也没有公开采用 ALD 工艺形成顶层选择栅切线层的工艺。对比文件 2 公开了一种浅沟槽隔离方法，属于逻辑电路制造领域，其要解决的技术问题是提高浅沟槽隔离结构的平坦度。对比文件 2 所公开的方法包括形成 CMP 截止层，在其上形成功能层，然后通过 CMP 去除功能层的多余部分，然后去除 CMP 截止层。涉案申请与对比文件 1 的区别主要在于：在多层堆叠结构之上形成 CMP 截止层，在 CMP 截止层之上形成顶层选择栅切线层，然后通过 CMP 去除多余的顶层选择栅切线材料，然后再沉积插塞氧化物。

该案的争议焦点在于：应当如何确定上述区别技术特征实际解决的技术问题；对比文件 2 公开的浅沟槽隔离方法包括类似的步骤，对比文件 2 是否给出了与对比文件 1 结合的启示。一种观点认为：对比文件 1 作为最接近的现有技术，涉案申请实际解决的技术问题是制作选择栅切线。对比文件 2 公开了一种形成浅沟槽、填充氧化物并平坦化的技术方案，包括形成 CMP 截止层，在其上形成功能层，然后通过 CMP 去除功能层的多余部分，然后去除 CMP 截止层；当将对比文件 2 中功能层对应为涉案申请的顶层选择栅切线层时，其工艺步骤与涉案申请相同，因此本领域的技术人员在面对如何制作选择栅切线的技术问题时，容易想到采用对比文件 2 的技术方案来解决。另一种观点则认为：涉案申请所要解决的技术问题是避免存储器插塞孔中出现局部凹陷。对比文件 2 公开了一种浅沟槽隔离方法，其不涉及 3D – NAND 半导体存储器的制造。对比文件 2 中 CMP 截止层的作用是在后续的平坦化工艺中,利用 CMP 截止层上形成的 CMP 缓冲层和浅沟槽隔离内的绝缘材料 CMP 速率不同的性质,形成形貌的补偿效果,进而提高浅沟槽隔离结构的平坦度。可见对比文件 2 与涉案申请所要解决的技术问题无关,因此二者结合无法影响涉案申请的创造性。

众所周知,确定发明实际解决的技术问题是创造性判断的关键环节。在判断一项发明实际解决的技术问题时,要结合现有技术的整体情况,找到本申请相对于最接近的现有技术的创新所在。该技术问题既不能过于上位脱离本申请,也不能过于贴近本申请的技术手段,甚至将技术问题确定为技术手段本身。如果将技术问题确定为技术手段本身,往往会导致一旦从其他现有技术中找到同样的技术手段就当然地认为具有结合启示,而忽视区别技术特征在本申请中真正起到的作用和取得的技术效果,进而作出否定本申请创造性的结论。

在案例 1 – 6 – 1 中,如果将涉案申请实际解决的技术问题确定为"制作选择栅切线",则过于贴近涉案申请的技术手段本身,存在"技术问题手段化"的情况,将忽视掉区别技术特征在涉案申请中真正起到的作用和效果;而一旦忽视掉区别技术特征在涉案申请中真正起到的作用和效果,那么即使对比文件 2 不涉及 3D – NAND 工艺、不涉及后续湿法刻蚀速率不同等内容,也容易不恰当地得出对比文件 2 给出了解决"制作选择栅切线"这一技术问题启示的结论。涉案申请中通过去除在 CMP 截止层之上采用 ALD 工艺形成的顶层选择栅切线层,能够使得后续形成接触孔工艺所针对的插塞氧化物层中不再具有 ALD 方法形成的层,从而避免因湿法刻蚀速率不同而导致局部凹陷的缺陷,因此将涉案申请实际解决的技术问题确定为避免存储器插塞孔中出现局部凹陷更为合理;而一旦正确地确定涉案申请实际解决的技术问题,那么很容易发现对比文件 2 提出的技术方案与这一技术问题是无关的,本领域的技术人员在面临避免存储器插塞孔中出现局部凹陷这一技术问题时,是难以从对比文件 2 中得到启示的。

二、技术领域

【案例 1 – 6 – 2】FinFET 及其制造方法

在传统 FinFET 的制造工艺中,在半导体鳍片下方通过离子注入形成掺杂的穿通阻止层(punch – through – stopper layer,PTSL),可以减小源区和漏区之间的漏电流。然而,为了形成穿通阻止层而执行的离子注入可能在半导体鳍片的沟道区中引入不期望的掺杂剂。该附加的掺杂使得在 FinFET 的沟道区中存在着随机掺杂浓度的波动。

涉案申请在形成穿通阻止层的过程中，采用顶部保护层和/或侧壁保护层，避免对半导体鳍片的不期望的掺杂，从而可以减小阈值电压的随机变化。具体步骤如图 1-6-1 所示：形成半导体衬底 101，在其上形成顶部保护层 102；采用光致抗蚀剂 PR1 进行图案化形成脊状物；沉积第一绝缘层 103；形成共形氮化物层，去除共形氮化物层在 103 上的横向部分，形成侧壁保护层 104；回刻蚀 103，减小其厚度；形成共形的掺杂剂层 105；沉积第二绝缘层 106；去除顶部保护层 102 和侧壁保护层 104；热退火，将掺杂剂层 105 位于脊状物的侧面上的部分向内推入直至连通，从而在半导体衬底 101 的脊状物中形成掺杂穿通阻止层 107，从而减少传统工艺中离子注入步骤带来的不期望的掺杂。

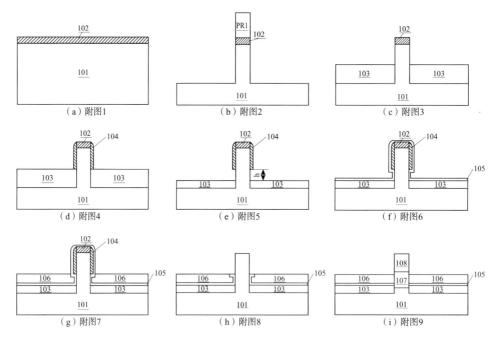

图 1-6-1 案例 1-6-2 涉案申请

涉案申请权利要求 1 如下：

1. 一种制造半导体器件的方法，包括：在半导体衬底上形成半导体鳍状结构；在鳍状结构的侧面上距离鳍状结构的顶面一定距离处形成掺杂剂层；以及将掺杂剂层中的掺杂剂推入鳍状结构中，形成穿通阻止层。

对比文件 1 公开了一种半导体晶体管的制造方法（参见图 1-6-2），并且具体涉及 FinFET，与涉案申请技术领域相同；其解决的技术问题是：通过形成穿通阻止层，可以通过掺杂沟道区将晶体管的阈值电压控制到例如1V或更高，从而在晶体管关断状态期间减小电流；对比文件1所述方法包括：在半导体衬底50上形成半导体鳍片54a，利用离子注入在半导体鳍片54a中距离该鳍片顶部的一定距离的内部形成掺杂穿通阻止层62a。

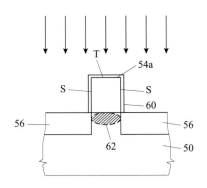

图 1 - 6 - 2　案例 1 - 6 - 2 对比文件 1

对比文件2公开了一种用于硅太阳能电池片的热扩散制备工艺，属于太阳能电池片制造的技术领域；其解决的实际问题是：在晶体硅太阳能电池 P - N 结制作过程中缩短 P - N 结的扩散时间，从而避免硅片因长时间高温引起热损伤，并且节省能耗，提高生产效率；对比文件2所述方法利用热扩散工艺在硅片上形成 P - N结，具体工艺为：在硅片上形成一层具有一定厚度和浓度的 P 型或 N 型膜层，然后通过升温加热使得该膜层中的掺杂剂扩散至硅片表层从而形成相应掺杂区。

涉案申请权利要求1与对比文件1的区别技术特征为：在鳍状结构的侧面上距离鳍状结构的顶面一定距离处形成掺杂剂层；将掺杂剂层中的掺杂剂推入鳍状结构中，形成穿通阻止层。

该案的争议焦点在于：对比文件2所述用于硅太阳能电池片的热扩散制备工艺是否涉案本申请属于相同技术领域，并能给出与对比文件1结合的启示。一种观点认为，对比文件2公开了利用热扩散工艺在硅片上形成 P - N 结或高低结，具体为：在硅片上形成一层具有一定厚度和浓度的 P 型或 N 型膜层，然后通过升温加热使得该膜层中的掺杂剂扩散至硅片表层从而形成相应掺杂区。可见，对比文件2公开了利用在一层结构表面形成掺杂剂层并对其进行加热以使得掺杂剂扩散推入到该层结构中从而形成掺杂区的工艺方法，并且对比文件2与涉案申请都属于集成电路制造领域，因此对比文件2给出了与对比文件1结合的启示。另一种观点认为，对比文件2涉及硅太阳能电池片的热扩散制备工艺，硅太阳能电池片与涉案申请所述 FinFET 无论是器件结构、器件尺寸还是应用环境都存在显著的不同，属于不同的技术领域。对比文件2的硅太阳能电池片并不存在沟道区，进而也不存在涉案申请所要解决的沟道区中随机掺杂浓度波动的技术问题，因此，对比文件 2 对于涉案申请所要解决的技术问题并未涉及也不存在相关的技术启示。

审查中，在考虑技术领域时不宜过于上位，应当考虑具体的应用领域。这一点在集成电路制造领域尤其重要。集成电路制造领域涵盖广泛，包括晶体管、半导体存储器、太阳能电池、发光二极管、功率器件等诸多细分领域，它们之间无论在生产工艺、器件结构、器件尺寸还是应用环境等方面都存在显著的不同。通常在确定技术领域时，不能笼统地将它们认定为均属于集成电路领域，而是应将技术领域认定为具体的细分领域。

对比文件 2 与涉案申请虽然都属于集成电路领域，但是在细分领域上有明显的差异：涉案申请属于晶体管领域，而对比文件 2 属于太阳能电池领域。通过热扩散工艺将掺杂剂由掺杂源区推入而形成掺杂区本身是太阳能电池领域常用掺杂工艺，然而却不是晶体管领域常用的。集成电路领域技术人员对于热扩散工艺和离子注入工艺的普遍认知是：热扩散工艺较难控制掺杂分布，而离子注入工艺能够实现掺杂分布的较高精度控制，这也正是在晶体管制造领域广泛使用离子注入而在太阳能电池制造领域广泛使用热扩散工艺的原因之一。涉案申请在应用热扩散工艺时，将掺杂剂层形成在鳍状结构的侧面上，利用鳍片宽度上的推入远大于高度上的推入，实现掺杂剂较少地进入半导体鳍片沟道区中的技术效果。该手段和效果在看到涉案申请之前是难以想到的，也难以从太阳能电池领域得到借鉴和启示。

三、技术启示

【案例 1－6－3】半导体微元件的转移方法及转移装置

Micro LED 显示技术是指以自发光的微米级 LED 为发光像素单元，将其组装到驱动面板上形成高密度 LED 阵列的新型显示技术。在已有的制造 Micro LED 的过程中，首先在转移基板上形成 Micro LED，接着将 Micro LED 转移到接收基板（例如显示屏）上。制造 Micro LED 过程中的一个困难在于：如何大量地将 Micro LED 从转移基板上转移到接收基板上。衡量该转移技术的指标是转移良率，一般对转移良率的需求是 100%。传统转移 Micro LED 的方法为借由基板键合（wafer bonding）将半导体微元件自转移基板转移至接收基板，由于 Micro LED 尺寸在微米量级，只要极小的黏附力量不同，就会导致转移良率低于 100%。

涉案申请的方案参见图 1－6－3：衬底 100，第一半导体层 110，第一电极

第一编　现代电子及通信技术 ◎

111，活性层 120，第二半导体层 130，第二电极 131，绝缘层 140，牺牲层 200，
二氧化硅柱体 220，键合层 300，支撑结构 301，基板 310，通孔 320。将半导体微
元件与转移基板键合，键合层 300 进入二氧化硅柱体 220 的四周并包裹二氧化硅
柱体 220，形成支撑结构 301；去除牺牲层 200 后，从背面通过激光打孔贯穿基板
310 并打掉二氧化硅柱体 220，将通孔 320 从基板 310 背面贯穿到半导体微元件表
面；从通孔 320 向半导体微元件施加推力（注入流体），让半导体微元件与键合层
300 分离。

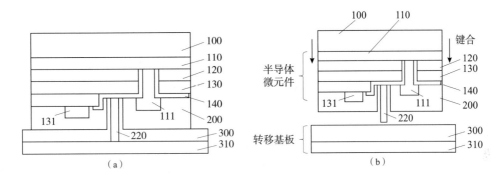

图 1-6-3　案例 1-6-3 涉案申请

涉案申请权利要求 1 如下：

1. 一种半导体微元件的转移方法，所述半导体微元件的转移方法包
含步骤：

（1）提供转移基板，在转移基板上形成半导体微元件，半导体微元
件具有电极，转移基板包括基板和键合层，键合层设置在基板上，键合
层具有支撑结构；

（2）半导体微元件通过支撑结构与键合层键合连接；

其特征在于：电极位于半导体微元件靠近支撑结构的一侧，键合层
的支撑结构中具有通孔，在移除半导体微元件时，从通孔向半导体微元
件施加推力，让半导体微元件与键合层分离。

对比文件 1 公开了一种微元件（可以是 Micro LED）的转置方法（参见
图 1-6-4）。其与涉案申请技术领域相同，解决的技术问题是避免硬质材料真
空吸头导致微元件受损；对比文件 1 的转置方法中转置组件 200 采用泵浦件 220
和弹性吸头 210，泵浦件通过气孔 F1 抽取气体，弹性吸头 210 拾取微元件 130，
然后移动到焊料 140 上，接着将气体从气孔 F1 通入至通孔 H1，使得弹性吸头 210
与微元件 130 之间分离。

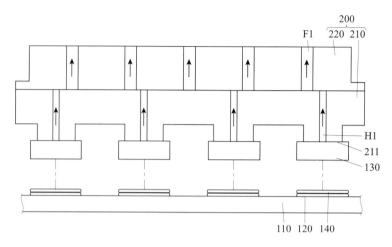

图1-6-4 案例1-6-3对比文件1

该案的争议焦点在于：对比文件1公开的包括泵浦件和弹性吸头的转置装置是否给出了涉案申请所述键合层和带通孔支撑结构的启示。一种观点认为，对比文件1的弹性吸头和涉案申请的键合层虽非同一个部件，但是其相对于芯片的作用相同，均是直接与半导体微元件的表面接触的，从整体上看，对比文件1所公开的转移装置200相当于涉案申请的转移基板。对比文件1公开了吸嘴拾取设备和芯粒的键合，而吸嘴拾取设备是通过弹性吸头与芯粒接触的，涉案申请的转移装置也是通过支撑结构中的通孔对半导体微元件进行吸真空或者吹气，和对比文件1的工作原理相同。因此在对比文件1公开内容基础上，容易获得涉案申请的技术方案。另一种观点认为，对比文件1所述的包括泵浦件和弹性吸头的转置装置是一种工件，是用来转移微元件的工具，该工件与被处理的微装置之间通过气体的吸力和推力实现拾取和分离，两者之间不存在固定连接。涉案申请所述的转移基板与半导体微元件之间是键合连接的，支撑结构与半导体微元件之间也是键合连接的，通过键合连接使得转移基板与半导体微元件之间实现固定连接，即使得两者均构成整体晶圆上的一部分。因此，涉案申请公开的键合方法与对比文件1所述的使用工具拾取微元件的方法不同。

在评价创造性时，最重要的是技术方案本身。如果现有技术仅仅在工作原理上与涉案申请相同，其技术方案不同，那么不能仅由作用相同或者原理相同而想当然地得出技术方案也是容易想到的结论。涉案申请技术方案针对的情况是转移基板与衬底（其上形成有Micro LED）之间在键合后如何比较容易分离；而对比文件1则针对的是如何使用吸头工具拾取Micro LED，然后与之分离。虽然对比文件1与涉案申请都是利用了"气体"施加"推力"的方式辅助分离，原理上是相同的，然而两者技术方案不同，仅仅由于两者都利用了相同的原理就认为对比文件 1 给出了涉案申请整体技术方案的启示，是不合理的。

【案例 1-6-4】互连结构及互连结构的形成方法

在铜互连技术中，铜具有高迁移率，现有技术通常在金属层以及介质层表面形成 SiCN 作为帽层，以阻挡铜扩散至上层介质层中。但是，SiCN 的形成工艺中存在 NH_3 基团，NH_3 基团在帽层形成工艺的电场激励下，易与金属层中的铜发生反应生成 CuN，导致部分铜被电离；电离后铜离子具有更低的活化能，更容易发生扩散，进而容易出现铜堆积（hillocks）现象。因此，涉案申请采用 SiBC 作为第一帽层与金属层直接接触，在第一帽层形成工艺中存在含硼基团和含碳基团，所述基团均不会与金属层中的铜发生反应，即金属层中的铜不会被电离形成铜的化合物，减少了铜堆积现象的出现，改善了互连结构的电迁移特性。

涉案申请权利要求 1 如下（参见图 1-6-5）：

1. 一种互连结构的形成方法，其特征在于，包括：

提供半导体基底 100，所述半导体基底表面形成有介质层 102；

在所述介质层中形成开口，所述开口底部露出所述半导体基底表面；

在所述开口内形成填充满开口的金属层 107，所述金属层表面与介质层顶部平齐；

在所述金属层和所述介质层表面形成第一帽层 108，所述第一帽层的材料为 SiBC，SiBC 材料的第一帽层的形成工艺中存在含硼基团和含碳基团，且不存在易与金属层发生反应的基团，使得金属层不会被电离形成化合物，并减小介质层受到损伤而造成介电常数增大的概率。

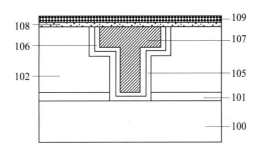

图 1-6-5 案例 1-6-4 涉案申请

对比文件 1 公开了一种铜互连结构（参见图 1-6-6），与涉案申请技术领域相同。其解决的技术问题是减少铜扩散。对比文件 1 公开的铜互连结构包括半导体基底 200，在半导体基底 200 上形成例如含硅材料、含氮材料、含碳材料或相似物的介电材料形成的刻蚀停止层 202；在刻蚀停止层表面形成有含氧介质层 203；在含氧介质层 203 中形成开口，开口底部露出半导体基底 200 的表面；开口内形成含钽－锰－氧的扩散阻挡层 207；在开口内填充填满开口的铜互连结构 220，铜互连结构 220 的表面与含氧介质层 203 顶部平齐；在铜互连结构 220 和含氧介质层 203 表面形成帽层 208。帽层材料可以为氮化硅、氮氧化硅、碳化硅、富硅氧化物、硅碳氢化合物或硅碳氮化合物等。

对比文件 2 公开了一种铜互连结构（参见图 1-6-7），与涉案申请技术领域也是相同的，其解决的技术问题是防止帽封层与铜互连中的铜反应，从而减轻不希望出现的电迁移效应。对比文件 2 采用气体团簇离子束（gas cluster ion beam，GCIB）帽封工艺：利用由反应性元素构成的 GCIB 照射第一铜线路层 502 和/或第一级间电介质层 508 的上表面，GCIB 工艺的撞击能量和热瞬态特性熔入暴露于 GCIB 的铜线路和/或相邻的级间电介质结构的顶面，从而分别形成帽封层 514（位于铜上的部分）和 516（位于介电层上的部分）。其中，具有例如由 C、N、O、Si、B 或 Ge 或其混合物构成的气体团簇离子元素的 GCIB 是合适的，例如 Si_3N_4、SiCN、$CuCO_3$ 和 BN。

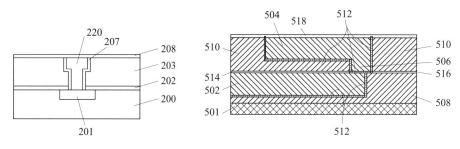

图 1-6-6　案例 1-6-4 对比文件 1　　　图 1-6-7　案例 1-6-4 对比文件 2

涉案申请与对比文件 1 的主要区别是：第一帽层的材料为 SiBC，其形成工艺中存在含硼基团和含碳基团，且不存在易与金属层发生反应的基团。主要争议焦点在于：对比文件 2 公开的由 C、N、O、Si、B 或 Ge 或其混合物构成的气体团簇离子元素的 GCIB，例如 Si_3N_4、SiCN、$CuCO_3$ 和 BN，作为帽层，是否给出如涉案申请这样选择 SiBC 作为帽层的启示。一种观点认为，对比文件 2 给出了 C、N、O、Si、B 或 Ge 或其混合物构成的气体团簇离子元素的 GCIB，由于其给出的化学元素数量有限，本领域的技术人员有动机通过有限的试验，进行排列组合得出应对铜堆积现象的材料的优化组合，因此得到较优的防止铜堆积的元素组合是容易想到的，即容易得到帽封层材料为 SiBC，应当认为对比文件 2 给出了与对比文件 1 结合并得到涉案申请技术方案的启示。另一种观点认为，对比文件 2 中仅给出如由 C、N、O、Si、B 或 Ge 或其混合物构成的气体团簇离子元素混合物，具体优选例则仅给出了 Si_3N_4、SiCN、$CuCO_3$ 和 BN 四种材料作为防止铜扩散的帽封层。对比文件 2 在组成 GCIB 的过程中没有刻意回避氮元素的出现，说明对比文件 2 中没有意识到氮元素对铜互连的影响，即对比文件 2 中仅给出采用气体团簇离子元素的 GCIB 形成能防止铜扩散的帽封层的教导，而并未给出"帽封层的形成过程会带来铜堆积现象，以及该问题产生的具体原因"的教导，更没有给出在帽层中避免使用氮元素，以避免 NH_3 基团在帽层形成工艺的电场激励下与铜反应生成氮化铜的教导，因此对比文件 2 没有给出对对比文件 1 的方案进行改进并选择 SiBC 作为帽层材料的启示。

创造性评价的判断基础是现有技术。在进行创造性判断时，应当从最接近的现有技术和实际解决的技术问题出发，判断现有技术整体上是否存在某种启示，这种启示使得本领域的技术人员在面临所述技术问题时，有动机对最接近的现有技术进行改进，进而获得本申请。在创造性评价时，不能以本申请为出发点、以本申请的视角去对现有技术进行有意识的、定向的选择。这种有意识的、定向的选择往往都是掺杂了主观因素，很容易导致"事后诸葛亮"。该案中，对比文件 2 在选择帽层材料时，公开了 C、N、O、Si、B 或 Ge 或其混合物构成的气体团簇的大范围，以及 Si_3N_4、SiCN、$CuCO_3$ 和 BN 四种具体材料的小范围，这都表明对比文件 2 没有刻意地排除选择氮元素，即对比文件 2 没有意识到氮元素（氮元素导致工艺中产生 NH_3 基团，进而形成 CuN，导致部分铜被电离）对铜的扩散有负面的影响，因此对比文件 2 没有公开不采用氮元素的其他几种元素的组合方式，也没有给出这样的启示。在审查过程中如果认为从对比文件 2 公开的"C、N、O、Si、B 或 Ge"中可以有意识地定向选择出"Si + B + C"的元素组合作为最优组合，则是"事后诸葛亮"的表现。

四、公知常识

【案例 1 - 6 - 5】 互连结构及其制造方法

互连结构通常由以下工艺制造（参见图 1 - 6 - 8）：在基底上形成低 k 介质层；在低 k 介质层上形成硬掩模；通过湿法刻蚀对低 k 介质层进行图形化，以形成通孔，后续在通孔中填充金属材料以形成连接插塞。低 k 介质层与硬掩模之间容易出现底切（undercut）现象。这是因为在低 k 介质层上形成硬掩模时，由于硬掩模的形成采用了氧等离子体，氧与低 k 介质层表面的碳容易发生反应，因此造成低 k 介质层表面碳损失，而图形化工艺对碳损失后的介质层表面具有较高的去除速率。底切的存在容易导致硬掩模剥离等问题产生，影响互连的可靠性。

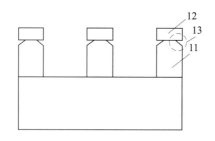

11—低 k 介质层；12—硬掩模；13—底切

图 1 - 6 - 8　案例 1 - 6 - 5 涉案申请背景技术

涉案申请通过采用含硅、氢的气体对所述低 k 介质层进行表面处理，以形成用于抑制碳损失的保护层。具体地，由硅烷提供硅和氢元素，而所述低 k 介质层 101 提供氧和碳，所述保护层 102 为在低 k 介质层 101 的表面形成含 C、H、O、Si 的致密薄膜；在所述保护层 102 上形成硬掩模 103（参见图 1 - 6 - 9）。

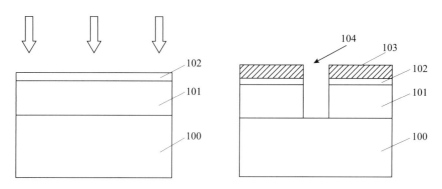

图 1 - 6 - 9　案例 1 - 6 - 5 涉案申请

涉案申请权利要求 1 如下：

1. 一种互连结构的制造方法，其特征在于，包括：

在基底（100）上形成含碳的介质层（101）；

采用含硅、氢的气体对所述介质层进行表面处理，以形成用于抑制碳损失的保护层（102），所述含硅、氢的气体为硅烷；

在所述保护层上形成硬掩模（103）；以所述硬掩模对所述介质层进行图形化，以形成连接插塞（104）。

对比文件 1 公开了一种互连结构的制造方法（参见图 1 - 6 - 10），与涉案申请技术领域相同，其解决的技术问题是保护半导体器件免于碳耗尽而带来损伤。

对比文件 1 所述方法包括：在基底上形成 ILD（多孔层间介电层）104，ILD 层为含碳介质层；为了抑制 ILD 层 104 的碳损失，采用碳基材料对 ILD 层表面进行富碳处理 202，以形成富碳层 204，该碳基材料具有—Si—R 官能团的硅烷化试剂（例如，甲基封端的烷氧基、乙酰氧基、氨基或氯硅烷试剂）；在富碳层 204 上形成硬掩模层 106；以所述硬掩模层 106 对介质层 104 进行图案化并填充金属 108 后形成如图 1 - 6 - 10 所示的互连结构。

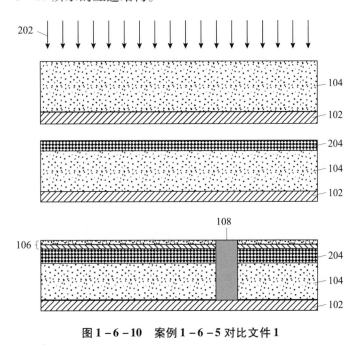

图 1 - 6 - 10　案例 1 - 6 - 5 对比文件 1

　　涉案申请与对比文件 1 的区别在于：采用硅烷对介质层进行表面处理，以形成用于抑制碳损失的保护层。对比文件 1 的具体实施例包括采用氯硅烷进行富碳处理，氯硅烷与硅烷具有类似结构。在此基础上，由对比文件 1 公开的氯硅烷而想到采用硅烷是否是公知常识是该案的争议焦点。一种观点认为，对比文件 1 中通过将 ILD 层暴露于富碳化工艺中来实现防止 ILD 层碳流失，富碳化工艺可以为硅烷化处理，具体实施例之一为可以通过氯硅烷对表面进行处理以获得富碳层，在此基础上，采用与氯硅烷具有类似结构和组成的硅烷对介质层表面进行硅烷化处理是本领域的技术人员的常规选择。另一种观点认为，虽然对比文件 1 公开了可以用氯硅烷对介质层进行处理，但是对比文件 1 对介质层表面进行了富碳处理，其整体方案实现的前提是将 ILD 层的表面暴露于一碳基材料中，从而在介质层的表面形成一碳含量高的富碳层。对比文件 1 实施例中的氯硅烷是对具有—Si—R 官能团的硅烷化试剂的一种举例，根据对比文件 1 技术方案的教导，该富碳处理是必经步骤，即对比文件 1 公开的采用氯硅烷对介质层进行处理的步骤是建立在富碳处理基础上的。因此，虽然硅烷与氯硅烷具有类似结构和组成，但是对比文件 1 公开的在富碳处理中使用"氯硅烷"的技术方案没有给出涉案申请公开的采用不含碳的硅烷气体对介质层表面进行处理的启示。

在确定某技术特征是不是公知常识时，不仅要考虑技术特征本身，还要考虑技术特征在方案中起到的作用和获得的技术效果。通常如果某技术特征能够被认定为公知常识，那么其在方案中的作用和技术效果也应当为本领域所公知；反之，如果某技术特征在特定情况下起到的作用和获得的技术效果不为本领域所公知，则不能仅仅因为技术特征本身很常见，就认定其为公知常识。在涉案申请的评述过程中，如果仅独立看待对比文件 1 公开的"氯硅烷"，很容易得出其与涉案申请采用的"硅烷"是近似化合物，进而得出对比文件 1 可以影响涉案申请权利要求 1 创造性的结论。然而从整体上看，对比文件 1 在富碳处理中使用"氯硅烷"的前提是将 ILD 层的表面暴露于一碳基材料中；结合对比文件 1 的原理性描述可知，对比文件 1 抑制碳损失的原理为：将 ILD 层的表面暴露于一碳基材料中，以在 ILD 层的表面形成一碳含量高的富碳层，由此平衡工艺中 ILD 层的碳损失。而涉案申请的原理则是：由硅烷提供硅和氢元素，由低 k 介质层提供氧和碳，两者反应形成含 C、H、O、Si 的致密薄膜，由此避免刻蚀导致的底切。因此涉案申请与对比文件 1 的原理不同，工艺不同，"硅烷"在涉案申请使用环境中所起作用及所获技术效果不是公知常识。

第四节　创造性审查标准把握的考量

一、集成电路产业发明对创造性审查的要求

（一）集成电路产业特点对创造性审查的要求

对于不同产业而言，目前专利法在创造性判断标准方面是统一的，但由于不同产业具有其独有的特点，例如，不同产业在技术迭代速度、研发成本控制、颠覆性和独创性技术的研发以及专利在行业技术分支的涵盖范围上都各不相同。显然，为了激励特点各异的产业技术创新，在现有的创造性判断标准下，根据不同领域的特色进行创造性审查才是科学的和符合实际的。

对于集成电路产业来说，由于集成度的不断提高、特征尺寸的不断微缩及处理器性能的持续提升，处理器研发成本巨大并且研发周期很长，通常一条集成电路制造工艺线需要数百种工艺设备共同完成成百上千道工序。与制药行业引入一种新药类似，在集成电路行业，一项新技术从研发到应用于量产的产品，通常需要 10 年以上的研发周期和大量的资金投入。而在机械行业和计算机软件行业，新的发明创造通常不像集成电路和制药行业那样的长研发周期和巨额资金投入。并且，在集成电路行业，一代产品的量产动辄需要投入数百亿资金❶，由此，多家集成电路行业巨头经常共同联合研发新一代集成电路制造技术，各家企业同时也针对相同技术路线上的器件和工艺申请大量专利，彼此之间的技术互相交叉，申请的专利也经常互相引用，专利交叉许可非常普遍。由于集成电路行业投资巨大，企业希望一项新技术能够尽量与以往的技术兼容，并且尽可能延长新技术的使用时间。这样一项专利可能会涵盖几代产品，专利价值的周期和延续性能得到很好的保障。

集成电路领域的创新耗资巨大，从创新者的角度来看，不求回报的科研型创新毕竟是极少数，创新者需要将授权专利进行成果转化以获取利润。❷ 专利在促进集成电路企业技术创新和产业实施方面发挥巨大的作用。2004 年亨特统计比较分析了最优创造性条件，其最主要的结论为在创新程度较高的行业，更需要促进专利保护。❸ 因此创造性判断中非显而易见的标准把握应与集成电路产业的创新发展相适应。

(二) 从专利保护理论看集成电路产业对专利保护的要求

专利保护的主要理论包括前景理论、竞争创新理论、累积创新理论、反公有理论、专利丛林理论等。每个理论只关注专利制度的某一方面，因此适用于不同的行业。其中，前景理论、累积创新理论和专利丛林理论适用于集成电路产业。

根据前景理论，集成电路产业的研发周期长且资金投入高，需要加大专利保护力度，使得集成电路企业在收回成本并获得收益之前有动力投入巨额资金对先进技术开展研发。❹

根据累积创新理论，集成电路产业一项新技术的提出和产业应用是由不同企

❶ 德贝郡. 建造一个晶片铸造厂: 都与权衡有关 [J]. 半导体杂志, 2002 (6): 3.
❷ 李蓓. 浅谈专利创造性判断标准对创新活动的影响 [J]. 中国发明与专利, 2014 (2): 38.
❸ HUNT R M. Patentability, Industry Structure, and Innovation [J]. Journal of Industrial Ecnomics, 2004, 52 (3): 401-425.
❹ 凯奇. 专利: 垄断还是产权? [J]. 法和经济学研究杂志, 1986 (8): 31.

业的不同发明人共同推动和完成的,这是一个持续多年逐步迭代演进的过程。因此,面对不同发明人的不同专利,专利法律必须全面考察推动一项技术发展的每一个改进所作出的发明,并在这些改进的发明之间进行合理分配。❶ 对这些改进的发明给予专利保护,对于促进新技术的提出和推进产业应用大有裨益。

对于集成电路领域,专利丛林理论的适用性更为广泛。由于集成电路领域研发周期长且投资巨大,一个集成电路芯片可能涉及成百上千项发明,而单独一家企业不可能拥有研发一款芯片的全部技术,因此行业内每家企业的专利只能涉及芯片技术的部分改进。为了降低成本,集成电路技术的改进通常尽可能与以往的技术兼容,这就导致一个新产品的上市可能会侵犯现有的专利权,而这些专利可能分属于行业内多家不同企业。集成电路行业企业一般通过彼此之间的专利交叉许可来获得所需的专利从而实现平衡。因此,在集成电路领域,各企业急需通过专利交叉许可复杂产品所需要的专利权来消除专利丛林。

(三) 从不同产业的政策杠杆看集成电路产业对专利保护的要求

为了对标准单一的专利体系进行修正,可以通过将法学中的政策杠杆应用于专利法的一般规则,来实现针对不同行业采用不同的标准。

(1) 根据本领域的技术人员水平政策杠杆。按照一项技术是确定且可预测的还是不确定和不可预测的,可以确立不同的创造性判断标准。例如,对于集成电路行业来说,如果一项技术不可预测或者说不确定,那么本领域的技术人员倾向于认为相对较小的改进对本领域的技术人员而言是非显而易见的。而在机械领域,通常创造性的判断标准会高一些。无独有偶,欧洲通过创造性判断主体能力的调整来影响传统技术领域和高科技领域的创新发展。

(2) 根据高成本政策杠杆。在非显而易见性的判断中,应当重点考察所在行业的技术研发是否具有高成本。因为研发的高成本通常与产品和技术研发的高风险相关联。如果一个行业研发新技术所需的成本很高,研发失败的风险也将相对很大,导致大量的投资可能遭受损失的机会变大。因此,为了鼓励企业加大研发投入,刺激创新投资,技术创新应该更容易获得专利授权。

(3) 根据专利滥用政策杠杆。在非显而易见性的判断中,主要关注是否有利于避免专利滥用和专利丛林问题。集成电路产业不同产品之间的相互关联性和不同专利之间联合、合作和交叉许可,使得企业通过使用专利获得相近产品的市场控制权。一个集成电路芯片可能包含成百上千项发明,每个企业的专利仅仅涉及

---

❶ 莱姆利. 知识产权法的进步经济学 [J]. 德克萨斯法律评论, 1997 (75): 1010 - 1013.

产品的一部分。同时一个新的产品可能会侵犯由多个不同企业拥有的专利权。通过快速、简便的专利交叉许可，可以促进专利丛林的清除。

总之，集成电路行业呈现出需要激励和调整的独特性，高的研发成本匹配高的仿制成本，昂贵的仿制设备使得大部分的创新难以识别和模仿。因此，专利在鼓励集成电路产品、工艺和设备创新上能够发挥重要的作用，更容易的专利授权可以使得研发的高成本被高回报抵销。

二、国外通过调整创造性判断标准促进产业发展

为了平衡公众和专利权人的利益，推动技术创新和经济持续发展，美国的发明专利创造性判断标准经历了从严格到宽松再到严格的演变过程，然而这种演变的最终目的都是国家利益。❶

1966 年，美国联邦最高法院审理了涉及《美国专利法》第 103 条的"Graham案"❷，该案的判断标准后来发展成为 Graham 原则。Graham 原则以及 TSM 标准在创立之后，由于顺应历史潮流而得到了长足的发展，也得到了美国各界的广泛支持。美国的专利量以及申请量都获得了空前发展，专利申请相比于专利法修改之前，更加容易获得授权，美国司法系统也转向更为倾向维持专利权有效。美国由于发明专利创造性判断标准低而产生了很多垃圾专利，导致社会资源浪费。然而长期以来，美国并未对此加以改进以提高审查标准，本质上仍然是为了防止其他国家跟随美国的专利审查标准，便于美国企业在全球进行专利布局，从而服务于经济的发展。这样的战略极大地促进了美国的技术创新和经济持续发展。

在现阶段美国科技和经济引领全球的情况下，为使知识产权制度适应美国科技和经济的发展，维持科技、经济和知识产权强国地位，美国才着手提升发明专利的创造性判断标准。美国联邦最高法院在 2007 年的"KSR 案"中对 Graham 原则和 TSM 标准进行了调整。❸ 在"KSR"判例之后美国专利商标局公布了关于显而易见性的指南，提高了创造性判断的标准。

美国创造性标准的演变，实际上只是方法论的变迁，其鼓励创新的宗旨从未变化，每一次的改变不过是为各方利益重新调整平衡和新时代下鼓励创新的体现。

---

❶ 向莉. 浅谈专利政策中应如何把握创造性标准 [J]. 中国发明与专利，2013（7）：72.

❷ Graham v. John Deere Co.，383 U. S. 1 (1966).

❸ 尚世浩，胡音慧. 美国专利制度的"分水岭" [J]. 电子知识产权，2007（7）：56.

这种与时俱进的态度和做法值得我国借鉴。❶

欧洲根据传统技术领域和高科技领域的不同，通过创造性判断主体的能力评判标准改变来调控不同行业的创新发展。不同技术领域的研发活动与该技术领域的技术发展水平和阶段密切相关，欧洲在高科技领域降低创造性判断主体的能力评判标准，并在传统技术领域提升该能力评判标准，这种差异化区别对待的策略有利于根据一个技术领域的技术发展的实际状况来相应调整该技术领域的发展。例如，针对高科技领域，欧洲专利局上诉委员会在其判例法中将创造性判断主体的能力水平给出了相对保守谨慎的标准。

日本也根据本国情况适时调整专利创造性判断标准。随着专利案件积压的加剧，日本社会资源浪费，严重损害了申请人的利益，2000 年修改后的审查基准大幅度提高了之前日本相对宽松的创造性判断标准，❷ 但是创造性判断标准过高使得日本专利申请量出现了近 30 年来最大的滑坡。为了有效阻止专利申请量的断崖式下滑，2008 年日本在司法环节中又从相对严格的创造性判断标准转为较宽松的创造性判断标准❸，日本本国企业创新的信心和申请专利的热情再次被极大地激发❹。

可见，美日欧都是在产业急需发展的阶段，放松创造性的判断标准，让本国或地区创新主体获得大批量的专利授权，以更快更好地进行专利布局，同时有益于本国或地区企业利用专利诉讼的武器规避和对抗域外大企业的专利壁垒和专利诉讼，为产业的发展和研发方向开辟通道。

三、集成电路产业发明的创造性判断标准把握

（一）正确适用创造性判断标准加强集成电路专利保护的必要性

专利制度对于激励创新方面尤其有效。❺ 专利审查过程中的创造性判断标准的

---

❶ 余颖. 看美国创造性判断标准演进的思考 [C] //中华全国专利代理人协会. 加强专利代理行业建设 有效服务国家发展大局：2013 年中华全国专利代理人协会年会 第四届知识产权论坛论文汇编. 北京：中华全国专利代理人协会，2013.

❷ 日本国会. 日本专利法 [M]. 2 版. 杜颖，译. 北京：经济科学出版社，2009：10.

❸ 增井和夫，田村善之. 日本专利案例指南 [M]. 4 版. 李扬，等译. 北京：知识产权出版社，2016：54.

❹ 刘艳芳，师晓荣，刘会英，等. 浅议日本专利创造性标准的变迁及对我国的启示 [J]. 中国发明与专利，2017（7）：121.

❺ ·MANSFIELD E. Patents and innovation：an empirical study [J]. Management Science，1986，32（2）：173 - 181.

把握应当与我国的科技发展水平相适应，不能盲目地跟随发达国家的脚步提高创造性判断标准。尤其是在国内集成电路技术水平与国外差距较大的情况下，在产业急需发展的阶段，结合产业特点正确适用创造性判断标准有利于使技术水平落后的国内申请人获得专利授权，激励企业创新活动，提升自主知识产权水平。[1] 反之，则会使得技术领先且拥有专利布局优势的国外企业强化领先地位，扩大领先优势，使国内企业在市场竞争中持续处于不利地位。[2]

在集成电路领域，国外申请人的专利优势明显，多数核心专利掌握在国际龙头企业手中。在这种情况下，结合产业特点正确适用创造性判断标准有利于作为技术落后者和技术跟随者的国内企业在自主研发和规避设计时，在国外核心专利的改进发明与围绕发明的技术领域获得专利保护，逐步建立自己的核心专利组合，并在与掌握核心专利的国外龙头企业进行交叉许可谈判时掌握更多话语权。

集成电路行业的研发周期长且资金投入高，需要加大专利保护力度。如果一个行业研发新技术所需的成本很高，研发失败的风险也将相对很大，导致大量的投资可能遭受损失的机会变大。因此，为了鼓励企业加大研发投入，刺激创新投资，技术创新应该更容易获得专利授权。高的研发成本匹配高的仿制成本，昂贵的仿制设备使得大部分的创新难以识别和模仿，所以集成电路领域的专利申请质量通常较高。尽管在集成电路领域国内技术水平与国外差距较大，但国内发明人参与发明创造非常活跃，国内申请人的专利申请质量和积极性依然在不断提高。全球半导体领域专利申请排名前 100 位的企业中，中国企业有十几家。

应根据我国集成电路产业发展状况，并参考国外通过调整创造性判断标准促进集成电路产业发展的做法，结合集成电路产业特点正确适用创造性判断标准，为产业的技术创新保驾护航。这样集成电路企业能够相对容易地获得专利权并在市场竞争中逐步占据有利地位，并为企业逐渐走入国际市场、调整产业结构和提升国际竞争力做好准备，使得授权专利能够释放最大的经济能量。[3]

（二）集成电路领域创造性标准的把握

1. 技术问题

确定技术特征在整体方案中起到的作用时，应该遵循整体原则，可以在一定

---

❶ 和育东，方慧聪. 专利创造性客观化问题研究 [J]. 知识产权，2007（2）：76.
❷ 兰德斯，波斯纳. 知识产权法的经济结构 [M]. 金海军，译. 北京：北京大学出版社，2005：26－31.
❸ 甘古力. 知识产权：释放知识经济的能量 [M]. 宋建华，姜丹明，张永华，译. 北京：知识产权出版社，2004：150－204.

的应用环境下综合考虑技术领域、技术特征和技术效果等因素，即从发明构思出发确定技术特征的作用，而不一定是技术特征通常或固有的作用。如果忽视整体考虑原则，对密不可分的"技术特征团"进行孤立分割，就会得出貌似特征相同、作用相同、有结合启示的不当结论。

在集成电路领域，技术问题的产生与背景技术的应用环境关系密切。同时创造性判断中不宜将一个整体的区别技术特征划分为几个独立的区别特征，然后由这些独立的区别技术特征确定实际要解决的技术问题、判断是否具有非显而易见性。这相当于分别评述这些单独的区别技术特征各自与最接近的现有技术已经公开的技术特征构成的技术方案的创造性，并且各个技术方案是简单的、无关联的组合，自然影响了对创造性的准确把握。这种情况在方法步骤权利要求中尤其常见。案例 1 – 6 – 1 所解决的技术问题就是源自 ALD 和 PECVD 两种沉积方式不同导致的材料沉积密度不同。

申请人请求保护的技术方案应该与其作出的贡献相一致。从这一点出发，不宜在确定作用时进行"上位概括"，这样导致的后果将是很多不同的作用也会被抽象成相同的作用，对申请人不公平。当然也不能将实施例的方案带入权利要求的解读，这样会损害公众的利益。因此建议确定技术特征的作用时，所确定的作用的层次要和技术特征的层次相对等。案例 1 – 6 – 1 中的第一种观点实际解决的技术问题"制作选择栅切线"就是典型的技术问题手段化的情形。

集成电路领域在创造性审查中，应该遵循整体原则确定实际解决的技术问题，尤其注意技术问题产生的背景。还应该按照权利要求记载的特征，同层次地确定客观解决的技术问题。不宜将客观解决的技术问题上位化，这样实际上绕开了真正要解决的技术问题，甚至得到完全相悖的结论。另外，集成电路领域涉及的领域广、专业性强，确定客观解决的技术问题时，审查中应对现有技术进行充分查询、考证并对技术方案进行深入思考，而不宜将实际解决的技术问题手段化，例如如何选择栅极的材料、如何完成晶体管的制造等。因此，同层次确定所要解决的技术问题，而不是上位层次所要解决的技术问题或技术问题技术手段化，在集成电路领域尤为重要。

2. 技术领域

在技术领域远近的判断中，一般情况下，从一个应用性领域容易扩展到具有相同或相似功能的功能性领域。但是，从一个应用性领域扩展到另一个应用性领域需要慎重考虑这些领域在结构、生产、制造等方面是否存在密切的关联，从而使得本领域的技术人员在熟悉本领域的同时也熟悉另一个领域，在面临需要解决

的技术问题时能够想到在这些领域中寻找解决方案。❶

在技术领域的考量中，由于集成电路制造装备非常昂贵，企业期望尽可能延长生产线的设备及工艺的更新换代周期。因此，在集成电路制造工艺的同一代技术中，希望改进的技术能够尽可能与现有的技术兼容，这使得新技术和新发明通常不会有非常大的改进。同时集成电路领域的科研人员和长期在工艺线上操作的人员，极少有机会去其他不同的生产线上工作，基本上囿于现有的工艺条件从事创新。因此在技术领域相同的认定中，以较窄的技术领域衡量技术领域相同为宜，这样符合集成电路领域技术发展的实际状况。案例 1-6-2 的对比文件 2 涉及硅太阳能电池片，虽然也属于半导体领域，但是其与涉案申请和对比文件 1 的 FinFET 无论是在生产工艺线、器件结构还是器件尺寸上都存在显著的不同，属于不同的技术领域。

在集成电路领域的创造性审查中，正确甄别出器件类型和工艺种类的异同并进一步判断发明与现有技术是否属于同一技术领域至关重要。集成电路相同技术领域的认定至少应当对应专利分类表涉及器件或工艺种类的最低分类位置。因为在集成电路领域，不同的生产线对于产品尺寸和工艺精度要求完全不同，不同工艺线之间可能需要克服巨大的技术障碍和投入巨额的成本。例如，将集成度更高、尺寸更小的集成电路制造工艺的三维 FinFET 的技术领域等同于传统的二维平面晶体管，显然并不合适。

3. 结合启示

在创造性结合启示的判断方面，常常存在以下几种情形，导致缺乏结合启示。①最接近的现有技术与其他对比文件之间存在冲突，导致两篇文献不能进行结合。②最接近的现有技术和本申请的技术思路不同，其研究方向与本申请不同，从而最接近的现有技术中没有解决本申请中存在的技术问题的需要，因此缺乏改进的基础。③虽然另一篇对比文件公开了区别技术特征，并且基于其本身固有的功能和效果来看，作用也是相同的，但是在另一篇对比文件中对该技术手段明确限定和/或教导了与最接近的现有技术不同的应用条件，或者该技术手段不能应用于最接近的现有技术以解决其要解决的技术问题，也即另一篇对比文件存在结合的技术障碍。④现有技术并未意识到本申请指出的技术缺陷所导致的技术问题，技术问题的发现本身往往就是不容易想到的。案例 1-6-4 的对比文件 2 在选择帽层材料时，并没有刻意地排除选择氮元素，即对比文件 2 没有意识到氮元素对铜互

---

❶ 杨眉，苏余鹏，高思洋，等. 创造性评判中关于不同技术领域的技术启示的思考［J］. 现代经济信息，2018（16）：339.

连的负面影响，也就是说该案例中技术问题的提出就是不容易想到的。

以上不可结合的情形归结起来的原因是没有遵循整体原则。有些是没有考虑技术领域、技术方案与技术问题之间的整体关系，有些是没有整体考虑各个技术特征之间的协同关系，有些是没有考虑对比文件之间的关系，还有些是没有遵循从现有技术出发的方向性原则。集成电路领域的结合启示考量中，需要考虑到微观领域与宏观领域的差异，要充分预估每个工艺和结构改进可能要克服的技术障碍，谨慎判断技术领域是否相同。本领域的技术人员的能力要与行业发展水平相适应，相对较小的改进对本领域的技术人员而言是非显而易见的。严格遵循最下位技术领域相同、采用的手段相同、作用相同的原则。如果现有技术仅仅是工作原理与本申请相同，不能想当然地认定技术方案也是容易想到的。在存在技术障碍、技术领域存在跨度、作用不属于本领域普遍追求或知晓的作用且未明示作用的情况下，应谨慎否定非显而易见性。案例 1 - 6 - 3 的对比文件 1 与涉案申请都是利用了"气体"施加"推力"的方式辅助分离，技术原理上是相同的。然而涉案申请的技术方案针对的是转移基板与键合的 Micro LED 的分离，而对比文件 1 则是吸头工具与拾取的 Micro LED 分离。因此，两者的分离对象和吸附方式不同，也就是说两者技术领域、采用的手段、解决的技术问题均不相同。

集成电路领域的研发周期长且资金投入高，需要加大专利保护力度。高的研发成本匹配高的仿制成本，所以集成电路领域的专利申请质量通常较高。集成电路领域的创新主体之间的专利交叉许可非常普遍，各企业都需要专利授权以保证研发和生产的正常、有序运行。因此，当涉案发明属于授权或驳回都存在合理空间时，基于专利法的立法宗旨，为激励集成电路领域创新能力，促进科学技术进步和经济社会发展，建议给予发明授权。

4. 公知常识

对于公知常识的认定，均应将发明构思中的技术手段与该技术手段所解决的技术问题联系起来整体考虑。[1] 采用技术手段 A 来解决技术问题 X 是公知常识，并不代表采用该技术手段 A 解决技术问题 Y 也是公知常识。[2] 另外，还需要考虑技术特征之间的关联和协同性，如果将密切相关的技术特征割裂开来分别认定，往往会得出相反的结论。也就是说，应从整体技术方案的发明构思中分析和认定公知常识。[3] 案例 1 - 6 - 5 中独立看待对比文件 1 公开的"氯硅烷"，很容易得出其与涉案申请采用的"硅烷"是近似化合物的结论。然而从整体上看，对比文件

[1] 石必胜. 专利创造性判断研究 [M]. 北京：知识产权出版社，2012：27.
[2] 左凤茹，陈存敬. 改进动机对公知常识使用的影响 [J]. 专利代理，2019 (1)：37.
[3] 刘迎鸣. 创造性判断中的公知常识与发明构思 [J]. 中国科技信息，2018 (18)：20.

1 与涉案申请的化学原理、使用环境和工艺均不同，因此"硅烷"在涉案申请使用环境中所起作用及所获技术效果不是公知常识。

公知常识的标准应具有行业差异性。例如集成电路领域，惯用技术手段要求是在生产制造过程中常规、广泛实施的公知公用手段，因此需要慎重举证。针对集成电路领域，专利申请大多属于改进发明，从宏观上看会有创新高度较低、发明偏简单的预估，在公知常识的认定方面，要准确站位微观领域，使得本领域的技术人员的能力标准符合行业的技术发展水平。除了本领域的技术人员普遍知晓的普通技术知识外，在没有确凿证据的情况下，对于无论是否属于发明构思的技术特征，都不宜简单认定为公知常识。

总之，在集成电路领域，创造性判断标准的把握应当与集成电路技术发展水平相适应，应当有利于促进国内集成电路企业技术创新，使其能够相对容易地获得专利权并在市场竞争中逐步建立有利地位。

第七章 技术迭代在移动通信领域
创造性评判中的考量

当今社会，手机已经成为人们日常生活的必需品，支撑手机实现通信功能的移动通信技术，也仅仅用 40 年左右的时间，就从 1G（第一代，其中 G 为 "generation" 的简写，表示移动通信技术发展迭代过程中所形成的 "代"）向前发展迭代至 5G，且正在继续研发 6G，也促使人类通信从单一的移动通话业务演进为万物皆可互联通信。在移动通信技术的发展迭代过程中，有一些传统性技术是从前几代技术中继承而来，有一些革新性技术是在当前代际的发展中通过技术革新得以引入，还有一些迭代性技术则是前几代技术的继承和发展而具有不同代技术的特点。如何客观判定在迭代过程中这些技术的创新程度是审查中无法回避的问题。

第一节 移动通信技术的发展概况

在移动通信领域，技术更新换代较快，自从 20 世纪 80 年出现移动通信技术以来，移动通信技术已经先后完成了五代技术的迭代，并即将迈入第六代，对社会生产生活乃至政治、经济、文化等方面都产生了深刻的影响。

具体地，在 20 世纪 80 年代，移动通信技术出现，开始能够实现远距离、无线的语音通话，俗称第一代移动通信系统（1G），该系统基于模拟信号传输，引入了 "蜂窝网络" 和 "移动电话" 技术。2G 移动通信系统让移动通信网络的发展出现了重大转折，移动通信进入数字信号时代，可以确保更高的通信保密性，在技术上则以 GSM（全球移动通信系统）、CDMA（码分多址）技术为主，后期商用的 GPRS（通用分组无线电服务）和 EDGE（增强型数据速率 GSM 演进技术）是其典型系统，并可以在语音通话之外实现慢速上网。3G 移动通信系统则将数据分解成更小的数据包，通过在不同的信道上并行传输，大大提高了数据传输速率，可以支持 144kbps 到 2Mbps 的带宽，包括多媒体文件在内的多种数据格式都可以通过移动互联网传输。在这一时期中国研发了 TD – SCDMA（时分同步码分多址）

标准，其与 WCDMA（宽带码分多址）、CDMA2000 共同成为全球主流的三大 3G 无线通信标准。4G 移动通信系统基于全 IP（网际互连协议）网络，数据传输速率可高达 100Mbps，大幅提高了手机端移动上网速度，其使用 OFDM（正交频分复用）技术提高频谱效率，并通过 MIMO（多输入多输出）、CA（载波聚合）等技术进一步提高了网络容量。移动通信技术现已商用至 5G 移动通信系统，在大幅提升以人为中心的移动互联网使用体验的同时，全面支持以物为中心的物联网业务，可以分别满足 eMBB（增强移动宽带）、mMTC（大规模海量机器类通信）和 uRLLC（超可靠低时延通信）三大类应用场景，通过移动互联网、物联网实现随时随地万物互联，从而满足不同应用场景和业务的差异化需求；高速率、低时延、大连接是其突出特征，用户体验速率达 1Gbps；Massive MIMO（大规模 MIMO）、SDN（软件定义网络）、NFV（网络功能虚拟化）、NS（网络切片）是其关键技术。6G 移动通信系统尚处于研发阶段，系统所采用的关键技术和通信标准也尚未形成定论，但全球无缝覆盖、更多的可用频谱、人工智能技术的运用、更高的安全性是移动通信领域普遍认可的 6G 研发方向，6G 系统的传输能力需要比 5G 系统提升 100 倍，实现万物智联。

由以上内容可知，移动通信技术的发展先后经历了开启移动通信技术的 1G、数字信号时代的 2G、宽带通信的 3G、全 IP 网络的 4G、万物互联的 5G，并将迈向万物智联的 6G，而每一代技术则始终坚持在前一代的基础上持续进化，每一代系统通信业务能力的提升均以相应的关键技术作为支撑，是在不断演进的系统架构基础上对前一代技术的迭代发展。以下以 4G 和 5G 移动通信系统为例来简述在不同代际通信系统架构中关键技术的迭代发展过程。

根据 3GPP（第三代合作伙伴计划）技术规范 23.401，4G 移动通信系统的网络架构包括三部分，即 UE（用户设备）、E－UTRAN［演进 UMTS 陆地无线接入网，包括 eNodeB（演进型基站，也可简称为 eNB）］、EPC（演进的分组核心网）［包括 MME（移动性管理实体）、SGSN（服务 GPRS 支持节点）、PCRF（策略与计费规则功能单元）、SGW（服务网关）、PGW（分组数据网关）等］。相比于 3G 移动通信系统的四层系统结构（NodeB、BSC/RNC、SGSN、GGSN），4G 系统的网络架构具有扁平化、分组域化、IP 化、用户面和控制面板分离化等特点，去掉了 3G 技术中的 RNC（无线网络控制器），eNodeB 直接跟核心网相连。由此可见，4G 系统所有 UE 都连接到具有相对固定服务参数的核心网络，很难根据特定的技术场景灵活部署核心网络资源。

移动通信技术发展至 5G 系统，提出了"万物互联"的目标，包括 eMBB、mMTC 和 uRLLC 三大应用场景，为此 5G 采用了全新的基于服务化的系统架构，实现模块化功能设计，允许独立的可扩展性、演进和灵活部署，所有的网络功能都通过统一服务化接口接入系统中。例如，根据 3GPP 技术规范 23.501，在 5G 系统架构中，由 UPF（用户平面功能）集合 4G 系统中的 SGW－U（服务网关用户面）、PGW－U（分组数据网关用户面）的用户平面功能，由 SMF（会话管理功能）集合 4G 系统的 MME、SGW－C（服务网关控制面）、PGW－C（分组数据网关控制面）的会话管理功能，且新增了 NSSF（网络切片选择功能）、NRF（网络注册功能），这也是 5G 系统中 SDN（软件定义网络）、NFV（网络功能虚拟化）作为核心技术的集中体现。

由以上 4G 和 5G 的系统架构比较，可以看出 5G 系统架构较 4G 产生了重大的变化，大量的逻辑功能重新进行了整合和优化，采用了全新的基于服务化的系统架构，通过模块化功能设计实现网络虚拟化、部署分布化、网络功能可拓展化，从而支持差异化的三大 5G 应用场景的业务需求，实现了以业务为导向的网络设计和云化部署，优化网络资源分配，满足多元化需求。

第二节 移动通信技术迭代在创造性评判中的审查难点

既然移动通信技术是在前一代技术基础上的迭代发展，那么对于这些迭代发展的移动通信技术，如何客观评价其在不同代际应用场景下的创新程度？又如何考量将前一代系统中的技术转用到下一代系统时的技术启示？这是在移动通信领域的专利审查过程中评价一个技术方案的创造性时无法回避的问题。

《专利法》第 22 条第 3 款规定："创造性，是指与现有技术相比，该发明具有突出的实质性特点和显著的进步，该实用新型具有实质性特点和进步。"《专利审查指南 2010》第二部分第四章第 2.2 节中规定："发明有突出的实质性特点，是指对所属领域的技术人员来说，发明相对于现有技术是非显而易见的。"《美国专利法》第 103 条中规定："如果请求保护的发明与现有技术之间的差异使该请求保护的发明作为一个整体，且在其有效申请日之前，对于请求保护的发明所属领域的普通技术人员来说是显而易见的，则不得授予专利权。不能根据完成该发明的方式否定该发明的可专利性。"《欧洲专利公约》第 56 条规定："对所属领域技术人员而言，若发明相对于现有技术非显而易见，则该发明应当视为具有创造性步骤。"由此可见，作为示例，中国、美国、欧洲专利局在创造性的评判中都是在判断"显而易见性"。而在创造性的具体评判过程中，"三步法"作为判断发明是否具有"显而易见性"的有效工具被各国和地区普遍采用。比如，中国《专利审查指南 2010》规定了判断要求保护的发明相对于现有技术是否显而易见的三个步骤：①确定最接近的现有技术；②确定发明的区别特征和发明实际解决的技术问题；③判断要求保护的发明对本领域的技术人员来说是否显而易见。其通过"三步法"提出了一种逻辑清晰、尽可能客观、标准统一的创造性评判方法。可见，判断是否发明具备"显而易见性"，实质上是在评判能否在现有技术的基础上得到启示以再现发明所要保护的技术方案，以此来评判一项技术方案的创新程度。

回归到判定迭代发展的移动通信技术的创新程度的焦点问题，前文已经阐述了不同代移动通信技术适用于不同代的技术场景，同时系统架构也会随技术场景的改变而在迭代过程中产生重大变化，则结合移动通信技术的发展历程、系统架构，以及对应移动通信技术在不同代技术场景中所发挥的作用，可以将该移动通信技术划分为以下三种情况。

（1）传统性技术。这些技术从前几代技术中继承而来，是对前一代技术的移植。例如，为了保证通信的连续性，手机在不同小区/基站之间的切换技术，从其技术原理来看，在 4G 技术中是在新旧链路之间进行转换，其适用于 5G 技术中依旧如此。这些传统性技术移植到新一代技术场景下，依旧保持了其原有的技术实质，其对于熟知不同代技术的本领域的技术人员而言具有在新一代技术场景中沿用原有成熟技术的启示，这种继承和借鉴并不会因为其适用到新一代技术场景中就产生创新。

（2）革新性技术。这些技术是在当前代际的发展中通过技术革新引入的。例如，5G 系统中的 NS 技术属于在 3GPP 的 5G 系统讨论中非常热门的话题，是移动通信技术发展至 5G 系统时才引入的技术。由于传统的 4G 核心网是集中式网络架构，只能服务于单一的移动终端，无法适用于多样化的物与物之间的连接。技术发展至需要同时满足 eMBB、mMTC 和 uRLLC 三大应用场景的 5G 系统时，这三大应用场景业务需求之间的较大差异已经使得原有系统很难用一个统一的网络来满足所有多样化的业务需求，因此 5G 系统引入了 NS 技术，即按需求灵活构建一种或多种网络服务的端到端独立逻辑网络，供用户根据业务需求选择性接入。3GPP 最早于 2016 年在研究报告 22.864 中提出了 NS 的需求，随后在研究报告 23.799 中对 NS 方案进行了初步研究，并于 2017 年正式把切片的相关概念、方案写入了技术规范 23.501 中，相应地，在 5G 系统架构中也新增了 NSSF。由此可见，NS 作为 5G 技术的核心技术，其源于对 5G 系统差异较大的三大应用场景的支持。这是前几代技术所不具备的技术需求，也直接决定了在前几代的系统架构中不可能产生类似的技术需求，因此 NS 技术应属于 5G 系统的革新性技术。因此，对于这种革新性技术，在采用前几代的现有技术作为最接近的现有技术进行比较时，这种最接近的现有技术必然会受前几代技术的技术场景所限制，而无法给出改进该现有技术以得到该革新性技术的启示。

（3）迭代性技术。这些技术是在继承前几代技术基础上的继续发展，其具有不同代技术的特点。其介于上述（1）（2）两种情况之间，较传统性技术有进一步的发展，但尚未达到革新性的程度。例如，MIMO 技术在 4G 系统的早期版本就已被确立为核心技术，随后 Massive MIMO 的概念在 2010 年由贝尔实验室的托马斯·L. 马尔泽塔（Thomas L. Marzetta）首次提出，并被确立为 5G 系统的核心技术。可见 MIMO 作为一种多天线技术，已经在 4G 系统中适用，并在改进后继续用于 5G 系统中，其可适用于不同代际的系统架构中。现实中，对包含迭代性技术的技术方案，创造性评价过程中最可能的方式是需要结合换代前的旧技术场景下的现有技术来评判换代后的新技术场景下的技术方案（如结合一种 4G 技术来评判 5G 技术相关申请），此时需要判断这份旧技术场景下的现有技术是否披露或暗示了可以对其相应技术进行改进以适用于新技术场景，或需要判断是否可以将这份旧技术场景下的现有技术与新技术场景下的其他现有技术进行结合。无论采取哪种判断方式都需要结合系统架构综合分析不同代际的技术特点，这无疑进一步增加了尽可能客观的创造性评判过程的评判难度。在这种情况下，可以结合具体技术方案的实际情况，借鉴情况（1）（2）的分析思路，综合考虑该迭代性技术所属的新、旧技术场景，根据案件实际情况分析应用于旧技术场景的现有技术和/或应用于新技术场景的其他现有技术是否披露或暗示了相应技术特征在新技术场景下适用的可能性，分析相应技术特征在新、旧技术场景中所产生的作用上的差异，从而判定该迭代性技术的创新程度。

第三节　专利审查案例分析

在专利审查中，结合一项技术的发展历程、系统架构，通过分析其在不同代际技术场景中实际发挥的作用，可以将发明中所采用的技术相应划分为上述三种情况，实现传统性技术、革新性技术、迭代性技术的合理界定，进而就可以在专利审查中较为客观地评判一项技术方案的创新程度。

【案例 1-7-1】实现移动网络系统切换的方法

在 5G 系统商用后，4G、5G 系统在一定程度上会长期共存。由于 4G、5G 系统具有不同的业务支撑能力，为保障业务的持续性，需要设计相应的机制，以使网络侧设备在切换过程中配置与系统相对应的网络资源。

涉案申请权利要求 1 如下：

1．一种实现移动网络系统切换的方法，其特征在于：

当确定 UE 需要从第一网络切换到第二网络时，RAN 向管理设备发送携带有切换指示信息的切换消息，以便管理设备据此完成切换；其中，第一网络为 5G 网络，第二网络为 4G 网络，或者，第一网络为 4G 网络，第二网络为 5G 网络。

对比文件 1 拟解决的问题在于：现有系统的切换技术中，如果切换准备集中的多个小区属于同一个基站，由于切换流程只能串行而不能并发，会增加网络侧切换准备阶段的时长，增加 UE 掉话的风险。所采用的技术方案是：终端在基站的不同小区之间切换时，基站向 MME 发送基站内切换的标识，通知 MME 终端切换后目标基站和源基站是同一基站，以使 MME 更好地确定目标小区、配置适当网络资源以协助基站完成切换。

涉案申请权利要求 1 限定了 UE 在 4G 系统和 5G 系统网络之间的切换过程，通过接入网向管理设备发送携带有切换指示信息的切换信息来指示管理设备完成切换。由此可见，该权利要求中主要限定了如何在 4G、5G 系统网络中适用切换，且管理设备是任意一代移动通信系统都具有的必备部件，无须相应系统架构的调整来配合技术方案的实施。对比文件 1 作为现有技术，其提及了相应于管理设备的 MME。由于 MME 为 4G 系统的核心网设备，可知其所应用的技术场景为 4G 系统。本领域的技术人员基于切换的常规需求来设计 5G 系统的切换方案时，有动机从其已经掌握的、已成熟和商用的 4G 系统技术中寻求解决方案，进而易于从对比文件 1 中获得启示，将对比文件 1 两个 4G 小区之间的切换移植至 4G 与 5G 系统两个小区间的切换，且仅需在原有系统架构的基础上适用即可，无须系统架构的调整配合。因此权利要求 1 限定的切换技术可以理解为将一种现有技术移植到新一代技术场景下的结果，相应切换技术依旧保持了其原有的技术实质，属于情况（1）所指出的传统性技术。对于本领域的技术人员而言，其可以获得在新一代技术场景中继承和沿用原有成熟现有技术的启示。这种现有技术的继承和沿用能力是本领域的技术人员的常规设计能力，并不会因为将传统性技术适用到新一代技术场景中就产生创新。综上所述，可以认定上述权利要求的对应方案相对于对比文件 1 不具备创造性。

【案例 1-7-2】一种切换的方法

现有源基站向目标基站发送的切换请求中不携带业务类型信息，目标基站会在接入控制中准许用户接入，在切换后可能不能提供相应类型的服务，从而导致业务中断。如图 1 - 7 - 1 所示，基站 AP1 支持网络切片 A（海量接入 M2M 业务）和网络切片 B（移动宽带业务），基站 AP2 支持网络切片 A 而不支持网络切片 B，会导致切换到 AP2 后的移动宽带业务出现中断。

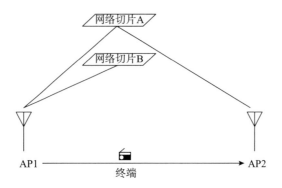

图 1 - 7 - 1   现有技术中的一种切换示意

涉案申请权利要求 1 如下：

1. 一种切换的方法，其特征在于包括：

目标基站接收源基站发送的切换请求，切换请求中包含终端设备的第一业务的信息，在业务类型与网络切片一一对应的情况下，第一业务的信息是网络切片标识，在业务类型与网络切片不一一对应的情况下，第一业务的信息与网络切片标识有对应关系；

目标基站进行接入控制，接入控制参考第一业务的信息和目标基站自身支持的业务类型进行；目标基站向源基站发送切换响应，如果目标基站支持第一业务，切换响应包括第一业务的切换指示的信息，切换指示用于指示终端设备将第一业务切换到目标基站。

现有技术中，对比文件 1 解决的问题在于：LTE（长期演进网络）切换时，由于不同基站具有不同的业务能力，如果目标基站不能为 UE 提供所需要的服务，则 UE 正在使用的本地业务可能发生中断。所采用的技术方案是：源基站向目标基站发送切换请求消息，切换请求消息包含第一业务的信息，目标基站判断是否具备与第一业务的业务信息相同的业务能力；如是，目标基站向源基站发送切换成功响应消息，源基站将 UE 切换到目标基站。对比文件 2 介绍 5G 系统中的新功能，即在 5G 网络中，NS 要保证用户体验的持续性并且在漫游时要保证对业务的支持，且在漫游时，用户应使用由相同网络功能组成的切片。

可见，对比文件 1 用于进行 LTE 切换，显然涉及的是 4G 技术，而对比文件 2

是在介绍 5G 系统中的新功能，两者披露的技术分属于不同代际的现有技术。根据"三步法"的评述逻辑，对比文件 1 与涉案申请要求保护的发明构思较为接近，作为最接近的现有技术已经公开了涉案发明的大部分特征，对比文件 1 仅未公开以切片技术所代表的 5G 技术场景下的对应区别特征，即"在业务类型与网络切片一一对应的情况下，第一业务的信息是网络切片标识；在业务类型与网络切片不一一对应的情况下，第一业务的信息与网络切片标识有对应关系"。那么，应用于 5G 系统的对比文件 2 能否给出在源基站发出的切换请求中携带其支持的 NS 标识的技术启示？

涉案申请权利要求的技术方案对传统 4G 技术进行了改进，并与 5G 切片技术进行结合，属于包含迭代性技术的技术方案。而对比文件 1 应用于 4G 系统，且根据 5G 技术常识可知 5G 系统为了满足存在较大差异的三大应用场景的业务需求才在 3GPP 标准中引入了 NS，这是前几代技术所不具备的技术需求，且 5G 系统架构也相应新增了 NSSF。对比文件 2 虽然应用于 5G 系统，但其提及有关网络切片的内容更像是对于 5G 系统架构下 NS 漫游时的一般性介绍，也未提及"网络切片标识"的相应概念。在这种情况下，前述的不同代际、不同系统架构的现有技术之间的结合是否一定会有结合启示？为此，需要结合上述区别特征所体现的技术实质，厘清其在系统架构中的作用。

对比文件 1 公开了在进行切换时，源基站发出的切换请求需要携带 UE 的相关业务信息，只有在目标基站也支持该业务信息的情况下，目标基站才同意切换，这样可以保证切换后也能延续相关业务。这一点确实与涉案申请要解决的技术问题较为接近，对比文件 1 是与涉案申请最接近的现有技术。对比文件 2 虽然记载了"网络切片要保证用户体验的持续性并且在漫游时对业务的支持"，但只表达了"在漫游时网络切片需要保证业务支持"的含义，在不同基站之间部署同一个 NS 即可实现，其并未公开"不同基站由不同网络切片覆盖"的相关特征。进而，在对比文件 1 的 4G 系统框架下，其启示在 LTE 系统中目的基站具有相应业务的能力时才同意切换，即其更关注业务能力在切换前后的基站中的延续性保障；同时，作为应用于 4G 系统的对比文件 1，相应代际的限制也决定了其不会给出使用 5G 系统才出现的 NS 的启示。即便此时考虑应用于 5G 系统的对比文件 2，也仅能启示业务能力需在漫游前后的 NS 中实现延续。显然，不同基站之间部署同一个 NS 就能满足对比文件 2 中的这种延续性要求，这种延续性要求与 NS 标识之间自然也就没有必然的联系。且出于降低信息负荷的常规要求，对比文件 1 结合对比文件 2 也得不到源基站发出的切换请求需携带其支持的 NS 标识相关的信息的启示。这是因为：一方面，切换前后只有一个 NS，不存在进行标识的实际需求；另一方面，标识同一个 NS 的 NS 标识不会提供额外信息量，其缺乏存在的实际技术意义。

另外，从系统架构来看，5G 系统需要同时满足 eMBB、mMTC 和 uRLLC 三大应用场景，这三大应用场景业务需求的较大差异使得系统很难用一个统一的网络来满足所有的业务需求，因此才引入了 NS。对于不同的应用场景、不同的业务需求选择使用不同的 NS，则在 5G 系统中会出现多种业务需求与多个 NS 同时并存的局面。正是在这种 NS 系统架构的基础上，涉案申请发现了切换会导致业务中断的技术问题，并提出了具体的针对性措施，即目标基站通过切换请求中包含的终端业务信息进行"业务类型与网络切片一一对应"关系的判断来确定业务信息与 NS 标识的对应关系，并服务于目标基站的接入控制。显然涉案申请权利要求的技术方案与 5G 系统架构密切相关。而对比文件 2 对于漫游的 NS 要求保证业务的支持更像是对于 NS 实现业务支撑的一般性认识，或者说与之前提及的 5G 的 NS 系统架构一样，都是涉案申请在 5G 系统架构下的背景技术。

因此，综合考虑对比文件 1、对比文件 2 分别属于 4G、5G 系统技术，应用于 4G 系统的对比文件 1 决定了其不会给出使用 5G 系统才出现的 NS 的启示，且从应用于 5G 系统的对比文件 2 也得不到源基站发出的切换请求需携带与 NS 标识有关的信息的启示，即应用于 4G 系统的对比文件 1 或应用于 5G 系统的对比文件 2 也均未披露或暗示区别特征中终端业务信息与 NS 标识对应关系在 5G 系统适用的可能性。同时，上述区别特征对应的迭代性技术较 4G 技术既有继承，又有发展，其在 4G 系统和 5G 系统作用上的差异也导致了应用于 4G 系统的对比文件 1 由于换代前的技术场景限制，或者与应用于 5G 系统的对比文件 2 的结合难度而无法给出切换请求携带与 NS 标识有关的信息的技术启示。因此，可以认定上述权利要求的对应方案相对于对比文件 1、对比文件 2 或对比文件 1 与对比文件 2 的结合已具备创造性。

第四节　专利审查规则辨析

移动通信技术已经先后经历了多代演进，且在发展过程中存在明显的迭代过程以适应移动通信技术所在的系统架构，而迭代过程对通信技术的发展既有促进，也会牵制和影响技术的发展方向，或从前几代技术中直接继承和移植，或在当前代际技术的发展中进行技术革新，或在前几代技术的基础上继承和发展。鉴于移动通信技术中这种迭代过程的普遍性和特殊性，在分析移动通信相应技术的创新程度时，需结合对应技术在不同代际技术场景中所发挥的作用界定其传统性技术、革新性技术以及迭代性技术的技术定位，从而结合案情实现对不同技术的创新程度的判定。

对于传统性技术，由于其继承于前几代的技术场景，是对前几代技术的移植和借鉴，并保持了其原有的技术实质，这种继承和借鉴并不会因为其适用到新一代技术场景中就产生创新。

对于革新性技术，其是在当前代际的技术发展过程中通过技术革新得以引入，前几代技术场景的现有技术由于其所在代际的技术场景限制，无法给出改进该现有技术以得到该革新性技术的启示。

对于迭代性技术，由于其对前几代技术场景的通信技术既有继承，又有发展，因此需要综合考虑该迭代性技术所属的新、旧技术场景，根据案件实际情况分析应用于旧技术场景的现有技术和/或应用于新技术场景的其他现有技术是否披露或暗示了相应技术特征在新技术场景下适用的可能性，分析相应技术特征在新、旧技术场景中所产生的作用上的差异，从而判定该迭代性技术的创新程度。如果采用换代前的旧技术场景下的现有技术来评判换代后的新技术场景下的技术方案的创造性，此时对于新技术场景下的技术特征以及与其对应的旧技术场景下的相应特征，应首先客观分析此项应用于旧技术场景的现有技术或是应用于新技术场景的其他现有技术是否披露或暗示了相应技术特征在新技术场景下适用的可能性，并进一步分析上述两种特征分别在新、旧技术场景中所产生的作用上的差异。这种差异可能会导致旧技术场景下的现有技术由于换代前的技术场景限制，或者与新技术场景现有技术的结合难度而无法给出直接适用或结合的技术启示。在此基础上，迭代性技术对于现有技术的创新程度的评价问题也就迎刃而解。

第八章 3GPP 协议标准相关发明的审查

产业发展中经常会听到"一流企业做标准"的说法，其中所谓的"标准"是指为确保材料、产品、过程与服务符合特定的目的而被作为规则、指南等反复使用的成文协议。标准必要专利是指包含在标准中且在实施该标准时必须要使用的专利。

企业在参与制定标准的过程中，为了利益最大化，通常会将其所拥有的专利纳入标准而形成标准必要专利。既然实施标准绕不开对应的标准必要专利，那么涉及标准的专利无疑是未来行业竞争的关键，这类专利对企业甚至行业的发展至关重要。随着标准必要专利作用的凸显，企业越来越把是否拥有专利尤其是标准必要专利视为在行业竞争中是否成功的决定性因素。对该类专利的审查需要慎之又慎，对审查员的业务水平有着较高的要求。鉴于 3GPP 协议标准的发展更为成熟和繁荣，本章将深入探讨 3GPP 协议标准相关发明的审查。

第一节 3GPP 协议标准相关发明的发展状况与对标流程

一、3GPP 协议标准相关发明发展迅速

近 20 年我国 3GPP 协议标准和相关专利的发展异常迅猛。2G 时代，我国移动通信行业处于起步阶段，企业研发力量薄弱，没有能力参与协议标准的制定。3G 时代，我国移动通信企业研发实力有了较大提高，所提出的 TD－SCDMA（时分同步码分多址）作为四个 3G 标准之一被纳入国际通信协议标准中。我国在标准制定中的被动局面逐渐扭转，但依然存在所制定的协议标准不被他国广泛使用的问题。4G 时代，我国主导研发的 TD－LTE（时分长期演进）协议标准成为全球通行的 4G 标准之一，广泛部署在全球很多国家，标志着我国一定程度上在全球移动通信协议标准制定中掌握了领导地位。发展至目前的 5G 甚至 6G 时代，我国已经在移

动通信技术上走在了世界的前列，企业在深度参与 3GPP 协议标准的制定。国家知识产权局知识产权发展研究中心 2022 年 6 月发布的报告显示，全球声明的 5G 标准必要专利涉及的 4.69 万项专利族中，我国声明的数量是 1.87 万项，占比近40%，排名世界第一。其中，华为技术有限公司声明的 5G 标准必要专利族达到了6500 项，占比 14%，在全球居首位。❶ 可见，标准必要专利成为目前我国移动通信企业核心竞争力的体现。

从标准必要专利的诉讼情况来看，自 2015 年被称为"中国标准必要专利第一案"的西电捷通无线网络通信股份有限公司诉索尼移动通信产品（中国）有限公司发明侵权案以来，我国法院审理的通信领域的涉及标准必要专利的案件数量越来越多，诉讼标的额也越来越高。标准必要专利在通信行业发挥的作用也越来越强，持续获得大量专利特别是标准必要专利成了通信领域各大创新主体的一致追求。

二、形成 3GPP 协议标准的标准必要专利周期长且流程复杂

一项技术方案要能成为标准必要专利，既要与 3GPP 协议标准对应，还要能够获得专利授权。其通常需要经历专利申请和标准制定两个并行的流程，具体流程参见图 1-8-1。

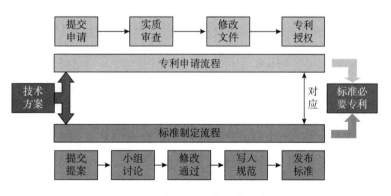

图 1-8-1　标准必要专利的形成过程

在专利申请流程中，一项技术方案最终能获得专利授权，需要经过提交申请、初步审查、实质审查等步骤，并且为了符合专利法的相关规定，可能会被多次修改。在 3GPP 协议标准制定过程中，各个标准组织成员之间相互博弈，各项提案也

---

❶ 刘阳子. 中国声明 5G 标准必要专利 1.8 万项　居全球首位［EB/OL］.（2022-06-08）［2023-01-25］. http：//www. cnipa. gov. cn/art/2022/6/8/art_55_175931. html.

需要经过邮件讨论、小组讨论、全会讨论、多次修改等过程方有可能被写入最终的标准。只有在标准冻结发布后以及专利获得授权后，标准中的技术方案与授权的权利要求还能保持一定程度的对应，此时才能形成标准必要专利。一项技术方案即使通过标准制定流程最终被写入了标准，但如果其对应的专利申请因不符合专利法的规定而无法获得授权，或者因修改导致其不再与协议标准保持一定的对应，都无法使其成为具备重要价值的标准必要专利。

可见，产出一个 3GPP 协议标准的标准必要专利是一个非常烦琐且困难的过程。即便是涉及标准的专利申请最终获得了与标准内容保持一定对应关系的授权，对于该申请的审查质量也直接关系着未来标准必要专利的稳定性。因此，需要更加重视 3GPP 协议标准相关发明的撰写质量和审查质量，让涉及 3GPP 协议标准的发明获得更稳定、更合理、更符合对标需要的授权。

第二节　3GPP 协议标准相关发明的申请特点和审查难点

一、申请特点

（一）部分发明属于兼顾系统运行基础上的细微改进

爆炸性移动数据流量的增长和不断涌现的各类新业务和新应用，使移动通信技术代际更新速度越来越快，系统架构不断变化，持续催生新技术的出现。例如 5G 协议标准在 SDN 和 NFV 的基础上引入了 NS 技术，针对基站的排布引入了 UDN（超密集组网）技术，在传输方式上采用了 NOMA（非正交多址接入）等。这些都属于代际更新时涉及网络架构和关键技术的重大技术革新，拥有与这些重大技术革新相关的发明代表着企业的核心技术实力。

但是，移动通信网络又是一个功能区分明确的分层分块结构，每个层次完成的功能多样，技术分支复杂，技术演进迅速，使得 3GPP 协议标准体系变得异常庞大。在如此庞大的体系中，重大技术革新固然重要，但更多的是涉及协议流程和信令内容等相对细微的技术改进。例如，在 5G 协议标准中引入 UDN 技术后，当然需要考虑 UDN 中的基站如何部署、容量如何优化、控制面怎么统一管理等细节改进。这些改进往往可能只是改变某一信令字段的长度或内容、改变时隙中传输的内容等，也恰恰是这些技术细节的改进才使得新技术更能满足实际通信的需求。

因此，有些技术虽然改进相对细微，但往往价值很大，如果申请人只是在代际更新而作出重大技术革新时才申请专利，显然会错失对众多协议标准技术细节的掌握，丧失对移动通信技术的全面专利布局，影响其技术和市场竞争力。

因此，该类发明更多的是针对某些技术细节所作出的改进，这类改进相比于庞大的协议标准体系显得极其细微。由于移动通信系统的组成和运行非常复杂，申请人在进行这类细节改进时，不但要基于自身经验和系统实际运行情况发现前一版本的协议标准的不足，还需要同时考虑到改进对系统运行的影响、技术实现的复杂度、与现有标准或接口的兼容性等问题。细微改动中的全局思考，是部分3GPP协议标准类创新的主要特点。

（二）所应用的系统架构和技术术语受对应标准的严格限定

重大技术革新往往与通信系统架构密切相关，系统架构的演进推进了移动通信技术的不断迭代。例如，从3G到4G再到5G，主要是以系统架构变化和新系统架构下的新通信技术为主要特征。移动通信技术在不同系统架构下的技术需求以及技术约束性条件存在巨大差异，适用于各类系统架构下的通用技术并不存在，同一技术会随着系统架构的调整而改变。例如，在5G协议标准中，虽然仍将4G广泛应用的OFDM作为其基本波形技术，但是为了适应5G系统架构下新的技术需求，对基本的OFDM波形技术进行了适应性改进，提出了更适合5G系统架构和技术需求的F-OFDM（滤波OFDM）等技术形式。因此，该类发明所属系统架构的认定尤其重要，必须严格限定在其特有的系统架构下来看待其技术方案，也需要特别关注技术方案随系统架构所进行的适应性调整，这往往是发明区别于现有技术的关键所在。

除了与应用到的系统架构关联密切之外，该类发明的另一个特点是各种技术术语表述统一、含义限定严格且抽象。通常情况下，技术术语（例如交互实体名称、交互消息名称等）会以3GPP协议标准中所规定的英文全称或缩写及其中文翻译的形式出现，其表达方式和含义一般是固定不变的，应当严格按照协议标准中的相关定义来进行解释，这些解释有些会隐含着其所属的系统架构。例如，UPF表示的是5G核心网的用户平面功能，AMF表示的是5G核心网的接入和移动管理功能。并且，由于有些技术术语表达抽象，直接基于这些技术术语的名称很难确定其含义，即使给出了相关定义，由于定义也很抽象，基于定义来准确理解这些技术术语的含义也很困难。

另外，与3GPP协议标准严格对应的技术术语多出现在说明书中，说明书通常会使用这些技术术语对实体名称、消息类型和协议交互流程等进行具体说明。但是，在撰写权利要求时，申请人通常会对技术术语进行一定概括，例如会将 gNB、eNB、MME 等概括为网络单元。申请人如此概括是为了获得一个较宽的保护范围，也是为了能将较宽保护范围的权利要求与经过不断修改后形成的协议标准相对应，进而成为一项标准必要专利。

（三）权利要求修改频繁

3GPP 协议标准的制定和专利权的获得均是一个不断修改的过程。在协议标准制定过程中，从提出提案到经过会议讨论到最后的协议标准版本冻结，通常会历经数年时间，最后被写入协议标准中的方案与最初的提案可能会存在较大差别。同时，在提交专利申请阶段，由于 3GPP 协议标准并未确定，其撰写的权利要求通常只与提案相对应。由于提案相关技术内容可能会随着后续讨论而发生变化，最初撰写的权利要求往往难以很好地覆盖最终形成的协议标准中的相关技术内容。因此，在专利申请过程中，除了满足授权要求外，申请人往往会基于说明书实施例或优先权文件记载的内容多次反复修改权利要求，以求达到最佳的协议标准覆盖状态。由该类发明的修改动机也能发现，申请人对权利要求的修改有时并非按照审查意见所指出的缺陷进行的。

二、审查难点

（一）准确站位本领域的技术人员较为困难

移动通信技术代际更新时间在缩短，促使 3GPP 协议标准更新换代快，快速全面地知晓普通技术知识和获知现有技术相对困难。另外，3GPP 协议标准的技术分支纷繁复杂，每个技术分支下技术点众多，每个技术点也会存在多种技术形式。例如在物理层波形设计上，5G 候选的波形就包括 F－OFDM、UF－OFDM（通用滤波 OFDM）、FBMC（滤波器组多载波）和 GFDM（广义频分复用）四种技术形式。那么就需要在全面、系统了解系统架构、技术分支、技术点和技术形式的基础上，相对准确地站位本领域的技术人员。此外，3GPP 协议标准相关发明还可能会涉及计算机技术、信号处理技术、硬件电路技术等，也可能与智能驾驶、虚拟现实、人工智能等领域的技术相结合，这同样给准确站位本领域的技术人员带来了挑战。

相关现有技术大量是 3GPP 协议标准及其相关提案，理解这些文件并进而帮助站位本领域的技术人员来准确理解发明、把握发明与现有技术之间的关系相比一般申请难度较大。从 3GPP 协议标准及其相关提案的呈现特点来看，其在对技术进行说明时往往只描述技术术语定义、协议运行流程等，一般不对技术术语的功能效果以及流程运行的前因后果作过多描述，也会导致难以全面理解其技术实质。并且，3GPP 协议标准的文档结构通常是基于网络层次架构或功能需求来划分，对同一网络实体的技术或功能描述可能会分散在文档的不同部分或者不同的文档中，且在不同部分的描述侧重点又有所不同。这些特点使得通过获取现有技术来帮助客观站位本领域的技术人员也相对困难。

此外，海量、复杂的 3GPP 协议标准或提案，也会导致在针对某一高度概括的技术方案进行检索以补充本领域的基础知识时能够获得的技术文档众多，难以从中快速定位到所需相关文献，这对检索的充分性和准确性也提出了更高的要求。反过来说，通过检索准确站位本领域的技术人员也需要付出更多的努力。

（二）整体把握发明构思较为困难

在创造性审查时要将发明作为一个整体看待，首先就要确定发明所属的技术领域。由于该类发明所基于的系统架构与发明的技术领域、技术方案密切相关，故需要准确确定其所基于的系统架构。有些发明可以通过权利要求的主题名称或其他技术特征来直接确定系统架构，但是更多情况下，权利要求中并不会直接记载系统架构，这时就需要分析权利要求的技术术语是否隐含着发明基于的系统架构，或者进一步借助说明书记载的技术细节来了解发明基于的系统架构。例如，在一种涉及切换的权利要求中，其主题名称只是记载了"一种通信方法"，未记载其基于的系统架构。经分析权利要求的技术方案，其涉及在"NG 接口"上的一系列信令操作。由于"NG 接口"属于 5G 接入网架构中的典型技术术语，因此，可以确定其技术方案基于 5G 网络系统架构，属于 5G 网络系统架构下的网络切换技术领域。

在确定了发明所基于的系统架构后，还需要客观认定发明的技术方案及其所要解决的技术问题和达到的技术效果。该类权利要求有些仅包含具体的技术术语和协议流程，对于具体功能描述的信息较少，在审读这类权利要求时，容易仅关注其技术方案本身，而忽略其要解决的技术问题和达到的技术效果。并且，由于权利要求中的技术术语含义抽象、协议流程描述简单等特点，有时也很难准确理解其保护范围和所要解决的技术问题。即使进一步借助于说明书来理解权利要求，在某些情况下，由于说明书也是以协议流程的方式来对相关技术方案进行具体描述，协议流程的技术术语解释抽象、协议流程说明相对较少，也导致不能从整体上来准确理解发明构思。

有些权利要求概括相对宽泛，需要在准确理解说明书具体实施方式部分记载的诸多技术细节或实现方式的基础上判断其技术手段的概括是否合理，是否涵盖了超越其创新贡献的内容。同时，在对权利要求所概括的技术方案进行理解时，也不应过多带入说明书具体实施方式中的内容。这些都给从整体上准确合理理解权利要求的保护范围带来了一定的困难。

（三）创造性评判中技术启示判断较为困难

与重大技术革新相关的该类发明，创造性高度相对容易把握。对于代际演进技术传承的相关发明，代际演进的技术特点为客观的创造性高度评判提出了挑战。对于不同系统架构下是否可以简单延续或传承，要基于对相关两个系统架构的熟悉和了解，而这些往往是相关文件文字记载之外的知识。

另外，在代际演进基础之上，技术细节改进看似简单，同样需要站位本领域的技术人员，从现有技术整体出发，准确确定是否存在技术启示来对最接近的现有技术进行改进以解决其所存在的技术问题，从而准确判断区别特征中细节改进本身是否属于本领域的公知常识。类似细节改进难以从相应的工具书或者教科书中找到证据支持，并且3GPP协议标准体系庞大复杂，也给准确判断区别特征是否属于公知常识带来了较大困难。

（四）需要特别关注保护范围的修改

由于申请人可能对权利要求进行频繁修改，在审查过程中要特别关注权利要求的修改，从技术整体上分析其修改内容跟原始申请文件记载的内容之间的差异。有时候为了使得权利要求能够与通信协议标准保持一定的对应，在审查意见认为权利要求不符合《专利法》及其实施细则相关规定的情况下，申请人也会坚持不对申请文件进行修改，这对审查工作也造成了一定的挑战。

第三节　专利审查案例分析

【案例1-8-1】实现 PDN 连接释放的方法、装置和系统

涉案发明涉及协议运行流程改进。现有技术中，HSS（归属用户服务器）存储着 UE 连接的 PDN（分组数据网）对应的 APN（接入点名称，APN 是签约数据的一种），当用户在 HSS 中的签约数据发生改变时，特别是 UE 当前正在使用的

APN 被删除，而 UE 正在使用此 APN 时，依照现有的由 UE 来发起 PDN 连接释放的方式，UE 无法发起 PDN 连接的释放过程。针对上述技术问题，涉案发明的技术方案是：当 UE 在 HSS 中的签约数据发生改变时，由 HSS 来通知 MME 以触发 PDN 连接的释放，MME 收到通知后请求 SGW 和 PGW 删除 PDN 连接下的所有承载。

涉案申请权利要求 1 如下：

1. 一种实现 PDN 连接释放的方法，包括：

当 UE 在家乡用户服务器 HSS 中的签约数据改变时，HSS 通知移动性管理实体 MME 以触发分组数据网 PDN 连接的释放；

MME 根据所述 HSS 的通知，请求服务网关 SGW 和分组数据网关 PGW 删除所述 PDN 连接下的所有承载。

对比文件 1 是涉案发明背景技术中引用的标准 TS 23.401 V8.2.0，涉及 E‐UTRAN 下的解决方案，具体公开了：当 UE 的 RAT（无线接入技术）由 3GPP 改变为 Non‐3GPP 时，HSS 会向 MME 发送取消位置消息从而初始化去附着过程来删除 EPS（演进分组系统）承载，MME 收到取消位置消息后通知 SGW 和 PGW 删除 PDN 连接下的所有承载。

对于创造性，一种观点认为，对比文件 1 中，在 UE 的 RAT 由 3GPP 改变为 Non‐3GPP 时，UE 存储在 HSS 中的签约数据（APN 等数据）也必然会发生改变。既然对比文件 1 公开了 UE 的 RAT 由 3GPP 改变为 Non‐3GPP 时由 HSS 来触发 PDN 连接释放，那么就容易想到在满足 UE 存储在 HSS 中的签约数据改变这一条件时由 HSS 来触发 PDN 连接释放，因此涉案发明不具备创造性。另一种观点认为，在对比文件 1 中 UE 的 RAT 由 3GPP 改变为 Non‐3GPP 时，只会导致 UE 的无线接入点（比如基站）而非接入点名称发生变化，通常不会导致 UE 存储在 HSS 中的签约数据改变，当然就不能直接基于对比文件 1 的方式想到在 UE 存储在 HSS 中的签约数据改变时触发 HSS 通知 MME 以进行 PDN 连接释放，因此涉案发明具备创造性。可见，上述争议的焦点在于判断在 UE 的 RAT 由 3GPP 改变为 Non‐3GPP 时 HSS 中存储的 UE 的签约数据是否发生改变，以及在对比文件 1 公开内容的基础上是否容易想到签约数据改变时由 HSS 来触发 PDN 连接释放。

按照"三步法"，该案的创造性判断思路如下。

（1）确定最接近的现有技术

由于发明所基于的系统架构与发明的技术领域密切相关，因此，在确定最接近的现有技术时，要尽量选择与涉案发明应用于相同系统架构下的对比文件。

涉案发明应用于由 HSS、MME、SGW 和 PGW 等实体组成的系统架构，基于本领域的技术人员所掌握的知识可以判定，其属于典型的 4G 核心网络架构。从对比文件 1 的协议名称即"演进的 UMTS 陆地无线接入网"及其引用部分的内容也可以看出，其也属于 4G 核心网络架构。因此，对比文件 1 和涉案申请权利要求 1 所应用的系统架构相同。进一步地，二者所属的技术领域也相同，即都是 4G 核心网络架构下的 PDN 释放技术领域。

此外，对比文件 1 公开了在相同系统架构下由 HSS 来触发 PDN 连接释放的相关操作，其公开的涉案发明的技术特征也较多。因此，选择对比文件 1 作为最接近的现有技术。

（2）确定区别特征和发明实际解决的技术问题

争议焦点的部分内容涉及对比文件 1 是否公开了在 UE 的 RAT 由 3GPP 改变为 Non-3GPP 时 HSS 中存储的 UE 的签约数据也发生改变，这属于技术事实公开与否的判断。在不能从涉案发明和对比文件的公开内容进行准确判断时，还需要借助于其他协议标准或提案对技术术语的解释，并准确站位本领域的技术人员水平来判断。

针对对比文件 1 公开的内容，无线接入点和 APN 是两个不同的概念，无线接入点是 UE 接入的无线网络节点，在 UE 进行网络切换后，其无线接入点通常会改变。而在 3GPP 标准 TS 23.060 第 14.13 节中给出的 APN 的概念是："APN 是对要使用的 GGSN 或 PDN GW 的引用，APN 可以标识一个分组数据网络，并且可选地标识要提供的服务。"可见，APN 是一个标识 PDN 网络或服务的逻辑概念。在 UE 进行从 3GPP 到 Non-3GPP 的网络切换后，现有技术中只要将 UE 的 PDN 连接从原有网络倒换到目标网络即可，PDN 网络不会变化，所以 APN 也就不存在变化，即 UE 的 RAT 从 3GPP 改变为 Non-3GPP 时，并不会导致存在于 HSS 中的 UE 的签约信息改变。

因此，在准确确定最接近的现有技术的公开内容的基础上，权利要求 1 和对比文件 1 的区别特征是：权利要求 1 是在 UE 在 HSS 中的签约数据改变时，HSS 通知 MME 以触发 PDN 连接的释放；而对比文件 1 是在 UE 的 RAT 从 3GPP 改变为 Non-3GPP 时，由 HSS 来触发 PDN 连接释放。涉案发明实际要解决的技术问题是：避免 UE 在 HSS 中的签约数据发生改变时无法实现 PDN 连接的释放。

（3）非显而易见性判断

权利要求 1 和对比文件 1 只是涉及具体协议的执行流程，在进行非显而易见性判断时，不能仅仅关注由协议流程所限定出的技术方案，而是应当进一步结合所解决的技术问题和达到的技术效果进行综合判断。

对比文件 1 公开的是在满足 UE 的 RAT 从 3GPP 改变为 Non-3GPP 这一条件

时，由 HSS 来触发 PDN 连接释放，其目的在于使得 UE 在切换时能及时与 EPS 进行分离，其并未考虑到如涉案发明所述的避免 UE 在 HSS 中的签约数据发生改变时无法实现 PDN 连接释放的问题，当然本领域的技术人员也就没有动机去利用其公开的上述特征来解决如同涉案发明所述的技术问题。并且，对比文件 1 中在 UE 的 RAT 由 3GPP 改变为 Non – 3GPP 时，HSS 中存储的 UE 的签约数据不会发生改变，对比文件 1 也不存在如涉案发明所述的由于 UE 当前使用的 APN 改变而导致无法释放 PDN 连接的技术问题。因此，本领域的技术人员不能直接基于对比文件 1 想到要在 HSS 签约数据发生改变时由 HSS 触发 PDN 连接释放。

综上所述，对比文件 1 和涉案发明虽然均涉及相同系统架构下的 PDN 连接释放，但启动 PDN 连接释放的时机不同，基于上述时机不同所解决的技术问题不同，本领域的技术人员在对比文件 1 公开内容的基础上无法想到去解决涉案发明所要解决的技术问题，进而没有动机去改进对比文件 1 的内容来获得涉案发明的技术方案。因此，权利要求 1 所要求保护的发明具备创造性。

由上述判断过程可得出如下启示：站位本领域的技术人员准确认定技术事实是创造性评判的基本前提，就如该案对比文件 1 中在 UE 的 RAT 由 3GPP 改变为 Non – 3GPP 时 UE 存储在 HSS 中的签约数据是否改变的问题。在此基础上进行创造性评判时，不能只关注技术特征被对比文件公开与否，还要基于技术特征间的关联、技术问题、技术效果等来整体把握发明构思，客观分析现有技术是否给出了获得涉案发明的技术启示。

【案例 1 – 8 – 2】 一种传输导频配置信息的方法及装置

该发明涉及 3GPP 协议标准的信令改进。现有技术中，通常采用接收到的导频配置信息来解调信道，导频配置信息在 PDCCH（物理下行控制信道）中传输，中继设备可以通过接收广播信息来接收导频配置信息，也可以通过从基站接收 PDCCH 来获得导频配置信息。但是，在基站向中继设备传输 PDCCH 的同时中继设备也在向 UE 传输 PDCCH 的情况下，由于中继设备正在向 UE 传输 PDCCH，其无法接收基站传输的 PDCCH，中继设备也就无法从 PDCCH 中获得导频配置信息来解调 R – PDCCH（中继物理下行控制信道）。针对上述问题，涉案发明的技术方案在于：基站生成包括为 R – PDCCH 配置的导频配置信息的高层信令，通过高层信令将为 R – PDCCH 配置的导频配置信息发送给中继设备，使中继设备可以根据导频配置信息接收导频并对 R – PDCCH 进行信道解调。

涉案申请权利要求 1 如下：

1. 一种传输导频配置信息的方法，其特征在于：

125

生成包括为 R - PDCCH 配置的导频配置信息的高层信令；

将所述高层信令发送给中继单元。

对比文件 1 是 3GPP 提案 R1 - 100269，涉及为 R - PDCCH 设置搜索空间，其公开了以下内容：中继控制域信令是为中继设备提供关于 R - PDCCH 位置的高层信令，中继设备在基站下行传输中获得所述中继控制域信令，根据该信令定位 R - PDCCH 的位置。

针对创造性，一种观点认为，对比文件 1 公开了可以在高层信令中发送用于检测 R - PDCCH 位置的位置信息，位置信息和导频配置信息都属于本领域的常见信息，同对比文件 1 公开的方式一样将导频配置信息携带在高层信令中发送给中继设备，是为了实现相同技术效果所容易想到的方式，因此涉案发明不具备创造性。另一种观点认为，涉案发明在高层信令中携带导频配置信息的目的是使得中继设备能够根据导频配置信息获取导频从而解调 R - PDCCH，而对比文件 1 通过高层信令携带位置信息的目的是使中继设备能够根据该位置信息定位和检测 R - PDCCH，涉案发明与对比文件 1 要解决的技术问题、采用的技术手段和能实现的技术效果完全不同，因此具备创造性。可见，上述争议的焦点在于：在对比文件 1 公开了可由高层信令发送关于 R - PDCCH 的位置信息的基础上，是否能够容易想到基站使用高层信令向中继设备发送导频配置信息。

按照"三步法"，该案的创造性判断思路如下。

（1）确定区别特征和发明实际解决的技术问题

权利要求 1 和对比文件 1 的区别在于：涉案发明中的高层信令中携带解调 R - PDCCH 所需的导频配置信息，对比文件 1 公开的高层信令中包含的是用于检测 R - PDCCH 位置的位置信息。涉案发明实际要解决的技术问题是：中继设备无法接收基站传输的 PDCCH 进而导致无法获得导频配置信息。

（2）非显而易见性判断

涉案发明通过更改基站和中继设备之间的高层信令携带的信息内容来解决中继设备无法获得导频配置信息的问题，属于典型的在兼顾系统运行基础上的细微改进。对于这一类细微改进的发明，需要围绕细微改进相关的技术手段、所要解决的技术问题和达到的技术效果来整体判断技术启示。

对比文件 1 涉及中继设备在基站下行传输中获得中继控制域信令，根据该信令定位 R - PDCCH 的位置，其解决的技术问题是方便获取用于定位 R - PDCCH 的位置的信息，其完全不涉及如涉案发明所述的中继设备在同时接收和发送 PDCCH 时无法正确接收导频配置信息的问题。并且，从现有技术整体来看，中继设备既可以通过基站发送的广播信息来接收导频配置信息，也可以通过从基站接收

PDCCH 来获得导频配置信息，中继设备基于这两种方式通常是能够正常接收导频配置信息进而对 R – PDCCH 进行信道解调的。因此，无论是从对比文件 1 还是从其他现有技术来看，本领域的技术人员都不会容易发现如涉案发明所述的中继设备在同时接收和发送 PDCCH 时无法正确接收导频配置信息的问题。

对比文件 1 虽然公开了要在基站和中继设备之间通过高层信令来传送 R – PDCCH 的位置信息，但是，其传送的内容不同，并且其传送的信息所要解决的技术问题也完全不同，仅仅依据对比文件 1 公开的通过高层信令来传送 R – PDCCH 的位置信息从而使得中继设备能够根据该位置信息定位和检测 R – PDCCH 的内容，本领域的技术人员难以想到要去解决中继设备无法从 PDCCH 中获得导频配置信息来解调 R – PDCCH 的问题，当然也就难以想到要通过高层信令传输导频配置信息。

可见，权利要求 1 和对比文件 1 解决了完全不同的技术问题，仅仅依据对比文件 1 公开的内容并结合现有技术，本领域的技术人员难以发现涉案发明要解决的技术问题，当然也就没有动机按照对比文件 1 的方式对现有技术进行改进来获得涉案发明的技术方案。因此，权利要求 1 所要求保护的发明具备创造性。

涉案发明涉及 3GPP 协议标准中的协议字段传输内容的细微改进，由上述判断过程可得出如下启示：在针对类似改进进行创造性判断时，不能只关注其改进的技术手段本身，更要从改进所要解决的技术问题和能够达到的技术效果等方面来整体考虑其创造性高度。

【案例 1 – 8 – 3】 一种在 WLAN 中传输数据的方法

为了区分通过 WLAN（无线局域网）传输的 LTE 数据包和通过 WLAN 传输的 WLAN 数据包，涉案发明将通过 WLAN 传输的 LTE 数据包中的以太网类型字段设置为 PDCP（分组数据汇聚协议），从而使得依靠此字段的信息即可辨别出其是一个通过 WLAN 传输的 LTE 数据包还是通过 WLAN 传输的 WLAN 数据包。

涉案申请原始权利要求 1 如下：

1. 一种在 WLAN 中传输数据的方法，其特征在于：

在 LTE 和 WLAN 之间建立用于传输 LTE 数据包的隧道；

使用所述隧道在 WLAN 中传输 LTE 数据包，其中，将所述数据包中的以太网类型字段设置为 PDCP 类型，使用所述 PDCP 类型来标识通过 WLAN 传输的 LTE 数据包；

所述隧道是 IPsec 隧道。

原始说明书中解释了使用 IPsec 隧道的原因："IPsec 隧道是一种加密隧道，其安全性好，为了确保能够在 WLAN 中安全传输 LTE 数据包，本发明使用 IPsec 隧道来作为 LTE 和 WLAN 之间建立的隧道。"

申请人在提交上述专利申请后，又提交了相关提案，相关提案的大部分内容跟涉案发明相对应，但同时提案中还提到了以下内容："现有技术中的隧道包括 GRE 隧道、IPsec 隧道等，虽然 GRE 隧道不如 IPsec 隧道的安全性好，但是由于其隧道建立方式简单，因此，本提案在 LTE 和 WLAN 之间建立的用于传输 LTE 数据包的隧道还包括 GRE 隧道。"

在提交上述提案的同时，申请人对上述原始权利要求 1 进行了修改：

1. 一种在 WLAN 中传输数据的方法，其特征在于，所述方法包括：

在 LTE 和 WLAN 之间建立用于传输 LTE 数据包的隧道；

使用所述隧道在 WLAN 中传输 LTE 数据包，其中，将所述数据包中的以太网类型字段设置为 PDCP 类型，使用所述 PDCP 类型来标识通过 WLAN 传输的 LTE 数据包；

所述隧道是 IPsec 隧道或 **GRE 隧道**。

申请人在进行上述修改时认为：GRE（通用路由封装）隧道和 IPsec（互联网协议安全）隧道都属于现有技术中公知的隧道，在涉案发明的原说明书和权利要求书已经记载了要在 LTE 和 WLAN 之间建立隧道的基础上，将明显公知的 GRE 隧道纳入涉案发明的技术方案中来限定建立隧道的具体方式，并未超出原始申请文件记载的范围。

上述修改在权利要求 1 中增加了特征"所述隧道是 GRE 隧道"，申请人修改的原因可能在于增加特征后的方案相比于之前的方案实现起来具有更优的技术效果，申请人预期到修改后的方案后续有可能会被写入协议标准中。然而，原始申请文件只记载了要在 LTE 和 WLAN 之间建立 IPsec 隧道来传输调整过以太网类型字段的 LTE 数据包，不涉及任何在 LTE 和 WLAN 之间建立其他特定类型的隧道的相关内容。虽然 GRE 隧道这一技术本身是本领域的公知常识，但是因其在原申请文件中并未记载，也就不能直接地、毫无疑义地从原申请文件中得出要在 LTE 和 WLAN 之间建立 GRE 隧道从而来传输调整过以太网类型字段的 LTE 数据包的技术方案。因此，上述修改超出了原始申请文件记载的范围。

由上述分析可见，该类发明的修改可能与其技术的进一步改进、对协议标准可能修改方式的预期等密切相关。在进行是否超范围的判断时，要基于发明原始申请文件记载的内容，谨慎客观地判断修改后的特征是否已经记载在原始申请文件中。

第四节　专利审查规则辨析

一、本领域的技术人员水平的确定

由于移动通信技术代际更新快、3GPP 协议标准纷繁复杂等原因，不同技术人员所知晓的本领域的普通技术知识和能获知的现有技术差异很大，因此准确站位本领域的技术人员水平相对困难。这就要求技术人员能够及时了解移动通信技术代际的变化以及 3GPP 协议标准的变化，准确了解各个代际的技术需求、引入的新技术的基本状况、所应用的场景等内容，持续更新自身的普通技术知识储备，客观认识现有技术的整体状况，既不使自身因技术水平过高而低估申请的创造性高度，又不使自身因技术储备过少而高估申请的创造性高度。

在对该类发明的技术方案和对比文件的公开内容进行事实认定从而进行创造性评判的过程中，如果仅依据发明或对比文件所对应的 3GPP 协议标准或提案来确定相关技术事实，由于 3GPP 协议标准或提案中的技术内容相对分散，描述方式专业单一，往往无法保证从整体上来理解技术方案，为了使自身能够达到本领域的技术人员水平，可以通过了解相关协议标准或提案的演进过程、检索相关技术术语的解释、追踪文件中的相关参考信息（例如引用的专利、通信协议标准或提案）等方式来不断提升对技术内容的掌握程度，从而能够达到本领域的技术人员水平来准确认定技术方案。

二、创造性判断的考虑因素

该类发明所属系统架构与发明的技术领域、技术方案密切相关，故而对于创造性评判中整体把握技术方案至关重要。首先需要准确确定其所基于的系统架构，除非权利要求对此未作出任何限定。一般情况下，建议选择系统架构相同的对比文件作为最接近的现有技术。对于系统架构不相同的情况，通常仅适合作为可能的其他对比文件，此时要特别注意技术方案所涉及的系统架构的差异，准确认定相同的基础技术在不同的系统架构下所能够进一步解决的技术问题，客观判断是否能够将不同系统架构下的技术进行传承或转用，从而对创造性进行准确评判。

对于技术细节的改进，是部分 3GPP 协议标准类创新的主要特点。创造性审查中也要符合该特点而合理把握创造性高度，不宜就改动说改动，无视该改动所要解决的技术问题和达到的技术效果。

总体来说，在创造性评判过程中，要基于该类发明的特点，准确把握其所基于的系统架构，进而从技术领域、采用的技术方案、解决的技术问题和达到的技术效果等方面将发明作为一个整体来看待。在整体把握技术方案的基础上与协议标准或提案等对比文件进行全面对比，并从最接近的现有技术和发明实际要解决的技术问题出发，进一步思考结合启示、公知常识和技术方案转用等问题。

三、修改超范围的考量

除了满足审查意见的要求外，该类发明的修改还是为了保持与协议标准的一致性，修改的内容往往与原始公开的内容不同，修改超范围的可能性较大。当发明的技术方案可能与即将形成的协议标准不一致时，申请人往往会主动提出修改。这时，就需要考察修改时间点前后的申请文件内容的变化和协议标准演进内容的变化，分析在该时间点上申请人作出该修改的动机以及与标准的匹配情况，有助于结合时间的推移和技术演进来考察修改是否存在问题。

该类发明的修改方式主要包括术语调整、特征概括、特征增减等。术语调整通常是为了进行专利语言与标准语言的转换，而专利语言与标准语言存在一定区别，通信领域中同义词、近义词又较多，因此需要基于本领域技术术语的公知含义和标准中的术语含义来判断术语调整是否引入了新的技术内容。特征概括通常是为了引入新的下位概念或者实施方式，此时需要对说明书进行仔细分析，判断概括的内容是否已经在原始申请文件中记载或者能否由原始申请文件记载的内容直接地、毫无疑义地得出。特征增减对权利要求保护范围的改变较为明显，直接依据原始申请文件记载的内容进行判断即可。

四、结　语

对于3GPP协议标准相关发明，因其直接或间接关联庞杂的现有技术基础，尤其是3GPP协议标准或提案等，对站位本领域的技术人员的水平提出了更高的要求。该要求关乎技术事实的准确认定，甚至是创造性、超范围等法律条款的正确适用。因此，要持续跟进协议标准的演进，了解移动通信技术的发展特点和协议标准相关发明申请文件的撰写特点，在精确把握技术事实的基础上客观合理评判该类发明的创造性高度，为高价值创新做好审查服务。

第二编

现代生物、医药、化学及材料技术

> 生命健康

> 基因技术

> 生物技术

> 中医药

> 食安民生

> 绿色环保

> 新材料

概　述

　　当前，现代生物医药、食品、节能环保和新兴材料等领域新兴技术飞速发展，为人类的生命健康、民生福祉、绿色生态及可持续发展带来了重要和长远的益处。2021年发布的《"十四五"规划和2035年远景目标纲要》对深入实施创新驱动发展战略、完善国家创新体系、加快建设科技强国作出了全面布局，包括瞄准生命健康、脑科学、生物育种、深地深海等前沿领域，实施一批具有前瞻性、战略性的国家重大科技项目，同时深入实施绿色制造工程，推动原材料产业布局优化和结构调整，加快重点行业企业改造升级，完善绿色制造体系。这些新兴技术高速发展、交叉融合、日益复杂，对发明专利保护客体范围、创造性高度的考量等专利审查实务都提出了很大的挑战，需要我们与时俱进地去研究、解答时代提出的问题。本编聚焦业界广泛关注的现代生物医药、化学、材料技术的重点前沿领域，直面审查中的疑难问题并展开探讨。

　　对于现代生物医药技术而言，当前的申请热点包括单克隆抗体药物、抗体偶联药物、基因编辑技术、胚胎模型和合成胚胎技术等多个热点研究领域和方向。在专利审查实践中，这些领域存在一系列专利审查标准制定和把握上的疑难问题。比如，国家知识产权局2020年修改《专利审查指南2010》，进一步明确了单克隆抗体专利的创造性审查标准，实践中对此应如何合理把握，就会成为其中的焦点问题；抗体偶联药物和融合蛋白药物等类似，是一种典型的多要素组合型的发明，其中的创造性高度考量是各方关注的要点，相关考量细节、考量重点会成为决定案件走向的关键因素；基因编辑技术的诞生意义巨大，作为一项便捷高效的基础平台技术，该领域存在大量的应用型发明专利申请，这些应用型发明专利申请的创造性尺度如何把握，也会成为创新主体和专利审查中同时关注的重点；人类胚胎模型和合成胚胎技术伦理道德争议相对突出，且我国相关伦理审查规则严重滞后，审查中就社会公德问题如何把握，自然也会成为激励相关基础研究创新和守护生命科技伦理道德底线两个方面需要考虑的非常关键的因素。

　　对于现代食品和中药技术而言，守护食品安全一直是重中之重，并被提升到国家战略高度。食品领域的发明专利审查如何考虑食品安全、如何平衡食品领域的激励创新与守护安全、如何实现保民生和促发展兼顾，一直是审查中不可回避的热点问题和难点问题。中医药领域则承担着促进中医药传承创新发展的历史使命，国家鼓励大力发挥中医药原创优势，推动我国生命科学实现创新突破。在促进中医药守正创新的大形势之下，如何衡量中药复方相对于现有技术的贡献和创造性高度，专利审查如何践行促进中医药守正创新和传承发展，也成为该领域专利审查中至为关键的重点。

对于现代环保技术和新材料技术而言，目前申请热点包括二氧化碳基聚合物、半导体材料、盖板玻璃等几个子领域。其中，二氧化碳基聚合物领域的创新攸关我国"双碳"目标的实现，半导体材料是我国国防科技的关键战略材料，盖板玻璃则是全球智能化电子产品技术和市场竞争的重要材料。在这些绿色环保产品和新材料产品发明专利中，性能参数限定一直是专利审查中创造性评判的争议焦点和难点所在。如何准确理解和界定这些性能参数限定的含义，如何准确辨析和界定这些参数限定特征的技术贡献，也急需通过审查实践来给出回答。

本编各章带着上述问题，详细梳理以上技术领域的最新技术发展，分享对各产业最新发展和技术特点的认识，详细分析专利审查中的法律疑难问题，通过以案说法、案例解析的方式，探讨审查应对，辨析审查规则，旨在探讨如何准确把握审查标准适应科技进步和经济社会发展形势需要，合理促进现代生物医药、化学、材料等领域新技术、新业态的知识产权创新保护。

第一章　单克隆抗体药物的创造性审查

抗体（Antibody，Ab）是 B 淋巴细胞接受抗原刺激后增殖分化为浆细胞所产生的、能够与抗原发生特异性结合的免疫球蛋白，是介导机体体液免疫应答的重要效应分子。抗体分子在介导体液免疫应答过程中产生多种生物学活性，包括阻断作用、中和活性、激活补体、通过 Fc 受体对靶细胞产生杀伤作用和调节机体免疫活性等。目前以抗体为活性成分的生物药物已经成为全球医药市场上最活跃的研发热点之一。

第一节　单克隆抗体药物技术的发展概况

由单一 B 淋巴细胞克隆产生、针对抗原单一表位的抗体称为单克隆抗体（Monoclonal Antibody，McAb），简称单抗。[1] 单抗具有纯度高、特异性强、效价高、交叉反应少、来源稳定等优点，现已广泛应用于免疫学、微生物学、肿瘤学、遗传学以及分子生物学等各个领域的研究。此外，单抗还具有独特的分子作用机制，主要包括靶向效应、阻断效应、信号传导效应等，使得单抗特别适合作为疾病治疗药物。

单克隆抗体药物是以单抗作为疾病治疗活性成分的药物。由于单抗具有如上优点，且与新化学药前期研发的不确定性相比，单克隆抗体药物只需锁定病变细胞的特异性抗原表位，成功率更高，专一性更好，因此单克隆抗体药物的临床应用非常广泛且前景广阔。目前单克隆抗体药物已成为全球生物医药技术市场上利润最高的品种之一，国内外各大制药企业都在布局研发单克隆抗体药物。临床获批或处于临床试验阶段的单克隆抗体药物主要应用于肿瘤以及银屑病、类风湿性关节炎、红斑狼疮、多发性硬化症等其他自身免疫性疾病，同时也可用于感染性疾病、心血管疾病、移植排斥反应、眼科、骨科、哮喘等。

---

[1] 陈志南. 中华医学百科全书：生物药物学［M］. 北京：中国协和医科大学出版社，2017：217－218.

一、单克隆抗体药物技术的发展历程

单克隆抗体药物的研制经历了鼠源抗体、人－鼠嵌合抗体、人源化抗体和全人源抗体四个阶段。

1975 年，乔治斯·柯勒（Georges Köhler）和塞萨尔·米尔斯坦（César Milstein）将小鼠 B 淋巴细胞和骨髓瘤细胞进行融合，从而开发出 B 淋巴细胞杂交瘤技术，为单克隆抗体的研发奠定了基础。[1] 杂交瘤技术的原理是：将能产生特异性抗体的免疫小鼠的脾细胞与能无限增殖的骨髓瘤细胞在聚乙二醇作用下进行细胞融合，加入 HAT 选择培养基[2]后，未融合的骨髓瘤细胞死亡，融合细胞可在 HAT 选择培养基中存活和增殖。融合形成的杂交细胞系称为杂交瘤（hybridoma），其既有骨髓瘤细胞大量扩增和永生的特性，又具有 B 细胞合成和分泌特异性抗体的能力。应用有限稀释法等技术，从杂交瘤细胞中筛选出能分泌特异性抗体的细胞并将其克隆化，则可获得单克隆抗体。[3] 1986 年，全球首个治疗性鼠源单克隆抗体药物莫罗单抗（Muromomab™）由美国食品药品监督管理局（FDA）批准上市用于治疗移植物抗宿主病，由此拉开了单克隆抗体药物治疗疾病的序幕。鼠源单克隆抗体药物具有较高的亲和力和特异性，但应用于人体时鼠源单抗是异源蛋白，易诱导产生人抗鼠抗体（human anti－mouse antibody，HAMA）。

在鼠源单克隆抗体药物的基础上，通过基因工程技术和分子生物学技术改造逐渐降低鼠源成分，先后发展出了人－鼠嵌合抗体、人源化抗体。1994 年礼来公司研发的阿昔单抗（ReoPro™）是全球首个获批上市的人－鼠嵌合抗体药物；1997 年，罗氏公司研发的抗体药物塞尼哌（Zenapax™）成为首个获批上市的人源化单抗药物。人－鼠嵌合抗体、人源化抗体显著降低了鼠源抗体的 HAMA 反应，降低了单克隆抗体药物的不良反应，延长了半衰期。

随着抗体库技术、转基因小鼠技术、B 细胞克隆技术的发展和成熟，人们获得了直接生产全人抗体的能力。2002 年由雅培公司研发的修美乐（Humira™）成为全球第一个获批上市的全人单克隆抗体药物。[4]

---

[1] KÖHLER G, MILSTEIN C. Continuous cultures of fused cells secreting antibody of predefined specificity [J]. Nature, 1975, 256 (5517)：495－497.

[2] 指含次黄嘌呤（Hypoxanthine）、氨基蝶呤（Aminopterin）和胸腺嘧啶核苷（Thymidin）的培养基。在此培养基中，次黄嘌呤－鸟嘌呤磷酸核糖基转移酶（HGPRT）或胸腺嘧啶核苷激酶（TK）缺陷型细胞不能生长。

[3] 陈殿学. 医学免疫学与病原生物学 [M]. 2 版. 上海：上海科学技术出版社，2020：27.

[4] 刘海波. 生物医药及高性能医疗器械 [M]. 济南：山东科学技术出版社，2018：94.

二、2017 年以来批准上市的抗体药物概况

美国的制药企业是全球抗体药物研发的领军者，大部分新的抗体药物首先在美国审批上市。根据官网信息统计，2017 年至 2022 年 3 月，美国食品药品监督管理局共批准了 53 个抗体类药物上市。其中，人源化抗体药物 22 个、全人源抗体药物 19 个、ADC 药物 8 个、人–鼠嵌合抗体药物 2 个、双特异性抗体 2 个。从抗体药物靶标的角度分析，靶向细胞因子类的有 21 个，靶向细胞表面标记的有 25 个，靶向病毒蛋白的有 3 个，靶向补体的有 2 个，靶向其他蛋白的有 2 个。从疾病类型分析，近 5 年来批准的抗体药物主要用于治疗癌症或免疫相关疾病，也有少数用于治疗病毒感染等传染性疾病。

近年来，我国抗体药物研发也呈现加速趋势。根据我国国家药品监督管理局（NMPA）官网信息，2017 年至 2022 年 3 月，国内共有 50 个单抗类药物获批上市，其中包括 11 个 1 类新生物药（7 个靶向 PD－1、2 个靶向 PD－L1、1 个靶向 HER2、1 个靶向狂犬病毒）。尽管国外制药企业研发的单克隆抗体药物进入中国或者国内药企仿制的单克隆抗体药物占了较大比例，但已经有国内原研的抗体新药获批上市，表明我国抗体药物产业正在经历从仿制药向原研药的转型升级。在这一阶段，有必要通过强化抗体药物专利的创造、运用和保护，鼓励抗体药物自主研发水平的提高。我国抗体药物领域的创新主体也需要充分领会抗体药物领域的专利审查标准，在此基础上，优化专利撰写和布局，获得数量更多、保护范围更恰当的专利，以增强其市场竞争力，促进我国抗体药物产业的持续、健康发展。

第二节　单抗药物专利申请创造性审查存在的主要问题

抗体是生物医药行业的热点，在癌症和免疫系统等疾病的诊断及治疗方面发挥重要作用。为了深入实施创新驱动发展战略，推动产业提升知识产权附加值，2018 年国家知识产权局在《知识产权重点支持产业目录（2018 年本）》中将抗体药物等重大新药创制作为国家重点发展和亟需知识产权支持的重点健康产业，为产业发展提供知识产权支撑，高效配置知识产权资源，协同推进产业转型升级和创新发展。近年来，抗体产业取得快速发展，涉及抗体的专利申请数量也在快速增长。单克隆抗体是抗体领域创新中最重要也是最活跃的部分。为进一步规范单克隆抗体发明专利申请的审查，建立透明、清晰的法律政策环境，国家知识产权

局于 2020 年 12 月 11 日发布的《关于修改〈专利审查指南〉的决定》（国家知识产权局公告第 391 号）中进一步明确了抗体相关专利申请的审查标准，以适应抗体药物产业的快速发展，提高专利审查质量和审查效率。

现行《专利审查指南 2010》第二部分第十章第 9.4.2 节中规定："生物技术领域发明创造性的判断，同样要判断发明是否具备突出的实质性特点和显著的进步。判断过程中，需要根据不同保护主题的具体限定内容，确定发明与最接近的现有技术的区别特征，然后基于该区别特征在发明中所能达到的技术效果确定发明实际解决的技术问题，再判断现有技术整体上是否给出了技术启示，基于此得出发明相对于现有技术是否显而易见。"

对于单克隆抗体的创造性审查，《专利审查指南 2010》第二部分第十章第 9.4.2.1 节中进一步规定："如果抗原是已知的，采用结构特征表征的该抗原的单克隆抗体与已知单克隆抗体在决定功能和用途的关键序列上明显不同，且现有技术没有给出获得上述序列的单克隆抗体的技术启示，且该单克隆抗体能够产生有益的技术效果，则该单克隆抗体的发明具有创造性。"该节进一步解释："如果抗原是已知的，并且很清楚该抗原具有免疫原性（例如由该抗原的多克隆抗体是已知的或者该抗原是大分子多肽就能得知该抗原明显具有免疫原性），那么仅用该抗原限定的单克隆抗体的发明不具有创造性。但是，如果该发明进一步通过分泌该抗原的单克隆抗体的杂交瘤限定，并因此使其产生了预料不到的效果，则该单克隆抗体具有创造性。"

尽管《专利审查指南 2010》对单克隆抗体的创造性审查标准作出了一般性规定，但由于抗体技术持续发展，其结构、功能和活性的研究更加深入，表征方式多样，在审查实践中出现了多种复杂的情形，有必要通过具体的案例作进一步的阐释。

第三节　专利审查案例分析

由于单克隆抗体化学本质和用途的特殊性，其表征方式多种多样，既包括序列结构限定，也包括杂交瘤、分泌细胞、抗原肽/表位肽、与参考抗体竞争能力等多种非结构限定。

抗体是一种结构复杂的生物大分子，早期的专利申请难以清楚地表征抗体的序列结构，因此通常采用产生或分泌所述抗体的杂交瘤的方式表征单克隆抗体。随着生物技术的发展，本领域的技术人员已经能够通过扩增测序等手段获得单克隆抗体的序列结构，特别是获得抗体分子上决定其抗原结合能力的互补决定区（CDR）的序列结构。以下根据抗体表征方式，分别讨论非结构特征限定单克隆抗体的创造性审查案例、结构限定单克隆抗体的创造性审查案例。

一、非结构特征限定单克隆抗体的创造性

单克隆抗体是基于杂交瘤技术发展而来，因此采用分泌抗体的杂交瘤限定是早期最常见的单克隆抗体表征方式。单细胞克隆技术的发展使直接获得人源抗体分泌细胞成为可能，由于在制备药物中人源抗体相对于异源抗体的显著优势，逐渐建立了通过永生化 B 细胞制备单克隆抗体的技术，采用分泌所述单克隆抗体的永生化细胞也成为常见的单克隆抗体表征方式。通过杂交瘤或永生化 B 细胞表征的单克隆抗体的创造性是抗体相关专利申请审查中常见的难点问题。另外，抗原肽/表位肽、与参考抗体竞争能力等功能性限定也是抗体常见的表征方式，这些功能性限定通常与杂交瘤细胞/永生化 B 细胞限定、结构限定等共同使用，进一步增加了技术方案的复杂性。

【案例 2 - 1 - 1】抗小麦矮腥黑粉菌的单克隆抗体

涉案申请涉及抗小麦矮腥黑粉菌的单克隆抗体，由保藏号为 CGMCC No. 10883 的杂交瘤细胞所分泌。

对比文件 1 公开了一种小麦矮腥黑粉菌的单克隆抗体，由保藏号为 CGMCC No. 9714 的杂交瘤细胞所分泌。所述抗体以 TCK1 冬孢子为免疫原，采用常规杂交瘤技术制备。该抗体具有较好的结合特异性，不与小麦叶锈菌、小麦条锈菌发生交叉反应。

在实质审查阶段，审查员以该申请相对于对比文件 1 不具备创造性为由作出了驳回决定。驳回决定认为：本领域的技术人员可按照对比文件 1 公开的方法制备获得抗小麦矮腥黑粉菌的单克隆抗体，并且对比文件 1 的单克隆抗体对小麦矮腥黑粉菌具有特异性、与小麦叶锈菌无交叉反应，因此权利要求 1 的单克隆抗体相对于对比文件 1 没有产生预料不到的技术效果，不具备创造性。

在复审阶段，合议组认为：小麦矮腥黑粉菌孢子是已知具有免疫原性的抗原，该申请与对比文件 1 都使用小麦矮腥黑粉菌孢子作为抗原制备获得了分泌抗小麦矮腥黑粉菌抗体的杂交瘤，两种抗小麦矮腥黑粉菌抗体具有相同的结合特性，没有产生预料不到的技术效果，因此不具备创造性。

该案创造性审查的争议焦点在于：由分泌该抗原的单克隆抗体的杂交瘤限定，

是否产生了预料不到的效果。该案所述用于检测小麦矮腥黑粉菌的胶体金试纸条中的单克隆抗体是一种检测抗体，该单克隆抗体对于检测效果的影响主要涉及其灵敏度、特异性等，说明书中仅通过定性试验表明所述单克隆抗体对小麦矮腥黑粉菌、小麦叶锈菌两种病原菌的结合活性。一方面，由于小麦矮腥黑粉菌、小麦叶锈菌是两种不同的病原菌，种属分类的不同意味着这两种菌包含不同的抗原，因此特异性结合小麦矮腥黑粉菌的单克隆抗体不结合小麦叶锈菌的技术效果是本领域的技术人员能够合理预期的；另一方面，由于对比文件 1 中采用杂交瘤技术制备的、由保藏号为 CGMCC No. 9714 的杂交瘤细胞分泌的抗小麦矮腥黑粉菌单抗也具有较好的结合特异性，不与小麦叶锈菌、小麦条锈菌发生交叉反应。因此，根据抗体对抗原结合的特异性原理、现有技术中结合相同抗原的单抗的特异性可知，该申请要求保护的由保藏号为 CGMCC No. 10883 的杂交瘤细胞分泌的抗小麦矮腥黑粉菌单抗所能带来的技术效果是本领域的技术人员能够合理预期的，因而不具备创造性。

【案例 2 - 1 - 2】一种分离的人或人源化抗体或其片段

涉案申请涉及一种分离的人或人源化抗体或其片段，其特征在于，结合 SEQ ID NO：4 所示多肽，所述抗体或其片段对人基本无免疫原性，并且所述抗体或其片段杀灭在细胞表面表达核仁素的细胞，所述抗体片段为 Fab、Fab′、F（ab′）$_2$ 或 Fv 片段。

对比文件 1 公开了分离得到的结合人核仁素的抗体，该抗体可以为单克隆抗体或多克隆抗体，所述抗体是通过人核仁素或其类似物作为抗原利用常规方法获得的。对比文件 2 公开了由核仁素 284 ～ 707 位残基（即涉案申请 SEQ ID NO：4）和 6 个 His 组成的截短的重组核仁素，以及由核仁素 284 ～ 643 位残基和 6 个 His 组成的 N 端和 C 端均截短的重组核仁素，且经过实验验证截短的重组核仁素也具备结合 AREbcl - 2 的活性。

实质审查过程中，审查员以上述权利要求相对于对比文件 1 和对比文件 2 的结合不具备创造性为由作出了驳回决定。驳回决定认为，对比文件 1 公开了结合人核仁素的单克隆抗体，对比文件 2 给出了核仁素 N 端截短肽的启示，使用 N 端截短的核仁素作为抗原制备获得抗体是显而易见的。对人基本无免疫原性、杀灭在细胞表面表达核仁素的细胞、所述抗体片段的类型等均为本领域常规选择，因而不具备创造性。

在复审阶段，复审请求人将该权利要求修改为：

一种分离的人或人源化 IgG 抗体或其片段，其特征在于，结合 SEQ

ID No. 4 所示多肽，所述抗体或其片段对人基本无免疫原性，并且所述抗体或其片段杀灭在细胞表面表达核仁素的癌细胞，所述抗体片段为 Fab、Fab′、F（ab′）$_2$ 或 Fv 片段，其中所述分离的人或人源化 IgG 抗体或片段是由选自下组的保藏号的永生化人 B 细胞产生的：PTA - 11493、PTA - 11495、PTA - 11490、PTA - 11496、PTA - 11491、PTA - 11492、PTA - 11497 和 PTA - 11494，其于 2010 年 11 月 17 日保藏到美国典型培养物保藏中心。

复审决定认为：该申请证实了上述 7 株永生化人 B 细胞产生的单抗对白血病细胞株和乳腺癌细胞株有强细胞毒性，而对正常乳房上皮细胞则没有影响，所述毒性不依赖于 ADCC 和 CDCC 机制，但可被血清补体强化。对比文件 1 公开了针对核仁素的抗体阻断细胞表面核仁素时，肿瘤生长加速；对比文件 2 公开了该申请 SEQ ID NO：4 所示核仁素截短肽，未公开其抗体，也没有给出其抗体杀伤肿瘤的效果预期。因此修改后权利要求 1 进一步以产生细胞表征的抗体或其片段相对于对比文件 1 和对比文件 2 的结合具备创造性。

该案实质审查阶段审查的争议焦点在于：在现有技术没有公开利用特定序列的截短多肽制备抗体的情况下，利用所述特定截短多肽片段限定抗体是否具备创造性。该案中 SEQ ID NO：4 所示核仁素 N 端截短肽长达 427 个氨基酸片段，本领域的技术人员根据 SEQ ID NO：4 所示核仁素 N 端截短肽的分子大小、结构等方面能够确定其具有完整的免疫原性。此外，对人基本无免疫原性是由抗体分子的来源或与人源抗体分子的同源性决定的；杀灭在细胞表面表达核仁素的细胞是结合核仁素胞外区抗体能够预期的功能，即权利要求中表征所述抗体或其片段的上述两个功能性技术特征并不是由人核仁素在特定位置截短所带来的。因此采用人核仁素截短片段序列 SEQ ID NO：4 表征抗体结合的多肽，不能为所述抗体带来创造性。

该案复审阶段审查的争议焦点在于：利用产生细胞保藏号限定的抗体是否具备创造性。该案中根据现有技术能够容易地获得所述抗体结合的蛋白即 SEQ ID NO：4 所示核仁素 N 端截短肽片段，并且本领域的技术人员能够确定该蛋白具有完整免疫原性，因而能够通过常规技术手段制备获得其抗体。然而，对于 SEQ ID NO：4 所示抗核仁素 N 端截短肽片段抗体的肿瘤杀伤功能，对比文件 1 表明存在对肿瘤杀伤活性具有不利作用的抗核仁素抗体，而对比文件 2 没有涉及具体的抗核仁素抗体分子，由此可知，现有技术既没有公开能杀伤肿瘤的抗核仁素抗体，也没有给出采用常规手段制备的抗核仁素抗体通常具有肿瘤杀伤活性的效果预期。因此，由分泌抗体的特定细胞株限定的抗体，由于分泌抗体的特定细胞株使得所述抗体产生了预料不到的效果，从而使得该单克隆抗体具备创造性。

【案例2-1-3】 分离的单克隆抗体

该申请在实质审查阶段请求保护分离的单克隆抗体，所述抗体能够中和 PCSK9 与 LDLR 的结合，并且与包含重链和轻链的抗体竞争结合 PCSK9，所述重链包含由 SEQ ID NO：67 的氨基酸序列组成的重链可变区，并且所述轻链包含由 SEQ ID NO：12 的氨基酸序列组成的轻链可变区。

对比文件2公开了识别 PCSK9 的第 220～240 位氨基酸表位的多克隆抗体。PCSK9 蛋白酶的抑制剂有治疗高胆固醇血症的益处，封阻 PCSK9 与 LDLR 的相互作用的抗体或抑制剂以在血浆中阻止其作用，可以作为高脂血症治疗的探索。

在实质审查阶段，审查员以上述权利要求相对于对比文件2和本领域公知常识的结合不具备创造性为由作出了驳回决定。驳回决定认为，上述权利要求中与包含轻链和重链的参考抗体"竞争结合 PCSK9"，意味着该权利要求请求保护的单克隆抗体与参考抗体结合完全相同，或为重叠或相邻近的表位。由于参考抗体结合的表位包括 A220、S221、K222、S225、H226、C223、D224、G227、H229，而对比文件2公开了与上述参考抗体针对的表位重叠的表位肽。本领域的技术人员能够通过有限的试验筛选得到中和 PCSK9 与 LDLR 结合并与所述参考抗体竞争结合 PCSK9 的抗体，因此，权利要求不具备创造性。

在复审阶段，复审请求人将权利要求进一步修改为：

> 分离的单克隆抗体，所述抗体结合 SEQ ID NO：1 的 PCSK9 蛋白并且能够中和所述 PCSK9 蛋白与 LDLR 的结合，所述分离的单克隆抗体包含：
>
> 重链可变区（VH），其包含：
>
> 包含下列在 SEQ ID NO：67 的指定位置中的氨基酸残基的 CDRH1：T28、S30、S31 和 Y32；
>
> 包含下列在 SEQ ID NO：67 的指定位置中的氨基酸残基的 CDRH2：SEQ NO：67 的 S54、S55、S56、Y57、I58、S59 和 Y60；
>
> 和包含下列在 SEQ ID NO：67 的指定位置中的氨基酸残基的 CDRH3：SEQ NO：67 的 Y100、F102、W103、S104、A105、Y106、Y107、D108、A109 和 D111；
>
> 其中所述 CDRH1、CDRH2 和 CDRH3 是 VH3-21 D3-3 JH3A 种系的；
>
> 和轻链可变区（VL），其包含：
>
> 包含至少一个选自以下的在指定位置中的氨基酸的 CDRL1：SEQ ID

NO：12 的 A31、G32、Y33、D34 和 H36；

　　包含至少一个选自以下的在指定位置中的氨基酸的 CDRL2：SEQ ID NO：12 的 G52、N55、R56、P57 和 S58；

　　和包含至少一个选自以下的在指定位置中的氨基酸的 CDRL3：SEQ ID NO：12 的 Y93、D94、S95、S96、L97、S98、G99 和 S100；

　　其中所述 CDRL1、CDRL2 和 CDRL3 是 VL 1－13 种系的。

　　本领域公知，抗体分子通常包括恒定区和可变区两部分。在可变区内有一小部分氨基酸残基变化特别频繁，这些氨基酸的残基组成和排列顺序更易发生变异的区域被称为 CDRs，其主要决定了该抗体结合抗原的特异性。

　　复审决定认为：上述权利要求并未对请求保护的分离的单克隆抗体的 6 个 CDRs 的全部氨基酸序列进行限定，仅限定了 6 个 CDRs 中的部分氨基酸残基，根据所述 CDRs 的种系特征也无法确定 CDRs 未限定部分的氨基酸残基具体种类。由于上述权利要求仅限定了说明书中特定序列单克隆抗体 31H4 的 CDRs 的部分序列结构，而 31H4 的功能取决于 CDRs 的全部序列结构，无法确定上述权利要求中抗体 CDRs 的部分结构特征能够带来有益的技术效果。尽管抗体 CDRs 的部分结构特征构成区别技术特征，但由于该特征并未带来有益的技术效果，因而不能为所要求保护的抗体带来创造性。

　　该案实质审查阶段审查的争议焦点在于：与序列结构限定的参考抗体竞争抗原的特征能否为要求保护的抗体带来创造性。该案实质审查阶段驳回针对的权利要求 1 中尽管涉及抗体轻、重链可变区的氨基酸序列的结构特征，但上述结构特征是用于表征参考抗体，而不是用于表征请求保护的抗体。对于请求保护的抗体而言，与参考抗体竞争结合 PCSK9、中和 PCSK9 与 LDLR 的结合均只是功能性限定。由于抗 PCSK9 的上述两种功能取决于抗体的表位，因此在现有技术已经公开了与该申请说明书具体单克隆抗体 31H4 表位重叠的 PCSK9 表位的情况下，本领域的技术人员容易获得结合所述表位的抗体，并根据表位确定其同样具有上述两种功能。因此，通常情况下与参考抗体竞争性结合、中和活性等功能性限定难以为要求保护的抗体带来创造性；而且，通过限定参考抗体的关键序列结构不能确定要求保护抗体的关键序列结构，也难以为所要求保护的抗体带来创造性。

　　该案复审阶段审查的争议焦点在于：仅对关键序列结构进行部分限定的抗体的创造性如何考量。本领域公知单克隆抗体与抗原的结合需要轻链和重链，特别是 6 个 CDRs 的共同配合来完成，而且说明书中证实效果的单克隆抗体也均包含轻链和重链，因此在仅限定部分 CDRs、轻链可变区或重链可变区的序列特征的情况下，本领域的技术人员并不能确定权利要求涵盖的所有抗体均具有与 PCSK9 结合的特性。由于仅限定抗体关键序列（6 个 CDRs）中的部分结构不足以带来有益的技术效果，因而该案所要求保护的抗体不具备创造性。

二、结构限定单克隆抗体的创造性

在抗体权利要求中，对于结构的限定包括多个层次。基于抗体的分子结构，由于可变区特别是其中的 6 个 CDRs 通常是决定抗体结合活性的主要因素，因此采用抗体 6 个 CDRs 来进行概括是最常见的结构限定方式。对于 CDRs 序列结构差异较小的单克隆抗体、将鼠源单抗 CDRs 进行个别氨基酸突变改造获得的人源化抗体等情形，其是否具备创造性经常存在争议。

【案例 2 - 1 - 4】一种特异性结合 PD - 1 蛋白的单克隆抗体或其抗原结合片段

涉案申请权利要求 1 如下：

1. 一种特异性结合 PD - 1 蛋白的单克隆抗体或其抗原结合片段，其特征在于，所述单克隆抗体或其抗原结合片段包括轻链 CDR1、轻链 CDR2、轻链 CDR3、重链 CDR1、重链 CDR2 和重链 CDR3；

重链 CDR1 具有 SEQ ID NO：1 所示的氨基酸序列；

重链 CDR2 具有 SEQ ID NO：2 所示的氨基酸序列；

重链 CDR3 具有 SEQ ID NO：3 所示的氨基酸序列；

轻链 CDR1 具有 SEQ ID NO：4 所示的氨基酸序列；

轻链 CDR2 具有 SEQ ID NO：5 所示的氨基酸序列；

轻链 CDR3 具有 SEQ ID NO：6 所示的氨基酸序列。

对比文件 1 公开了一种抗 PD - 1 单克隆抗体 5WT9，美国国家生物技术信息中心（National Center for Biotechnology Information，NCBI）中公开了其重链和轻链序列。

在实质审查阶段，审查员以权利要求相对于对比文件 1 和本领域常规实验手段不具备创造性为由作出驳回决定。驳回决定认为：对比文件 1 中公开的单抗 5WT9 与该申请要求保护单抗的重链和轻链序列高度相似，CDRs 的差异仅在于重链第 99 ~ 100 位氨基酸（位于重链 CDR3）、轻链第 35 位氨基酸（位于轻链 CDR2）；并且说明书中对比试验采用的对照抗体与对比文件 1 中单抗 5WT9 的重链和轻链相同，对比试验结果表明该申请抗体与对照抗体活性、特异性、亲和力均相当，因此权利要求不具备创造性。

在复审阶段，复审请求人将权利要求进一步修改为：

一种特异性结合 PD‐1 蛋白的单克隆抗体或其抗原结合片段，其特征在于，所述单克隆抗体或其抗原结合片段包括轻链 CDR1、轻链 CDR2、轻链 CDR3、重链 CDR1、重链 CDR2 和重链 CDR3；

重链 CDR1 的氨基酸序列如 SEQ ID NO：1 所示；

重链 CDR2 的氨基酸序列如 SEQ ID NO：2 所示；

重链 CDR3 的氨基酸序列如 SEQ ID NO：3 所示；

轻链 CDR1 的氨基酸序列如 SEQ ID NO：4 所示；

轻链 CDR2 的氨基酸序列如 SEQ ID NO：5 所示；

轻链 CDR3 的氨基酸序列如 SEQ ID NO：6 所示。

复审决定认为：本领域公知在抗体高度可变的互补决定区 CDR 中，CDR 的多样性与抗体的多样性有关，对抗原‐抗体反应起重要作用，因此 CDR 序列是决定单克隆抗体功能的关键区域。CDR 的结构变化对于单克隆抗体性能的影响是不可预测的，在现有技术缺乏教导的情况下，本领域的技术人员没有动机选择抗体 CDR 的特定位点将其突变为特定的氨基酸残基，更无法预测位点突变后对抗体性能的影响。因此权利要求具备创造性。

该案创造性审查的争议焦点在于：对于 CDR 序列结构差异较小的抗体，如何考虑其创造性。本领域已知，抗体的 6 个 CDRs 是决定其抗原结合特异性的关键。完整的 6 个 CDRs 序列结构与抗体的抗原结合功能之间具有明确的构‐效对应关系，相应地，6 个 CDRs 序列结构中任何氨基酸残基的改变都可能导致抗原结合功能的改变甚至丧失。因此，对于采用 6 个 CDRs 序列结构限定的抗体，如果缺乏对现有技术已知序列结构相近的抗体进行 CDRs 改造的技术启示，则不能得出 CDRs 改造后的抗体是显而易见的结论。对能够产生有益技术效果、关键序列结构非显而易见的抗体，应认可其具备创造性，而不应再要求其必须取得预料不到的技术效果。

【案例 2‐1‐5】 一种分离的抗体或其片段

涉案申请权利要求 1 如下：

1. 一种分离的抗体或其片段，其包含一个人源化重链可变区 （VH） 和一个人源化轻链可变区 （VL），其中所述 VH 包含 SEQ ID NO：59 的氨基酸序列，其中所述 VL 包含 SEQ ID NO：29 的氨基酸序列，并且其中所述抗体或其片段可以特异性地结合人 OX40。

对比文件 1 公开了抗 OX40 的单克隆抗体 9B12 或其抗原结合片段，分泌 9B12

单抗的杂交瘤已进行了保藏；还公开了利用抗 OX40 的单克隆抗体、其人源化抗体治疗癌症的方法，以及制备人源化抗体的常规方法和技术。

在实质审查阶段，审查员以上述权利要求相对于对比文件 1 和本领域常规手段的结合不具备创造性为由作出驳回决定。驳回决定认为：该申请权利要求保护的抗体是在对比文件 1 所述鼠源单克隆抗体 9B12 的基础上通过人源化获得的。由于对比文件 1 中抗 OX40 的单克隆抗体 9B12 已进行保藏，本领域的技术人员能够通过常规技术手段获得其 6 个 CDRs 的序列结构，本领域的技术人员有动机获得 9B12 的 6 个 CDRs 并以其制备人源化抗体，从而获得人源化抗体的轻重链可变区序列，因而上述权利要求不具备创造性。

在复审阶段，针对同样保护范围的权利要求，合议组认为：简单地将鼠源抗体的 CDRs 移植到人种系框架区时，由于框架区的改变通常会导致抗体亲和力、特异性等发生改变，因此为了保持人源化抗体的功能，CDR 移植后通常还需要对框架区和 CDR 的某些氨基酸位点进行突变改造。根据说明书可知该申请要求保护的抗体也进行了包括重链 CDR3 中点突变在内的改造，因此该申请在 CDR 移植的基础上，进一步通过对某些氨基酸位点的突变构建得到了所述人源化抗体，保留了鼠源单抗 9B12 的抗原结合特异性、生物活性和功能，因而权利要求具备创造性。

该案创造性审查的争议焦点在于：对于从已知的鼠源抗体改造为人源化抗体，如何考虑其创造性。一般来说，对于结构限定的产品权利要求，通过制备该产品的方法来评述是一种常见的创造性评判方法，但上述评判方法成立的必要条件是所述制备方法与产品结构之间具有直接对应关系。对于人源化抗体而言，由于鼠源抗体人源化过程通常不仅涉及 CDRs 框移植，还可能涉及难以事先确定的 CDRs 结构位点改造，而且，通常认为对 CDRs 不同位点的改造可能影响人源化抗体的功能和效果。概言之，尽管抗体人源化改造的策略和手段均是本领域常规技术，但由于针对同一起始鼠源抗体进行人源化改造在理论上能够获得大量 CDRs 序列结构不同的人源化抗体，并且这些 CDRs 序列结构不同的人源化抗体中哪些能够保持起始鼠源抗体的活性是难以通过简单推理和逻辑分析而事先确定的，因此，与现有技术已知的原始鼠源抗体相比关键的 CDRs 存在点突变的人源化抗体，如果取得了有益的技术效果，则应当认为其具备创造性。

从上面的 5 个案例可以看出，在审查实践中，根据单克隆抗体分子披露的程度不同，应当采用不同的创造性评判策略。

单克隆抗体的化学本质是蛋白质，对于化学结构较为清楚、披露了决定抗原结合功能的关键结构（6 个 CDRs）特征的单克隆抗体，以抗体分子结构本身的技术特征作为主要考虑因素。如果通过创造性评判的"三步法"可以判断出单克隆抗体的结构对本领域的技术人员来说是非显而易见的，并且说明书记载该抗体取得了有益的效果，则该单克隆抗体具备创造性，此时不应过度要求其必须具有预料不到的技术效果。但是，对于化学结构不明确，采用功能、分泌细胞株等非结构特征表征的单克隆抗体，本领域的技术人员依然无法清楚地确定所述单克隆抗体的结构特征，不能判断其与现有技术公开的其他该抗原的单克隆抗体在结构上的差异程度，此时就需要借助技术效果来辅助判断。当所述单克隆抗体与现有技术其他结合相同抗原的单克隆抗体相比，在技术效果上相当，或虽存在差异但未达到预料不到的程度时，则通常应该质疑该单克隆抗体不具备创造性。

第四节　专利审查规则辨析

在我国现行《专利审查指南 2010》中关于抗体创造性的审查标准，是在适应测序技术的进步、鼓励抗体产业发展的大背景下，在《审查指南 2001》的基础上修改完善而来的，其中分别给出了通过结构特征表征单克隆抗体和通过杂交瘤表征的单克隆抗体的创造性评判方法。上述审查标准适应我国当前的抗体技术发展水平，有助于激励创新形成自主知识产权的抗体药物。

在美国，抗体创造性的判断过程通常会综合考虑所述抗体产品在现有技术中披露的程度，例如抗原是否已知、是否已有针对相应抗原的抗体、抗体的获得方式是否已知、抗体产品与现有技术中其他抗体的差别、获得所述差别的手段是否已知等，在现有技术的基础上来判断所述抗体相较于现有技术是否显而易见；在前述考量因素的基础上，通常还会对对比文件和申请的抗体的技术效果进行对比，如若申请人能提供相应的辅助性判断证据证明本申请抗体与对比文件的抗体在作用机制、性能等方面的不同，或提供对比试验数据证明说明书中声称的技术效果属于预料不到的技术效果，则发明的非显而易见性通常可以被认可。

在欧洲，抗体创造性的审查通常以相同靶点的抗体作为最接近的现有技术，结合其他对比文件的启示或本领域常规技术手段，遵循"问题－解决"法进行评价。当现有技术中已经存在结合相同抗原的抗体时，通常情况下，效果类似的、针对相同抗原的抗体的创造性难以得到认可。审查意见中会将对比文件和本申请的抗体的技术效果进行对比，若申请人能陈述本申请的抗体与对比文件在作用机制、性能等方面的不同，或提供对比试验数据证明发明的技术效果优于现有技术且达到了预料不到的程度，则通常能够通过创造性审查。

与美欧的审查实践类似，在我国，通过杂交瘤等非结构特征表征的单克隆抗体，创造性审查的关键在于对"预料不到的效果"的认定。技术效果能否预料，其判断主体是本领域的技术人员，因此，本领域的技术人员的水平直接决定了技术效果的可预见性，进而决定了创造性审查结果。对于单克隆抗体（包括其各种类型的变体）这种特殊的蛋白质而言，虽然其制备方法属于本领域的普通技术知识，但由于其制备过程存在一定的技术难度和不确定性，本领域的技术人员很难预期制备出识别某种抗原的单克隆抗体具备哪些方面的活性以及活性程度如何。鉴于抗体领域中技术效果的可预见性较低，可以从抗体所取得技术效果的完善程度和具体程度来判断。

根据目前的审查规则，对于序列结构限定的单克隆抗体，将其作为具有明确结构的分子实体，对限定了 6 个 CDRs 的、结构明确且具有有益效果的抗体专利申请给予授权，极大地鼓励了抗体药物研发主体的积极性，为临床治疗提供了更多可选择的药物。

第二章　癌症靶向抗体药物偶联物的创造性审查

抗体药物偶联物（Antibody – Drug Conjugates，ADC）是通过连接子（linker）将抗体和药物分子偶联在一起的生物医药。❶ ADC 概念的提出可以追溯到 20 世纪初，诺贝尔奖得主保罗·埃尔利希（Paul Ehrlich）构想出一种可以释放细胞毒性药物的"魔法子弹"（magic bullet），希望药物可以借助引导系统输送到特定靶向部位发挥作用。而 ADC 药物的设计理念正是借助靶点特异的抗体将药物分子通过连接子连接，将高效的细胞毒性药物分子直接递送到肿瘤靶向部位从而起到精准、高效杀伤或消灭病灶细胞的效果。❷ 其作用机制是抗体与肿瘤细胞表面的抗原特异性识别，通过细胞内吞作用进入细胞，最后在溶酶体或蛋白酶的作用下释放出小分子药物从而破坏 DNA 或微管，或发挥拓扑异构酶/RNA 聚合酶抑制作用，最终导致肿瘤细胞死亡，具有精准治疗、杀伤力大、对正常细胞损伤小的特性，因此，ADC 药物也有"生物导弹"之称。❸

第一节　抗体药物偶联物技术的发展概况

ADC 药物从理论雏形到第一款 ADC 药物获批历经 90 年。2000 年美国食品药品监督管理局批准辉瑞公司首个靶向 CD33 的 ADC 药物 Gemtuzumab Ozogamicin（商品名 Mylotary，参见图 2 – 2 – 1），用于治疗复发或难治性急性髓细胞白血病。然而，由于抗体为鼠源抗体、连接子不稳定、细胞毒性药物分子效力不足、抗原低表达，其并没有产生预期的临床疗效，反而因存在严重的肝损伤毒性而于 2010

---

❶ 黄容，陈红莉，姜标. 基于二硫键桥连构建均一性抗体药物偶联物［J］. 自然杂志，2021，43（5）：323.

❷ 朱梅英. 抗体药物偶联物：肿瘤治疗领域的"魔术子弹"［J］. 药学进展，2021，45（3）：161.

❸ 胡倩倩，韩继丽，陈国宁，等. 抗体偶联药物质量控制分析方法研究进展［J］. 中南药学，2020，18（7）：1187 – 1188.

年退市。[1]

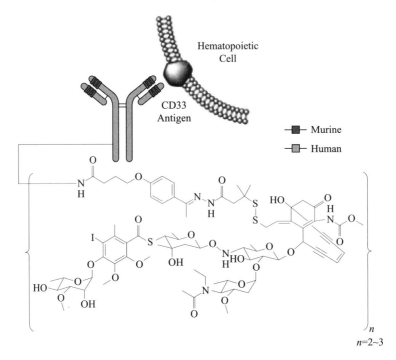

图 2 - 2 - 1　Gemtuzumab Ozogamicin 结构式

　　从 2001 年到 2010 年的 10 年，没有任何 ADC 药物获批上市。2011 年美国食品药品监督管理局批准西雅图基因公司开发的 CD30 靶向药物维布妥昔单抗（Brentuximab Vedotin，商品名 Adcetris，参见图 2 - 2 - 2），用于治疗经典霍奇金淋巴瘤和系统性间变性大细胞淋巴瘤（anaplastic lagre cell lymphoma，ALCL）。2013 年，基因泰克公司研发的 HER2 靶向药物恩美曲妥珠单抗［Adotrastuzumab Emtansine，简称 T - DM1，商品名 Kadcyla（赫塞莱），参见图 2 - 2 - 3］在美国也成功上市，用于治疗乳腺癌。自此，ADC 药物研发的脚步逐渐加快。[2] 第二代 ADC 药物相对第一代 ADC 药物在肿瘤抗原的靶向性、小分子药物的有效性以及连接子的稳定性等方面都有改善，使得药物的临床疗效和安全性都得到了改进。但由于脱靶毒性，因此其治疗窗狭窄，而且较高的药物抗体比（drug to antibody ratio，DAR）引发的药物耐受性低和血浆清除率高等问题仍然存在。[3]

---

　　[1] 谢杨阳，代献花，叶紫妍，等. 抗体偶联药物的临床应用及其耐药性优化对策的研究进展［J］. 现代药物与临床，2021，36（7）：1521.

　　[2] 武刚，付志浩，徐刚领，等. 抗体偶联药物研发进展［J］. 生物医学转化，2021，2（4）：2 - 3.

　　[3] 冯恬，张慧林，童华. 肿瘤靶向药物抗体 - 药物偶联物的研究进展［J］. 河北医药，2022，44（3）：447.

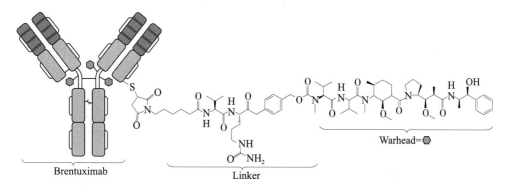

图 2 - 2 - 2　Brentuximab Vedotin 结构式

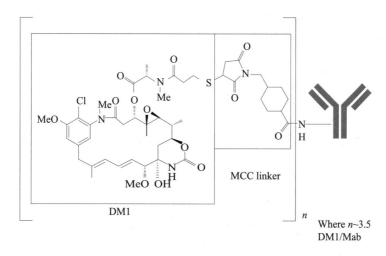

图 2 - 2 - 3　Adotrastuzumab Emtansine 结构式

　　第三代 ADC 药物经过对抗体、药物分子的筛选，连接子及定点偶联技术改进等措施，减少了 ADC 药物的非靶向性、全身毒性，进一步提高了 ADC 药物的安全性和有效性。作为第三代 ADC 药物代表的靶向 HER2 的 Fam - Trastuzumab Deruxtecan（简称 DS - 8201，商品名 Enhertu，参见图 2 - 2 - 4）于 2019 年 12 月经美国食品药品监督管理局批准上市，由第一三共株式会社开发，被批准用于既往接受至少 2 种抗 HER2 治疗的不可切除或转移性 HER2 阳性乳腺癌成人患者的治疗。DS - 8201 相对 T - DM1 更易穿过细胞膜，对肿瘤细胞有更强大的细胞毒作用。

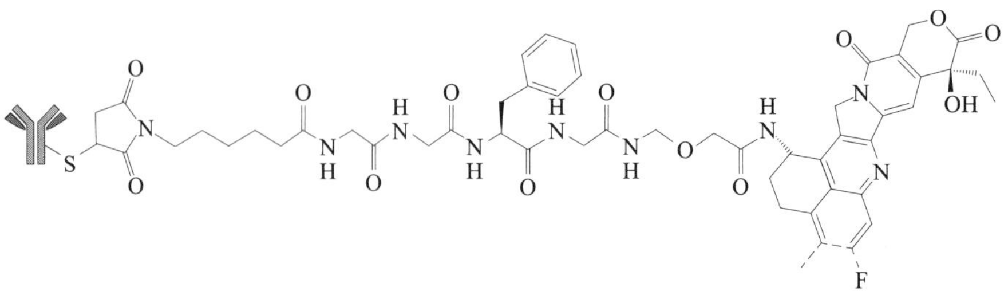

图 2 - 2 - 4　Fam - trastuzumab Deruxtecan 结构式

截至 2021 年底，全球共有 14 款 ADC 药物获批。我国首个由荣昌生物研发的 ADC 创新药（商品名"爱地希"）于 2021 年 6 月在我国获批上市。目前全球已开展的 ADC 临床研究已接近 200 项，我国也有 20 多个 ADC 药物进入临床不同阶段研究。ADC 药物在肿瘤领域展现出优异的临床疗效，随着越来越多 ADC 药物成功上市，该类药物已然成为当前全球生物技术药物研发最为火热的技术领域之一，为癌症的精准靶向治疗提供了一种有效手段。❶

第二节　抗体药物偶联物的技术难点和专利概况

ADC 药物从进入血液到精准治疗需要克服重重阻碍，包括体循环时各种酶的降解、细胞表面抗原的结合、内吞阻碍和药物分子释放，直到最终药物在细胞内发挥精准抗肿瘤作用。当抗体偶联药物在癌细胞外或靶细胞内释放细胞毒素后，可释放出的小分子药物不仅可以杀死抗原阳性癌细胞，还可以在细胞膜上扩散继续杀死相邻的肿瘤细胞以及肿瘤的支撑组织（"旁观者效应"）。ADC 的三要素（"连接子""抗体""药物分子"）既要各司其职，又要做到相互协调、环环相扣；靶抗原和偶联方式的选择对 ADC 药物的安全性和临床疗效也非常重要，由此可见 ADC 药物研发的技术难度之大。

一、靶标（target）和抗体

靶抗原的选择是 ADC 药物设计的起点，ADC 药物的成功依赖于对靶抗原的特异性结合。理想的靶抗原应具有最小化的免疫原性，且均匀、稳定地、高表达于靶细胞表面而在正常细胞中不表达或低表达，不脱落或具有较少的游离抗原，具

---

❶　朱梅英. 抗体药物偶联物：肿瘤治疗领域的"魔术子弹"［J］. 药学进展，2021，45（3）：161.

有足够结合亲和力并可实现有效的内化。如果在正常细胞表达的靶抗原会摄入 ADC 药物或者靶抗原在血液循环系统中脱落，将导致"脱靶毒性"，且降低在肿瘤细胞表面富集的 ADC 剂量，从而降低药物治疗窗口。

ADC 药物中的抗体部分既作为药物分子的载体，又承担靶向作用。抗体高特异性可以避免与体内其他抗原分子发生交叉反应，降低 ADC 药物在到达肿瘤部位前的代谢清除，并减少药物毒性反应。高亲和力和较长半衰期抗体有利于携带毒素进入肿瘤细胞的累积。

ADC 免疫原性是循环半衰期的主要决定因素之一。目前大多数 ADC 采用人源化抗体或完全人源化抗体。此外，与小分子相比，抗体从血浆进入组织的速度更慢，而较快的内化效率可以提高 ADC 的药效。

二、药物分子

药物分子又称有效荷载（payload）或毒素分子。临床中发现 ADC 药物无法达到预期的疗效，主要原因是 ADC 药物分子受到肿瘤穿透能力限制、抗原表达量低和内吞效率的限制等，导致注入体内的 ADC 药物仅有很少一部分富集在肿瘤细胞内部，加之药物的疗效不够强，治疗效果大大减弱。因此 ADC 药物中的小分子药物通常应具有极高的细胞毒性。研究表明，每克肿瘤组织仅仅集中 0.003%～0.01% 的抗体注射剂量，一般要求 EC50（半效应最大浓度）小于 1nmol/L。[1] 如微管蛋白抑制剂澳瑞他汀类对不同肿瘤细胞的 IC50（半抑制浓度）为 10～500pmol/L,[2] 美登素比传统的化疗药物如甲氨蝶呤、长春新碱的细胞毒性要高 100～1000 倍。

药物分子作用机制应当明确，其作用靶点应位于细胞内。若 ADC 药物无法转运至细胞内，将会影响药物的有效性和安全性，且在细胞外或解离后可能会对旁边的正常细胞产生毒性。另外，还需要考虑药物分子对 ADC 药物整体性质的影响，如 ADC 药物的内吞效率、极性以及免疫原性。同时，小分子药物在水性缓冲溶液中通常需具有适当的溶解度，较易与抗体偶联，偶联后的小分子药物应具有一定的稳定性。

目前临床使用的毒素分子根据作用机制可分为以下两类：①微管蛋白抑制剂，如澳瑞他汀类衍生物（MMAE、MMAF）、美登素类衍生物（DM1、DM4），通过

---

❶ 胡馨月，李艳萍，李卓荣. 抗体药物偶联物的弹头分子研究进展［J］. 中国医药生物技术，2017，12（6）：549.

❷ 张忠兵，王旸，白玉. 抗体偶联药物研发及药学审评要点［J］. 药学学报，2020，55（8）：1974.

与微管结合阻止微管的聚合从而阻滞细胞周期；②DNA 损伤剂，如卡奇霉素类、倍癌霉素类、安曲霉素类衍生物 PBD 及其二聚体、喜树碱类衍生物，其通过与 DNA 的小沟结合并促进 DNA 链烷基化、断裂或交联。

常用 ADC 药物载荷的化学结构如表 2 - 2 - 1 所示。

表 2 - 2 - 1　常用 ADC 药物载荷的化学结构

序号	ADC 药物载荷名称	化学结构
1	Calicheamicin	
2	Duocarmycin SA	
3	DM1	
4	DM4	

序号	ADC 药物载荷名称	化学结构
5	MMAE	
6	MMAF	
7	Dxd	
8	SN－38	
9	SG3199	

三、连接子和偶联方式

连接子是决定 ADC 药物成败的一个非常关键的因素。连接子的作用是将抗体和药物分子铰链在一起使 ADC 药物安全顺利地通过血液循环，到达肿瘤细胞后又能够迅速地将高毒性的药物分子卸载。ADC 药理学性质几乎都可能受到连接子的影响，如药物在血液循环中的稳定性、肿瘤细胞的渗透性、药物抗体比、旁观者效应、药物载荷释放时间和药代动力学/药效学等。理想的 ADC 连接子必须满足以下几个标准。

首先，连接子在血液中具有足够稳定性，以便 ADC 分子可以在血液中循环并定位到肿瘤部位而不会过早切割。连接子的不稳定性导致有毒有效载荷的过早释放和对非靶向健康细胞的不希望的损害，这可能导致全身毒性和不良反应。这种"当稳则稳，当断则断"的性质对连接子的开发提出了极大的挑战。

其次，连接子应有一定的亲水性。药物分子多数具有疏水性，对于 ADC 整体分子而言，局部疏水性的增加可能导致水溶性改变，引发 ADC 聚体，聚集后的 ADC 易被免疫系统发现，作为异物被肝脏清除，从而导致发挥药效的 ADC 数量减少，降低疗效。因此，连接子要有一定的亲水性。通过连接子的优化［如采用亲水性的聚乙二醇（PEG）、磺酰胺、支化糖醇改性的连接子］可以起到平衡有效载荷疏水性的作用，从而调节分子的整体性质，提高水溶性，并实现提高药物分子稳定性和改善药动学特性的目的。❶

连接子通常可分为不可裂解连接子和可裂解连接子。常见的连接子参见表 2－2－2。

表 2－2－2　常用 ADC 连接子的化学结构

序号	连接子	化学结构
1	MC	

❶　卫材研究发展管理有限公司. 基于艾日布林的抗体－药物偶联物和使用方法：201780022381. 5［P］. 2018－11－23；西纳福克斯股份有限公司. 磺酰胺接头、其缀合物及制备方法：201580066180. 6［P］. 2017－08－29；希默赛生物技术公司. 支化糖醇基化合物和组合物及其方法：201980044432. 3［P］. 2021－03－30.

续表

序号	连接子	化学结构
2	MCC	
3	Val—Cit（VC）	
4	SPDB	
5	SPP	
6	硫醚	
7	腙	
8	Tetrapeptide（GGFR）	

　　不可裂解连接子在血液循环系统和肿瘤细胞内均可保持稳定，包括硫醚连接子、酰胺类连接子。不可裂解连接子被内吞入溶酶体后，连接子不会被降解，连接的抗体会被降解为氨基酸，形成氨基酸－连接子－小分子细胞毒复合物。由于

"连接子 - 氨基酸残基"带有电荷，限制了其透膜及扩散，因而通常不会产生"旁观者效应"。

可裂解连接子根据裂解机理不同分为化学裂解连接子和酶裂解连接子。

化学裂解连接子基于血液和细胞质的环境不同而发生裂解，主要包括 pH 敏感型连接子（如腙类连接子和二硫键还原裂解连接子）。近年来，还出现了将甲硅烷基醚基团用作酸敏感型可裂解连接子的释药片段。❶

酶裂解连接子是根据血液和肿瘤中酶的不同，选择肿瘤中特定的酶使连接子水解断裂。

肽连接子是目前广泛使用的组织蛋白酶裂解连接子。典型的酶不稳定连接子包括二肽和四肽。例如，美国食品药品监督管理局批准的 Adcetris、Polivy 均采用 MC—Val—Cit—PABA 二肽连接子（参见图 2 - 2 - 4），其中：MC 为马来酰亚胺基间隔子；Val—Cit 为缬氨酸 - 瓜氨酸二肽，其作为组织蛋白酶裂解位点；PABA（对氨基苄基氨基甲酸酯）为自降解间隔子，其促进酶的进入，从而限制了有效载荷的空间位阻，PABA 在酸性介质中自发 1, 6 - 消除，释放药物分子。2019 年美国食品药品监督管理局批准第一三共株式会社的 Enhertu 则采用 GGFG 四肽连接子，其自降解间隔子是—NH—CH_2—O，而不是 Val - Cit 连接子使用的 PABA。

肽类连接子的稳定性虽然优于化学不稳定连接子，但其在水中的溶解性差而易聚集。因此，科研人员又开发了亲水性高、在溶酶体中过表达并在正常人血液中几乎不表达而尤其在癌细胞的溶酶体中高度表达的酶用于 ADC 连接子的裂解，例如 β - 葡糖苷酸酶（β - Glucuronida se）、β - 半乳糖苷酶（β - Galactosidase）来分解药物的 β - 葡糖苷酸（β - Glucuronide）及 β - 半乳糖苷等。❷

偶联方式是最后的关键环节。在决定了抗体、连接子和细胞毒素之后，三者的偶联方式会影响药物抗体比及 ADC 药物的均一性，从而影响 ADC 的生物学活性、耐受性及药物稳定性。偶联方式主要分为非定点偶联和定点偶联。早期使用的是非定点偶联法，主要由赖氨酸或半胱氨酸偶联，但这种偶联方式获得的 ADC 药物均一性较低。定点偶联方式即通过基因工程位点进行特异性偶联，实现更均一的 ADC，能在特定位点实现细胞毒素的连接，主要包括特异性位点偶联技术、非天然氨基酸偶联技术、聚糖偶联技术和短肽标签偶联技术等。近年来科研人员通过对连接子进行改造，使之能够与抗体或者抗体功能性片段上的 2、3 或 4 个巯

---

❶ 中国人民解放军军事科学院军事医学科学院. 连接子、含连接子的抗体偶联药物及连接子的用途：201810834935. 8［P］. 2020 - 02 - 07.

❷ 英托赛尔公司. 包含引入 β - 半乳糖苷的自我牺牲型连接基团的化合物：201780081520. 1［P］. 2019 - 08 - 23.

基偶联，偶联后的产物均一、结构稳定。❶

经过几十年的研究，连接子的性能虽然取得了很大的进步，但依然存在以下典型问题。

（1）脱靶毒性，即无法精准地在肿瘤区域选择性释放药物分子而在正常组织不释放。连接子的断裂直接控制着效应分子的释放，要想减少 ADC 的脱靶毒性，就必须设计出具有选择性的断裂位点。此外，调节偶联位点、连接子长度和连接子空间位阻也是有效的通用方法。通过选择更具空间位阻的偶联或附着位点，可以实现由抗体提供的空间屏蔽，从而有助于减少连接子裂解以及有效载荷代谢。

（2）琥珀酰亚胺连接子发生逆迈克尔加成（Retro – Michael – Addition）反应而影响 ADC 效果。马来酰亚胺和巯基的反应在生理条件下非常快速并且定量，因此马来酰亚胺在 ADC 的连接子中广泛使用。然而，在生理条件下硫代琥珀酰亚胺的形成是缓慢可逆的。含有烷基马来酰亚胺的 ADC 在长时间循环期间可能导致可测量的药物损失。ADC 中的该马来酰亚胺消除（通过逆迈克尔反应）的药理学后果包括由于与抗体偶联形式的药物的暴露减少而降低的抗肿瘤活性以及由于药物和连接子的非靶向释放而产生的更大的毒性。❷

（3）随着人们对 ADC 的研究越来越多，效应分子的种类也急剧增加，但连接子的种类相对还是比较少，无法跟上效应分子的开发速度。

（4）连接子的 ADME（吸收、分布、代谢和排泄）特性有待改进。连接子最常出现的问题是水溶性低，引发 ADC 聚体，聚集后的 ADC 易被免疫系统发现，作为异物被肝脏清除，从而导致发挥药效的 ADC 数量减少。目前改进的方法之一是在连接子中引入 PEG 链等亲水性基团，另一种则是开发高水溶性的连接子，如含磷酸酯或离子的连接子。此外，对连接子的结构修饰改善药代动力学性质。例如在二硫键—PBD—ADC 中，当在二硫键的 α 碳上引入甲基或环丁基时，ADC 可较好地发挥作用，而引入环丙基时，则无效。

总之，在 ADC 药物设计中，只有正确调整连接子的这些重要参数，从而实现 ADC 稳定性和有效载荷释放效率之间的平衡，才能达到 ADC 药物预期的效果。

------

❶ 上海青润医药科技有限公司. 用于抗体 – 药物偶联的双取代马来酰胺类连接子及其制备方法和用途：201611093699.6［P］. 2018 – 06 – 01；荣昌生物制药（烟台）股份有限公司. 一种用于抗体药物偶联物的连接子及其应用：201980005073.0［P］. 2020 – 07 – 17.

❷ 皮埃尔法布雷医药公司. 基于磺酰基马来酰亚胺的连接子和相应的偶联物：201980077950.5［P］. 2021 – 09 – 28；中国人民解放军军事科学院军事医学研究院. 连接子、含连接子的抗体偶联药物及连接子的用途：201810939770.0［P］. 2020 – 02 – 25.

四、ADC 药物专利概况

从 2000 年第一款 ADC 药物上市发展至今，该类药物的均一性和稳定性得到逐步提升，药效也得到不断改善。据报道，较早上市的 Adcetris 和 Kadcyla 于 2019 年销售额分别超过 10 亿美元，已成为"重磅"抗癌类药物，2019 年上市的 Polivy 和 Enhertu 也具有"重磅炸弹"的潜力。

ADC 药物专利技术将成为制药企业的核心竞争力。从全球的申请态势来看，2000 年以后，全球专利申请量逐年上升，尤其从 2013 年开始，专利申请量进入加速上行通道。从原研国来看，美国专利申请量占据了 ADC 药物专利申请的 60%。伊缪诺金公司、西雅图基因公司和罗氏公司是 ADC 领域的三大巨头。其中，伊缪诺金公司在该领域的历史最为悠久，一直专注于抗体药物偶联技术和 ADC 技术治疗癌症。罗氏公司作为抗体药物和抗肿瘤领域的业内翘楚，拥有深厚的技术积淀。目前，罗氏公司已有 2 款 ADC 药物 Kadcyla 和 Polivy 分别于 2013 年和 2019 年批准上市销售。西雅图基因公司研发的 Adcetris、Padcev 和 Tucatinib 分别于 2011 年、2019 年和 2020 年获批上市销售。

ADC 药物需要考虑抗体、药物分子、连接子之间的有效组合，制药企业主要也是以这三部分核心技术作为研发主导进行专利布局。随着该领域专利申请量的快速增长，关于 ADC 药物的创造性审查显得尤为突出。下文将从典型案例出发，结合 ADC 药物的技术要点，对 ADC 的创造性审查提出初步见解。

第三节　专利审查案例分析

一、区别特征在于抗体

【案例 2 – 2 – 1】抗体 – 药物偶联物及其药学上可接受的盐或溶剂合物

涉案申请权利要求 1 如下：

1. 抗体 – 药物偶联物及其药学上可接受的盐或溶剂合物，包含共价相连的以"Ab"表示的抗体 Ab 和一个或多个以"D"表示的药物部分，并具有如下结构式：

其中，D 具有以下结构式：

P 为 1 至 4；并且，

Ab 是抗体，结合 CD79b，即免疫球蛋白 – 相关 β、B29。

权利要求 1 与现有技术的区别在于：权利要求 1 采用结合 CD79b 的抗体，而现有技术采用对 CD30 特异性的抗体 cAC10。

驳回决定认为：本领域公知 CD79b（Igβ、B29）是一种肿瘤细胞相关的抗原。在现有技术已经公开了将对 CD30 特异性的抗体 cAC10 用于制备偶联物的基础上，本领域的技术人员根据临床使用中的实际需要有动机也有能力选择特定的结合 CD79b 抗原的抗体。因此，权利要求 1 不具备创造性。

针对申请人陈述该申请抗 CD79b 抗体 – 药物偶联物能够有效治疗淋巴瘤等癌症，对非霍奇金淋巴瘤尤其有效，并补交证据 1 加以证明，驳回决定认为：该申请说明书中并未记载任何关于制备抗 CD79b 的抗体与药物的偶联物的技术方案，也没有提供相应的体外细胞毒性试验、体内抗癌效果以及被靶细胞内化等方面的效果实验数据，更没有记载任何证据能够证明抗 CD79b 抗体 – 药物偶联物能够有效治疗淋巴瘤等癌症。证据 1 的公开日晚于该申请的申请日，其中记载的技术方案以及其技术效果在该申请原说明书中均无记载，不能用于证明抗 CD79b 抗体 – 药物偶联物的技术效果。该案进入复审阶段后申请人未修改申请文件。复审决定以相同的理由维持了驳回决定。复审维持驳回决定后申请人未就该案起诉，申请最终失效。

基于上述审查过程可知，该案的审查重点在于：在说明书中没有公开 ADC 药物的制备实施例以及效果数据的前提下，如何考量区别特征在于抗体时的 ADC 药物的创造性以及如何考量补充在后公开的效果实验数据。

该案从技术上来看是对 ADC 药物中的抗体进行替换。如上文所述，本领域的技术人员知道 ADC 药物中的理想抗体应具有高度特异性和亲和力、较长半衰期和较快的内吞效率，显然这些性质取决于 ADC 药物在体内作用的微环境并依赖实验证据来证明。在该案中，对于请求保护的 ADC 药物，说明书既没有公开其制备实施例，也没有提供相应的效果数据加以证明，因此该技术方案本质上在说明书中没有被充分公开。驳回决定和复审决定均认为：涉案申请说明书中并未记载任何关于制备抗 CD79b 的抗体与药物的偶联物的技术方案，也没有记载任何能够证明抗 CD79b 抗体 – 药物偶联物能够有效治疗淋巴瘤等的效果实验数据，相应地补交的申请日后公开的用于证明该效果的证据也不能被接受，基于该事实，将现有技术公开的对 CD30 特异性的抗体 cAC10 替换为结合 CD79b 抗原的抗体的技术方案是显而易见的，因而不具备创造性。

【案例 2 – 2 – 2】 抗体 – 药物缀合物化合物

涉案申请权利要求 1 如下：

1. 抗体 – 药物缀合物化合物，其中接头药物通过在抗体或其抗原结合片段中根据 Kabat 编号的重链 41 位处的工程化半胱氨酸位点特异性地与所述抗体或其抗原结合片段缀合，其中所述接头药物包含倍癌霉素衍生物。

权利要求 1 与现有技术的区别在于：权利要求 1 限定了接头药物在抗体或其抗原结合片段中根据 Kabat 编号的重链 41 位处的位点特异性地缀合。

驳回决定认为：现有技术教导了在抗体的重链 Kabat 编号 40 位使用半胱氨酸改造，还教导了在 L – 38 ～ L – 48、H – 35 ～ H – 45、H – 83 ～ H – 93 的位点进行半胱氨酸改造。在此基础上，选择具体的位点如重链 41 位进行半胱氨酸改造以获得位点特异性地与所述抗体缀合的抗体药物缀合物对本领域的技术人员来说是显而易见的，因而权利要求 1 不具备创造性。

在无修改文件的基础上，复审决定认为：现有技术最初从作为距抗原结合表面较远的晶体结构信息中选择 5 个氨基酸残基（H43、H40、H119、H121、H122），通过位点定向诱变在这些位置上改造 Cys 残基，在这些备选位点中，现有技术教导了根据两个参数来确定是否适合改造。现有技术要对表面可接近分数不小于 10%、巯基反应性在 0.6 ～ 1.0 范围内的位点进行改造。虽然 H40 被列在选择范围内，但由于其巯基反应性为 0.450，因此并未对该位点进行进一步研究，也没有选择将其与接头药物制备成 ADC 药物。现有技术并没有对 H40 位点给出连接药物的教导，更没有给出对 H41 位点的缀合物的技术启示。现有技术说明书仅仅是列举了可以进行半胱氨酸替代的抗体多个部分（轻链、重链、Fc），对每个部分又分别列举了若干个区段，实质上没有给出从 H－35～H－45 中进行选择的明确教导。从上述 3 个抗体部分、13 个区段、超过 150 个氨基酸位点中选出重链第 41 位作为修改位点，不能被认为是本领域的常规选择。因此，本领域的技术人员在现有技术的基础上，无法显而易见地获得重链 41（H41）位点缀合接头药物的技术方案。此外，说明书中证明了与天然未工程化 SYD998 以及比较物 SYD1035 PSMA（CH T120C）ADC（即重链 120 位被替代为半胱氨酸）相比，工程化半胱氨酸抗 PSMA（VH S41C）ADC（SYD1091）在肿瘤动物模型实验中，体内效力明显提高，取得了预料不到的技术效果。

可见该案审查重点在于：接头药物在抗体上缀合位点的选择是否显而易见。

该案从技术上来看是通过在基因工程位点进行特异性偶联，实现接头药物在抗体特定位点的定点偶联，获得更均一的 ADC。驳回决定认为：现有技术教导了在 L－38～L－48、H－35～H－45、H－83～H－93 的位点进行半胱氨酸改造；在此基础上，选择重链 41 位以获得位点特异性地与所述抗体缀合的抗体药物缀合物对本领域的技术人员来说是显而易见的。而复审决定认为：现有技术从整体上来看并没有给出对 H40 位点连接药物的教导，更没有给出对 H41 位点的缀合物的技术启示。现有技术说明书仅仅是列举了可以进行半胱氨酸替代的抗体多个部分（轻链、重链、Fc），对每个部分又分别列举了若干个区段，从所述超过 150 个氨基酸位点中选出重链第 41 位作为修改位点，不能被认为是本领域的常规选择；而且说明书中证明了工程化半胱氨酸抗 PSMA（VH S41C）ADC（SYD1091）在肿瘤动物模型实验中，体内效力明显提高，取得了预料不到的技术效果。在此基础上，复审决定最终撤销了驳回决定。

二、区别特征在于连接子

【案例 2－2－3】 一种用下列结构式表示的细胞结合剂－细胞毒性剂偶联物

涉案申请权利要求 1 如下：

1. 一种用下列结构式表示的细胞结合剂－细胞毒性剂偶联物：

$$CB\left[L_2—A—Z—X—L_1—D\right]_q \ (\ I\ )$$

其中：

—Z—X—L$_1$—D 用下列结构式中的一个表示：

$$\text{(结构式)} \quad (L_{1a})$$

......

权利要求 1 与现有技术的区别之一在于：权利要求 1 的连接子—Z—X—L$_1$—D（即式 L$_{1a}$）中包含了对氨基苯基烷硫基部分，而现有技术中相应部分为对氨基苄氧羰基（PAB）部分。

驳回决定认为：对连接结构进行调整属于本领域的常规技术手段。

复审决定认为：由于权利要求 1 中的连接子的对氨基苯基烷硫基部分与现有技术中相应的基团对氨基苄氧羰基部分二者之间的结构差异显著，根据本领域的公知常识，对氨基苯基烷硫基部分中的基团"—S—"与对氨基苄氧羰基中的基团"—O—（C═O）—"在药物化学领域的化合物结构优化中也并非相互之间可以进行替代的电子等排体，现有技术中也没有公开任何可以使用对氨基苯基烷硫基部分代替对氨基苄氧羰基部分的启示，根据涉案申请说明书的记载，请求保护的细胞结合剂 – 细胞毒性剂偶联物具有有效的抗肿瘤活性，在此基础上，不必再要求该申请的偶联物一定具有预料不到的用途或者效果。复审决定最终撤销了驳回决定。

经核查，该案在欧洲专利局审查中视撤。在美国专利商标局的继续审查程序中，申请人补交了对比实验数据补强证明涉案申请的非自我降解基团"对氨基苯基烷硫基"相对自降解间隔子"PAB"，前者不会自我降解，释放的药物中会包含该基团；而后者在酸性介质中会自发 1，6 – 消除，释放游离的药物分子，而带有该非自我降解基团的药物相比游离的药物分子具有更高的效力。美国专利商标局接受了该意见陈述，对该案授予专利权。

可见该案的审查重点在于：连接子结构修饰是否属于常规技术手段。

该案从技术上来看是将现有技术连接子中的自降解间隔子 PAB 替换为非自我降解基团对氨基苯基烷硫基，前者在酸性介质中会自发 1，6 – 消除，释放游离的药物分子；而后者则不会自我降解，释放的药物中会包含该基团。从申请文件公开的内容能够得出，带有该非自我降解基团的药物相比游离的药物分子具有更高的效力。驳回决定中认为对连接子进行调整是本领域的常规技术手段；复审决定则主要从连接子结构的非显而易见性进行分析，并且认为在连接子结构非显而易见的情形下不必再要求请求保护的偶联物一定具有预料不到的用途即可得出具有创造性的结论。复审决定最终撤销了驳回决定。

【案例2－2－4】一种产物

涉案申请权利要求1如下：

1. 一种产物，其特征在于，所述产物符合式Ⅰ，所述式Ⅰ选自式 $Ⅰ_{B1}$、$Ⅰ_{B2}$ 和 $Ⅰ_A$：

$$P\left[\begin{array}{c}S-(CH_2)_{n_1}\\ \\ S-(CH_2)_{n_1}\end{array}A-X_1-X_2-CH_r\left[(CH_2)_{n_2}-X_3-(CH_2)_{n_3}-CO-L\right]_s\right]_t \quad (Ⅰ_{B1})$$

$$P\left[\begin{array}{c}S-(CH_2)_{n_1}\\ \\ S-(CH_2)_{n_1}\end{array}A-X_1-X_2-CH_r\left[(CH_2)_{n_2}-X_3-(CH_2)_{n_3}-CO-L-M\right]_s\right]_t \quad (Ⅰ_{B2})$$

$$\begin{array}{c}X-(CH_2)_{n_1}\\ \\ X-(CH_2)_{n_1}\end{array}A-X_1-X_2-CH_r\left[(CH_2)_{n_2}-X_3-(CH_2)_{n_3}-CO-W\right]_s \quad (Ⅰ_A)$$

其中，基团 $\begin{array}{c}X-(CH_2)_{n_1}\\ \\ X-(CH_2)_{n_1}\end{array}A-X_1-X_2-$ 选自下列基团：

（苯环结构 $X-CH_2$ 取代的苯甲酰胺 $-HN-$），

（含Y、T、Z、X的六元环结构酰胺 $-HN-$），

并且基团 $P\begin{array}{c}S-(CH_2)_{n_1}\\ \\ S-(CH_2)_{n_1}\end{array}A-X_1-X_2-$ 选自下列基团：

（含S、P的环状苯甲酰胺 $-N-$ 结构），

（含S、P、Y、T、Z的环状酰胺 $-N-$ 结构），

……

权利要求 1 与最接近的现有技术的区别在于连接体不同：现有技术中连接体为双官能吡咯 -2，5 - 二酮和吡咯烷 -2，5 - 二酮，权利要求 1 为双官能苯基或吡啶基连接体。

权利要求 1 与另一篇现有技术文件的区别在于连接体不同：现有技术中连接体是马来酰亚胺，其与抗体的一个半胱氨酸相连接；而权利要求 1 为苯基或吡啶基，且具有双官能团连接头。

驳回决定认为：由于最接近的现有技术公开了双溴取代的吡咯 -2，5 - 二酮或吡咯烷 -2，5 - 二酮缀合抗体，本领域的技术人员可以在此基础上选择苯衍生物或异烟酸衍生物，因此涉案申请没有产生预料不到的技术效果；同样，另一篇现有技术公开了抗体和免疫偶联物及其用途，并具体公开了 Ab—MC—Val—Cit—PAB—MMAE/MMAF 的 ADC 药物，在此基础上，本领域的技术人员容易得到 Ab＝MC—Val—Cit—PAB 的接头与 Ab＝MC—Val—Cit—PAB—MMAE/MMAF 的 ADC 药物，并进一步将双溴取代的吡咯 -2，5 - 二酮或吡咯烷 -2，5 - 二酮接头替换为双溴取代的苯衍生物或异烟酸衍生物。

在无修改文件的基础上，复审决定作出如下认定。①由于吡咯环、苯环、吡啶环具有不同结构和性质，不能基于吡咯或吡咯烷基被双溴取代作为具有双官能接头的连接体，进而推断出双溴取代的具有环状结构的苯环和吡啶环能够通过同样的方法连接抗体和药物，并且得到的偶联物具有同样的技术效果。因此，现有技术整体上没有给出使用苯环和吡啶环制备双官能接头连接体的技术启示。②涉案申请的发明点在于制备双官能取代的苯基或吡啶基连接体用于抗体 - 药物缀合物，由于现有技术中没有给出苯基和吡啶基用于连接体的技术启示，因此涉案发明对于本领域的技术人员来说是非显而易见的，并不必须要求其取得预料不到的技术效果。

可见，该案的审查重点在于：连接子结构修饰是否显而易见。

该案从技术上来看是将现有技术中的双偶联位点的吡咯 -2，5 - 二酮和吡咯烷 -2，5 - 二酮或单偶联位点的马来酰亚胺接头替换为双官能取代的苯基或吡啶基接头。如上文对连接子和偶联方式的介绍中所述，抗体、连接子和细胞毒素之间的偶联方式会影响药物抗体比以及 ADC 药物的均一性，从而影响 ADC 药物的生物学活性、耐受性及药物稳定性。目前解决的手段有定点偶联技术以及对连接子进行改造，使之能够与抗体或者抗体功能性片段上的 2～4 个巯基偶联。该案则是对连接子结构改造使之与抗体上的 2 个巯基偶联从而解决 ADC 药物异质性和稳定性的技术问题。由于马来酰亚胺和巯基的反应在生理条件下非常快并且定量，因此马来酰亚胺作为连接子接头在 ADC 药物中广泛使用。申请人也强调了这一点，并且认为本领域的技术人员没有动机将现有技术中的吡咯-2,5-二酮和吡咯烷-2,5-二酮以及马来酰亚胺接头替换为苯基或吡啶基接头。

驳回决定认为对连接子的替换是显而易见的,其并未对技术方案带来预料不到的技术效果。复审决定则主要从连接子结构的非显而易见性进行分析,并且认为在连接子结构是非显而易见的情形下不必再要求请求保护的偶联物一定具有预料不到的用途或者效果即可得出具备创造性的结论,进而直接撤销了驳回决定。

三、药物分子结构修饰

【案例2-2-5】一种化合物

涉案申请权利要求1如下:

1. 一种化合物,或其药用盐或溶剂化物,选自由以下各项组成的组:

权利要求1中C1与现有技术的区别在于:左侧苯基上的取代基不同。权利要求1中C4、C6与现有技术的区别在于:两个氧原子之间的连接基团亚烷基碳原子数不同。

驳回决定和复审决定均认为:对于上述区别特征,现有技术还公开了包含上述具体化合物的通式Ⅰ,通式定义中对所述区别特征给出了教导;本领域的技术人员为了获得更多的活性化合物，基于现有技术的教导，通过常规选择能够获得所述化合物，因此权利要求 1 不具备创造性。

申请人陈述意见提出的理由如下：本领域的技术人员会认为引起化合物极性增加的选择是不利的，导致细胞渗透性的预期降低，将降低施加细胞内细胞毒性的化合物的生物活性，涉案申请与以上预期相反。针对上述理由，驳回决定和复审决定均认为：即使化合物极性增加会影响其细胞渗透性，然而本领域公知，化合物细胞毒性的影响因素有很多，例如化合物结构和构型，与细胞膜的亲和力，对细胞膜上蛋白质的损害能力、溶解性，因而不能结论性地认定极性大的化合物其细胞毒性必然低，而且现有技术也没有给出所述通式化合物是依赖其极性小的性质而具有细胞毒性的教导；因此，本领域的技术人员并不会因为极性有差异而不选择通式化合物中的部分化合物，涉案发明的化合物仍属于本领域的技术人员基于现有技术的常规选择范围。最终该案申请被驳回。

经核查，美国专利商标局采用了与中国国家知识产权局相同的现有技术和理由质疑了该案同族申请的创造性，不同之处是美国专利商标局接受了申请人的争辩理由，该同族申请在美国获得授权。

可见，该案的审查重点在于：本领域的技术人员是否有动机对药物分子进行结构修饰。

该案从技术上来看是对取代基进行修饰从而提供一种具有不对称结构的 PBD 二聚体类药物分子，如本领域常用的 SG3199 就属于一种对称结构的 PBD 二聚体。

中国国家知识产权局和美国专利商标局采用相同的现有技术和理由质疑了涉案申请或其同族申请的创造性。申请人针对两局审查通知书均指出：本领域的技术人员通常预期在药物分子中引入极性基团将导致药物分子的细胞渗透性降低，从而导致其生物活性降低，但其申请说明书中证明了引入该极性基团后药物分子仍取得皮摩尔浓度级别的 IC 50 值，这与本领域技术人员的预期相反。对此，中国国家知识产权局认为影响化合物细胞毒性的因素有很多，不能结论性地认定极性大的化合物其细胞毒性必然低，而且现有技术也没有给出所述通式化合物是依赖其极性小的性质而具有细胞毒性的教导，因此本领域的技术人员并不会因为极性有差异而不选择通式化合物中的该部分化合物；美国专利商标局接受了申请人的上述意见陈述，最终予以授权。

第四节　专利审查规则辨析

ADC 药物由大分子抗体、小分子药物和连接子三部分偶联而成。对 ADC 药物的创造性审查同样适用《专利审查指南 2010》第二部分第十章第 6 节的规定，即判断化合物发明的创造性，需要确定要求保护的化合物与最接近的现有技术化合物之间的结构差异，并基于进行这种结构改造所获得的用途和/或效果确定发明实际解决的技术问题，在此基础上，判断现有技术整体上是否给出了通过这种结构改造以解决所述技术问题的技术启示。但如上所述，ADC 药物中三部分结构既要各司其职，但又并非独立的个体，相反更要做到相互配合。因此，ADC 药物的创造性审查过程中需要考量的因素相比单纯的化合物发明要复杂得多。

此外，无论从结构上还是作用机制上来看，ADC 药物在体内能否起到预期的效果都具有可预期性较低的特点，因此 ADC 药物创造性审查中对实验数据的依赖相对更强，也更易出现申请人补交实验数据的情形。而关于补充实验数据的审查，须同样遵循《专利审查指南 2010》第二部分第十章第 3.5 节的规定：补交实验数据所证明的技术效果应当是所属技术领域的技术人员能够从专利申请公开的内容中得到的。

（一）关于抗体

抗体在 ADC 药物中所起的作用是利用其对抗原的高特异性识别能力从而将药物分子靶向输送到肿瘤细胞，并通过较快的内吞效率进入细胞内部。对于抗体的改进主要包括偶联位点以及对抗体进行选择或替换。针对该类发明运用"三步法"评价创造性相对比较简单。当然抗体在 ADC 药物中能否取得预期的效果取决于体内微环境并依赖实验证据来证明，因此说明书首先应当满足充分公开的要求，在此基础上才可能评价其创造性。

（二）关于药物分子

药物分子在 ADC 药物中最直接的作用是杀伤肿瘤细胞，对药物分子效果的首要考量即为活性大小。例如案例 2 - 2 - 5 涉及一种安曲霉素类衍生物 PBD 二聚体的药物分子。申请人正是从药物活性是否可以预期进行争辩，中国国家知识产权局采用《专利审查指南 2010》第二部分第十章第 6 节关于化合物创造性判断的"三步法"从而得出不具备创造性的结论，而美国专利商标局与中国国家知识产权局采用同样的现有技术进行评述，仅在对区别特征与药物活性高低之间的关系是否可以预期上产生分歧进而得出与之相反的结论。就该案而言，中国国家知识产权局在这一点上考虑可能更加全面。当然，如上所述，ADC 药物中的药物分子除了应具有超强的活性之外，还需要考虑药物分子对 ADC 药物整体性质的影响，如 ADC 药物的内吞效率、极性、溶解性以及与连接子偶联的位点改进等。因此，在运用"三步法"评价药物分子的创造性时，对发明实际解决的技术问题的确定不能仅局限于活性高低，还需要考虑药物分子对 ADC 药物整体性质的影响。

（三）关于连接子

连接子的结构类似于小分子药物化合物，但连接子在整个 ADC 药物中扮演的角色又不同于常规的小分子药物化合物。连接子从结构上看一般具有连接单元、裂解单元、（非）自降解间隔子单元，各单元之间发挥的作用不同，整体上相互协调。案例 2-2-3 和案例 2-2-4 很好地诠释了连接子结构的微小改变都可能对 ADC 药物的稳定性、偶联方式、药物活性等产生很大的影响。总之，ADC 药物药理学性质几乎都可能受到连接子的影响，如药物在血液循环中的稳定性、肿瘤细胞的渗透性、药物抗体比、旁观者效应、药物载荷释放时间和药代动力学/药效学等。因此，在运用"三步法"评价创造性时，应避免简单地将连接子在 ADC 药物中所起的作用仅认定为最基本的功能，即连接抗体和药物的作用，进而认为连接子的结构替换属于常规技术手段或仅从连接子结构上的区别大小来判断技术方案是否显而易见，而是需要从连接子结构修饰或替换与 ADC 药物整体所取得的有益效果之间的关联性来确定发明实际解决的技术问题和判断现有技术是否给出技术启示，进而判断技术方案是否显而易见。

（四）关于补交实验数据的审查

ADC 药物专利申请的创造性审查过程中经常会出现申请人补交实验数据的情形。《专利审查指南 2010》第二部分第十章第 3.5 节明确规定了补交实验数据的审查。以案例 2-2-1 为例，说明书中仅记载了抗体可以选择 CD79b 抗原的抗体，但没有具体将具有该抗体的 ADC 药物用于治疗淋巴瘤特别是非霍奇金淋巴瘤相关的实验数据，在审查过程中申请人试图补交实验证据加以证明。中国国家知识产权局依据《专利审查指南 2010》的规定，认为该补交证据的公开日晚于涉案申请的申请日，其中记载的技术方案以及其技术效果在涉案申请说明书中均无记载，因此不能被接受。

总之，ADC 药物的结构和作用机制非常复杂，本领域的技术人员对其效果的可预期性较低，通常依赖说明书中实验数据的证实。申请日后补交实验数据将存在违反我国专利制度下的先申请制原则的风险，这对申请文件的撰写提出了一定的要求。

第三章　CRISPR 基因编辑技术领域发明的审查

2012 年 8 月和 2013 年 2 月，美国《科学》期刊上陆续发表了 CRISPR/Cas 基因编辑技术的重量级学术文章，詹妮弗·杜德纳（Jennifer Doudna）和埃马纽埃尔·卡彭蒂耶（Emmanuelle Charpentier）两位学者也因发现该技术获得 2020 年诺贝尔化学奖。从首次发表文章到获得诺贝尔奖仅仅 8 年时间，可能是历史上最快获得诺贝尔奖的成果之一。随后，这项技术被迅速而广泛地应用，在技术改进以及基因治疗领域的应用方面都取得了多项重大进展，充分展现了该项技术广阔的应用前景。在我国，基因编辑技术也受到了国家的高度重视，党中央和国务院明确指出以基因编辑技术为代表的生物科技领域正发生着一场新的变革。《"十三五"国家战略性新兴产业发展规划》中提到要建立具有自主知识产权的基因编辑技术体系，促进基因编辑研究的临床转化和产业化发展。[1] 在这样一个新兴的技术领域中，需要科研和审批人员共同努力，促进技术不断创新和产业蓬勃发展，实现鼓励创新的立法宗旨，为人类健康和生活带来更多福祉。

第一节　CRISPR 技术的发展历程

CRISPR 的全称是 "clustered regularly interspaced short palindromic repeat"，中文译名为规律间隔成簇短回文重复序列，其是通过人工设计的 sgRNA（single guide RNA）来识别目的基因组序列，并引导 Cas9 蛋白酶进行有效切割 DNA 双链，形成双链断裂，损伤后修复会造成基因敲除或敲入等，达到对基因组 DNA 的改造。

CRISPR 基因编辑技术建立在 CRISPR/Cas 系统的基础上，该系统是原核生物的免疫系统。CRISPR 是原核生物基因组内的一段重复序列，分布在 40% 已测序细菌和 90% 已测序古细菌中。Cas 基因位于 CRISPR 基因附近或分散于基因组其他地

---

[1]　《"十三五"国家战略性新兴产业发展规划》（国发〔2016〕67 号），2016 年 11 月 29 日。

方，该基因编码的蛋白均可与 CRISPR 基因序列区域共同发生作用，因此该基因被命名为 CRISPR 关联基因（CRISPR associated，简称 Cas）。目前已经发现了 Cas1～Cas10 等多种类型的 Cas 基因。研究表明，某些细菌在遭到病毒入侵后，能够把病毒基因的一小段存储到自身的 DNA 里命名为 CRISPR 的存储空间。当再次遇到病毒入侵时，细菌能够根据存写的片段识别病毒，将病毒的 DNA 切断而使之失效。CRISPR 基因序列主要由前导序列（leader）、重复序列（repeat）和间隔序列（spacer）构成：前导序列位于 CRISPR 基因上游，富含 AT 碱基，被认为是 CRISPR 序列的启动子；重复序列为长度 20～50bp 碱基且含 5～7bp 回文序列，转录产物可形成发夹结构，稳定 RNA 的整体二级结构；间隔序列是被细菌俘获的外源 DNA 序列，相当于细菌免疫系统的"黑名单"，当这些外源遗传物质再次侵入时，CRISPR/Cas 系统就会予以精准打击。

一、CRISPR 技术的发现

1987 年，日本的 Nakata 研究组在分析大肠杆菌中基因 iap 及临近序列时，偶然地发现在位于 iap 的 3' 端存在含有 29 个碱基的高度同源序列重复性出现，且这些重复序列被含 32 个碱基的序列间隔开，但是当时科学家并不清楚这种序列的生物学意义。2000 年，西班牙的 Mojica 研究组通过比对发现，这种重复元件存在于 20 多种细菌及古生菌中，并将这种核酸序列命名为短规律性间隔重复序列（short regularly spaced repeats，SRSRs），因其高度保守性，当时猜测其一定具有重要的生物学功能。CRISPR 命名首次来源于 2002 年荷兰的 Jansen 研究组。该研究组利用生物信息工具对一系列的古菌和细菌的重复序列进行了分析，将一个重复序列命名为"clustered regularly interspaced short palindromic repeats"，即 CRISPR。他们还首次使用了"CRISPR associated"这个概念。2005 年，Mojica 研究组指出 CRISPR 中的间隔序列来自外来噬菌体或质粒，同时发现病毒无法感染携带有与病毒同源间隔序列的细胞，而易侵入那些没有间隔序列的细胞，由此提出 CRISPR 可能参与细菌的免疫功能的假说。2007 年，法国的菲利普·霍瓦特（Philippe Horvath）等首次证明：CRISPR 和 Cas 一起为细菌提供了针对噬菌体的抗性，而抗性的特异性由噬菌体中间隔序列的相似性决定。也就是说，CRISPR/Cas 系统是原核生物的一种天然免疫系统（参见图 2 - 3 - 1）。

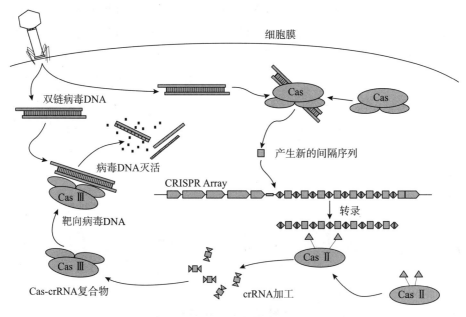

图 2 – 3 – 1　**CRISPR/Cas 系统发挥天然免疫作用的原理**

图片来源：维基百科。

二、CRISPR 技术的突破：从原核到真核

从 1987 年到 2007 年，生物学家们用 20 年完成了 CRISPR/Cas 系统的发现和功能的研究。随后，从原核生物免疫系统的科学发现到 CRISPR 基因编辑技术的诞生只用了短短几年时间。

2011 年，CRISPR 相关研究取得重大突破，埃马纽埃尔·卡彭蒂耶发现一个只有四个组件的细菌免疫系统，即 Csn1（Cas9）、crRNA、tracrRNA（转写 – 启动功能）、Rnase Ⅲ（作用于 RNA 的生成），但具体功能并未完全确定。这是将原核生物免疫系统应用于基因编辑技术的关键一步。CRISPR/Cas 技术类似于 Word 的搜索替换功能：用户输入一串字符串，程序找到匹配的字符串，然后进行删除或者替换。CRISPR – Cas9 编辑技术（参见图 2 – 3 – 2）里，搜索匹配字符串由实验人员通过一段 RNA（crRNA）表示，叫作向导 RNA（gRNA），这一编辑由 Cas9 蛋白根据 gRNA 定位完成。Cas9 蛋白是固定的，只需要改变向导就能在不同位置对 DNA 进行编辑，编辑系统的灵活性显而易见。2012 年 8 月，詹妮弗·杜德纳和埃马纽埃尔·卡彭蒂耶联合研究小组（以下简称"杜德纳研究组"）在细胞体外的试管实验发现了 CRISPR 能精确切割 DNA 从而实现基因编辑，负责 DNA 切割的充分且必要的三个组件是 Cas9、crRNA、tracrRNA，其中 Cas9 负责切割，crRNA 负责定位，tracrRNA 负责与 crRNA 耦合后启动 Cas9 的切割功能。她们还成功地把 crRNA 和 tracrRNA 连起来成为一个分子，把 DNA 切割组件由三个变成两个。2013 年 2 月，张锋研究组发表论文，确认了 Cas9、crRNA 与 tracrRNA 组合，成功对真核细胞实现编辑，包括小鼠和人类细胞，效率高达 19%，使用杜德纳研究组论文中的长嵌合 RNA 编辑效率较双 RNA 系统低（最高 5.6%），短嵌合 RNA 不能编辑。

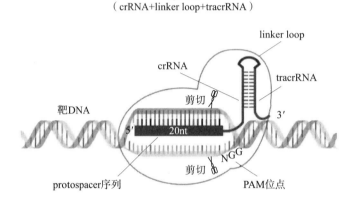

图 2 - 3 - 2　CRISPR - Cas9 编辑技术的原理

图片来源：知乎。

从 CRISPR 基因编辑技术的诞生过程可以看出，即便 2007 年人们已经知道 CRISPR/Cas 是原核生物的免疫系统，但是直到 2011 年才真正使基因编辑技术成为可能并得以迅速发展。从科学发现到应用技术，便捷化是一个极为受关注的研究方向，越便捷的技术，越容易实现转化。便捷化的思路在于简化复杂的 CRISPR/Cas 天然系统或者发现新的更为简单的天然系统。例如，杜德纳研究组把 crRNA 和 tracrRNA 连起来成为一个分子，将 DNA 切割组件由三个变成两个，就是 CRISPR 基因编辑技术便捷化的关键一步。

三、CRISPR 技术的应用

基因编辑技术目前已经出现三代，第一代是 ZFN，第二代是 TALENs，第三代就是 CRISPR/Cas，这三代基因编辑技术都是基于 DNA 识别域 + 核酸内切酶。但是，ZFN 和 TALENs 的 DNA 识别均需要蛋白模块，多个锌指蛋白或 TAL 蛋白串联，而 CRISPR 仅需核酸片段识别。相对于 ZFN 和 TALENs，CRISPR 技术是全新的技术，具有更便捷、更经济的特点。而且 CRISPR/Cas 基因编辑应用对象和领域极为广泛，例如可应用于动植物育种、基因检测、精准医疗等方面。全新、高效、普适的特点使 CRISPR/Cas 迅速成为当今最主流的基因编辑技术。

CRISPR 基因编辑技术的高效还体现为它迅速在应用领域取得多项重大进展。在该项技术诞生后不到一年时间里，人们就实现了用该系统来校正遗传疾病。2013 年 12 月，李劲松研究组和汉斯·克莱夫斯（Hans Clevers）研究组利用 CRISPR/Cas9 系统分别校正了小鼠白内障及人干细胞中一种与囊肿性纤维化相关联的基因缺陷。2015 年 4 月，黄军就研究组首次修饰人类胚胎 DNA，为治疗一种在中国南方儿童中常见的遗传病——地中海贫血症提供了可能。2015 年 9 月，张锋研究组报道了一种不同于 Cas9 的新型 2 类 CRISPR 效应因子 Cpf1。Cpf1 是一种不依赖 tracrRNA、由单个 RNA 介导的核酸内切酶，能够识别富含胸腺嘧啶（T）的 PAM 序列，可以扩展 CRISPR 的编辑范围。2016 年 4 月，刘如谦（David R. Liu）研究组报道了一种碱基编辑的新方法。他们将胞嘧啶脱氨酶与 CRISPR/Cas9 进行融合，在 gRNA 的指导下，不引起 DNA 双链断裂，直接实现胞嘧啶（C）到尿嘧啶（U）的转变，而 DNA 复制进一步使得 U 被 T 代替，从而实现 C→T（或 G→A）的转换。这种碱基编辑器可有效纠正多种与人类疾病相关的点突变。在此基础上，上海科技大学陈佳研究组与合作者共同开发了一种增强型碱基编辑器，将含有尿嘧啶 DNA 糖基化酶抑制剂（UGI）的质粒与 sgRNA/BE3 共同转染 293FT 细胞，结果表明这种增强型碱基编辑器大大提高了编辑效率。2016 年 6 月，张锋研究组发现一种来自纤毛菌的效应因子 C2c2（现被称为 Cas13a），具有 RNA 介导的 RNA 酶功能。体外生化分析显示，C2c2 可在单个 crRNA 指导下剪切靶向单链 RNA。细菌内，C2c2 可被用来敲低特异性的 mRNA，RNA 酶活性依赖于 HEPN 结构域。C2c2 是第一个被发现的靶向 RNA 的 CRISPR 效应因子。2016 年 10 月，第一个由 CRISPR/Cas9 编辑进行的临床治疗实验由卢铀研究组完成。研究者分离患有转移性非小细胞肺癌病人血液中的免疫细胞，特异性地敲除 PD－1 基因，对细胞扩增培养后输回患者体内以期抵抗癌症。2017 年 10 月，刘如谦研究组将编码 tRNA 腺嘌呤脱氨酶（TadA）的基因引入大肠杆菌内，开发出了一款新的碱基编辑器，将进化后的 TadA 与 CRISPR/Cas9 系统融合，在不引起 DNA 链断裂的情况下实现了 A·T 到 G·C 的转换，且在人体细胞中，编辑效率超过了 50%，为多种遗传疾病的治疗提供了有效工具。

可以说，短短几年内，该项技术取得了诸多重大进展，无论是技术本身的改进层面还是应用层面，特别是在基因治疗领域，体现出平台技术对于新领域发展的开拓作用。我国创新主体也纷纷进入该领域进行研究，专利申请量快速增长，并且在动植物育种、疾病治疗、模型构建和基因检测等领域开展了应用研究。研究主体以大学和研究院所为主，体现了平台技术对于技术发展上游的爆发式促进。这种促进作用，将带来产业的升级和新业态的发展。

第二节　审查实践中的焦点问题

CRISPR 基因编辑技术的发现和发展过程体现出一个值得注意的新特点。当今世界，科技信息的传播与共享极大地提升了创新的效率，一旦便捷性的门槛解决，各个独立的研究组可以在相近的时间作出相同或类似的创新。CRISPR 基因编辑技术就是不同的研究组在几乎相同的时间发明的，除了杜德纳研究组、张锋研究组，还有乔治·丘奇（George Church）研究组、维尔纽斯大学、韩国图尔金（TOOL-GEN）公司等。高质量、高速度的技术发现，也为专利审查实践带来了新的问题。

首先，在 CRISPR 基因编辑技术发展的初始阶段，当如此有影响力的技术申请专利时，授权的实质条件即新颖性、创造性和实用性的"三性"要求是很容易满足的。但是，基础专利的授权意味着专利权人可能在一个产业形成垄断，那么专利保护对于后续技术创新到底是促进还是阻碍？其次，CRISPR 技术是不同的研究组在几乎相同的时间发明的，这样一个特殊的研究背景导致该技术相关的专利存在诸多纠纷，专利权属如何判断？最后，作为一项便捷高效的平台技术，势必有很多应用发明，这类发明的创造性尺度如何把握才能促进技术创新？

因此，CRIPSR 基因编辑技术作为一项平台技术进行专利申请，在审查实践中会遇到很多典型的问题。作为生命科学领域平台技术的范本，这些问题的讨论，最终需要回归到鼓励创新的立法宗旨上，所执行的审查标准会对相关领域的发展产生潜在且重要的影响。

第三节　专利审查案例分析

【案例 2 - 3 - 1】 一种至少改变一种基因产物表达的方法

涉案申请是张锋研究组提交的涉及 CRISPR - Cas 技术的最早申请。专利申请日是 2013 年 10 月 15 日，最早优先权日是 2012 年 12 月 12 日。通过加快审查程序于 2014 年 4 月 15 日获得授权。

该发明在美国获得授权的独立权利要求如下：

1. 一种至少改变一种基因产物表达的方法，包括在一个含有并表达包含靶序列的 DNA 分子的真核细胞中引入工程化的、非天然的 CRISPR – Cas 系统，所述靶序列表达目的基因产物，所述系统包含一个或多个载体，所述载体包含：a. 第一调控元件在真核细胞中可操作地与至少一个 CRISPR – CAS 系统的向导 RNA 连接，所述向导 RNA 与所述靶序列杂交；和 b. 第二调控元件在真核细胞中可操作地与编码 Ⅱ 型 Cas9 蛋白的核酸序列连接，所述组件 a 和 b 定位于相同或不同的载体上，所述向导 RNA 靶向靶序列，所述 Cas9 蛋白切割 DNA 分子，所述至少一种基因产物的表达被改变，所述 Cas9 蛋白和向导 RNA 并不天然相连。

在该申请获得授权之时，杜德纳研究组于 2013 年 3 月 15 日提交的 CRISPR 相关专利申请仍然在审查中。在张锋研究组获得专利权后，杜德纳研究组于 2015 年 4 月申请启动 CRISPR 专利归属的干预程序，主张基于先发明制的原则，张锋研究组关于 CRISPR 的专利应当被宣布无效。2016 年 1 月美国专利商标局专利审判和上诉委员会（PTAB）启动干预程序，2017 年 2 月 15 日作出裁定。

两个研究组的专利申请都请求保护 CRISPR – Cas9 系统和方法，其中 CRISPR – Cas9 系统中均涉及 gRNA（crRNA、tracrRNA）和 Cas 酶成分，张锋研究组获得授权的权利要求中限定在真核或任何有核的细胞中使用，但是杜德纳研究组的专利申请中未限定使用的特定环境。

该案的争议焦点是将该基因编辑技术应用于真核细胞是否显而易见。张锋研究组认为他们作出了创造性贡献，其理由是杜德纳研究组仅是专注于 CRISPR 在原核细菌中的应用以及作为科学研究的工具，而他们的贡献在于将 CRISPR 技术应用于真核细胞，如小鼠、猪、人类细胞等，从而使这项技术能够最终用于疾病的预防及治疗。张锋提供了实验室笔记快照，表明他在 2012 年初就建立并运行了 CRISPR 系统。这个时间甚至早于杜德纳研究组发表研究成果以及申请专利的时间。事实上，在杜德纳研究组于 2011 年发表论文后，张锋研究组也展开了研究，并在 2012 年 1 月向美国国家卫生院（NIH）申请了一个项目：运用 Cas9 系统对真核细胞进行基因编辑。从以上的证据可以看出，是张锋研究组首次提供了直接在高等生物上进行基因编辑且同时多点编辑的发明构思。他们在 2013 年 2 月发表的论文中证明杜德纳论文中的长嵌合 RNA 编辑效率较双 RNA 系统低（最高仅 5.6%），短嵌合 RNA 不能编辑。而且，张锋研究组还提供了杜德纳本人在公开场合发表的言论，其曾承认让 CRISPR 基因编辑技术在人类细胞中发挥作用"有很多挫折"，如果成功做到了这点，将是一个"深刻的发现"。杜德纳研究组则争辩，张锋只是杜德纳论文的诸多跟进者之一，将 CRISPR 运用到老鼠和人类细胞上只需要延伸杜德纳已经发现的技术。

对于上述争端，美国专利商标局专利审判和上诉委员会裁定两者权利要求保护范围不同，在张锋之前，没有研究人员能够确认 CRISPR 能用于真核细胞，张锋研究组的发明并非简单地对杜德纳研究成果的扩展。之后，美国联邦巡回上诉法院（CAFC）判决两个研究组的专利申请针对的是完全不同的领域，一项是在试管中使用 CRISPR，另一项是在动物等复杂生物体上使用 CRISPR，这是两项独立的专利，因此张锋研究组可以保留其专利权。

2020 年，杜德纳研究组再次提出专利权属干预程序，争议焦点是谁发明了允许 CRISPR 在真核细胞中工作的 gRNA。2022 年 2 月，美国专利商标局专利审判和上诉委员会最新裁定，杜德纳研究组没有能够证明他们是第一个在动物细胞中使用 CRISPR 的人。虽然张锋研究组首次证明 CRISPR 在包括人类在内的动植物中有效，但张锋并非想法的"发起人"，他们是以杜德纳的研究为起点继续进行的研究。杜德纳想到了在真核中表达，但张锋做到了，实现了在真核中的表达。

【案例 2 - 3 - 2】 通过 CRISPR 基因编辑敲除 β2 - 微球蛋白基因的方法

该专利申请涉及 CRISPR 基因编辑技术的应用，要求保护通过 CRISPR 基因编辑敲除 β2 - 微球蛋白基因的方法。说明书实施例分别验证了人 HEK293 细胞、人 U87 细胞、人多能干细胞中 β2 - 微球蛋白基因的剔除，以及敲除后 HLA 缺陷细胞的免疫原性。

对比文件 1 公开了构建 CRISPR/Cas9 载体系统靶向 β2 - 微球蛋白基因，可以选择 β2 - 微球蛋白基因外显子 2 为靶序列设计 gRNA，检测在 HEK293T 细胞中的定点突变，消除率达到 7%～48%。在该证据的基础上，涉案申请整体技术方案属于有技术启示且无预料不到的技术效果的情形。

涉案发明和对比文件 1 公开的技术都是通过 CRISPR 基因编辑敲除 β2 - 微球蛋白基因。当现有技术的启示非常明确时，是否取得了预料不到的技术效果会成为创造性评判的关键。如果不能证明所要保护的技术方案明显优于现有技术，则技术方案的创造性难以获得认可。

【案例 2 - 3 - 3】 采用 CRISPR/Cas9 系统去除炭疽芽孢杆菌中 pXO2 质粒的方法

该专利申请涉及采用 CRISPR/Cas9 系统去除炭疽芽孢杆菌中 pXO2 质粒的方法。说明书实施例记载了通过针对 pXO2 质粒上的特定位点（序列 4 的第 1 ～ 20

位）设计 sgRNA，并证实了针对该位点的 sgRNA 可以实现对炭疽芽孢杆菌中 pXO2 质粒的靶向清除。

对比文件 1 公开了根据质粒不相容原理，将来自 pXO1 的一段序列和 pXO2 的一段序列串联，与一个温敏型质粒连接起来构建成一个不相容质粒，能够特异性地从炭疽杆菌 A16 中去除毒力大质粒 pXO1 和 pXO2，得到炭疽杆菌的质粒缺失株。对比文件 2 公开了采用 CRISPR/Cas9 系统敲除了苏云金芽孢杆菌 Bt 的 A 基因。对比文件 3 公开了针对细菌耐药性质粒特定位点 NDM – 1、MCR – 1 设计 sgRNA，采用 CRISPR/Cas9 系统去除细菌耐药性质粒。对比文件 4 公开了针对细菌耐药性质粒特定位点 mecA 设计 sgRNA，采用 CRISPR/Cas9 系统去除 mecA 所在质粒。对比文件 3 和对比文件 4 公开了采用 CRISPR 基因编辑去除细菌质粒的设计思路。

该案的申请日是 2019 年 1 月 14 日，当时 CRISPR/Cas9 系统作为领域内非常成熟的基因编辑技术，已在原核、真核等不同生物体内成功进行应用。由于针对不同位点设计的 sgRNA 分子的效率、特异性等存在差异，可能影响最终的基因编辑效果，该技术的关键点就是设计 sgRNA 分子。在该案实施例仅证实靶序列为序列 4 第 1 ~ 20 位所述 DNA 的 sgRNA 的效果的前提下，权利要求 1 是否具备创造性？有观点认为，对比文件 3 和对比文件 4 的菌种与涉案申请不同，其并未给出将 CRISPR/Cas9 系统用于炭疽芽孢杆菌的具体技术启示。也有观点认为，CRISPR/Cas9 系统作为领域内非常成熟的基因编辑技术，已在原核、真核等不同生物体内广泛应用，将该基因编辑系统从一个菌种应用到其他的菌种中并不存在技术障碍，且本领域公知 CRISPR/Cas9 系统具有特异性强、操作简便等特点，在对比文件 3 或对比文件 4 的教导下，本领域的技术人员容易想到将 CRISPR/Cas9 系统去除细菌中质粒的方式应用于对比文件 1 中并根据炭疽芽孢杆菌毒性质粒的特异序列设计出相应的 sgRNA，而且权利要求 1 并未取得任何预料不到的技术效果，权利要求 1 不具备创造性。最终，涉案申请通过限定靶序列为 pXO2 质粒上的特定位点（序列 4 的第 1 ~ 20 位）获得授权。

回顾该案中证据的使用过程可以看出，涉案申请与对比文件 1 的目的一样，都是要去除炭疽芽孢杆菌中的毒力质粒，区别是采用的手段不同。对比文件 2 作为提供 CRISPR 基因编辑技术手段的技术启示，必要性不强，因为其既不涉及炭疽芽孢杆菌，也不涉及毒力质粒的敲除。而对比文件 3 和对比文件 4 公开了采用 CRISPR 基因编辑去除细菌质粒的设计思路，对比文件 1 与对比文件 3 和对比文件 4 的结合体现了 CRISPR 基因编辑技术在去除细菌中独立的质粒（毒力质粒或耐药质粒）上的共性和可预期性。从该案可以看出，仅仅是采用 CRISPR 基因编辑技术去除炭疽芽孢杆菌中的毒力质粒是不具备创造性的，为了实现敲除而具体设计的 sgRNA 才是体现发明贡献的技术特征。

第四节　专利审查规则辨析

一、平台技术的特性

CRISPR 技术是 21 世纪生命科学领域具有划时代意义的平台技术。当如此有影响力的开创性平台技术申请专利，授权的实质条件"三性"要求是比较容易满足的。但是专利权的授予也意味着专利权人获得对于该项技术的垄断权，对于一项可能开创或提升一个产业的被广泛使用的平台技术，首先面对的问题是专利授权对于后续的技术创新到底是会促进还是会阻碍。

对于平台技术，学界并无统一的概念。通过历史上的平台技术的性质和影响可以把握其内涵，即平台技术是一种工具性技术。第一，它应当是全新的技术，是新的行业或产业的技术源头。《专利审查指南 2010》中指出，开拓性发明指一种全新的技术方案，在技术史上未曾有过先例，它为人类科学技术在某个时期的发展开创了新纪元。❶ 从中我们可以窥见平台技术专利的属性：全新、源头、开拓性。相应地，基于已知技术的组合属于渐进式的发明构思，通常不能形成平台技术，人们在需要使用同类技术的时候，通常会有其他替代选择，从而合理规避已有专利的限制。第二，一项技术若要开创一个产业或行业新纪元，其势必是高效便捷的。高效即在技术效果上具有压倒性的优势。第三，该项技术应当具有普适性。其作为工具可以与不同的技术结合，应用于不同的领域，唯此才能迅速吸引大量资金和人员进入，形成产业链。目前，生命科学领域已有的平台技术，比如 PCR、重组 DNA、RNA 干扰以及 CRIPSR 基因编辑技术，都能满足上述全新、高效、普适的特点。

二、平台技术的保护与公共利益和私人利益的平衡

从技术角度看，基于技术的先进性和工具性，平台技术会在科研、生产上被

---

❶ 国家知识产权局. 专利审查指南 2010 ［M］. 北京：知识产权出版社，2010：178.

大量使用；从专利角度看，专利又赋予技术垄断属性，限制公众自由使用。如何能够实现专利制度的立法宗旨，在鼓励创新的同时也促进科技进步和经济社会发展，本质上是一个公共利益和私人利益平衡的问题。

公共利益之所以为公共利益，在于它的共享性、不可分割性和供给的外在效应。共享性意味着它不特属于某一个人或某些人群，而是属于一个共同体的所有成员；不可分割性意味着它总是以整体的方式存在，尽管每个人都能享用，但却不能分割给个人；供给的外在效应意味着消费越普遍，利益越大。❶

在专利法的设计中，公共利益是目的，通过建立私人利益换取。换言之，公共利益的实现建立在私人利益的基础上，当私人利益影响了公共利益的实现，则会通过限制手段来重新平衡，整体上二者之间并非冲突对立关系。通过回顾历史上平台技术产生和保护的案例，可以来探讨是否能够实现制度设计的初衷。

1974 年诞生的重组 DNA 技术，首次将来自青蛙的基因片段拼接到大肠杆菌中，细菌中异源表达将细菌变成了人类蛋白或药物的微生物工厂。当时法律界的争议在于微生物活体是否能作为授权客体。美国法院认为，自然界的物质不依赖人的活动而存在，不能视为人的发明产物，但是其对于自然和人工的界限并未阐释清楚。1980 年"Diamond v. Chakrabarty 案"中，美国联邦最高法院主张"太阳下任何人造之物都属于可专利主题"。这个判例打开了专利保护在微生物领域的一个禁区，之后各种基因、转基因专利相继出现，在当时极大地刺激了生物领域技术的创新，形成了分子生物学领域下游产业。

PCR（聚合酶链式反应）技术也属于平台技术。首件 PCR 专利（US4683202B1）于 1985 年提交申请，1987 年获得授权。专利权人 Cetus 公司将该专利许可给多家公司，获得研发再投入的资本，并不断开展新的技术创新。从 1995 年世界上第一台实时定量 PCR 仪到 2000 年第一台实时荧光定量 PCR 仪再到之后的不对称 PCR、反向 PCR、多重 PCR、荧光 PCR、锚式 PCR、原位 PCR、实时定量 PCR 等，PCR 方法得以充分发展，促进了相关领域的创新。如果没有专利保护，PCR 技术创新可能会缺乏最重要的一项利益动机。可以说，专利权就像一个吸铁石，有助于迅速募集资金和技术力量，更快地形成规模性的技术突破。

据早期统计，截至 2018 年 1 月，US4683202B1 专利被引用次数达 4525 次，同期哈尔·葛宾·科拉纳（Har Gobind Khorana）等人于 1971 年在 *Journal of Molecular Biology* 发表的被认为涉及了 PCR 技术思想的文章被引证次数为 464 次。该

❶ 刘晓欣. "公共利益"与"私人利益"的概念之辨 [J]. 湖北社会科学，2011（5）：124 – 126.

篇文献对于具体 PCR 反应过程、体系描述得很模糊，❶ 并未付诸实施，其信息披露程度类似于专利申请未充分公开的情形，不足以获得重点关注，因而体现为较低的引证次数。而该专利的引证次数远高于该文献，说明技术公开的程度足以为公众提供基本的技术信息。凯利·穆利斯（Kary Mullis）发表的第一篇具体介绍 PCR 方法的论文于 1985 年 12 月 20 日发表在《科学》期刊上，被引证次数高达 10864 次。期刊公开时间往往紧随于专利申请之后，在 PCR 技术的案例中，两者仅仅相隔 2 个月。可以说，没有专利制度鼓励先申请，申请人不会倾向于早早提出申请；而一旦提出专利申请，意味着相关文章发表可期。可见专利制度对技术信息交流的促进和传播具有双重作用，一方面源自专利充分公开的要求，另一方面在于在期刊文献发表之前提供了同等甚至更多的技术信息，因而大大地便利了技术信息的交流、知识的传播和学习。对思想的启发是技术创新的源头。从这个角度看，专利制度对于促进技术创新具有无比巨大的潜在价值。

总的来说，对一项新兴的平台技术而言，更多的是从立法宗旨促进科技创新的角度考虑授权的利弊。根据早期重组 DNA 和 PCR 技术的专利之路我们可以看到，给予保护并借助市场经济的调节，专利制度能够实现公共利益和私人利益的平衡。所述公共利益包括：通过专利法的激励发明机制，刺激新发明的创造，从而增加人类知识和信息宝库总量，为社会经济发展、技术进步和创新提供了基础；通过专利法公开发明的机制，促进了发明的充分公开，从而大大便利了技术信息的交流、知识的传播和学习；通过专利法的促进发明商业化机制，大大促进了发明的推广应用，使专利不仅没有成为垄断和封锁技术的手段，反而成为推动发明扩散的催化剂。❷ 回到 CRISPR 基因编辑技术，其平台属性与上述两种技术相同，因此从鼓励创新、促进科技进步的角度而言，保护比不保护更加有利。

在 CRISPR 领域，张锋研究组也在平衡公共利益方面作出了尝试。从 2013 年至 2017 年，张锋的实验室通过非营利性组织 Addgene 以超低的价格已经发放了 47000 份 CRISPR/Cas 样品，这些样品被运送到 61 个国家的 2200 多个研究结构。张锋所在的 Broad 研究所有 9 项专利许可给全世界的研究者，无论他们是用来作技术改进研究、作为研究用的试剂，还是用于工业生产，甚至是与治疗学相关的工作。对于可能的限制，他们还提供了一个名为"Inclusive Innovation"的项目，帮助人们获得试用 CRISPR/Cas 进行治疗学研究的权限。张锋本人也认为，CRISPR/

❶ KLEPPE K, OHTSUKA E, KLEPPE R, et al. Studies on polynucleotides：XCVI：Repair repilications of short synthetic DNA's as catalyzed by DNA polymerases [J]. Journal of Molecular Biology, 1971, 56 (2)：341 – 361.

❷ 冯晓青，杨利华，等. 知识产权法热点问题研究 [M]. 北京：中国人民公安大学出版社，2004：40.

Cas 专利的重要意义之一在于它能帮助推广 CRISPR/Cas 的应用，这与专利制度实现公共利益的宗旨是一致的。

三、平台技术的创造性判断

随着技术竞争的白热化，平台技术已经成为科研院所、高科技公司的必争之地。以 CRISPR 基因编辑技术为例，不同的研究组在几乎相同的时间发明出该项技术，导致该技术的专利权属存在诸多不确定因素。在该项技术上专利权属的判断，本质上是创造性的判断。

早期杜德纳研究组和张锋研究组的争议焦点在于从试管中的 CRISPR 是否能够想到将其用于真核细胞。笔者认为，这一问题的关键点在于是否具有成功的合理预期。对于本领域的技术人员而言，想到将其用于真核细胞并不困难，这是一个常规甚至必然会出现的改进方向。但是从"想到"到"做到"必然存在差距，这体现了生物领域不可预期性的一面。而且，在基因编辑技术领域，这种不可预期性也是普遍的认识。首先，杜德纳没有证明她们是最先在动物细胞中使用 CRISPR 的人，她们最初的论文只是描述了在细菌中的用途；其次，张锋发现了杜德纳的嵌合 RNA 在真核生物中的编辑效率较低，长嵌合低于双 RNA，短嵌合甚至不能编辑，这说明从试管到真核细胞存在技术障碍，而他们提供了解决障碍的技术手段，即双 RNA 和核定位信号（NLS）。虽然原核系统中天然存在的是双 RNA，但是本领域的技术人员会否认为能够直接从天然系统中得到启示，采用双 RNA？如前所述，嵌合 RNA 是杜德纳发明构思的关键，即把 crRNA 和 tracrRNA 连起来成为一个分子，把 DNA 切割组件由三个变成两个，得到了简化系统并验证了功能。发明构思的关键特征通常是没有动机舍弃的。作为佐证的是，在论文发表几个月后，杜德纳本人也承认真核细胞中使用该技术存在难度。基于上述证据，本领域的技术人员在看到杜德纳发表的期刊文献后，对于 CRISPR 基因编辑技术在真核细胞中是否能获得成功并没有合理预期。

虽然生物领域的特点是可预期性较低，但笼统地强调可预期性较低并非证明没有成功的合理预期的充分理由。没有成功的合理预期的证明应当建立在本领域的技术人员看到现有技术的信息是否有动机作相应的调整、现有技术存在哪些障碍、申请人通过何种技术手段克服这些障碍等之上。案例 2-3-1 在证明没有成功的合理预期上提供了一个典型的范本。而随着生命科学技术的发展，未来必然会出现更多的争议问题。

四、平台技术的具体应用及其保护

新兴的平台技术诞生，势必带来两个方向的研发，即技术本身的改进和技术的下游应用。每一个技术本身的改进方案都会带来一系列相应的技术应用，技术发展呈现几何级的增加态势。那么对于基于平台技术的应用，如何评判其创新高度才有助于鼓励创新呢？

在 CRISPR 基因编辑技术诞生后的几年，相关应用技术呈现井喷式发展，可以根据现有技术积累的程度分为早期和后期两个阶段。新兴平台技术的压倒性优势，令本领域的技术人员有动机尝试，但是对于技术效果的预期会基于现有技术整体的积累而有所变化。在早期，对于本领域的研发人员而言，虽然都有动机去尝试这项技术，但是 CRISPR 的脱靶效应对成功获得所需突变的影响是不确定的，这时候对于 sgRNA 的设计仍然存在难度，特别是基因和宿主的选择对于 CRISPR 技术的适应性是否存在差异还未阐明。在早期现有技术只有杜德纳和张锋发表的两篇文献的基础上，站位本领域的技术人员是难以预期其可行性和其技术效果的。但是，随着技术的发展，现有技术积累得越来越多，本领域的技术人员能够逐渐总结出成功的编辑与哪些因素关系更为紧密，从而逐渐增加对于成功的合理预期。因此从技术发展来看，平台技术应用的技术方案，随着现有技术整体的水涨船高，可预期性呈现越来越高的趋势。创造性的尺度也会随之逐渐提高，即越是在后的申请，其非显而易见性的程度越会逐渐降低，对于预料不到的技术效果的要求则会相应提高。

这样一个尺度的变化也有利于推动技术的进步。在平台技术诞生后的早期，较低的创造性尺度能够激励科研人员、资金大量进入该领域的应用，在短期内迅速破解技术应用的卡点或关键点，形成现有技术整体的快速积累，尽早达到技术的成熟期。现有技术整体的积累，一方面更加促进创新灵感闪现，另一方面提高了成功的合理预期。在技术的成熟期，较高的创造性尺度对预料不到的技术效果的要求能够促使本领域的技术人员研发出更有影响力的应用技术，真正惠及社会大众。如果仍然秉持同样的尺度，那么对于科研人员而言，获得专利将越来越容易，而社会大众并不会从专利的公开中得到更多有价值的信息。当公共利益不能从赋予私人利益的对价中获得回报时，授予专利权就违背了专利制度设计的初衷。

在 CRISPR 技术应用中，研究者会根据靶基因设计不同的 sgRNA，改善脱靶效应和编辑效能。与此类似的是涉及 RNAi 应用的专利。SIRNA 公司在美国获得第一件靶向特异性的 RNAi 专利授权后，陆续申请了 250 多件以哺乳动物和病毒不同基因为靶向的 siRNA 专利。

在某个具体领域，大量的专利带来的隐患是"专利丛林"问题。专利丛林是指相互交织在一起的专利组成稠密网络，后续进入者必须披荆斩棘穿过这个网络才能把新技术商业化。这一概念最早由美国伯克利大学经济学家卡尔·夏皮罗（Carl Shapiro）提出。他认为："如今，众多基础和应用科学研究者能够取得成功，是因为站在如巨大金字塔一样的科技基础之上，而不是只站在独自研发的技术之上。金字塔的基础如果足够的牢固和宽大，那么技术成就则可以超出以往任何情形。但如果每个研究者在为金字塔建设作贡献，添加新的部分之前都要获得前人的同意或者支付大量的专利费用，那么，建设整个科技金字塔的速度就会因此慢下来。"❶ 可见，当某个领域的专利数量非常庞大时，技术的实施和再创新变得异常困难。对于基因编辑平台技术专利的下游应用而言，由于涉及不同基因编辑靶点的组合使用，将比较容易出现专利丛林现象，从而给该技术的开发和产业化带来负面效应。因此，在技术发展成熟之后，创造性审查执行相对严格的标准则能为公众保留一个自由创新的空间，从而最大限度地减少专利丛林现象对公共利益的损害。例如，在 RNAi 相关专利井喷之时，美国专利商标局采取了相对保守的方式，当时宣称截至 2005 年底，已经受理了 2000 多件 RNAi 专利申请，但只授权了一小部分，可见其对 RNAi 专利申请的审查非常谨慎和严格。❷ 这也为 CRISPR 基因编辑技术下游应用审查尺度的把握提供了参考。

可以想见，在 CRISPR 基因编辑技术的应用领域，由于该技术突出的高效普适性，想到将其用于所需的基因改造是容易的，因此其技术贡献不在于想到将其首次用于某个特定的基因或生物体，而在于具体应用领域的成功实施。同时，随着现有技术的积累，人们越来越了解影响 CRISPR 基因编辑效果的因素，成功的合理预期越来越高，创造性的尺度也应当有相应的变化，以维持专利制度利益的基础，即能够从申请人的公开中获得更有价值的信息，并鼓励真正有技术贡献的创新。

五、结　语

在技术创新领域，一直遵循"二八法则"，即占少数的基础专利的影响远远大于占多数的改进专利。而新的平台技术的诞生通常会开启一个产业或行业的新纪

---

❶　金泳锋，黄钰. 专利丛林困境的解决之道［J］. 知识产权，2013（11）：85.
❷　王磊，赵晓宇，刁天喜. RNA 干扰技术专利分析［J］. 预防医学情报杂志，2008，24（8）：636.

元，其影响又远远超过一般的基础专利。CRISPR 基因编辑作为一项平台技术，其自身的技术优势，能够实现超越一般基因编辑平台技术（如 ZFN、TALEN）的广泛使用，给予专利保护，有利于充分发挥和变现其技术价值，例如形成产业，促进头部研发者更新技术保持领先地位，更快地提升现有技术积累水平等。因此在一个平台技术诞生之初，赋予其专利保护，符合鼓励创新的立法宗旨。未雨绸缪地担心可能造成的垄断对产业的阻碍并不明智，因为当下的发展态势远远未到阻碍技术创新的程度。而在技术发展和专利运用的过程中，专利权人和公众会通过司法、行政、经济等手段寻求公共利益和私人利益的平衡。

当专利制度带来现有技术的迅速积累、信息分享的加速时，创新灵感更加频繁，一旦突破了技术转化的门槛，人们能够更加便捷地实施技术，平台技术将产生大量的应用技术创新。专利审查中以何种尺度评判创造性，对于公共利益维持有重要的意义：一方面以权利换取更多的技术信息的公开，另一方面减少专利丛林现象对创新的制约和专利运用的成本提高。随着现有技术积累的增加，成功的合理预期也不断增加，对于创造性的判断应当更加关注预料不到的技术效果。

从 CRISPR 基因编辑技术这样一个新兴平台技术的案例中，我们可以观察到专利审查中面临的新的典型问题。这些问题的回答最终要回到鼓励创新的立法宗旨上，唯有如此，才能让专利审查真正助力新领域新业态的发展。

第四章　人类胚胎模型领域的伦理道德审查

生命科学领域是 21 世纪发展最为迅速的领域之一，新技术、新领域不断涌现。其中，随着人类胚胎研究和干细胞技术的飞速进展，人类胚胎模型（合成胚胎）技术开始进入人们的视野。同其他生命科学技术类似，人类胚胎模型技术直接与生命密切相关，会触及人类尊严和人体完整性等基本价值观，其伦理问题受到广泛关注。也由此，在通常的法律和政策框架之外，人类胚胎模型的研究和发展还受到伦理角度的特殊审视，受到强大的公共利益和伦理考量。

第一节　人类胚胎模型和合成胚胎技术的发展概况

从 1978 年人类辅助生殖技术（试管婴儿技术）实施以来，人类体外胚胎培养技术很长一段时间一直难以获得突破性进展。直至 2016 年，英国剑桥大学的玛格达莱娜·泽尔妮卡 – 戈茨（Magdalena Zernicka – Goetz）研究团队❶和美国洛克菲勒大学的阿里·布里瓦卢（Ali Brivanlou）研究团队❷分别报告了能让体外人类胚胎培养至 12 ～ 13 天的系统。至此，人类胚胎体外培养技术获得里程碑般的突破。我国昆明理工大学的相立峰博士、季维智教授、李天晴教授等也在 2020 年利用临床上捐献的胚胎，开发了一种三维人囊胚培养体系，并可以采用该技术将人囊胚培养到原条原基阶段。

可以看到，2016 年以来，人类胚胎培养技术这些突破性的研究已经逼近胚胎 14 天培养期限，但均没有突破 14 天。其原因就在于，体外利用人类自然受精胚胎进行科学研究，只允许将胚胎最多发育至 14 天，此即"14 天规则"。"14 天规则"被认为是迄今为止在生殖科学和医学领域最具国际共识的伦理规则之一，为

---

❶ SHAHBAZI M N, JEDRUSIK A, VUORISTO S, et al. Self – organization of the human embryo in the absence of maternal tissues [J]. Nature Cell Biology, 2016, 18 (6): 700 – 708.

❷ DEGLINCERTI A, CROFT G F, PIETILA L N, et al. Self – organization of the in vitro attached human embryo [J]. Nature, 2016, 533 (7602): 251 – 254.

人类辅助生殖技术研究、为人类胚胎和干细胞研究获得公众信任和支持以及国际交流合作提供了合理、合法的通路。●

但也由此导致人们对植入后的早期胚胎的发育仍然缺乏足够的了解。植入后早期胚胎发育是指对应着体内囊胚由输卵管进入子宫着床并继续发育的阶段。相较于现有技术已经存在的众多的植入前胚胎研究,针对植入期和植入后期的胚胎的研究非常有限,这段时期的胚胎发育过程也无法通过超声来了解。

实际上,植入后胚胎会很快进入原肠胚阶段,尤其是第 3 周、第 4 周的人类胚胎发育过程非常重要和关键,人体主要器官的前体都在这段时间开始形成,逐步分化形成不同的器官原基,很多由于酒精、药物、感染和化学品导致的出生缺陷、遗传疾病、流产和不育问题在这一关键发育时期开始出现。但由于受到伦理限制,科学家们无法观察该体内的过程并对其中的机理进行研究。

为了打开人类胚胎发育的这个"黑盒子",科学家们曾想通过动物胚胎进行替代研究。但是动物研究无法完全替代人类研究。于是,科学家们又想到在体外利用胚胎干细胞构建胚胎模型。由此,在最近 5 ~ 10 年的时间里,在实验室里利用干细胞制备小鼠和人类胚胎模型的研究快速向前发展。

一、胚胎模型技术

最早被利用也最为简单的胚胎模型实际上就是由人类胚胎干细胞(human embryonic stem ceus,hESCs)聚集和分化所形成的球状体,这些 hESCs 的细胞聚集体被认为可用于模拟植入前胚胎或胚泡样实体,被称为胚状体(embryoid bodies,EBs),其在一定程度上可以用来模拟人类胚胎。hESCs 之所以能够聚集和分化,是因为植入后早期胚胎形态发生主要依赖于胚胎的自组织,实际上也就是胚胎干细胞的自组织。

早期是利用单种人类胚胎干细胞诱导人类胚胎模型,典型的就是经微图案化培养获得胚胎干细胞自组织模型,这种模型可以限定 hESCs 生长集落的大小和形状。2014 年,美国洛克菲勒大学的阿里·布里瓦卢研究团队利用该方法研究干细胞自组装特性,在实验室中构建出早期人类胚胎模型,并将其称为胚状体(embryoid),该胚状体部分模拟了原肠胚和神经胚细胞的分化过程。●

2017 年,美国密歇根大学傅建平、邵玥与中国科学技术大学赵刚课题组得到

● 王红梅. 哺乳动物早期胚胎发育研究进展和伦理 [J]. 生物医学转化,2020,1(1):40.

● WARMFLASH A,SORRE B,ETOC F,et al. A method to recapitulate early embryonic spatial patterning in human embryonic stem cells [J]. Nature Methods,2014,11(8):847 – 854.

首个围着床期羊膜发育模型和着床后羊膜囊形成模型（羊膜囊为包裹胚胎的结构）❶，被称为"着床后羊膜囊胚状体"（PASE）。其能自发组装形成人羊膜囊，能引发后原胚条发育，但无法发育成一个人类个体。其在特定的胚胎阶段与真正的天然胚胎非常接近，可以为人类胚胎学和生殖医学提供重要的研究平台。

2019年，美国科学家和日本科学家利用小鼠多能性干细胞，经诱导形成一种三维的类胚泡结构［其被称为 3D BC－like cysts（iBLCs）］❷。检测发现，真正的胚泡与类胚泡具有很大的相似性。

2020年，剑桥大学的科学家阿方索·马丁内斯·阿里亚斯（Alfonso Martinez Arias）研究小组利用 hESCs 聚集，结合信号诱导，成功实现原肠胚时期的人类胚胎模型的构建。❸ 该模型被称为类原肠胚（gastruloids）模型，是一种近似于胚胎的三维结构体。由此创造了一种相当于发育至 18～21 天的精准人类胚胎模型，可供科学家们进一步将研究触角延伸到胚胎发育的"黑盒子"中去。通过与人类胚胎进行比较，这些培养 3 天的类原肠胚模型能模拟 20 天时人类胚胎的某些关键特征。

2021年《自然》杂志发表的两篇文章，描述了两种在实验室条件下生成的人囊胚样结构。其一是以吴军为首的中美科学家团队联合构建出一种从人多能干细胞得到的囊胚样结构，并将该结构称为"blastoids"，其汉译名称为胚状体、类胚泡、类囊胚等。❹ 其二是澳大利亚莫纳什大学干细胞生物学家何塞·波罗（Jose Polo）与刘晓东博士等利用重编程的人成纤维细胞在实验室构建出人囊胚的 3D 模型，并将其称为诱导性胚状体或诱导性类胚泡（iBlastoids）。❺ 由此科学家们首次由人类多能干细胞制造出人类的胚泡样结构。吴军团队和波罗研究小组的类囊胚/类胚泡再现了人类囊胚的许多特征，例如它们含有基本相同数量的细胞，开启了许多相同的基因。至少在培养皿中，该类胚囊可以重现一些移植的早期步骤。

可以看出，科学家们利用人类多能干细胞在体外成功构建了各种胚胎模型，人类胚胎模型正以一种可控的、量化的方式在体外被创造和研究。随着人类胚胎

❶ ZHENG Y, XUE X, RESTO－IRIZARRY A M, et al. Dorsal－ventral patterned neural cyst from human pluripotent stem cells in a neurogenic niche［J］. Science Advances, 2019, 5（12）: eaax 5933.

❷ KIME C, KIYONARI H, OHTSUKA S, et al. Induced 2C expression and implantation－competent blasto-cyst－like cysts from primed pluripotent stem cells［J］. Stem Cell Reports, 2019, 13（3）: 485－498.

❸ MORIS N, ANLAS K, VAN DEN BRINK S, et al. An in vitro model of early anteroposterior organization during human development［J］. Nature, 2020, 582（7812）: 410－415.

❹ YU L Q, WEI Y L, DUAN J L, et al. Blastocyst－like structures generated from human pluripotent stem cells［J］. Nature, 2021, 591（7851）: 620－626.

❺ LIU X D, TAN J P, SCHRÖDER J, et al. Modelling human blastocysts by reprogramming fibroblasts into iBlastoids［J］. Nature, 2021, 591（7851）: 627－632.

模型的越来越多样化和复杂化，人们开始越来越多使用"类胚胎""拟胚胎""胚状体"等中文名称来表述它[1]。需要注意的是，中文名称对应的英文比较复杂，包括"embryoid""iBlastoids"等不同表达。但总体上而言，使用最多的名称还是"人类胚胎模型"（human embryo models）、"胚泡模型"（blastocysts models）、"类胚泡结构"（balstocyst – like structures），其他还有"干细胞自组织模型"、"干细胞胚胎"、"胚胎模拟结构"、"胚胎状结构"、"胚状构建体"（embryo – like arti-facts）等名称。截至目前，人类胚胎模型有 2D 的，也有 3D 的；可以模拟真正胚胎的不同发育时期，也可以模拟真正胚胎的不同侧面。

并且，这些胚胎模型并不是真正的人类胚胎或人类胚泡，而是利用干细胞自组装特性建立的简化胚胎模型。与真正胚胎相比，其具有诸多优势，如不受受精过程限制、均一性高等。另外，其还可以被无限创造，易于大量获取和操作，因而表现为数量大，且无论在遗传表现上，还是在外在形态上，均存在较大的多样性。

受益于胚胎模型或类胚胎研究平台的提出并不断完善，科学家们开始可以更大程度还原早期胚胎的发育过程，打开人类发育的"黑盒子"，探索和研究人类植入后胚胎的发育情况。科学家们对它寄予厚望，期望它可以为我们提供完整的人类发育的蓝图。

二、合成胚胎技术

如前所述，人类胚胎模型已经揭示了同类细胞群如何通过自组织过程产生不同的细胞命运。然而，这些由同类细胞群组织形成的胚胎模型还无法真实地模拟体内胚胎发育，其不足之处在于它们缺少胚外组织，而胚外组织对胚胎发育至关重要，并为信号传导的相互作用提供了空间环境。已经知晓不同类型的干细胞之间不仅能相互传递信号，而且每个干细胞都是胚胎空间形态发生的基础。

胚胎干细胞（ESCs）和胚外干细胞已被证实在 3D 细胞培养中可发生自组织。2017 年，英国剑桥大学的科学家玛格达莱娜·泽尔妮卡 – 戈茨研究团队率先在小鼠上进行了探索，她们通过将胚胎干细胞和滋养层干细胞（TSCs）结合来制造人工胚胎，并使用 3D 细胞外基质（ECM）进行支撑，将它们引导至正确的形状，培育出一个可自我组装并且发育和体系结构非常类似天然胚胎、形态发生与天然胚胎明显相似的植入后胚胎样结构，并将其称为 ETS 胚胎（ETS – embryo）[2]。在

[1] 王红梅. 哺乳动物早期胚胎发育研究进展和伦理 [J]. 生物医学转化，2020，1（1）：35 – 42.

[2] HARRISON S E, SOZEN B, CHRISTODOULOU N, et al. Assembly of embryonic and extraembryonic stem cells to mimic embryogenesis in vitro [J]. Science, 2017, 356 (6334): eaal 1810.

ETS 胚胎培养过程中，可以观察到胚胎干细胞的极化、滋养层干细胞的腔化，并最终观察到类似于原始生殖细胞的出现，将小鼠胚胎体内发育过程在体外进行重现。该 ETS 胚胎实际上就是人造小鼠胚胎，属于一种合成胚胎。较之仅使用胚胎干细胞来源的胚胎模型的结构（如拟胚体），ETS 胚胎能更接近地模拟体内早期胚胎结构的形成和基因表达的时空模式。但同时，这种极化胚胎样结构仍具有局限性，虽然其能诱导中胚层形成，但仍不能继续形成原肠胚。

2018 年，他们将培养体系进一步优化，加入小鼠胚外内胚层干细胞（extra - embryonic endoderm stem cells，XENs），实现了将此类胚胎发育延长至原肠运动阶段。❶ 同年，剑桥大学的阿方索·马丁内斯·阿里亚斯研究小组也在小鼠试验中，使用胚胎干细胞、胚胎外的滋养层干细胞和原始内胚层干细胞（PESCs）三种细胞，构建形成了胚胎发育的胚泡（blastocyst）阶段。在这种合成胚胎中，胚胎干细胞会成为身体本身，滋养层干细胞形成为胎盘，原始内胚层干细胞则形成为营养丰富的卵黄囊。由此，阿里亚斯研究团队合成出了最逼真的人造胚胎，并引导该人造胚胎发育到了生命中最关键的原肠胚阶段。

2019 年，中国农业大学韩建永团队利用小鼠胚胎干细胞、滋养层干细胞和胚外内胚层干细胞三种细胞，使用悬浮培养的方法，在震荡体系中，也获得了植入后类胚胎——ETX 胚胎。将其移植回假孕母鼠体内，可引发子宫发生类似于接受正常胚胎时的蜕膜化反应，启动了着床过程，但未能继续发育。

可以看出，此类由不同细胞群组成的合成胚胎（synthetic embryos）或人工胚胎（artificial embryos）虽然从细胞分布、组织形态、细胞标志物的表达等方面，可以更好地模拟出小鼠胚胎在体内部分的发育过程，但由于其在体外模拟的是小鼠胚胎在体内着床后的结构，即使将其移植回体内也并不能继续发育。而在体外将小鼠胚胎培养至原肠胚甚至更长发育阶段的培养条件还不具备，因此该模拟着床后的胚胎实际上仅能模拟胚胎发育的部分过程。❷

为了能够将获得的人工胚胎移植回母鼠体内，为胚胎的进一步发育创造条件，一部分科学家又开始聚焦在如何模拟着床前的小鼠胚胎，即类胚胎或类囊胚（Blastoid）的研究。他们所使用的手段包括将胚胎干细胞与滋养层干细胞混合培养或者使用上胚层来源的干细胞 EpiSC 在低吸附的培养条件下培养等，最新的研究还涉及使用扩展多能性干细胞（EPSC）所进行的尝试。从中也可以看出，汉译名称中的"类胚体""类胚胎""类囊胚""类胚泡"等，对应的英文可能均为

❶ SOZEN B, AMADEI G, COX A, et al. Self - assembly of embryonic and two extra - embryonic stem cell types into gastrulating embryo - like structures [J]. Nature Cell Biology, 2018, 20 (8): 979 - 989.

❷ 王海豫. 利用多能干细胞研究哺乳动物胚胎早期发育事件 [D]. 北京：北京协和医学院, 2021.

"blastoid"，但其细胞组成及功能特性可能截然不同：其既可能是单一或同类细胞群通过自组织过程产生的胚胎模型，也可能是指多种不同的干细胞群组合而成的合成胚胎；且合成胚胎既可能是模拟植入后的胚胎（对应于人类是第 2 周以后），也可能是模拟植入前的胚胎（对应于人类是第 6 天以前）。

无论是胚胎模型，还是合成胚胎，这些由干细胞衍生而来的胚胎类似物只是研究生物体发育的实验模型，通常它们尚不能完全重现生物体发育过程中的所有复杂性。这是胚胎干细胞模型的局限性，也是未来研究需要解决的问题。

第二节　人类胚胎模型和合成胚胎技术中的审查疑难

通常，动物的胚胎模型或合成胚胎研究很少存在伦理问题，这也是前述多数合成胚胎技术均集中于小鼠上的原因。但如果相关研究施于人类自身，情况会相对复杂一些，可能会存在各种伦理争议，主要包括以下几个方面。

（一）人类胚胎模型或合成胚胎是否应视为人胚胎？

传统的人类受精胚胎涉及精子与卵子的结合，胚胎模型或合成胚胎则显然是基于干细胞构建而成的一种近似于胚胎的结构，并不等同于真正的自然受精胚胎。关于其是否属于人胚胎的核心问题是：特定胚胎模型或合成胚胎的生物学发育潜力是否可以确定，是否尚存在不确定性，如何认定这些人类胚胎样实体的发育潜力，现在或未来是否应将实验室中的人类胚胎样实体视作人胚胎，人类干细胞源胚胎模型的法律地位如何等。比如，2020 年成功实现类原肠胚模型建立的剑桥大学的纳奥米·莫里斯（Naomi Moris）博士认为，类原肠胚缺乏早期人类胚胎的形态，没有表现出人类有机体形式，它们不等同于人类胚胎，不具有发育成人类有机体的潜能。

（二）人类胚胎模型或合成胚胎的体外培养时间是否应该同样受限于真正的人胚胎体外培养的 14 天期限？

国际上，关于人类胚胎的体外研究，科学界广泛遵循的伦理原则是"14 天规则"。我国科学技术部和原卫生部于 2003 年 12 月联合下发的《人胚胎干细胞研究伦理指导原则》中也对人类胚胎体外研究作了 14 天的时间限制。胚胎模型和合成胚胎技术的出现，必然也会引发对其体外培养时限的讨论。比如对其进行研究是否也应该遵循"14 天规则"，应该如何设置培养完整人类合成胚胎的时间限度等。

有人认为，这些技术的出现会导致"14 天规则"受到前所未有的新挑战。

许多伦理学家和科学家认为，目前的胚胎模型和合成胚状体过于简化，只是粗略模仿了早期胚胎发育的阶段，并且不再使用稀少且可能会触及伦理学问题的人类胚胎。"14 天规则"并不适用于这些胚胎模型，其不应该受到"14 天规则"或任何特别审查的约束。比如，2020 年阿里亚斯团队构建出与第 18～21 天的人类原肠胚发育阶段相似的类原肠胚，部分结构超越了"14 天规则"规定的发育阶段。但该类原肠胚结构发育潜能有限，缺少胚外组织而无法被植入母体子宫，不能称其为真正意义上的胚胎。但也有相反意见认为，很难确定哪些特征会让胚状体更加贴近现实，并且构建超过 14 天、在植入子宫后能继续发育的模型是完全有可能的。随着它们变得更加复杂，有可能形成可识别的结构，甚至是器官，它们也进入了伦理灰色地带。

（三）人类胚胎模型或合成胚胎发明创造是否违反《专利法》第 5 条第 1 款有关伦理道德审查的规定？

根据《专利法》第 5 条第 1 款规定，对违反法律、社会公德或者妨害公共利益的发明创造，不授予专利权。《专利审查指南 2010》第二部分第一章第 3.1.2 节及第十章第 9.1.1.1 节对此进行了详细的规定。可见，对发明创造进行伦理道德（社会公德）审查，是《专利法》的法定要求。专利初步审查、实质审查及复审等程序需要审查发明的合伦理道德性。而且，《专利法》中所称的社会公德限于中国境内，也就是说，是按照中国的伦理道德观念进行审查和判断。

具体到人类胚胎模型和合成胚胎技术，由于人类胚胎干细胞不同于人受精卵或人胚胎，已有很多商业化的人类胚胎干细胞系，利用这些人类胚胎干细胞构建可用于研究的胚胎模型，模拟人类早期胚胎发育，通常是不违反伦理道德规范且顺应科学发展进步的。但胚胎模型技术也存在复杂的一面，各国对于该项研究的伦理标准也不统一。就目前发展情况来看，尽管由人类胚胎干细胞构建的早期胚胎模型多数在体外还不存在发育成为完整个体的可能，但是其构建方法多样，发育潜力也有所不同，有的人工胚胎或合成胚胎会非常接近或高度模拟人类自然胚胎。

因此，围绕该项技术，在专利审查中应该如何合理审理，其是否会触及"人胚胎的工业或商业目的的应用"，是否存在克隆人的伦理道德争议，以及发明是否会涉及"处于各形成和发育阶段的人体"等，就会成为审查中的主要争议和难点。尤其是，随着今后胚胎模型和合成胚胎技术越来越复杂和精密，相应的伦理问题也会越发突出。

第三节　专利审查案例分析

经国家知识产权局检索系统初步检索发现，我国目前涉及胚胎模型和合成胚胎技术的专利申请数量保守估计在 800 件左右❶，数量已经相当可观。这些申请初步可以分为以下三种类型。

一、非典型的胚胎模型或人工胚胎申请

【案例 2-4-1】哺乳动物人工胚胎构建 – 动物克隆繁育的方法及其模型

涉案申请涉及一种以干细胞为基础的哺乳动物人工胚胎构建 – 动物克隆繁育的方法及其模型，具体是以哺乳动物卵子透明带或者相当于透明带的人工合成结构作为人工胚胎的干细胞受体，置入干细胞后在体外条件下使其诱导分化成哺乳动物着床前胚胎结构。该发明要求保护的主要技术方案如下：

1. 一种以干细胞为基础的哺乳动物人工胚胎构建 – 动物克隆繁育的方法，其特征在于，包括以下步骤：

（1）哺乳动物干细胞的准备：……

（2）动物卵子或早期胚胎透明带的准备：……

（3）人工胚胎构建与细胞分化诱导：

　　A. 干细胞注入卵子透明带……

　　B. 人工胚胎体外诱导培养：……

（4）动物克隆繁育：把步骤（3）构建的人工胚胎按照常规技术移植到同期发情的受体动物子宫内，就可以获得具有与干细胞遗传相同的克隆动物后代。

2. 根据权利要求 1 所述的方法，所述哺乳动物包括实验动物、家畜、人类。

3. 根据权利要求 2 所述的方法，所述实验动物是指小鼠、大鼠、兔子、灵长类；家畜指牛、羊、猪、马、鹿。

---

❶ 使用关键词和分类号进行检索，所使用的 IPC 分类号为 C12N，使用的中英文关键词较多，这里不一一列举。当检索数据库为摘要数据库（CNABS）时，命中结果为 814 件；当检索数据库为专利全文数据库（CNTXT）时，相关命中结果则达到 4326 件。检索时间：2022 – 06 – 27。

4. 根据权利要求 1 所述的方法，所述步骤（1）中卵子或者早期胚胎，对于实验动物卵子或早期胚胎可处死采集，家畜卵子可活体采集或使用屠宰母畜卵巢采集。

5. 如权利要求 1—4 任一项所述的方法得到的模型。

该案审查员在审查中指出，根据涉案申请说明书的记载，涉案发明所涉及的哺乳动物包括人类，由该发明涉及克隆的人和克隆人的方法，违背社会公德，属于《专利法》第 5 条第 1 款规定的不能授予专利权的发明创造。后该案申请视为撤回。

基于该发明说明书记载内容可知，该发明所涉及的人工胚胎实际上是一种"胚胎干细胞 + 卵子透明带"所组成的复合体。其到底是属于治疗性克隆，还是生殖性克隆呢？根据发明的目的和构思来分析，尽管该发明实施例 3 没有将人胚胎培养超过 14 天，也未将人胚胎移植真正进行人的克隆，但是就发明整体内容分析而言，该发明多处提及"本发明属于动物和人类生殖生物工程新技术""克隆业已取得成功""动物个体的繁育和扩群""家畜克隆技术开始向产业化应用推进""动物克隆繁育""动物育种"等内容，整体而言，其发明目的还是属于生殖性克隆，并不涉及治疗性克隆。因此，对于发明中涉及人胚胎的技术方案，审查中将其定位于涉及"克隆的人和克隆人的方法"是符合该案实际的。

至于该案中的人工胚胎如何定性，严格意义上而言，该发明所涉及的"干细胞 - 卵子透明带复合体"或"干细胞克隆胚胎"，既不属于体细胞核移植技术领域的体细胞核移植胚胎或克隆胚胎，也不属于基于由胚胎干细胞形成的嵌合胚胎（常见的嵌合胚胎往往是通过囊胚注入法将人类胚胎干细胞注射入动物胚胎的囊胚腔中所形成）。并且，尽管发明人认为其属于一种胚胎模型或者人工胚胎，但究其实质，其与通常的基于干细胞的胚胎模型或合成胚胎存在很大不同。因此，该案所涉及的并不是一种典型的胚胎模型或人工胚胎技术。

二、典型的合成胚胎申请

【案例 2 - 4 - 2】基于干细胞系的人工囊胚/类胚体

涉案申请涉及用于制造至少双层的细胞聚集体、人工囊胚和/或类胚体的方法。所述方法包括从至少一个滋养细胞和至少一个多能和/或全能细胞形成双层的细胞聚集体，以及培养所述聚集体以获得人工囊胚。这种人工囊胚具有围绕囊胚腔的滋养外胚层样组织和内部细胞团样组织。所述细胞聚集体可以从全能或多能干细胞类型或诱导的多能干细胞类型与滋养干细胞的组合来形成。该发明还涉及该方法获得的双层的细胞聚集体和类胚体，以及通过将类胚体放置在代孕母体的子宫中或通过在体外生长所述类胚体以从类胚体生长胚胎、胎儿或活动物的方法。说明书实施例中，双层细胞聚集体是由小鼠滋养层细胞外层和胚胎干细胞内层构成的。该发明要求保护的部分技术方案如下：

1. 一种制造至少双层的细胞聚集体或类胚体的体外方法，所述方法包括下列步骤：

通过将至少一个滋养细胞与至少一个多能和/或全能细胞相组合来形成初始细胞聚集体；

将所述初始细胞聚集体在培养基中培养，以获得包含内部细胞层和外部细胞层的至少双层的细胞聚集体，其中所述内部细胞层包含起源于所述至少一个多能和/或全能细胞并且能够形成胚胎的内部细胞，并且其中所述外部细胞层包含起源于所述至少一个滋养细胞并且能够至少形成滋养外胚层的外部细胞；以及优选地培养所述至少双层的细胞聚集体以获得类胚体。

…………

12. 一种类胚体，其可以通过前述权利要求任一项的方法获得。

13. 一种至少双层的细胞聚集体，其可以通过前述权利要求任一项的方法获得。

14. 一种用于生长胚胎的方法，所述方法包括在体外生长至少双层的细胞聚集体或类胚体。

15. 一种用于生长胚胎的方法，所述方法包括在子宫内生长至少双层的细胞聚集体或类胚体。

可以看出，该案是一种典型的由滋养层干细胞和胚胎干细胞两种干细胞组合形成的合成胚胎发明。保护主题也具有典型性，分别涉及合成胚胎的制备方法、合成胚胎本身以及合成胚胎的应用。该案涉及多局同族专利申请，可以从 IP5 审查对比的角度，分析和观察其伦理审查。

在中国，国家知识产权局审查意见指出，涉案申请包含了使用来源于人的滋养细胞与多能或全能细胞制备可生长成人的细胞聚合体或类胚体的方法，由该方法获得的细胞聚合体或类胚体以及培养所述细胞聚合体或类胚体生长成人胚胎、人类胎儿或活人的方法，其涉及了克隆的人及克隆人的方法，违背社会公德，属于《专利法》第 5 条第 1 款规定的不能被授予专利权的发明。该案申请于第二次审查意见通知书后视撤。

在美国，美国专利商标局针对涉及合成胚胎的产品权利要求直接指出其涉及或包含人类有机体，属于《美国专利法》第101条规定的不能授予专利权的情形，同时针对制备方法权利要求评述了发明不具备新颖性和创造性。这是美国少见的适用《美国专利法》第101条指出发明客体问题和伦理缺陷的案件。此后，申请人通过删除产品权利要求16及将权利要求13所涉及的动物限定到鼠，克服了相关伦理缺陷，该案最终走向授权。

在欧洲，欧洲专利局首先审查指出，权利要求的技术方案包括了由人类细胞形成类胚体（blastoids）和/或胚胎（embryos），违背社会公德，根据《欧洲专利公约》第53条（a）项和《欧洲专利公约实施细则》第29条第1款的规定，属于不授权主题。申请人很快将方法权利要求1中所涉及的细胞排除式限定为"所述细胞为非人源"。审查员认可该修改克服了《欧洲专利公约》第53条（a）项和《欧洲专利公约实施细则》第29条第1款规定的伦理缺陷。但是，申请人之后又将该权利要求修改为"所述细胞为非人源或者为多能细胞"。对此，欧洲专利局审查员再次发出审查意见指出，由于修改后的权利要求允许使用人多能细胞，新的修改实质上完全废弃了之前的修改。该申请说明书中明确记载，该类胚体可以转移入子宫进行体内发育，形成成活的哺乳动物或嵌合体等。根据欧洲专利局扩大上诉委员会第G2/06号决定，权利要求1~10违反《欧洲专利公约》第53条（a）项和《欧洲专利公约实施细则》第28条第1款的规定，因为该方法中所使用的人胚胎干细胞和滋养层干细胞的获取涉及直接或间接使用人胚胎。尽管申请中记载胚胎干细胞可以通过无须使用或破坏胚胎的方式获取，但是并无明显证据显示滋养层干细胞也可以通过如此无须破坏胚胎的方式获取。因此，如果不严格限定到非人细胞，很难克服伦理缺陷。后申请人再度将所述制备类胚体的细胞限定为"非人源胚胎干细胞和滋养层干细胞"，将所述"双层细胞聚集体或类胚体"产品限定为"双层非人细胞聚集体或类胚体"。

在日本，日本特许厅审查员并未指出该发明涉及《日本专利法》第32条的伦理缺陷，并在发出三次审查意见通知书后授权。其最终授权的权利要求1的制备人类类胚体或合成胚胎的方法以及权利要求18的体外胚胎发育的方法中，均未排除人，也未涉及培养时间限制。

可见，对于合成胚胎申请，各主要专利局对于此类新兴技术的伦理审查做法在细节层面还存在很大差异。该案中，该人合成胚胎是否可以被视为人胚胎、是否可以被视为"人类有机体"或"处于各形成和发育阶段的人体"，该人合成胚胎的体外培养是否应适用"14天规则"，是否应该适用克隆人等，都是值得思考和探讨的基本问题。

【案例 2 - 4 - 3】 制备重构胚胎的方法及其专用组合物

涉案申请公开了一种制备重构胚胎的方法及其专用组合物。具体而言，该申请提供了一种制备 ETX - 胚胎样结构的方法，包括如下步骤：将三种干细胞进行悬浮震荡共培养，形成重构胚胎；所述三种干细胞为胚胎干细胞、滋养层干细胞和胚外内胚层干细胞。发明声称重构胚胎产生了与正常胚胎发生和发育相似的分子和形态发生事件，为研究胚胎发育和胚胎着床提供了一个强大的新模型系统。该发明的主要技术方案如下：

1. 一种制备重构胚胎的方法，包括如下步骤：将三种干细胞进行悬浮震荡共培养，形成重构胚胎；所述三种干细胞为胚胎干细胞、滋养层干细胞和胚外内胚层干细胞。

…………

4. 三种干细胞在制备重构胚胎中的应用；所述三种干细胞为胚胎干细胞、滋养层干细胞和胚外内胚层干细胞。

5. 一种用于制备重构胚胎的组合物，包括三种干细胞；所述三种干细胞为胚胎干细胞、滋养层干细胞和胚外内胚层干细胞。

6. 三种干细胞和悬浮震荡培养体系在制备重构胚胎中的应用；所述三种干细胞为胚胎干细胞、滋养层干细胞和胚外内胚层干细胞。

7. 一种制备重构胚胎的方法，包括如下步骤：将两种干细胞进行悬浮震荡共培养，形成重构胚胎；所述两种干细胞为胚胎干细胞和胚外内胚层干细胞。

8. 两种干细胞在制备重构胚胎中的应用；所述两种干细胞为胚胎干细胞和胚外内胚层干细胞。

9. 两种干细胞和悬浮震荡培养体系在制备重构胚胎中的应用；所述两种干细胞为胚胎干细胞和胚外内胚层干细胞。

10. 权利要求1或7所述方法制备得到的重构胚胎。

可以看出，涉案申请涉及一种典型的由胚胎干细胞、滋养层干细胞和胚外内胚层干细胞三种干细胞组合形成的合成胚胎发明。该申请请求保护的主题分别涉及合成胚胎的制备方法、合成胚胎本身以及相应干细胞的用途等。该案属于国内专利申请，并无国外同族。

该案的审查意见指出，权利要求1～10包括制备人重构胚胎的方法。当涉及制备人重构胚胎时，所述的三种干细胞为人源的胚胎干细胞、滋养层干细胞与胚外内胚层干细胞。其中，尽管人源胚胎干细胞与滋养层干细胞均可通过商业购买获得，但人源的胚外内胚层干细胞需要从人体内的囊胚中分离获得。若制备人重构胚胎，必然会涉及人类胚外内胚层干细胞的分离获取。而人类胚外内胚层干细胞的制备涉及人胚胎的工业或商业目的的应用，因此该发明属于《专利法》第5条第1款规定的不授予专利权的范围。后申请人将权利要求1中的三种干细胞修改为鼠胚胎干细胞、鼠滋养层干细胞和鼠胚外内胚层干细胞，该案的制备方法及用途类发明最终走向授权。而对于鼠合成胚胎（重构胚胎）本身，因其属于动物品种，故未授予专利权。

可以看出，该案在审查中，审查员敏锐地捕捉和注意到了一种非常少见的伦理问题，即人类胚外内胚层干细胞需要从人体内的囊胚分离获得，其获取有违伦理道德，涉及人胚胎的工业或商业目的的应用，从而以点带面，促使申请人修改权利要求以规避在人类主体上实施所引发的相应伦理问题。

三、典型的胚胎模型申请

【案例2-4-4】体外人类胚胎模型及其制备方法

涉案申请系在2010年前后即已经出现的较早的关于人类胚胎模型的专利申请。发明背景技术部分指出，母体生殖道细菌感染可导致形成质量差的胚胎，导致胚胎不能植入、胎儿组织和器官发育不良的出生缺陷。由于存在伦理限制，不允许在孕妇体内进行此类研究，从而限制了对围着床期人类胚胎的研究。发明使用从人胚胎干细胞获得的人胚状体开发新型人胚胎模型，来比较接近地模拟胚胎发育的植入周围阶段（第4～5天），可以利用该胚状体体外模型来检查革兰氏阴性细菌内毒素/脂多糖（LPS）对胚胎发生期间生殖谱系的忠实诱导的影响，从而可以提供用于确定化合物和/或药物的毒性活性的筛选测定。该发明的主要技术方案如下：

1. 一种体外胚胎模型，其包含球形光滑胚状体（SSE），用于基于基因HMGB1的表达确定分子的作用。

…………

5. 如权利要求1所述的体外胚胎模型，其中所述SSE从选自胚胎干细胞（ESCs）、胚胎生殖细胞（EGCs）、胚胎癌细胞（ECCs）的干细胞获得。

…………

9. 一种用于确定分子对球形光滑胚状体（SSE）的影响的体外方法，其包括以下动作：a）将所述分子暴露于所述SSE；和b）筛选SSE中基因HMGB1的表达、暴露对生殖谱系、植入胚胎和分化成组织的影响。

…………

17. 一种体外胚胎植入模型，其包含：a）将细胞外基质包被到具有孔或空腔的支持基质上；b）将子宫内膜细胞铺层到所述细胞外基质上；c）将球形光滑胚状体（SSE）置于孔或腔中以基于基因 HMGB1 的表达确定分子的作用。

…………

27. 一种测定脂多糖（LPS）对胚状体（EBs）作用的体外方法，所述方法包括以下动作：a）将 EBs 暴露于 LPS 以触发 EBs 的细胞质中基因 HMGB1 的表达；和 b）观察 EB 中中胚层诱导和功能分化的沉默。

可以看出，该发明仅涉及由人胚胎干细胞来获得人胚状体或人拟胚体，将该人胚状体作为人胚胎模型。该案基本可以代表最早的人类胚胎模型相关案件的出现时段，以及其典型的保护主题的类型和特点。该案在美国专利商标局的审查中，并未触及伦理问题。

审查实践中，此类涉及人拟胚体的发明专利申请非常多见。关于其伦理审查，国家知识产权局多持拟胚体只是人类多能性干细胞的三维聚集体、不能被视为人胚胎的观点。比如，在某案的审查中，审查基于拟胚体或胚状体能够分化为来自内胚层、中胚层和外胚层的个体形成所必需的所有细胞认定涉案申请所述"胚状体"属于人胚胎，进一步认定发明涉及人胚胎的工业或商业目的的应用。申请人在陈述意见中指出，在体外培养条件下，所有的干细胞都缺少由卵细胞所提供的基本元素，并不能发育为胚胎。拟胚体虽然能产生人类身体的全部细胞（包括在胎盘中发现的细胞），但不能很好地组织好这些细胞的细胞不是胚胎。如果将这些细胞转移到子宫中，它们将产生肿瘤，而不是胎儿。所述细胞聚集物具有分化为三个胚层的能力，并不意味着其已经分化为胚胎。最终，原专利复审委员会合议组在决定中未支持原审查部门的审查意见。可以看出，通常人的拟胚体或胚状体并不被视为人胚胎。

【案例 2-4-5】来自扩展多能干细胞的胚泡样结构

这是一件 PCT 申请，截至 2022 年底该申请还处于国际阶段。该申请背景技术部分指出，目前产生小鼠胚泡样结构的方法需要胚胎干细胞和滋养层干细胞在微孔中顺序聚集。然而这些胚细胞不能模拟植入后发育，因为它们在体外发育成植入后胚胎样结构较差，并且在体内仅产生滋养层细胞类型。由于组装方法的性质，这些胚泡体也不能模拟植入前。因此，仍然存在对衍生自一种细胞类型并且发育成包括胚泡的所有三种建立者组织的胚泡样细胞的未满足的需求：多能上胚层

（EPI）细胞、滋养外胚层（TE）和原始内胚层（PE）。为此，涉案发明提供了一种3D分化系统，其能够通过谱系分离和自组织产生胚泡样结构（命名为 EPS – blastoid 模型或 EPS – 类胚细胞），其衍生自单一干细胞类型——扩展的多潜能干细胞（EPS），从而提供了在形态学和细胞谱系分配上类似于胚泡并在体外植入前和植入后早期发育期间重现关键形态发生事件的 EPS – 类胚细胞。在移植后，EPS – 类胚细胞经历植入，诱导蜕膜化，并在子宫内产生活组织；EPS – 类胚细胞含有所有三种胚泡细胞谱系，并与天然胚泡共享转录相似性；EPS – 类胚细胞可以由成体细胞产生，所述成体细胞通过细胞重编程已经获得干细胞样特征。发明声称 EPS – 胚泡体为研究早期胚胎发生提供了独特的平台，并为使用培养的细胞产生有活力的合成胚胎铺平了道路。另外，EPS – blastoid 模型可用于开发保护濒危物种的方法，可提供个体的辅助生殖方法。该发明的主要技术方案如下：

1. 一种产生胚样细胞的方法，所述方法包括：（a）获得或提供延伸的多能干（EPS）细胞；（b）在包含一种或多种选自……的因子的培养基中培养 EPS 细胞；和（c）分离得到的胚细胞。

…………

14. 一种个体的辅助生殖方法，所述方法包括：（a）获得或提供源自所述个体的延伸多能干（EPS）细胞；（b）在包含一种或多种选自……的因子的培养基中培养 EPS 细胞；（c）分离得到的胚细胞；（d）将所得胚细胞转移至子宫。

…………

26. 根据权利要求14至25中任一项所述的方法，其中所述个体是选自小鼠、大鼠、……非人灵长类动物或人的哺乳动物。

27. 根据权利要求14至26中任一项所述的方法，所述 EPS 细胞是衍生自体细胞的诱导的 EPS 细胞。

…………

29. 根据权利要求14至28中任一项所述的方法，其中所述子宫接受植入。

30. 一种确定药物毒性的方法，所述方法包括：（a）获得或提供通过根据权利要求1至13中任一项所述的方法产生的胚样细胞；（b）使所述类胚细胞与所述药物接触；和（c）检测毒性迹象。

…………

33. 一种胚样细胞，例如通过包括以下步骤的方法产生或可产生：（a）获得延伸的多能干（EPS）细胞；（b）在包含一种或多种选自……

的因子的培养基中培养 EPS 细胞；和（c）分离得到的胚细胞。

…………

49. 根据权利要求 33 至 48 中任一项所述的胚样细胞，还包括在步骤（b）中用滋养外胚层（TE）细胞培养所述 EPS 细胞。

50. 根据权利要求 33 至 49 中任一项所述的胚样体，其中所述 EPS 源自哺乳动物，所述哺乳动物选自小鼠、大鼠、……非人灵长类动物或人。

可以看出，在该案中，在构建胚胎模型或合成胚胎之时，发明并未使用传统的方法例如"胚胎干细胞 + 滋养层干细胞 + 原始内胚层干细胞"或者"胚胎干细胞 + 滋养层干细胞 + 胚外内胚层干细胞"的三种干细胞进行组装合成，其摒弃了由多种干细胞组装合成胚胎的技术路线，代之以由比胚胎干细胞多能性等级更高的单一的干细胞类型来构建胚胎。因此发明的核心是由 EPS 细胞（扩展潜能干细胞）来诱导产生 EPS – blastoid 模型。这种"blastoid"实际上就是一种类胚泡或类胚胎，其对应于说明书、权利要求书中出现的诸如"胚样体""胚样细胞""类胚体""类胚细胞""胚样细胞""EPS – 胚细胞""EPS – blastoid 模型""EPS – 胚细胞样模型"等众多概念名称。在理解如上技术时需要了解，这些名称对应的实际上都是"blastoid"或"EPS – blastoid"。

预期该案进入国家阶段的审查以后将会面对复杂的伦理争议。各专利局对于该人 EPS – blastoid 是否属于人胚胎、在由体细胞制备 EPS – blastoid 时是否涉及克隆人、EPS – blastoid 制备方法是否涉及人胚胎的工业和商业目的的应用、涉及人 EPS – blastoid 的人类辅助生殖方法以及人 EPS – blastoid 植入后发育等更加需要严格禁止类的敏感发明主题如何进行伦理审查，还有待未来进一步观察。

四、专利案例的整体分析

从以上例示的 5 个典型案例基本可以看出，在胚胎模型和合成胚胎领域，专利申请的类型比较复杂，有的申请只是假胚胎模型或合成胚胎之名，本质上可能并不属于真正的胚胎模型或合成胚胎；有的涉及真正的合成胚胎，由滋养层干细胞、胚胎干细胞的双细胞类型，或者由胚胎干细胞、滋养层干细胞和胚外内胚层干细胞等三细胞类型所形成；有的则为典型的胚胎模型，既包括较为简单的人拟胚体，也包括相对较为复杂的基于人扩展潜能干细胞的类胚胎。

在以上不同类型案例的专利审查中，既有已审已决案件（如案例 2 – 4 – 2），也有 2021 年最新的未审未决案件（如案例 2 – 4 – 5）；既有中国国内审查案件（如案例 2 – 4 – 1、案例 2 – 4 – 3），也有国外专利审查案件（如案例 2 – 4 – 4）；

还包括实审与复审的对比，如案例 2 - 4 - 4。且在不同案件的专利审查中，指出伦理问题的角度也不尽相同，从而说明胚胎模型和合成胚胎相关发明专利伦理审查的复杂性：案例 2 - 4 - 1、案例 2 - 4 - 2 涉及克隆人；案例 2 - 4 - 2 涉及"处于各形成和发育阶段的人体"以及"人胚胎的工业或商业目的的应用"；案例 2 - 4 - 3 涉及非常少见的人胚外内胚层干细胞违背伦理的问题，案例 2 - 4 - 2 则涉及人滋养层干细胞获取的伦理问题；案例 2 - 4 - 4 涉及对拟胚体是否属于人胚胎的认定以及是否适合从"人胚胎的工业或商业目的的应用"角度进行法律适用；案例 2 - 4 - 5 的发明主题所涉伦理问题较多，在未来可能充满更大的不确定性。以上案例可以从不同侧面，反映该类案件所需要面对的审查问题及审查现状。

第四节　伦理道德审查的审查标准及审查规则辨析

对于人类胚胎模型和合成胚胎这一近 10 年才发展起来的新兴技术，我国在专利伦理道德审查应该如何把握，至少需要考虑以下多个方面。

一、政策层面：国家科技政策与专利保护政策逐渐协调一致

我国把人类胚胎和干细胞研究始终放在一个非常重要的位置，对其发展高度重视。相关研究项目被列入国家科技发展五年规划和中长期规划，国家还通过"863"计划和发育与生殖研究国家重大科学研究计划"十二五"专项等途径大力支持干细胞和相关研究。同时国家层面成立干细胞研究指导协调委员会，强化国家在干细胞研究方面的战略目标。进入"十四五"时期以后，我国更是把生命科学研究和技术应用纳入国家的总体发展战略，作为打造"创新型国家"总体战略的重要组成部分。生命健康领域、脑科学领域、生物育种领域被定位为国家战略科技力量中的核心领域，生物技术则被定位为战略新兴产业。

与此相适应，2018 年，国家知识产权局在《知识产权重点支持产业目录（2018 年本）》中将干细胞与再生医学、细胞治疗、人工器官以及大规模细胞培养及纯化、生物药新品种等涉及人类胚胎干细胞技术的相关领域纳入健康产业、先进生物产业，并予以重点保护，以促进重大新药研制、重要疾病防控和精准医学、高端医疗器械等领域发展。也就是说，我国专利政策体系正在及时响应国家战略方向调整，与国家创新体系、科技管理体系、产业经济体系等不断融合，国家科技政策与专利保护政策逐渐和谐统一，有效激励新领域新业态创新和发展。

二、国内审查规则层面：相关伦理审查规则严重滞后

我国高度重视科技伦理治理。2019 年成立国家科技伦理委员会，并成立生命科学、医学、人工智能三个分委员会。2022 年中共中央办公厅、国务院办公厅印发《关于加强科技伦理治理的意见》，这是我国国家层面科技伦理治理的第一个指导性文件，体现了党中央、国务院加强科技伦理治理的坚定决心。同时我国不断完善法律制度设计，引发科技伦理和法律监管的一系列法律制度的出台。2019 年通过的《中华人民共和国基本医疗卫生与健康促进法》、2020 年通过的《中华人民共和国生物安全法》和《中华人民共和国民法典》、2021 年通过的《中华人民共和国刑法修正案（十一）》等陆续施行，众多的法律法规中均有相当多的法律条款涉及科技伦理治理，对伦理审查的重视提到了一个前所未有的高度。但美中不足的是，这些最新制定的法律制度主要是对生命科学领域的伦理监管与治理进行宏观指导和规范，给出了有关伦理审查的一些上位性、原则性和宣示性的规定，无法指导具体的审查操作，我国当下实际上非常缺乏针对各种敏感技术的具体伦理审查规范。2003 年科学技术部和原卫生部制定的《人胚胎干细胞研究伦理指导原则》长时间未能与时俱进。总体来看，国内生命科学领域相关伦理研究存在较大的滞后性，且研究力度远追不上科学研究快速发展的脚步。

在专利伦理审查规则层面，《专利审查指南 2010》于 2019 年围绕人类胚胎和干细胞研究相关伦理审查标准进行了重大调整。国家知识产权局之前的严格立场得以逐渐放松。但是，2019 年对《专利审查指南 2010》进行的修改也仅是局部修改和完善，对于属于战略新兴技术的人类胚胎模型或合成胚胎技术，目前并无现成的伦理审查规则可以直接借鉴。

三、国际审查规则层面：国际伦理审查规则的发展和借鉴

在人类胚胎和干细胞研究领域，影响最大、最受关注的伦理规则无疑是国际干细胞研究协会（ISSCR）制定的《干细胞研究和临床转化指南》，其代表了该领域科研伦理国际协调的基本框架。某种程度上，ISSCR 作为该领域的事实道德监管者，发挥了举足轻重的作用。在 ISSCR 2016 年指南发布 5 年以后，2021 年 ISSCR 发布 2021 年新版《干细胞研究和临床转化指南》❶。新指南针对干细胞胚胎

---

❶ ISSCR Guidelines for Stem Cell Research and Clinical Translation（Version 1.0，May 2021），可在 www. isscr. org 上查阅。

模型，明确提出了最新指导意见。

在 ISSCR 2016 年指南中，胚胎模型曾被称为"类胚结构"，2021 年指南中开始统一使用"胚胎模型"（embryo models）或"基于干细胞的胚胎模型"（stem cell – based embryo models）这一术语取代之前的"类胚结构"的概念，并认为其本质上是一种实验室产生的结构，并非像受精胚胎或克隆胚胎那样由受精或核转移（核移植）产生。

由于胚胎模型数量巨大，类别众多，名称混乱，对其命名和理解上出现了巨大的混乱。2021 年多篇综述性文章❶即指出了当前就胚胎模型研究存在的混乱情况。很多人搞不清这种新兴术语的技术含义，也分不清其技术区别，更遑论理顺其伦理审查与法律适用。而若想解决其伦理审查问题，首先需要厘清各种不同胚胎模型的性质和特点，抓住最为关键和核心的部分。2021 年 ISSCR 新版指南很好地解决了这一问题，首次提出根据胚胎的完全性程度进行胚胎模型的分类，从而来处理与其相关的伦理和科学审查问题。具体而言，其将人类胚胎模型区分为基于干细胞的不完全型胚胎模型（non – integrated stem cell – based embryo models）和基于干细胞的完全型胚胎模型（integrated stem cell – based embryo models）两种，两者的特性和伦理问题相差很大：不完全型胚胎模型缺乏必要的胚外细胞类型，其并不具有胚外膜结构，仅能模拟人类胚胎发育的某一特定方面或特定组织，即使尝试将其植入人或动物的子宫，也不会具有独立发育为人的合理预期；而完全型胚胎模型则不然，其全部来自干细胞系，而且组成中既包含胚内细胞，也包括胚外细胞（通常以滋养层干细胞作为外层和以胚胎干细胞作为内层构成），在适当的培养条件下，理论上，其复杂性足以支持其具有进一步的完全发育能力。❷

由此，在 2021 年新版指南中，ISSCR 对基础研究与临床研究是区分对待的。其将所有人类胚胎和干细胞的实验室研究（基础研究）分为以下三大类（1、2、3）和五小类（1A、1B、2、3A、3B)❸。其中，基于干细胞的不完全型胚胎模型（此类胚胎模型不能进行胚胎的完全发育）研究属于研究类型 1B，其虽然需要备案或报告至监管部门，但通常不需要特定的审查或监管，一般免予审查；对于基

---

❶　至少包括：（1）MATTHEWS K R W，WAGNER D，WARMFLASH A. Stem cell – based models of embryos：The need for improved naming conventions ［J］. Stem Cell Reports，2021，16（5）：1014 – 1020；（2）POSFAI E，LANNER F，MULAS C，et al. All models are wrong，but some are useful：Establishing standards for stem cell – based embryo models ［J］. Stem Cell Reports，2021，16（5）：1117 – 1141. 这些文章可以反映这一领域的复杂性。

❷　但即便如此，对于完全型胚胎模型，也有观点认为其毕竟源自细胞系，并非真正的人类胚胎（bona fide human embryos 或 genuine human embryos）。即便被证明已经无限接近于后者，它们也不可能具有真正胚胎才具有的典型的表观遗传标记，并会失去某些对于可育胚胎而言必需的特定细胞状态。

❸　LOVELL – BADGE R，ANTHONY E，BARKER R A，et al.，ISSCR Guidelines for Stem Cell Research and Clinical Translation：the 2021 update ［J］. Stem Cell Reports，2021，16（6）：1398 – 1408.

于干细胞的完全型胚胎模型研究，则属于研究类型 2，其需要专门的伦理审查、审批和监管，经审批同意以后可以开展研究；而诸如孕育由人类干细胞产生的胚胎模型（这里的胚胎模型包括任何完全型和不完全型胚胎模型，孕育则既包括在人体子宫孕育，也包括在动物子宫孕育）或者将任何来源的人类胚胎转移入动物子宫等研究行为，均属于研究类型 3B。此类研究由于目前尚缺乏科学合理性或由于直接违背人类伦理等原因而被严格禁止。可见，ISSCR 指南中给出了清晰的界限，即只有包含支持组织的胚胎模型和理论上存在完全发育可能性的胚胎模型需要与真正的胚胎研究采用相同的监管措施，同时禁止将人类胚胎模型移植到人或动物的子宫内。

在法律地位和/或伦理地位上，基于干细胞的胚胎模型并不能等价于人类胚胎。ISSCR 指南所给出的理念就是：胚胎模型越完全，相应的伦理审查要求越高。但即便是完全型胚胎模型，其也不必受到针对真正人类胚胎的"14 天规则"的严格限制。在这一点上，其与真正的人类胚胎是不同的。为了进一步说明各种人类胚胎与不同胚胎模型之间的差异，可以进一步参照表 2-4-1。❶

表 2-4-1　不同胚胎或胚胎模型的定义及其所归属的研究类型（伦理审查类型）

胚胎类型	定　义	研究类型
人类胚胎	由人类精卵细胞经受精产生〔也包括由人类辅助生殖（试管婴儿）领域中由体外受精（IVF 技术）产生的胚胎〕	研究类型 2
人类孤雌胚胎	在人类胚胎的形成中并无精子的参与和贡献（通常所说的孤雌胚胎指代的是由卵细胞形成的二倍体孤雌胚胎，这里可能不包括单倍体孤雌胚胎）	研究类型 2
人类核移植胚胎	由人类体细胞和人类去核卵母细胞经核移植技术替换核基因组而形成（有时也称克隆胚胎）	体外研究归入研究类型 2；涉及体内孕育则落入研究类型 3B
基于干细胞的完全型胚胎模型	包含胚胎细胞和胚外细胞两种谱系的细胞，具有完全发育潜能	研究类型 2

❶ CLARK A T, BRIVANLOU A, FU J P, et al. Human embryo research, stem cell - derived embryo models and in vitro gametogenesis: considerations leading to the revised ISSCR guidelines [J]. Stem Cell Report, 2021, 16 (6): 1416 - 1424.

胚胎类型	定　义	研究类型
基于干细胞的不完全型胚胎模型	包含胚胎细胞而无胚外细胞，仅能模拟人类胚胎发育的特定方面或特定组织而非全部	研究类型 1B
嵌合胚胎（通常不属于人类胚胎）	转移人类细胞（多数情况下是干细胞，尤其是多能干细胞）至非人胚胎并对其进行体外培养所得到的胚胎	研究类型 1B

同时，为正确地反映胚胎模型的相关研究和应用，面对其术语概念表述纷乱的现状，ISSCR 指南鼓励和建议使用"胚胎模型"或者"基于干细胞的胚胎模型"这一术语来表述它，并明确指出，尽量避免将其表述为"合成胚胎"、"人工胚胎"或"胚状体"。如此，一方面可以避免术语混乱，另一方面也可以避免因一些主要用于新闻媒体的浮夸名称导致对其的误解继续传播。

可以看出，ISSCR 新版指南允许所有基于干细胞的胚胎模型研究，唯一禁止条件为"不可将此类模型移植到人类或动物的子宫"，以防止试图通过胚胎模型建立怀孕。可以说，2021 年新版指南为此类研究及审查重新建立了明确的标准，这种相对宽松和明确的标准将会大大激励胚胎模型研究。

四、审查观点与审查规则

国家知识产权局根据《专利法》第 5 条规定，对发明依法进行伦理道德审查。并且，专利审查的及时性要求，必须伦理审查先行和实行敏捷治理，因此，对这些新兴生物技术的伦理审查必须与时俱进。此类案件的伦理审查中，以下两点可能是至关重要的。

（1）在技术的理解和辨析上，是否属于胚胎模型以及完全型胚胎模型与不完全型胚胎模型的区分和定位非常重要。

在专利审查中，准确地理解发明和进行技术解析，无疑是非常重要的。以案例 2 - 4 - 1 为例，涉案发明在所述人工胚胎的构建中，相继使用了卵胞质移除技术（由此获得卵透明带壳）、胚胎干细胞注射技术（由此形成干细胞 - 透明带复合体），尽管制备过程中也使用了胚胎干细胞，但在相应胚胎的形成过程中，卵子或透明带壳的作用是更为根本的，本质上该人工胚胎的形成过程更类似于核移植胚胎或聚合胚胎。因此，相应案件是纳入核移植胚胎、聚合胚胎，还是胚胎模型领域来进行伦理考察，就非常重要。这是大的技术定位。

如果技术确实属于胚胎模型技术，在确定发明属于胚胎模型以后，接下来，区分完全型胚胎模型与不完全型胚胎模型也非常重要。比如，同样的一个汉译概念"类胚体"，实际上存在完全不同的含义及完全不同的伦理问题。第一种可以称为"类胚体"的，其英文为"embryoid bodies"，简称"EB"或"EBs"。其是通过人类胚胎干细胞的聚集获得的直径为200～4000μm的多细胞球。迄今为止，使用ES细胞形成的拟胚体不能形成囊胚或胎盘组织，不能用于获得胚胎或活动物。换言之，EB的形成仅有胚胎干细胞培养经聚集而形成的细胞聚集体，并无TS细胞参与形成，与真正的胚胎相差甚远，不应被认为属于人胚胎，应将其纳入不完全型胚胎模型。

但是，第二种被译为"类胚体"的，其对应的英文词汇则为"blastoid"。比如在案例2-4-2中，"类胚体"（blastoid）是指源自人工囊胚并且直至胎儿形成之前的胚胎结构，其包括成腔后的人工囊胚（成腔人工囊胚）和进一步发育的胚胎。在该发明中，类胚体是人工囊胚向胎儿发育中的第一阶段，但是术语"类胚体"还覆盖人工类胚体的直至源自人工类胚体的胎儿形成之前的其他发育阶段。因此，类胚体也可以被称为人工胚胎，并包括通过发明的方法获得的人工囊胚的所有发育阶段，其中尤其是涵盖人工上胚层和人工原肠胚。可见，此处的"类胚体"实际上与真正的人类胚胎就很接近了，它实际上是一种重组的人类胚胎、合成的人类胚胎，与真正胚胎可能相差无几。而且，在发明中，也将其整个发育阶段划分为"类胚体"和"胎儿"两个阶段，与真正胚胎中"胚胎"与"胎儿"的界别是完全相同的。此时，根据如上内容基本可以判断，此处的"类胚体"所指代的应该是一种完全型胚胎模型。

因此，在技术上，胚胎模型发明是很复杂的。有些基本等同于人自然受精胚胎，存在相同或类似的伦理问题；有时候，其虽名义上为一种人工胚胎，一种合成胚胎，一种胚胎模拟物，或一种胚胎替代物，也可以部分模拟人类胚胎，但实际上与真正的人类胚胎还具有很大差距。其仅是一种类胚结构，仅具有研究意义，不会用于发育为人，也不能发育为人。

（2）在法律适用上，应在明确相应研究类型的基础上酌定其法律适用。

专利申请伦理审查与相应的科研项目伦理审查存在很大不同，其中，最主要的区别就是专利申请涵盖的范围往往远远大于实际实施的科研实验项目。有时，申请人和/或发明人的心有多远，相应的专利保护方案就延伸到多远。换句话说，很多发明专利申请，虽然主要实验仅为动物实验，但在发明内容和权利要求部分，很多可能提及或包括人类的技术方案；并且，虽然主要实验均为基础研究，但在撰写权利要求时会向下游应用研究或临床应用概括和延展各种保护主题，尤其是当涉及人的情况下，下游应用所涉及的伦理问题就会非常敏感，可能涉及克隆人、人生殖系遗传修饰、人与动物嵌合体等伦理问题。

比如，在案例2-4-3中，权利要求包括了制备人重构胚胎的方法，由此其在制备中就首先需要获取人的胚外内胚层干细胞。而获取人的胚外内胚层干细胞，目前已知只能从植入人体内的囊胚中分离获得，由此就会明显触及伦理问题。但是，在其说明书实施例记载的实验中，并不存在由人体内获取人的胚外内胚层干细胞的实验，而仅仅涉及动物实验，而动物的胚外内胚层干细胞获取就不会触及伦理问题，预期该科研项目立项中的伦理审查也不会因此存在伦理问题。因此，在专利申请的伦理审查中，首先需要注意科研立项伦理审查与专利伦理审查内容上存在的可能不同。

其次，应严格基于发明内容和公开事实进行相应法律适用。比如，以前述案例2-4-2为例，该案在审查中罕见地指向了克隆人，但实际上，该案与传统意义上的体细胞克隆人并不相同。这可能也是美国专利商标局、欧洲专利局等就此并未指出其属于克隆人的原因。那么，这一技术到底涉及不涉及克隆人呢？仔细分析之下可以注意到，案例2-4-2是典型的由两种干细胞——人类胚胎干细胞和胎盘干细胞来重组形成人工胚胎或合成胚胎的。通过说明书记载内容可以看出，该发明的人工胚胎不仅可能会培养超过14天界限，而且明确涉及将该基于胚胎干细胞构建的人工胚胎进行胚胎移植，植入母体子宫和进行胎儿娩出。案例2-4-2确实明显会涉及克隆人，尽管该克隆人并不是严格意义上的无性克隆，但归入有性克隆并不为过。

除此而外，该发明还指出诸如"用于形成细胞聚集体的细胞系可以在本发明的类胚体形成之前或期间进行遗传修饰""通过在体内生长类胚体获得的活的哺乳动物可以具有遗传修饰。细胞的一个遗传修饰可以通过已知的这种细胞的扩增来增殖，以获得具有相同遗传概貌和相同遗传修饰的单一细胞系""活的嵌合体可以通过从具有不同遗传概貌的细胞系形成细胞聚集体来获得，例如源自不同物种的细胞系的嵌合体，或来自具有不同遗传修饰的细胞系的嵌合体"等，因此，该发明还可能涉及人类生殖系遗传修饰、人类-动物嵌合体胚胎及人类-动物嵌合体等一系列敏感问题。可见，即使是在未考虑胚胎模型相关伦理问题的情况下，案例2-4-2中的发明就已经可能会涉及诸多的伦理敏感问题。无论在审查中如何进行法律适用，均需要注意，应严格基于发明内容和公开事实进行相应法律适用。

最后，在明确胚胎模型类型和相应研究类型的基础上酌定其法律适用。对于胚胎模型的伦理审查而言，无论是2016年版ISSCR指南，还是2021年版ISSCR指南，都不是一棍子打死，而是分门别类区分处理的。这种分门别类、因地制宜的分类处理是一种相对比较合理的态度。在审查中要注意，不应将全部人类胚胎模型研究（尤其是基础研究）套上伦理的枷锁，或者对其培养时间进行如人类胚胎一样严格的"14天规则"时间限制。也要注意，对高发育潜能的合成胚胎施以高度警惕，应严格限制将胚胎模型制作嵌合胚胎以及将人工胚胎、合成胚胎或胚胎模型等植入人或动物体内进行发育研究。根据目前科学家的研究结果，在培养基的材料足够模拟子宫，且细胞因子的组合足够合理且可以动态调节的情况下，胚胎是可以在体外持续发育的，即随着科学技术的突破，人类胚胎模型在体外培养的时间必将会进一步延长，并得到更多"类器官"等，甚至存在"克隆人"的可能。当体外培养的胚胎模型发育到一定阶段时，应该如何考量该胚胎模型所具有的法律地位、是否认可其作为"人"的主体权利也将对"人"的主体概念发起新一轮的挑战。因此，需要在科学研究的"利"与"弊"中作出衡量，加强监管力度，避免研究践踏伦理红线，保证人类胚胎模型的研究在不违反伦理道德的框架内可持续发展。

五、结论及展望

随着生命科学技术的发展，人类从健康需求出发获知人类早期胚胎发育基本原理的渴望日渐增强。随着胚胎模型和合成胚胎技术研究逐渐深入，未来有可能获得发育时程更长且更接近于真正胚胎的体外胚胎模型，包括人类生理、病理胚胎模型。此外，胚胎模型还将为探索人类的基因工程创造一个平台，用于研究基因编辑和其他类型的遗传修饰的后果等。展望未来，胚胎模型研究及应用会越来越深入，越来越复杂。

在当前阶段而言，多数科学家认为，使用不完全的胚胎模型模拟某些重要器官的发育，会减少和降低使用人类真正胚胎的必要性，且现有的胚胎模型只可重现胚胎发育中的有限部分，因此不应与真正胚胎享有同等的伦理地位。从长远来看，在何处划定界限方可确保胚胎模型研究符合伦理，仍是一个值得不断深入探讨的问题。希望在更加科学合理和成熟有效的伦理监管之下，人类胚胎模型研究，尤其是人类胚胎模型的基础研究，能够逐渐走出伦理困境，获取更多的支持与信任，最终服务于人类福祉与人类健康。

第五章　中药复方的创造性审查

中医药作为我国历史文化的瑰宝，在常见病、多发病、慢性病等疾病防治中的独特作用得到广泛的验证。自新冠肺炎疫情以来，以"三药三方"为代表的中药方剂在疫情防控中发挥了重要作用，再次彰显了中药在保障公众健康方面的优势。

整体观是中医药主要特色理论之一，包括如辨证论治、脏腑学说、阴阳五行、气血津液等中医药原创思维。中药复方以中医药基本理论为指导，通过"理、法、方、药"构思配伍而成，是中药临床应用的主要形式。在临床实践中，一个新的中药复方遵循辨证、立法、选方、遣药等基本环节，即"法随证立，方从法出，方以药成"❶。中药复方发明也是目前我国中药发明专利申请的主要类型。由于指导中药复方创制的理论体系的独特性和复杂性，在审查实践中，业界对于制定符合中医药规律的发明专利审查规则有着迫切要求。2021年9月，中共中央、国务院印发的《知识产权强国建设纲要（2021—2035年）》中提到，要推动中医药传统知识保护与现代知识产权制度有效衔接，进一步完善中医药知识产权综合保护体系，建立中医药专利特别审查和保护机制，促进中医药传承创新发展。2021年10月，国务院印发《"十四五"国家知识产权保护和运用规划》，在"完善知识产权保护政策"中要求"完善中医药领域发明专利审查和保护机制"。在当前鼓励中医药传承精华和守正创新的大环境下，有必要结合中医药领域的特点，探索符合中药领域发明创造规律的创造性审查规则，依法保护好中医药知识产权。

第一节　中药复方传承创新发展概况

改革开放以来，随着我国经济实力和科技水平的提升，现代科学技术的介入

---

❶ 宋江秀，周红涛. 试论中药组合物发明创造性的审查思路和方法［J］. 专利代理，2019（3）：72.

推动了中医药现代化，也使得中药的发展达到了新的高度。但由于与西医理论体系的差异，中医药如何更好地发展同时也面临严峻的挑战。而近年来，随着《中华人民共和国中医药法》的出台以及国家顶层设计的不断完善，中医药正面临新的发展机遇。2019 年 10 月，习近平总书记对中医药工作作出重要指示，强调要遵循中医药发展规律，传承精华，守正创新。2019 年 10 月中共中央、国务院印发的《关于促进中医药传承创新发展的意见》中指出，传承创新发展中医药是新时代中国特色社会主义事业的重要内容，是中华民族伟大复兴的大事。2022 年 3 月，国务院办公厅印发了《"十四五"中医药发展规划》，提出建设高水平中医药传承保护与科技创新体系，强调加强中医药传承保护，加强开展基于古代经典名方、名老中医经验方等的中药新药研发。

守正创新是中医药发展的指导思想。2020 年新颁布的《药品注册管理办法》中，对于中药新药，不再以物质基础作为划分注册类别的依据，更突出以临床价值为导向，尊重中药研发规律，强调临床价值。据此，国家药品监督管理局于 2020 年 9 月 17 日发布《中药注册分类及申报材料要求》。其中，将最能体现中药特点的"中药复方制剂"由原来的中药 6 类新药调整为"1. 中药创新药"下的"1.1 中药复方制剂"，同时为传承古典医籍精华，发挥中医药原创优势，促进古代经典名方向中药新药转化，将"古代经典名方中药复方制剂"单独作为一个注册分类，即第 3 类。新增的第 3 类中药除"3.1 按古代经典名方目录管理的中药复方制剂"外，还设置了 3.2 类"其他来源于古代经典名方的中药复方制剂"，包括未按古代经典名方目录管理的古代经典名方中药复方制剂和基于古代经典名方加减化裁的中药复方制剂。为突出中医特色和临床价值，在第 3 类新药注册的证据体系中重视人用药经验，允许引入真实世界研究作为中药人用经验的来源，并作为支持中药新药上市的证据。2021 年 2 月，国务院办公厅印发《关于加快中医药特色发展的若干政策措施》，其中进一步明确指出要建立中医药理论、人用经验、临床试验"三结合"的中药注册审评证据体系。

古代经典名方蕴含中医药理论核心，历经长期的临床验证。2021 年 3 月批准上市的用于治疗新冠肺炎的清肺排毒颗粒，是首个基于真实世界证据获批注册的中药新药，也是对 3.2 类"其他来源于古代经典名方的中药复方制剂"的成功实践。可以看出，利用古代经典名方在人用经验方面的天然优势，直接获取真实临床病例的证据，能反映中医药临床"辨证论治"的真实医疗实践活动。❶ 因而，

---

❶ 李安，刘斌，宗星煜，等. 古代经典名方中药新药研发策略及清肺排毒颗粒上市实践分析 [J]. 中医杂志，2021，62（21）：1893.

古代经典名方的注册改革为中药产业发展提供了新方向，也是中医药传承精华、守正创新，加快推进中医药现代化、产业化的重要内容。在政策逐渐明晰后，以临床价值为导向的中药复方成为当前中药新药的主力军，基于已有方剂或经典方基础上的中药复方创制也成为目前乃至今后中药发展的重要方向和热点。

第二节　中药复方创造性审查中的主要问题

《专利法》第 22 条第 3 款规定："创造性，是指与现有技术相比，该发明具有突出的实质性特点和显著的进步。"根据《专利审查指南 2010》的规定，"三步法"是创造性判断的常规方法。《专利审查指南 2010》中规定了判断要求保护的发明相对于现有技术是否显而易见的三个步骤：①确定最接近的现有技术；②确定发明的区别技术特征和发明实际解决的技术问题；③判断要求保护的发明对本领域的技术人员来说是否显而易见。

中药复方是中药发明专利申请的主要类型，其或是在经典名方/已知方基础上进行加减或化裁，或是在中医药理论基础上根据临床经验配伍。不管中药复方处方来源于什么，其具有传统知识通延性的特点，实际应用广泛，研究角度多维，相关现有技术众多，并且还存在不同学术流派争鸣的特点。2020 年新版中药新药分类及相关注册办法的出台，使得中药新药研究中更注重临床价值导向，也更多关注具有良好基础的经典名方或已有方剂基础上的传承创新。基于中药复方发明创新的特点，其相关现有技术往往相对复杂或多种，这种情况下，如何确定最接近的现有技术成为审查实践的争议焦点。另外，尽管要求在创造性判断中站位本领域的技术人员，但创造性判断条件固有的主观性、判断主体的差异性以及中医药配伍理论的复杂性等因素均会导致中药专利创造性审查中标准难以完全执行一致。如在对中药复方加减的改进创造性评价中，在最接近的现有技术基础上本领域的技术人员是否有改进或调整配方的技术启示，其中药味加减变化是否在其他现有技术有明确教导或属于常规调整，这些涉及非显而易见性的判断规则在实践中还存在模糊地带，目前《专利审查指南 2010》中并未对于中药领域的创造性审查制定专门的规则。

第三节　专利审查案例分析

一、关于最接近现有技术的选择

由于中药复方的通延性以及临床的广泛应用，针对中药复方发明往往能检索到大量相关现有技术。由于复方药味往往比较多，且中医治疗中对于疾病的病因病机的认识和治则多样，复方的配伍机制也比较复杂。这种情况下基于什么原则以及如何确定合适的最接近的现有技术存在一定的争议。下面通过审查实践中的案例来进行阐释。

【案例2-5-1】用于治疗肿瘤的药磁贴

涉案申请涉及用于治疗肿瘤的药磁贴，其特征在于，其原料药是由下列原料按重量份数组成：三七20～50份、血竭20～50份、地龙10～30份、土鳖虫20～50份、大黄20～50份、秦艽20～50份、延胡索30～50份、冰片20～50份、野山参20～30份、全蝎10～30份、蜈蚣20～50份、太子参10～50份、乳香10～50份、红花20～50份、没药10～50份、黄柏10～50份、木香10～30份、香附30～50份、五灵脂30～50份、当归10～50份、黑白牵牛子各20～50份。

对比文件1公开了一种用于肿瘤消肿镇痛的纳米药磁贴及其制备方法，中药原料的重量份数为：雪莲10～20份、三七30～50份、当归30～50份、红花20～30份、乌骨藤50～80份、草乌20～30份、川乌20～30份、马钱子20～30份、生南星20～30份、细辛20～30份、延胡索30～50份、蟾酥20～30份、地龙20～30份、土鳖虫20～30份、五灵脂30～50份、乳香30～40份、没药30～40份、郁金30～40份、川楝子30～40份、胡椒20～30份、青皮30～40份、路路通30～50份、冰片30～40份。

在实质审查阶段，该申请被国家知识产权局以相对于对比文件1不具备创造性的理由驳回。驳回决定认为，该申请和对比文件1均涉及一种用于治疗肿瘤及镇痛的中药磁贴，中药原料组成的区别在于：减去对比文件1原料中的雪莲等原料药，加入血竭、大黄等11味药。对于存在的药味区别，基于公知常识本领域的技术人员有动机根据肿瘤的治则等进行常规选择或调整。该申请说明书中记载了该中药磁贴通过通络散瘀、祛痰利湿、拔毒止痛、化痞消积等消积导滞法控制肿瘤生长和疼痛，并记载了磁贴在乳腺癌、淋巴癌、肝癌等临床中的验证数据，其疗效标准主要针对疼痛强度进行分类，治愈标准也主要针对疼痛缓解程度并提及肿瘤或积水缩小。而对比文件1公开了采用行气活血、通络散结、消肿止痛为治则治疗肿瘤的中药复方，且所记载的疗效与该申请记载的具有抑制肿瘤生长、控制中晚期癌症扩散和疼痛的技术效果近似，因而该申请不具备创造性。

该申请随后在复审阶段、北京知识产权法院审理阶段均被认定为不具备创造性。申请人向最高人民法院提起上诉，请求撤销一审判决和被诉决定。其中主要理由之一为：涉案申请与对比文件1比较，中药原料有10味以上不同，不应将对比文件1作为最接近的现有技术。

最高人民法院经审理认为，由于中药复方通常包括较多药味组合并存在配伍关系，可能与现有技术在药味的组成和/或数量上存在较多差别，因而存在以中药药味组成差别的数量多少来确定最接近的现有技术的情况；但在审查实践中，最接近的现有技术应当是现有技术中与要求保护的发明最密切相关的一个技术方案。中药复方发明具有特殊性，尤其当涉及十几味甚至几十味中药材时，不宜过度关注现有技术披露发明的技术特征的数量，而应更多从发明的实质出发，以发明目的、技术领域、技术问题、技术效果的相似度作为确定最接近的现有技术的关键因素。该案中，对比文件1公开了用于肿瘤消肿镇痛的纳米药磁贴，以行气活血、通络散结、消肿止痛为治则。涉案申请涉及的治疗肿瘤的药磁贴采用通络散瘀、祛痰利湿、拔毒止痛、化痞消积等消积导滞法。对比文件1与涉案申请的发明目的、技术领域、技术问题和技术效果都具有高度相似性，尽管两种技术方案所用中药材存在10味以上不同，但是，相同功效的中药材之间具有可替代性是本领域公知常识，因此，以对比文件1作为最接近的现有技术并无不当。

案例2-5-1涉及最接近的现有技术的选择，审查中选用的对比文件1与涉案申请涉及的中药复方药味差异数量超过了10味，专利申请人以此认为对比文件1不适宜作为最接近的现有技术。实质审查阶段选择对比文件1作为该申请的最接近的现有技术，是考虑到其与该申请的发明目的、技术领域、技术问题和技术效果都具有高度相似性，而分析该申请说明书的记载内容可以发现，申请人对于其复方的组方结构、配伍理论等并没有过多的介绍，仅简单地给出了技术方案和效果。从该案的判决可以看出，对于中药发明专利申请，在涉及创造性判断的最接近的现有技术的选择中，需要尊重中医药的特点和发展规律，把握中医药传统医学理论的独特性，不应仅从区别药味的数量多少出发去判断或确定最接近的现有技术，更应该把握发明实质，从发明构思上判断发明与现有技术是否相近。正如最高人民法院在该案的裁判要旨中明确的：中药复方由于含有的药味多，不宜过度关注现有技术披露的发明技术特征数量，要关注配伍变化、方剂变化、药味功效替代规律，及适应证、治则、治法、用药思路等，进而作出综合性判断。该案例为中药复方发明创造性判断中如何选择确定最接近的现有技术提供了法律参考。

二、关于非显而易见性的判断

在确定了最接近的现有技术后，创造性审查的另一难点是判断中药复方相对于最接近的现有技术是否显而易见。由于中药复方创新的特点，在现有技术基础上对药味进行增减、替换或用量变化等形成新的中药复方，特别是基于经典方加减得到新的中药是目前中药创新的鼓励方向，这些情形下发明与现有技术区别特征相对较少，因此在审查实践中对是否显而易见或是否能从现有技术中获得教导的问题比较容易引起争议。下面通过部分相关审查案例了解在审查实践中的判断原则。

（一）涉及中药复方药味增减的情形

【案例2-5-2】 一种中药僵蝉止咳颗粒

涉案申请涉及一种中药僵蝉止咳颗粒，其特征在于，其制备原料由以下重量份数的组分组成：蝉蜕10～20份、僵蚕10～15份、紫菀10～15份、百部20～30份、川贝10～20份、白前5～10份、半夏6～18份、陈皮10～20份、桔梗6～18份、荆芥3～9份、甘草1～5份。其在经典方"止嗽散"的基础上增加了蝉蜕、僵蚕、川贝和半夏，用于治疗慢性咳嗽。说明书中证实了其相对于某市售口服糖浆在治疗慢性咳嗽方面具有更好的效果，但没有记载与"止嗽散"相关方剂对比的实验数据。对比文件1的中药是由"止嗽散"加蝉蜕、僵蚕而成，用于治疗咽痒干咳。该申请与对比文件1的主要区别在于：还添加了川贝和半夏，并调整了部分中药原料的用量配比。而对比文件2公开了治疗顽固性咳嗽的止咳散，其中指出痰多者可加半夏、川贝，即对比文件2给出了添加半夏、川贝的启示。因此，实质审查阶段国家知识产权局以该申请相对于对比文件1和对比文件2结合不具备创造性的理由作出驳回决定。随后，申请人提出了复审请求，主张涉案发明通过临床实践配伍得到，与对比文件1和对比文件2的配伍存在本质区别，并陈述了各药味在组方中的作用。

复审决定认为，止嗽散是治疗慢性咳嗽的传统方剂，对比文件1公开的蝉虫止嗽散包含僵蚕、蝉蜕，对比文件1与涉案发明的组方配伍并无本质区别。同时对比文件2还教导了以"止嗽散"为主方,在治疗顽固性咳嗽中,对于痰多者可加半夏和川贝。可见,根据对比文件2的教导,为了改善"止嗽散"祛痰的作用,在对比文件1的基础上增加半夏和川贝对本领域的技术人员而言是显而易见的,因而该申请不具备创造性。

【案例2-5-3】 一种治疗气管炎的中药组合物

涉案申请涉及一种治疗气管炎的中药组合物,其特征在于包括以下重量份的原料:桑叶2~5份、麦冬1~4份、鱼腥草3~7份、石膏1~4份、瓜蒌1~4份、阿胶1~3份、枇杷叶1~4份、苦杏仁1~4份、甘草1~3份。其是经典方"清燥救肺汤"的加减方。说明书中记载了中药组合物的君臣佐使配伍依据,证实了其相对于某市售中药在治疗气虚不明显、燥热阴伤为主的气管炎方面具有更好的临床疗效。

对比文件1公开了一种治疗气管炎的中药。涉案申请与对比文件1的主要区别在于:减去人参、胡麻,加入鱼腥草、瓜蒌。而对比文件2教导了在清燥救肺汤的基础上随证加减治疗气虚不明显、燥热阴伤为主的病人的实例,对于无明显气短乏力之气虚象,而以燥热阴伤为主的,用全瓜蒌替胡麻仁,以宽胸利气、润肠通便,增加鱼腥草以清热解毒,并减少甘温人参的用量,即给出了随证减人参、胡麻,加鱼腥草、瓜蒌的启示。因此,实质审查阶段国家知识产权局以涉案申请相对于对比文件1和对比文件2结合不具备创造性的理由作出驳回决定。

在复审阶段,请求人的主要意见之一认为现有技术没有给出删除人参的启示,删除某一原料药对整体药效的影响是不可预料的。

复审决定认为:人参在对比文件1公开的清燥救肺汤中处于佐药的位置,即属于次要药物,其发挥益气生津的作用。在主病、主证、基本病机以及君药不变的前提下,可以改变中药方剂中的次要药物,以适应病情变化的需要,本领域的技术人员有动机随证加减并能够意识到作为佐药人参的甘温之性对燥热阴伤的病人是不利的,所以本领域的技术人员有动机删除对比文件1公开的清燥救肺汤中的佐药人参。删除人参后,人参的益气生津作用也将相应消失,没有证据表明删除人参后整体药效能够产生预料不到的技术效果。

【案例2-5-4】 一种治疗心脑血管疾病的中药制剂

涉案申请涉及一种治疗心脑血管疾病的中药制剂,其特征在于:按照重量份配比计算,由灯盏细辛380~420份、虎杖360~420份、野山楂350~450份、刺五加300~350份和丹参310~350份制作而成。说明书中记载了其具有活血化瘀、通络止痛的功能，并记载了治疗冠心病的实验数据，同时还记载了组方的方解："灯盏细辛为君药；刺五加，补益肝肾，活血祛疲、行气止痛；虎杖，活血祛瘀、清热利湿，刺五加与虎杖共为臣药；野山楂，活血祛瘀、消食化积；丹参，活血散瘀、凉血消痛、养血安神；野山楂与丹参相伍增强化瘀生新、行气宽中之功，方中各药相伍为用，共奏活血化瘀、消食化滞、行气止痛之效。"

在实质审查阶段，涉案发明被授予专利权，后被提出无效宣告请求。请求人主张，对比文件 1 公开了一种治疗心脑血管疾病的中药，处方为灯盏细辛 390g、虎杖 390g、野山楂 390g、柿叶 390g、刺五加 320g、葛根 320g、丹参 320g，并公开了方解："灯盏细辛，活血化瘀、行气止痛；柿叶，祛风通络、活血化瘀，上述二味共为主药；虎杖，清热利湿；葛根，退热补虚；丹参，活血化瘀，通络止痛；野山楂，消食行气、散瘀健胃；刺五加，驱风除湿，虎杖、丹参、野山楂、葛根、刺五加共为辅药，诸药配伍，共奏活血化瘀、消食化滞、行气止痛之功。"涉案发明与对比文件 1 公开的处方的区别在于删减了柿叶和葛根，属于要素省略的发明。涉案发明省略了现有组方中的柿叶、葛根，也丧失了两原料给全方带来的有益效果，因此不具备创造性。

无效宣告决定中指出：本领域的技术人员已知柿叶、葛根中的有效成分对心脑血管具有治疗作用，均与组方"活血化瘀，通络止痛"的功能主治以及冠心病具有密切的联系。且在对比文件 1 中柿叶为主药，现有技术并未给出删减已有组方中的主药，以及删减柿叶、葛根这两味药，并仍能达到相似治疗效果的技术启示。同时发明证实不包含柿叶和葛根仍具有治疗冠心病作用，现有技术没有教导省略了柿叶和葛根后相应的有益效果也即丧失。因此，涉案发明对于本领域的技术人员而言是非显而易见的，具备创造性。

（二）涉及中药复方药味替换的情形

【案例 2-5-5】 一种治疗痛经的中药复方制剂

涉案申请涉及一种治疗痛经的中药复方制剂，其特征在于，由下列重量份的原料药制成：红花 1~15 份、乳香 1~15 份、没药 1~15 份、片姜黄 1~15 份、桂枝 1~15 份、降香 1~15 份、血竭 1~9 份、乌药 1~15 份、元胡 1~18 份、艾叶 1~9 份、细辛 1~9 份、冰片 0.5~9 份。该申请与对比文件 1 均涉及一种治疗痛经的中药，区别仅在于用降香替换了对比文件 1 中的沉香。

实质审查意见认为：降香与沉香均为理气药，皆系木质药材，二者性味、功效相似，在辛温散寒、止痛止呕等方面可替代使用，但相较于沉香，降香更适用于化瘀行血、止血定痛，为外科常用之品，针对以血瘀不畅为主要特点的痛经，采用更适用于行血化瘀止痛的降香对本领域的技术人员来说是显而易见的，而且沉香昂贵、来源稀缺，本领域的技术人员有动机选择降香替换沉香，因此涉案申请不具备创造性。

在复审阶段，合议组经审查后认为，涉案申请记载了痛经药效学实验，包括明显减少痛经模型大鼠的扭体反应次数，降低神经肽 P 物质水平，减少 IL－1β、TNF－α 及 PGE2 的分泌及活性，从而减轻痛经。同时发明证实了临床治疗 1 个月、2 个月后，该发明的疗效显著优于对比文件 1 的中药。依据本领域的公知常识，临床用药时，对于性味与主要功效相同而主治部位不尽一致的药物，通常将归经和其他性能结合起来考虑，以增强用药的准确性和疗效。沉香与降香虽都为辛温芳香理气药，但归经存在差异，功效各有所长，临床也区分使用。沉香味苦、性温，气味芳香，归脾、胃、肾三经；其质重而降，能下入丹田暖肾纳气；芳香辛散，能行气止痛，性温能散里寒；故能温中、暖肾、理气，临床多用于脏寒气凝、气逆诸症。降香性味辛温，归肝、脾二经；其辛散温通，行血、散瘀、止血、定痛，临床用于外伤瘀血及气滞血瘀胸痹症。在对比文件 1 公开了方中沉香发挥"降气温中，暖肾纳气"功效的基础上，现有技术未给出将对比文件 1 组方的沉香替换为降香并获得更好的技术效果的技术启示。因此，涉案申请对于本领域的技术人员而言是非显而易见的，具备创造性。

【案例 2－5－6】 一种治疗口腔炎症的中药制剂

涉案申请涉及一种治疗口腔炎症的中药制剂，其特征在于，各中药原料的重量份数为：天冬 25 份、麦冬 25 份、玄参 25 份、甘草 12.5 份、山银花 30 份。对比文件 1 公开了一种治疗口腔炎症的中药制剂，其中各中药原料的重量份数为：天冬 25 份、麦冬 25 份、玄参 25 份、甘草 12.5 份、金银花 30 份。涉案申请与对比文件 1 中配方的区别仅在于：用山银花替换金银花。该申请说明书中已经记载了相对于对比文件 1 使用金银花的技术方案，该申请的配方在自由基清除能力、免疫器官增重、溶血素抗体生成、耐缺氧时间延长等方面具有更好的效果，因而在实质审查阶段获得授权。之后该案被提出无效宣告请求，请求人主张山银花和金银花的替换不具有非显而易见性。权利人争辩指出：中药材山银花与金银花是药典中明确分列的两种不同中药材，分别列有不同的来源与质量标准。2000 年版《中华人民共和国药典》里中药材金银花包括四个来源——忍冬、红腺忍冬、山银花、毛花柱忍冬，但 2020 年版《中华人民共和国药典》已修改为只有忍冬属于中药材金银花，红腺忍冬、山银花、毛花柱忍冬则被剔除出药典，并规定生产口炎清颗粒只能用中药材金银花，而且涉案发明相对于对比文件 1 取得了更好的技术效果，因此具备创造性。

无效宣告决定中指出：药典中对金银花、山银花相关内容的修改仅表明金银花和山银花存在不同，但并不能由此认定山银花和金银花这两者的不可替代性。现有技术公开了两者性味、归经、功能与主治完全相同，都具有清热解毒、疏散风热的功能，都可以用于痈肿疗疮、喉痹、丹毒、热毒血痢、风热感冒、温病发热的治疗。对于本领域的技术人员而言，口腔炎症属于痈肿疗疮范围内的具体病症，因而，采用山银花替换金银花是显而易见的，且替换后的中药制剂所治疗的病症仍然是口腔炎症，适应证并没有发生实质改变。同时发明记载的对比试验仅直观数据上显示优于对比文件 1 的制剂，但进一步数据统计分析表明两者在自由基清除能力、免疫器官增重、溶血素抗体生成、耐缺氧时间延长等效果上其实不存在显著差别，即这种替换并没有产生扩大或改变适应证范围的预料不到的技术效果，因而不具备创造性。

（三）涉及中药复方药量加减的情形

【案例 2 - 5 - 7】一种治疗中风病及其恢复期后遗症的芪蛭通络胶囊

涉案申请涉及一种治疗中风病及其恢复期后遗症的芪蛭通络胶囊，其特征在于它是由下述重量配比的原料制成的药剂：黄芪 300 ～ 350 份，水蛭 100 ～ 150 份，人参 100 ～ 150 份，麦冬 25 ～ 40 份，五味子 50 ～ 80 份，地龙 25 ～ 40 份，毛冬青 300 ～ 350 份，制首乌 150 ～ 180 份，川芎 50 ～ 80 份，当归 50 ～ 80 份，郁金 50 ～ 80 份，土鳖虫 25 ～ 40 份，丹参 50 ～ 80 份，赤芍 50 ～ 80 份，鸡血藤 50 ～ 80 份，姜黄 25 ～ 40 份，红花 25 ～ 40 份，泽兰 25 ～ 40 份，僵蚕 5 ～ 8 份，全蝎 10 ～ 16 份，天麻 10 ～ 16 份，胆南星 10 ～ 16 份，羌活 25 ～ 40 份，肉桂 10 ～ 16 份，猪牙皂 5 ～ 8 份，冰片 10 ～ 16 份。说明书中记载了通过降低原有芪蛭通络胶囊中地龙的用量，避免了过高剂量地龙导致的血压严重降低的副作用，减少了潜在的生殖毒性，并证实了涉案发明相对于原有芪蛭通络胶囊对改善气滞血瘀脑卒中具有更好的效果。

对比文件 1 公开了一种芪蛭通络胶囊。涉案申请与对比文件 1 的区别在于：地龙用量不同，涉案申请为 25 ～ 40 份，对比文件 1 为 325 份。涉案申请在获得专利授权后，无效宣告请求人以其相对于对比文件 1 不具备创造性为由提出无效宣告请求，认为本领域的技术人员基于降低毒副作用有动机减少地龙用量。

无效宣告决定认为：涉案发明技术方案与现有技术相比大幅减少了地龙的用

量。首先，现有技术并未教导芪蛭通络胶囊中的地龙用量属于超量使用并引起了毒副作用，且在芪蛭通络胶囊中，水蛭、土鳖虫、全蝎等均是具有毒副作用的动物药，在组合物中存在有多个具有毒副作用的药味情况下，本领域的技术人员无法得到仅选择性降低地龙的用量来降低毒副作用的技术启示。其次，芪蛭通络胶囊通过益气、活血、通络功效来治疗脑中风恢复期后遗症，地龙具有活血、通络的功效，大幅缩减地龙用量之后，可能减弱芪蛭通络胶囊的活血通络作用，从而降低其疗效。即便是为了降低毒副作用，也应该降低至合理用量范围即可，从现有技术中无法得到将地龙的用量大幅缩减至约 1/10 仍用于脑中风恢复期后遗症治疗的技术启示。同时，与现有技术相比，该发明在降低了副作用的同时对脑缺血模型以及抗血小板聚集具有更好的效果，因此具备创造性。

【案例 2 - 5 - 8】 一种治疗缓慢性心律失常的中药

涉案申请涉及一种治疗缓慢性心律失常的中药，各中药组分的重量百分比为：桂枝 5%～10%、炙甘草 5%～10%、生黄芪 15%～25%、柴胡 4%～8%、桔梗 4%～8%、升麻 4%～8%、知母 5%～10%、党参 15%～25%、当归 5%～10%、白芍 5%～10%、元肉 5%～10%、山荣萸 5%～10%、丹参 15%～25%。其是升陷汤合桂枝甘草汤加味的经典方。说明书中记载了该方的君臣佐使配伍依据，证实了其对缓慢性心律失常的药理作用以及临床治疗作用。

对比文件 1 同样是用于治疗缓慢性心律失常的升陷汤合桂枝甘草汤加味的经典方。涉案申请与对比文件 1 的区别在于部分中药用量不同，其中柴胡、桔梗、升麻、元肉用量略低。

驳回决定认为：基于区别特征所产生的技术效果，涉案发明实际解决的技术问题是，如何提供另一种治疗缓慢性心律失常的升陷汤合桂枝甘草汤加味方。然而，柴胡、桔梗、升麻、元肉在组方中为臣药或佐药，本领域的技术人员能够在常规用量范围内调整其用量，用量配比的调整并未改变原有的君臣佐使的配伍关系，且该发明与基础方用量配比接近，也没有取得与基础方相比预料不到的技术效果，故该发明不具备创造性。

上述案例 2 - 5 - 2 至案例 2 - 5 - 8 涉及了中药复方加减方发明的典型形式，包括药味增减、药味替换和药量加减三种，将具备创造性的中药复方发明和不具备创造性的中药复方发明进行对比，可以更好地体会中药复方创造性判断的规则。案例 2 - 5 - 2 和案例 2 - 5 - 4 涉及药味增减的情形。通过审查结论可以看出，在考虑增减药味的启示时，需要考虑增减的药味在复方中的地位。一般而言，基于相同或类似的目的，在已有方剂基础上，如果没有明确教导，本领域的技术人员通常不会作出明显改变配伍关系的调整，例如去除复方中的主要药味。而对于辅助药味的调整，一方面，要考虑调整的启示，如原有方剂的配伍思路、是否其他现有技术有教导、是否是基于兼症等的常规调整等；另一方面，也要结合技术效果进行整体判断，如增加或减少某些药味对复方整体效果带来的改变。如果现有技术中存在针对基础方明确的"临证增加"配伍的启示，而发明也未证实其相对于现有技术取得了预料不到的技术效果，通常这种药味增加发明对本领域的技术人员而言是显而易见的。案例 2 - 5 - 5 和案例 2 - 5 - 6 涉及药味替换的情形。可以看出，药味替换首先要考虑药味之间是否具有中医理论上的可替代性，进而分析替换药味的药性特点和配伍关系、其效果是否可预期等。如果现有技术给出了对药味进行替换的教导，还需要进一步分析替换后的技术方案是否产生了预料不到的效果，在此基础上综合考虑技术方案的创造性。案例 2 - 5 - 7 和案例 2 - 5 - 8 涉及用量变化的情形。由案例可以看出，这种变化要考虑改变用量的药味在复方中的地位，也要考虑对用量进行调整的动机，同时要兼顾考虑用量改变带来的技术效果，综合分析并得出是否非显而易见的结论。

第四节　专利审查规则辨析

中药复方，尤其是经典名方加减的中药新药，最能体现中医药的守正创新，也是中药新药改革的重点之一，广受业内重视。由于多数经典名方加减的主要发明点是通过常见药味的替换、处方分解或合并、加味和/或减味、改变用量比例等，从而形成新的中药组方，因而在创造性评价过程中，在最接近的现有技术（经典名方或基础方）基础上，判断发明是否显而易见容易受到发明创新点不突出、套用西药的思路、不可避免的主观因素、多个相关现有技术、本领域的技术人员水平等多种因素干扰。

我国专利法的立法宗旨是保护专利权人的合法权益，鼓励发明创造，推动发明创造的应用，提高创新能力，促进科学技术进步和经济社会发展。落实到中药复方发明创造性判断中，既要遵循创造性的一般判断规则，又要尊重中医药的特点和发展规律，把握中医药传统医学理论的独特性。在审查实践中，既需要有利于鼓励和引导中医药的理论创新，促进和推动有临床价值的中药的应用，也需要"去伪存真"，不简单以药味差异数量判断中药复方的实质性贡献。

一、中药复方发明最接近的现有技术的选择依据

《专利审查指南 2010》对于最接近的现有技术的选择给出了原则性的指引，即：最接近的现有技术，例如可以是，与要求保护的发明技术领域相同，所要解决的技术问题、技术效果或者用途最接近和/或公开了发明的技术特征最多的现有技术，或者虽然与要求保护的发明技术领域不同，但能够实现发明的功能，并且公开发明的技术特征最多的现有技术。具体到中药领域，尤其是对于中药复方来说，由于其药味较多，其相关现有技术可选择范围相对更多，而各药味之间由于有复杂的相互作用，发明专利申请中对于药味配伍原理的介绍则往往相对比较简单，如何从众多的现有技术中选择出最接近的现有技术仍存在一定的难度。

对于中药复方发明，其通常包含几味、十几味甚至几十味中药材，已有研究指出，确定最接近的现有技术时应从发明实质的角度出发，以发明目的、技术领域、技术问题或技术效果的相似性以及最相关的技术特征或起主要作用的技术特征的相似度为关键，选择本领域的技术人员更有动机对其进行改进从而得到发明所述技术方案的对比文件作为最接近的现有技术，不宜过度关注现有技术披露发明的技术特征的数量。❶ 笔者认为，案例 2-5-1 中最高人民法院的裁决进一步支持并深入阐述了上述观点，同时也对于如何确定选择中药复方的最接近的现有技术给出了法律层面上的指引，即其明确指出了：要遵循中医药规律，不宜过度关注现有技术披露的发明的技术特征的数量，要关注配伍变化、方剂变化、药味功效替代规律以及适应证、治则、治法、用药思路等，进而作出综合性判断。基于中医药理论基础上的综合性判断原则实际上是要求首先考虑以发明构思相同的现有技术作为技术改进的出发点。从创造性评判的角度来说，由于中药复方加减的普遍性，配伍思路或组方结构是体现复方组成的根本，在组方结构相同的情形下，有时即使药味差异很多也可能无法体现发明的实质贡献，或者有时药味差异虽小但组方结构不同则其也无法成为发明改进的基础。对于中药复方来说，构思相同的现有技术揭露了发明的实质，以之作为最接近的现有技术，并采用"三步法"评判发明的创造性，有助于正确认定发明实际解决的技术问题和客观地判断非显而易见性，有利于公正评价中药复方发明智慧贡献的大小，从而减少"事后诸葛亮"等主观因素的影响。这也对于本领域的技术人员提出了较高的要求，即在判断中要熟练掌握必要的中医药基本理论知识。

---

❶ 宋江秀，周红涛. 试论中药组合物发明创造性的审查思路和方法［J］. 专利代理，2019（3）：74.

从本领域的技术人员的角度而言，对于中药复方发明的理解不能停留在所包含的中药材本身上，而需要结合申请文件了解该中药复方的来龙去脉，把握其组方遣药配伍的依据和改进，分析其组方遣药各环节的内在逻辑，以正确把握中医药创新改进的特点和实质，通过比对现有技术，再通过中药复方发明的实质分析，选取起主要作用的药味相同或相近程度较高的已知中药复方作为最接近的现有技术。一般而言，如果发明中已经明确记载中药复方由某经典方或其他已知方剂改进而来，通常可根据其记载的基础方剂选择确定最接近的现有技术。对于没有明确改进基础的中药复方发明，则需要站位本领域的技术人员，厘清其组方结构，包括药味的配伍关系及主次地位，将与该发明核心药味相同并且治疗病症相同的常用经典方或其他已知方剂等作为最接近的现有技术。如果无法厘清药味的配伍关系及主次地位，应将与要求保护的发明技术领域相同、所要解决的技术问题、技术效果或用途最接近并且相同药味数量最多的现有技术作为最接近的现有技术。这种情况下，其药味数量最多是个相对的概念，最接近的现有技术可能与发明药味差异数量较多，但发明实质或构思相同，并且最接近的现有技术往往也不是唯一的。在此规则之下，申请人在专利申请中应尽量将其中药复方的改进基础阐述清楚，或者把复方的配伍思路及组方结构表达完整，撰写中突出发明的技术贡献和取得的技术效果，这样也可以避免带来后续审查中对现有技术选择的争议。

二、中药复方发明非显而易见性的判断原则

由于复方中一般存在君臣佐使等特定配伍关系，在技术启示判断过程中，是否考虑了中医药组方配伍的自身特点是中药加减方创造性审查的难点和重点。特别是在与已知方相比存在多种药味加减调整的情况下，有时说明书中也未清楚地记载每味药味在组方中所起到的作用或者药味加减替换所起到的作用，导致本领域的技术人员在技术启示的判断上不可避免存在主观性。

另外，中药复方发明表面上相关的现有技术很多，但很多现有技术都或多或少涵盖了请求保护的组合物中的部分药味。因此，在判定中药组合物发明的创造性时，技术启示的判断较为错综复杂，常常出现多项现有技术结合的情形，容易出现主次不分、机械拼凑或简单套用西药组合的思路的情形。

总结前面多个案例的审查结论和意见可以明确，在判断中药复方发明对于本领域的技术人员否显而易见的步骤中，应当以中医药传统理论为指导，结合中医辨证施治的基本治疗原则，对发明和现有技术的技术方案从中医理论、诊法治法、方剂和药物等多方面因素进行分析和比较，从而确定现有技术整体上是否提供了

某种技术启示。需要根据说明书的内容和本领域的常识，对发明和现有技术所述技术方案的"理、法、方、药"进行分析和比较，理解组方构思，在准确判断各药味在不同组方中的地位和作用的基础上判断发明是否具有专利法意义上的突出的实质性特点。

具体而言，对于中药复方发明涉及药味增减的情形，如果存在与其主证、主药、组方结构相似的基础方，且现有技术中有针对基础方进行相应药味增减的明确技术启示，通常这种药味加减发明对本领域的技术人员而言是显而易见的。对于仅是减少药味的情形，如果现有技术未给出删减药味的技术教导，且删减药味后依然保持原有功效，或者带来了预料不到的技术效果，这种删减则是非显而易见的。对于涉及中药复方药味替换的情形，如果能判断其属于现有技术已知的相同功效的药味替代，且没有产生预料不到的技术效果，则这种替换通常是显而易见的。需要强调的是，相同功效不能仅从是否用于相同的疾病考虑，如果两者性味归经存在差异，功效主治各有所长，临床应用各有区分，现有技术也没有给出相互替换的技术启示，且发明相对现有技术取得了显著的进步，则其也是非显而易见的。对于涉及药量加减的中药复方，如果药量加减没有改变配伍关系，不足以导致组方结构发生变化，且发明没有取得预料不到的技术效果，则这种药量变化属于常规调整。相反，如果现有技术没有给出减少某原料药用量的启示，且在降低副作用或保证组方的疗效方面取得了明显更优的效果，则这种药量变化是非显而易见的。

需要注意的是，创造性判断中实际解决的技术问题的认定会直接影响非显而易见性的判断。目前中药复方发明的效果数据提供方式包括动物试验、临床试验数据等，常见的问题是申请文件虽然记载有效果，但效果数据没有体现中医药治疗的特点，表达含糊或仅仅为结论性数据，无法确定效果与病因病机、治法治则、药味配伍之间的基本关系，同时申请人在已知现有技术的情况下经常在整个申请文件中都回避或不提现有技术，导致说明书的撰写没有真正起到通过配伍机制阐述、效果描述体现发明需要实现的技术效果或实际解决的技术问题，因此也需要申请人在涉及中药复方的申请文件中把中医药的特点和规律表达清楚，不应简单套用与西药完全相同的效果表达方式。

发明实际解决的技术问题，可以理解为了获得更好的技术效果而需对最接近的现有技术进行改进的技术任务。在审查实践中，需要从中医药的特点出发客观分析发明对现有技术带来的技术改变，从整体上而不是单独看待某药味的作用和功效，这样才能准确认定发明实际能解决的技术问题。对于中药复方尤其是加减方的发明，应当在理解发明构思的基础上，比较与最接近现有技术（原有组方）

的区别特征，将最接近的现有技术和发明所记载中医病证辨析分型、组方配伍结构、用药配伍选择以及所记载并充分证实的技术效果（例如增强或提高疗效、降低毒副作用、改变适应证或扩大治疗范围、简化组方等）等进行比较，分析区别技术特征在组方调整后实际取得的技术效果，从而准确地确定发明实际解决的技术问题。

总的来说，对于不同类型的中药复方改进发明，在创造性审查的显而易见性判断中有其各自不同的考量因素和审查基本原则。了解和掌握这些原则，有助于创新主体提高中药专利申请质量。笔者也建议相关部门尽快制定和完善关于中药专利审查的具体规则，以更好地服务和促进中药创新以及产业的高质量发展。

第六章 食品安全战略之下发明的审查

国以民为本，民以食为天，食以安为先。食品制造技术发展迅速，但环境污染、现代农业对化学物质的依赖、人们对食品功效的过高预期、食品生产经营全链条存在的风险隐患等因素使得食品安全形势依然严峻。添加剂使用不规范、制假售假、农药兽药残留超标等危害食品安全的事件也开始频繁发生，引发全社会的关注。食品安全的保障与国家民生、社会和谐稳定、经济平稳发展等息息相关。以习近平同志为核心的党中央深刻认识食品安全面临的形势，始终把食品安全工作放在"五位一体"总体布局和"四个全面"战略布局中统筹谋划部署，在党的十九大报告中明确提出实施食品安全战略，让人民吃得放心，这是党中央着眼党和国家事业全局，对食品安全工作作出的重大部署。

第一节 食品安全战略概况

近年来，我国政府坚持以人为本、执政为民，高度重视食品安全问题，在食品安全工作方面作出了多方面的努力，包括加强对食品安全工作的组织领导、积极推进食品安全法制建设、改革完善食品安全监管体制和支撑体系、加大惩处食品安全违法犯罪行为、加强食品安全宣传等，全面加强食品安全工作。

2011 年 6 月，第十一届全国人大常委会第二十一次会议听取了全国人大常委会执法检查组关于检查食品安全法实施情况的报告。在本次会议上，首次建议把食品安全作为"国家安全"的组成部分，指出其重要性不亚于金融安全、粮食安全、能源安全和生态安全。2015 年 10 月，党的第十八届中央委员会第五次全体会议首次提出要推进健康中国建设，实施食品安全战略。2017 年 2 月，国务院印发了《"十三五"国家食品安全规划》，提出要加快制修订相关标准和规范，构建以食品安全法为核心的食品安全法律法规体系。2017 年 10 月，习近平总书记在中国共产党第十九次全国代表大会上的报告中明确提出实施健康中国战略，让人民吃得放心。2019 年 5 月，中共中央、国务院发布《关于深化改革加强食品安全工作的意见》，指出必须深化改革创新，用最严谨的标准、最严格的监管、最严厉的处罚、最严肃的问责，进一步加强食品安全工作，确保人民群众"舌尖上的安全"。2021年3月颁布的《"十四五"规划和2035年远景目标纲要》第五十四章第二节中提出："严格食品药品安全监管。加强和改进食品药品安全监管制度，完善食品药品安全法律法规和标准体系，探索建立食品安全民事公益诉讼惩罚性赔偿制度。深入实施食品安全战略，加强食品全链条质量安全监管，推进食品安全放心工程建设攻坚行动，加大重点领域食品安全问题联合整治力度。"

可以看出，党和国家始终关注人民的身体健康，在食品安全工作方面作出了长期的规划和部署，特别是党的十八大以来，以习近平同志为核心的党中央基于中国特色社会主义国家制度与带领人民创造美好生活的奋斗目标，将食品安全提升到国家战略高度，提出实施食品安全战略，以此指引我国中长期的食品安全工作。其中，完善食品法律法规和建立食品安全标准体系是保障食品安全工作的重要抓手，《中华人民共和国食品安全法》（以下简称《食品安全法》）在我国食品安全法律中占据重要地位，是食品生产经营活动需要遵守的基本法律制度，食品安全标准是生产经营、衡量质量安全和监管执法的重要依据和准则。

一、《食品安全法》

我国目前已经建立了一套基本完善的食品安全法律法规体系。其中，《食品安全法》主法地位明确，辅之以相关配套法律法规，包括《中华人民共和国农业法》《中华人民共和国产品质量法》《中华人民共和国农产品质量安全法》《中华人民共和国食品安全法实施条例》《食品生产许可管理办法》《食品经营许可管理办法》《食品安全抽样检验管理办法》等，形成了合理完善的食品安全法律法规体系，为保障食品安全夯实了法律基础。❶

《食品安全法》自2004年开始进行立法起草工作，于2009年2月通过，2009年6月1日开始实施。当时我国食品安全形势总体稳中向好，但食品企业违法生产经营的情况依然存在，食品安全事件时有发生，且承担的法律责任较轻。随着我国经济飞速发展，群众食品消费结构明显优化升级，对食品安全的需求不断提高。为更好地顺应食品发展趋势、保障食品安全，党中央、国务院进一步改革完善我国食品安全监管体制，着力建立最严格的安全监管制度，积极推进食品安全

---

❶ 边红彪. 中日食品安全保障体系对比：含日本各界对中国输日食品的客观评价［M］. 北京：中国质检出版社，2017：15 – 19.

社会共治建设,《食品安全法》迎来大修,经全国人大常委会第九次会议、第十二次会议两次审议后通过,被称为"史上最严"的食品安全法❶,并于 2015 年 10 月 1 日正式实施。2018 年 12 月 29 日、2021 年 4 月 29 日仅对《食品安全法》进行了细微修正,例如将"国务院食品药品监督管理部门"修正为"国务院食品安全监督管理部门"等。

相对于 2009 年的版本,2015 年修订后的《食品安全法》内容新增加了 50 余条,对原有 70% 的条文进行了实质性修订,重点完善了关于食品添加剂、网售食品、转基因食品、保健品、婴幼儿奶粉等方面的规定。❷例如关于食品添加剂的规定中,新增加了第 37 条(生产食品添加剂新品种,应当向国务院卫生行政部分提交相关产品的安全性评估材料,由国务院卫生部行政部门进行组织审查)、第 40 条第 2 款(食品生产经营者应当按照食品安全国家标准使用食品添加剂)、第 66 条(进入市场销售的食用农产品在包装、保鲜、贮存、运输中使用保鲜剂、防腐剂等食品添加剂和包装材料等食品相关产品,应当符合食品安全国家标准)等。可以说,《食品安全法》的颁布、修订和实施,对规范食品生产经营活动、预防食品安全事故发生、强化食品安全监管执法、保障公众身体健康和生命安全具有重要意义。

二、食品安全标准体系

《食品安全法》第 4 条第 2 款规定:"食品生产经营者应当依照法律、法规和食品安全标准从事生产经营活动,保证食品安全……"第 5 条第 3 款规定:"国务院卫生行政部门依照本法和国务院规定的职责,组织开展食品安全风险监测和风险评估,会同国务院食品安全监督管理部门制定并公布食品安全国家标准。"第 25 条规定:"食品安全标准是强制执行的标准。"可见,食品安全标准是食品安全法律法规体系的重要组成部分,有着至关重要的作用:①是食品生产、流通、使用过程中衡量质量安全与否的重要标尺;②规范和引导食品生产经营行为,促进企业技术创新,提高产业整体竞争力;③作为监管部门监督检查的主要依据和重要措施,规范市场秩序,提高食品安全风险治理效能。❸此外,食品安全标准还包括行业标准、地方标准、企业标准等推荐性标准,其与强制性国家标准构成了食

---

❶ 倪楠,舒洪水,苟震. 食品安全研究 [M]. 北京:中国政法大学出版社,2016:34 - 37.

❷ 吕来明. 商法研究 [M]. 北京:中国政法大学出版社,2016:34 - 37,98 - 105.

❸ 王春艳,韩冰,李晶,等. 综述我国食品安全标准体系建设现状 [J]. 中国食品学报,2021 (10):359.

品安全标准体系。

《食品安全法》对食品安全的定义是："食品安全，指食品无毒、无害，符合应当有的营养要求，对人体健康不造成任何急性、亚急性或者慢性危害。"该法第24条规定："制定食品安全标准，应当以保障公众身体健康为宗旨，做到科学合理、安全可靠。"第26条规定："食品安全标准应当包括下列内容：（一）食品、食品添加剂、食品相关产品中的致病性微生物，农药残留、兽药残留、生物毒素、重金属等污染物质以及其他危害人体健康物质的限量规定；（二）食品添加剂的品种、使用范围、用量；（三）专供婴幼儿和其他特定人群的主辅食品的营养成分要求；（四）对与卫生、营养等食品安全要求有关的标签、标志、说明书的要求；（五）食品生产经营过程的卫生要求；（六）与食品安全有关的质量要求；（七）与食品安全有关的食品检验方法与规程；（八）其他需要制定为食品安全标准的内容。"这些都是目前食品安全标准涉及的相关内容。

截至2022年11月，相关部门共发布食品安全国家标准1478项，其中现行有效标准1371项，包括通用标准15项、食品产品和特殊膳食食品产品标准85项、食品添加剂和食品营养强化剂质量规格标准713项、食品相关产品标准16项、生产经营规范标准34项、理化检验方法标准237项等。以上食品安全国家标准覆盖了影响我国居民食品安全的主要健康危害因素，既包括食品中的污染物、致病性微生物、放射性物质等天然污染因素，也包括食品添加剂、食品营养强化剂、食品相关产品添加剂、农药残留、兽药残留等添加物和农业投入品的使用及限量要求。例如，《食品安全国家标准 食品添加剂使用标准》（GB 2760—2014）（以下简称"GB 2760—2014标准"）规定了2385种食品添加剂、食品工业用加工助剂和食品用香料的4280项指标。《食品安全国家标准 食品营养强化剂使用标准》（GB 14880—2012）规定了152种食品营养强化剂的286项限量。目前发布的食品产品标准和特殊膳食食品标准，包括特殊膳食食品、乳与乳制品、肉与肉制品、蛋与蛋制品、谷物及其制品、豆类及其制品、水产品及其制品、食用油及其制品、罐头食品、淀粉及其制品、调味品、糖果和巧克力、焙烤食品、饮料、保健食品、坚果籽类食品、蜂产品、酒类及其他等多个类别，已经覆盖了大部分食品类别。❶同时食品安全标准规范的范围还包括规范食品生产经营过程的规范标准。以上各类标准相互关联、相互引用，共同构成了比较完善和严谨的食品安全标准体系。

---

❶ 张哲，朱蕾，樊永祥. 构建最严谨的食品安全标准体系［J］. 中国食品卫生杂志，2020，32（6）：606.

三、《专利法》

党的十八大以来，党中央和国务院把知识产权保护工作摆在更加突出的位置，先后转发或印发了《深入实施国家知识产权战略行动计划（2014—2020年）》《国务院关于新形势下加快知识产权强国建设的若干意见》《"十三五"国家知识产权保护和运用规划》《"十四五"国家知识产权保护和运用规划》等文件，作出了一系列决策部署。2020年11月30日，第十九届中央政治局就加强我国知识产权保护工作进行第二十五次集体学习，习近平总书记主持会议并发表重要讲话，讲话中提到：知识产权保护工作关系人民生活幸福，只有严格保护知识产权，净化消费市场、维护广大消费者权益，才能实现让人民群众买得放心、吃得安心、用得舒心。❶

因此，在食品领域的发明专利审查实践中，应当首先考虑其所涉及的食品产品的安全性，在符合食品安全的前提下再考虑其技术贡献。这是保障人民群众的生命安全的需要，也是贯彻国家食品安全战略、落实习近平总书记提出的让人民群众"吃得安心"的要求的必要举措。

《专利法》第5条第1款规定：对违反法律、社会公德或者妨害公共利益的发明创造，不授予专利权。《专利审查指南2010》第二部分第一章第3.1节中进一步作出细化规定：法律，是指由全国人民代表大会或者全国人民代表大会常务委员会依照立法程序制定和颁布的法律；社会公德，是指公众普遍认为是正当的、并被接受的伦理道德观念和行为准则；妨害公共利益，是指发明创造的实施或使用会给公众或社会造成危害，或者会使国家和社会的正常秩序受到影响。

在食品领域的专利审查中，《食品安全法》是最为密切的法律基础，同时还涉及《保健食品禁用物品名单》、《可用于保健食品的物品名单》、《既是食品又是药品的物品名单》和GB 2760—2014标准等相关法规、食品安全标准及规范性文件。食品安全的审查应当按照《专利法》的规定和《专利审查指南2010》的要求，对违反法律、社会公德或妨害公共利益的发明创造严格依法进行。

第二节　专利审查案例分析

专利的本质在于鼓励创新，具体到食品领域，有必要从食品安全的视角审视

---

❶ 习近平. 全面加强知识产权保护工作 激发创新活力推动构建新发展格局 [J]. 求是，2021 (3)：4.

专利申请所体现的创新。通常，食品的构成要素包括原料和工艺等。对食品原料的创新而言，需要考虑以下方面：食品原料的使用是否存在限制，即采用传统食品原料之外的其他原料，是否只要是无毒无害即可使用；为了赋予食品特定的保健功能，是否具有治疗功效的物质均可以添加；为了使食品的表观品质更好，是否允许向其中添加提高检测数值的相应物质等。以下通过几个案例来讨论专利审查中的食品安全问题。

一、添加药品的情形

【案例 2 - 6 - 1】一种老年健康酒

涉案申请涉及一种老年健康酒，其特征在于：由山楂提取物、蜂蜜、阿司匹林和白酒组成。其是将阿司匹林添加到酒中，由于阿司匹林能预防心脏冠状动脉粥样硬化及心肌梗塞的发生，预防脑中风等，还具有抗血小板聚集、延长出血时间、防止血栓形成的作用，因此能够在饮酒的同时补充阿司匹林，可起到保健和养生的作用，避免一些疾病的发生。

老年健康酒属于食品，其中添加阿司匹林的目的在于预防心血管疾病的发生，从而起到保健养生的作用。根据《中华人民共和国药品管理法》第 2 条的规定，药品是指"用于预防、治疗、诊断人的疾病，有目的地调节人的生理机能并规定有适应症或者功能主治、用法和用量的物质"。阿司匹林是水杨酸类解热镇痛消炎药，可以用于预防、治疗人的疾病，规定有适应证和功能主治、用法和用量，也有使用禁忌。因此，基于药品定义以及阿司匹林在该发明中所起的作用，可以确定阿司匹林是作为一种药品而存在的，即该权利要求要求保护的老年健康酒中添加了药品。

对于食品中添加药品是否属于允许的行为，需要厘清食品的概念。根据《食品安全法》第 150 条的规定，食品是指各种供人食用或者饮用的成品和原料以及按照传统既是食品又是中药材的物品，但是不包括以治疗为目的的物品。食品作为人类生存所需的基本物质，其基本属性应当包括：①具有一定的营养成分与营养价值；②在正常摄入条件下，不应对人体产生任何有害影响；③具有良好的感官性状，即色、香、味、形等，符合人们长期形成的概念，即食品应当具有良好的营养性、安全性和感官特点。❶ 从食品定义和对食品功能属性的认知出发，具有

---

❶ 田侃，冯秀云. 卫生法学 [M]. 北京：中国中医药出版社，2017：158.

疾病治疗作用的物质不应是食品的一个组成部分，治疗疾病不属于食品的基本功能和属性。因此，在食品中添加药品不符合对食品的传统认知。同时，《食品安全法》第 38 条规定，生产经营的食品中不得添加药品，但是可以添加按照传统既是食品又是中药材的物质。可见，食品中添加药品违反了《食品安全法》的上述规定。而《专利法》第 5 条第 1 款规定，对违反法律的发明创造，不授予专利权。因此，该案在老年健康酒中添加了药品，应认为这样的发明创造违反《食品安全法》第 38 条的规定，属于违反法律的发明创造，根据《专利法》第 5 条第 1 款的规定，不能被授予专利权。

但是需要注意的是，从药品的定义看，已载入药典的维生素、氨基酸、部分植物提取物等或未载入药典的此类物质尽管也属于药品的范畴，但此类物质在一些情况下可作为食品添加剂、营养强化剂等功能性组分或新的食品资源加入到食品中。也就是说，同一种物质由于其发挥作用的不同，其所纳入的范畴也会不同。因此，在判断某种加入到食品中的物质是否属于药品时，需要依据申请文件记载的内容和本领域的惯常认知作出认定。即对于食品中添加药品存在以下例外情形：对于《食品安全法》允许添加的物质，例如列入 GB 2760—2014 标准的物质，将其添加到食品中并不违反《专利法》第 5 条的规定。

【案例 2 - 6 - 2】包含 4 - 氧代 - 2 - 戊烯酸在制备用于治疗或预防认知减退的非药物组合物中的用途

人口老龄化是全世界面临的共同问题。提高老年人生活质量的核心是维持正常的认知表现。大多数常见的精神障碍影响认知功能，多种年龄相关精神障碍可以通过适当营养来治疗或预防。鉴于现有技术中可用于预防认知障碍的营养措施不足，通过提供一种可用于保持认知功能以及预防或治疗认知减退和/或认知障碍的组合物加以弥补。并且，该专利申请对涉及预防和治疗的相关概念作出如下界定：药剂是在药房中制备或分发且在治疗中使用的药物或药品，其所采用的用于治疗或预防认知减退的包含 4 - 氧代 - 2 - 戊烯酸的组合物不用作药剂。

涉案申请要求保护的技术方案如下：

1. 包含 4 - 氧代 - 2 - 戊烯酸在制备用于治疗或预防认知减退的非药物组合物中的用途。

2. 根据权利要求 1 的用途，其中的认知减退是记忆丧失。

3. 根据权利要求 1 的用途，其中的认知减退是学习能力损失。

4. 根据权利要求 1 的用途，其中所述 4 - 氧代 - 2 - 戊烯酸获自天然来源。

5. 根据权利要求 1 的用途，其中所述组合物是食品组合物。

6. 根据权利要求 5 的用途，其中的食品组合物选自食品添加剂、饮料、营养配方、管饲配方、在乳或水中重构的粉状组合物和宠物食品组合物。

该申请要求保护制备非药物组合物（食品组合物）的用途，但是限定了其具有疾病的预防或治疗作用。从食品的定义和功能属性出发，其不应具有疾病的预防或治疗功能。而保健食品则是指具有特定保健功能或者以补充维生素、矿物质为目的的食品，即适用于特定人群使用，具有调节机体功能，不以治疗疾病为目的，并且对人体不产生任何急性、亚急性或者慢性危害的食品。保健食品作为食品的一个特殊种类，其介于食品和药品之间。与食品的不同之处在于，保健食品强调特定保健功能。与药品的不同之处在于，保健食品用于调节人体机能、补充营养，不以预防、治疗疾病为目的。因此，保健食品作为食品的一个特殊种类，其同样不应具有疾病的预防或治疗用途。

同时，《食品安全法》第 71 条规定：食品和食品添加剂的标签、说明书，不得含有虚假内容，不得涉及疾病预防、治疗功能。第 78 条规定：保健食品的标签、说明书不得涉及疾病预防、治疗功能。作出上述规定是为了避免食品标签、说明书不规范所导致的健康或疾病信息滥用、误用，避免消费者受到误导错误地将标注"预防和治疗某种疾病功能"的食品当作药品用于预防和治疗疾病，从而耽误必要药物治疗而带来人身和财产损失，同时也体现了食品或保健食品不能代替药品用于预防或治疗疾病。可见，对声称食品或保健食品具有疾病的预防或治疗作用的食品或保健食品，其滥用、误用可能损害公众利益。因此，对专利申请请求保护的涉及疾病的预防或治疗用途的食品或保健品，需审查其是否涉及疾病的预防、治疗功能。如涉及，应以妨害公共利益为由，指出其属于《专利法》第 5 条规定的不授予专利权的情形；但如果仅仅是调节人体机能，提高人体抵御疾病的能力，改善机体健康状态，降低疾病发生风险，不以预防、治疗疾病为目的，则不属于上述情形。在案例 2－6－2 中，说明书还记载了所要保护的组合物可以改善正常老龄化所引起的认知问题，这是对人体机能的调节和对健康状态的改善，属于保健功能，不属于疾病的预防和治疗范畴。因此，该申请可以通过修改组合物的具体用途来克服不符合《专利法》第 5 条规定的缺陷。

二、添加中药材的情形

【案例 2 - 6 - 3】一种保健饮料

饮料是现代人们生活消费的重要组成部分。随着经济的发展和人民生活水平的提高，饮料市场结构发生了明显的变化，人们对饮料的选择从关注营养和口味逐渐转变到对其保健功能及辅助治疗作用的更高要求。因此，保健饮料迅速崛起，成为市场新的主力军。实践证明，多种中草药具有促进新陈代谢、改善血液循环、美容养颜等功效，将中草药应用于保健饮料有助于丰富保健饮料产品种类和功能有效成分，提高美容保健效果。

涉案申请涉及一种保健饮料，其由丹参、枸杞、关木通、白鲜皮、甜叶菊糖、稳定剂和纯净水制成。其是将丹参、枸杞、关木通、白鲜皮等中药与甜味剂、稳定剂和水制成具有保健功能的饮料，属于保健食品。关于保健食品原料的管理，原卫生部于 2002 年印发《关于进一步规范保健食品原料管理的通知》（卫法监发〔2002〕51 号），发布了《既是食品又是药品的物品名单》《可用于保健食品的物品名单》《保健食品禁用物品名单》。虽然上述名单自发布后其中所涉及的物品在不断发生变动，但是相对于可选用的中药材而言，整体变动不大，这体现出保健食品管理的基本出发点是保证安全，对于作为食品和保健食品原料的中药材持谨慎态度。因此，从食品安全的角度出发，对于采用中药材原料的保健食品，需要关注中药材的内源性毒性。

在案例 2 - 6 - 3 涉案发明所采用的中药材中，丹参属于《可用于保健食品的物品名单》，枸杞属于《既是食品又是药品的物品名单》，表明其安全性已经得到认可，可以用于食品发明创造。而关木通属于《保健食品禁用物品名单》，白鲜皮虽没有列入禁用名单中但也没有列入可用名单中。虽然现有技术中存在将白鲜皮用于药膳的情形，有证据表明白鲜皮存在毒性，并且白鲜皮没有被收录到《可用于保健食品的物品名单》和《既是食品又是药品的物品名单》中，也表明白鲜皮的食用安全性没有得到广泛、充分的认可，因此其作为食品原料使用的安全性存疑。涉案申请要求保护的保健饮料中添加了关木通、白鲜皮，导致该发明的实施或使用会危害公众健康，妨害公共利益，因此根据《专利法》第 5 条第 1 款的规定，不能被授予专利权。

从中可以看出，如果请求保护的技术方案中添加了中药材，需要关注国务院卫生行政部门公布的《保健食品禁用物品名单》《可用于保健食品的物品名单》

《既是食品又是药品的物品名单》。对于添加上述禁用名单中的中药材，一般认为该发明的实施或使用会危害公众健康，妨害公共利益，根据《专利法》第5条第1款的规定，不能被授予专利权。对于虽不属于上述禁用名单但也不属于可用名单中的中药材，需进一步关注其食用历史和毒性。对于具有食用传统的中药材，在长期的食用过程中未发现该中药材有毒有害的证据，表明该中药材的食用安全性得到一定程度的认可，一般认为其符合《专利法》第5条第1款的规定。

在审查实践中，可能还会遇到下面的问题：例如沙棘、枸杞、桂圆属于《既是食品又是药品的物品名单》，那么在食品中分别添加沙棘叶、枸杞芽、桂圆壳，是否符合《专利法》第5条的规定？即使用上述名单中允许使用药材的叶、芽、壳、花等各种部位是否均符合《专利法》第5条要求？与食品原料同源的非常规食用部位是否符合要求？对于上述问题，可以通过沙棘叶的审批过程来体会。国家卫生健康委员会于2013年批准沙棘叶作为普通食品管理，而在此之前，沙棘果实早已被纳入允许名单。这表明植物的不同部位不能等同对待，不能因为植物的某个部分在允许名单中就认为该植物的其他部分同样是被允许的。

此外，对于已纳入新食品原料名单的原料，属于可被使用的食品原料，不需要依据《既是食品又是药品物品名单》《可用于保健食品的物品名单》判断其是否为中药材，进而判断其添加是否符合《专利法》第5条的规定。

三、超范围、超限量使用食品添加剂的情形

【案例2-6-4】一种辣椒酱

色素可以分为天然色素和合成色素。天然色素着色力和耐光性较差，合成色素的着色效果更为显著。为了增强调味品的色泽，可以将合成色素添加到调味品中，例如加入苏丹黄可以增加辣椒酱的红润色泽。

涉案申请涉及一种辣椒酱，以红辣椒经发酵处理后，加入味精、食盐、苏丹黄和油制成。从辣椒酱的原料组成看，其采用的红辣椒、味精、食盐和油属于食品加工中常见的原料和辅料，而苏丹黄在其中起到着色的作用。前文对食品、保健食品中添加药品、中药材作出了解释，苏丹黄显然不属于上述两类物质。

对于是否允许添加苏丹黄，需要依据苏丹黄在食品中发挥的作用判断其种类。如上所述，苏丹黄用于改善辣椒酱色泽。而本领域知晓改善食品品质和色、香、味，以及为防腐、保鲜和加工工艺的需要而加入食品中的人工合成或者天然物质称为食品添加剂。因此，基于上述定义，苏丹黄在案例2-6-4的辣椒酱中是作

为食品添加剂发挥作用。

对于食品添加剂，《食品安全法》第三章"食品安全标准"中指出食品安全标准是强制执行的标准。食品安全标准应当包括下列内容：食品、食品添加剂、食品相关产品中的致病性微生物，农药残留、兽药残留、生物毒素、重金属等污染物质以及其他危害人体健康物质的限量规定；食品添加剂的品种、使用范围、用量等。基于《食品安全法》的规定，对起着色作用的苏丹黄是否允许添加到辣椒酱中应当依据食品安全标准作出判断。

GB 2760—2014 标准中规定了允许使用的食品添加剂品种，包括着色剂、增味剂、乳化剂、防腐剂、稳定剂等。苏丹黄具有着色作用，但是 GB 2760—2014 标准中列出的着色剂并不包括苏丹黄，并且苏丹黄也未被纳入 GB 2760—2014 标准中。因此，在食品中添加苏丹黄属于《食品安全法》第 34 条规定的禁止生产经营的超范围、超限量使用添加剂的食品的情形。

《食品安全法》指出制定食品安全标准，应当以保障公众身体健康为宗旨，做到科学合理、安全可靠。从制定食品安全标准的宗旨看，其与《专利法》第 5 条的立法宗旨相契合。食品添加剂超范围、超限量使用所带来的食品安全问题不仅受到《食品安全法》的关注，同样也受到《专利法》的关注。对于食品添加剂超范围、超限量使用的情形，其食用安全性是不明确的，尤其需要关注未被纳入 GB 2760—2014 标准中的添加物质。对于未被纳入 GB 2760—2014 标准，尤其是从未在食品中应用过的物质，对其食品安全性需要审慎对待，对上述物质在食品中的添加使用需要有充分的食品安全证据。而该申请对苏丹黄的食品安全性并未作出任何验证，也没有证据表明苏丹黄是食用安全的。因此，案例 2 - 6 - 4 中的辣椒酱发明的实施或使用会危害公众健康，妨害公共利益，根据《专利法》第 5 条第 1 款的规定，不能被授予专利权。

【案例 2 - 6 - 5】 一种牛蹄食

亚硝酸钠是肉制品加工中常用的食品添加剂，在食品腌制过程中能够起到发色、抑菌和抗氧化的作用。牛蹄经亚硝酸钠腌制后，加食盐、白糖和水煮制可得。

涉案申请涉及一种牛蹄食品，以 1kg 产品计，原料为：牛蹄 800g，食盐 2g，白糖 5g，亚硝酸钠 0.3g，水余量。经计算，亚硝酸钠的使用量为 0.3g/kg，根据 GB 2760—2014 标准规定，亚硝酸盐作为护色剂、防腐剂用于肉制品时最大使用量为 0.15g/kg，即该发明中亚硝酸盐的使用量明显超出了允许的范围。对于食品添加剂超范围、超限量使用的情形，其食用安全性是不明确的，因此该发明的实施或使用会危害公众健康，妨害公共利益，根据《专利法》第 5 条第 1 款的规定，不能被授予专利权。申请人可以根据原始申请文件的记载，通过修改添加剂的含量克服此类缺陷。

【案例2-6-6】 一种抑菌保鲜的糖醋姜制备方法

糖醋姜的主要成分为姜、醋和糖，现有技术中糖醋姜在不添加化学防腐剂的情况下难以保持状态鲜活和色泽亮丽。采用草酸活化醋酸纤维素后，与玉米淀粉间分散性好，首先采用乳清蛋白交联后，然后表面接枝壳聚糖，不仅亲水性能优异，而且具有极好的韧性和抗菌性能。

涉案申请要求保护的技术方案如下：

1. 一种抑菌保鲜的糖醋姜制备方法，其特征在于，包括如下步骤：

S1. 将醋酸纤维素采用草酸溶液水解后，加入玉米淀粉、乳清蛋白、水搅拌，加入壳聚糖、酒石酸搅拌得到第一物料；

S2. 将新鲜生姜洗净，切成姜片，冷冻，加入水，升温，搅拌状态下加入白砂糖、乳酸，继续搅拌，冷却，静置，过滤得到第二物料；

S3. 向第二物料中加入米醋、第一物料，翻动搓揉，密封，灭菌，降温腌制得到抑菌保鲜的糖醋姜。

该技术方案中醋酸纤维素经处理后具有抗菌作用，其作用与防腐剂类似，但是醋酸纤维素未被收录到 GB 2760—2014 标准中，是否因食品添加剂的超范围使用而认为该技术方案不符合《专利法》第5条的规定存在争议。

对于添加到食品中的各原料如何分类，需要依据食品原料、新食品原料和食品添加剂的定义进行。通常，食品原料是指食品加工、制造中基本的、大宗使用的农业产品，通常构成某一食品主体特征的主要原料。食品原料大多是动植物的最终产品。具体地，按食品原料的性质和来源进行分类，食品原料包括果蔬类食品原料、畜禽肉类食品原料、水产类食品原料、乳蛋类食品原料、粮油类食品原料。❶ 新食品原料是指在我国无传统食用习惯的以下物品：①动物、植物和微生物；②从动物、植物和微生物中分离的成分；③原有结构发生改变的食品成分；④其他新研制的食品原料。新食品原料不包括转基因食品、保健食品、食品添加剂新品种。其中，传统食用习惯是指某种食品在省辖区域内有 30 年以上作为定型或者非定型包装食品生产经营的历史，并且未载入《中华人民共和国药典》。❷ 食

---

❶ 王如福，李汴生. 食品工艺学概论［M］. 北京：中国轻工业出版社，2006：29-30.

❷ 中华人民共和国国家卫生和计划生育委员会《新食品原料安全性审查管理办法》（2017 年 12 月 26 日修订）。

品添加剂是指改善食品品质和色、香、味，以及为防腐、保鲜和加工工艺的需要而加入食品中的人工合成或者天然物质。

此外，《食品安全法》在表述食品原料时将食品原料与食品添加剂并列表述。如第34条规定："禁止生产经营下列食品、食品添加剂、食品相关产品：……（三）用超过保质期的食品原料、食品添加剂生产的食品、食品添加剂……"第50条规定："食品生产者采购食品原料、食品添加剂、食品相关产品，应当查验供货者的许可证和产品合格证明……"因此，食品添加剂不属于食品原料，也不属于新食品原料。

具体到案例2-6-6，从食品添加剂的定义可以看出，食品添加剂是以成品的形式加入到食品中。案例2-6-6步骤S1将包括醋酸纤维素、草酸、玉米淀粉在内的多种物质混合反应后形成起抗菌作用的物质，相应物质不符合GB 2760—2014标准有关添加剂的定义，不属于食品添加剂，不应以食品添加剂相关规定规范其使用。但是，从食品原料、新食品原料的定义看，醋酸纤维素既不属于有使用传统的食品原料，也不属于经由国务院卫生行政部门审批的新食品原料。对于既不属于传统食品原料也不属于新食品原料的醋酸纤维素，由于其自身的食用安全性不明确，以及步骤S1所形成物质的食用安全性也不明确，其实施或使用可能会危害公众健康，妨害公共利益，根据《专利法》第5条第1款的规定，不能被授予专利权。

综上，对于一种原料或物质是否符合GB 2760—2014标准的规定，首先应当确定其是否属于该标准约束的范围。对于不属于该标准范围的物质，不应基于该标准审查该技术方案是否符合《专利法》第5条的规定，而应该从原料或物质本身的性质出发，分析其是否存在危害公众健康的问题。

四、食品生产中"掺假造假"的发明

【案例2-6-7】一种杨槐蜂蜜的制备方法

淀粉酶值是表征洋槐蜂蜜的重要指标之一，淀粉酶值越高，蜂蜜的品质越好。蜂蜜中的淀粉酶值随着其储存时间的延长而消失。在常温条件下储存，蜂蜜中的淀粉酶值经过一年半后下降1/2。而在蜂蜜的制备过程中加入稳定酶，能够使杨槐蜂蜜的淀粉酶值在一年半内基本保持不变。

涉案申请涉及一种杨槐蜂蜜的制备方法，其权利要求1如下：

1. 一种杨槐蜂蜜的制备方法，包括以下步骤：a) 生蜜验收步骤；

b）融蜜步骤；c）真空浓缩步骤；d）冷却步骤，其特征在于：

所述的 c）真空浓缩步骤为，将过滤好的生蜜加入稳定酶，于真空度 720～730mmHg，温度为 40～50℃进行真空浓缩，直到蜂蜜中的水分为 17.5%～22%，即可；生蜜与稳定酶的重量比为 1∶0.001～0.0015。

本领域知晓天然蜂蜜中的淀粉酶是一种动物来源的淀粉酶，主要来源于蜜蜂。通常情况下，来源于动物的淀粉酶活性比较差，对外界温度的变化比较敏感，随着存储时间的延长、温度的逐渐升高，天然蜂蜜中的淀粉酶值就急剧下降。而人工添加的微生物源淀粉酶活性比较好且耐高温，所以这类淀粉酶不易受外界环境影响。因此，以次充好，在不新鲜蜂蜜中添加淀粉酶等物质，以延长保存期是蜂蜜加工中常见的掺假方式。

案例 2 - 6 - 7 涉及在蜂蜜中人工添加外源淀粉酶从而改变蜂蜜中淀粉酶的含量，但其并未对蜂蜜本身的品质带来改善，仅是提高了蜂蜜淀粉酶的检测数值，在仅依据淀粉酶数值表征蜂蜜品质时，由于相应数值大而表现为蜂蜜品质高，从而造成蜂蜜质量好、新鲜的假象。可见，其实际上提供了将不新鲜的劣质的蜂蜜以次充好的实施方法。

对于仅以改善食品品质检测指标、不以实际改善食品品质为目的的专利申请，其仅是利用了现有食品品质检测中以单一或几个指标表征食品品质的不全面性，造成产品质量良好、新鲜的假象，会对消费者产生误导，扰乱市场秩序。实质上其并不能去除变质或过期食品中产生的有害于人体健康的物质，长期食用此类已经变质的或过期的食品会对人体健康构成危害。因此，这类仅以改善食品品质检测指标、不以实际改善食品品质为目的的"以次充好"的技术方案妨害公共利益，且对人体健康构成危害，属于《专利法》第 5 条第 1 款规定的不授予专利权的情形。

五、总结分析

出于不同的目的，上述案例在食品和保健食品中加入了不同的物质。例如，为获得治疗、预防功效或者保健功效加入药品、中药材，为改善食品感官性能加入食品添加剂、非食品原料，或者为获得优异的检测数据而在食品中加入与检测指标相关的物质。从添加上述物质的行为可以看出，食品和保健食品所应遵守的基本规则在构建上述技术方案时并未得到充分的考虑，食品安全在被有意或者无意忽视。

在食品中添加物质，可以从添加药物、添加中药材、食品添加剂超范围超限量使用、添加其他非法物质等方面考虑，相应的判断依据是《食品安全法》、《既是食品又是药品的物品名单》、《可用于保健食品的物品名单》、《保健食品禁用物品名单》、GB 2760—2014 标准等法律、行政法规和食品安全国家标准。因此，在判断某种物质是否可以添加到食品中时，需要考虑该物质是否为不允许添加的药品、未经许可的中药材和不符合相关标准规定的添加物质等因素。

普通食品原料的使用不受限制，新食品原料属于普通食品原料，普通食品原料的提取物及提取的成分不适用《专利法》第 5 条第 1 款。某些中药材虽然在一定地域、一定范围内被认为是可以药食两用，但是其未能被列入《既是食品又是药品的物品名单》或《可用于保健食品的物品名单》表明还是应关注中药材的食用安全。对于有食用历史的中药材需要进一步关注其毒性。在没有证据表明该中药材有毒有害的情况下，该中药材作为食品的安全性才会被视为得到了一定程度的认可。因此，需要从食品安全的角度出发进行是否适用《专利法》第 5 条的审查。

此外，应按照 GB 2760—2014 标准中规定的种类、使用范围及使用量来使用食品添加剂。判断某种物质是否符合该标准的规定，需要确定该物质是否属于该标准约束的范围，不在其约束范围的物质不应基于其添加到食品中不符合该标准的规定来进行是否适用《专利法》第 5 条的审查。例如，归类于水、蛋白质、脂肪、碳水化合物、膳食纤维、维生素、矿物质等食品七大营养素的常规原料虽然不在 GB 2760—2014 标准的约束范围内，但是其属于本领域公知的食品原料，将上述物质制成食品或在食品中添加上述物质的一部分或全部，其物质使用的种类、用量不应受到该标准的限制。但是，对于另外一些未被列入该标准内的、在食品中不常见的原料，则需要在充分检索现有技术中关于其食用安全性方面的技术信息的基础上，合理判断是否应当作出不符合《专利法》第 5 条规定的审查决定。

第三节　专利审查规则辨析

在食品的基本属性中，安全性是唯一没有弹性的基本特点，❶ 因此在食品安全触及食品属性的这一底线时，涉及食品安全的问题往往会成为社会热点问题。食品安全关系到公民的生命健康权利，受其影响的每一个个体构成了社会公众，因此食品安全影响的是公共利益，食品安全问题本质上是公共利益问题。

---

❶　田侃，冯秀云. 卫生法学［M］. 北京：中国中医药出版社，2017：158.

保健食品作为一类特殊的食品，保健功能使其有别于一般食品，食品属性又使其有别于药品。虽然保健食品介于食品和药品之间，但是保健食品的食品属性决定了在正常摄入范围内保健食品不能带来毒副作用，即不得对人体产生急性、亚急性或者慢性危害。也就是说，对于保健食品，不能因为其自身所具有的保健功能而将其视为药品，进而忽视保健食品的食品安全要求。

因此，对于食品领域食品安全问题的审查，应当从《专利法》第 5 条的立法宗旨出发，以食品安全为落脚点，作出相应判断。在判断一种物质是否属于非法添加物时，可以基于相关法律、法规、标准的规定作出如下认定：①是否属于传统意义上的食品原料；②是否属于经批准使用的新食品原料；③是否属于药食两用或作为普通食品管理的物质；④是否符合国家有关食品添加剂、营养强化剂的规定。

具体地，应当从食品原料入手，依据相关法律、法规和国家标准，分析所采用原料的来源、性质及其在技术方案中所发挥的作用，进而对上述原料作出分类，判断其是属于食品原料、新食品原料、药品、中药材或前述 GB 2760—2014 标准规定的食品添加剂，还是未归入上述类别。食品中添加药品，有违针对食品的基本认知；食品、保健食品中添加不合规中药材，食品添加剂的超范围、超量使用，以及在食品中添加既不属于食品原料又不属于新食品原料的物质，由于其食用安全性未能得到充分认可，存在食品安全风险，需要对其食品安全性作出确认。如果有证据表明上述原料有毒有害、上述行为对人体带来危害，则上述相应物质的使用不符合《专利法》第 5 条第 1 款的规定。

基于食品安全的考虑，食品领域针对《专利法》第 5 条的审查需要在申请人利益和公共利益之间作出有效平衡，既要充分重视食品安全，依托专利行政审批捍卫公共利益，又要充分发挥专利鼓励创新的作用，促进食品领域技术发展和公众专利意识提升。

第七章　二氧化碳基聚合物发明的审查

自工业革命以来的温室气体排放，使人类面临气候变化的严重威胁。为了应对该问题，我国从"十二五"开始，即将单位国内生产总值（GDP）二氧化碳排放（碳排放强度）下降幅度作为约束性指标纳入国民经济和社会发展规划纲要，《"十四五"规划和 2035 年远景目标纲要》也将"2025 年单位 GDP 二氧化碳排放较 2020 年降低 18%"作为约束性指标。因此，对二氧化碳进行处理或利用的绿色创新技术，倍受创新主体的关注，其中对二氧化碳基聚合物的性能和应用成为研发重点。这类创新成果以专利形式寻求保护时，多采用产品的性能、参数限定权利要求。这给专利审查带来了困难，经常会衍生出诸多需要讨论的问题。

第一节　二氧化碳基聚合物技术的发展概况

二氧化碳从结构上可视为碳酸的酸酐，具有不饱和键，因此二氧化碳具有进行共缩聚和加成共聚形成高分子材料的可能性。1969 年，日本的井上祥平教授首先发现二氧化碳可与环氧化物在烷基锌催化剂下进行共聚合生成脂肪族聚碳酸酯。[❶] 从此，各国科学家开启了二氧化碳基聚合物的相关研究。如今，二氧化碳基聚合物的开发成为二氧化碳综合利用的重要途径。二氧化碳基聚合物不但可以减少对石油的消耗，而且对环境也非常友好。二氧化碳降解塑料可在自然环境中完全降解，使用后的塑料废弃物还可以通过回收利用、焚烧和填埋等多种方式处理。

一、二氧化碳与环氧化合物的加成共聚物

二氧化碳与环氧丙烷的聚合是最早发现的二氧化碳的聚合，此后 50 多年来，各类环氧单体，如环氧环己烷、氧化苯乙烯、环氧环戊烷、环氧氯丙烷、乙烯基

---

❶ INOUE S, KOINUMA H, TSURUTA T. Copolymerization of carbon dioxide and epoxide [J]. Journal of Polymer Science Part B：Polymer Letters, 1969, 7 (4)：287 –292.

环氧环己烷等相继被发现。但二氧化碳与环氧丙烷共聚物 PPC（聚碳酸亚丙酯）仍然是最具有应用价值和研究价值的二氧化碳基聚合物。PPC 的力学性能较低、热稳定性较差等，限制了其应用，因此提升力学性能和热稳定性是一个研究热点。通常通过化学和物理两种改性对 PPC 的热稳定性和机械性能进行改进。例如，可以通过在 PPC 主链上引入双键交联或苯环刚性基团来提高 PPC 的热稳定性能和机械性能（CN101104681A）。公开号为 CN1793198A 的专利申请则将 PPC 与 PBS（聚丁二酸丁二醇酯）或 PBSA（聚丁二酸－己二酸丁二酯）共混，在保持完全生物降解性的同时，又能改善 PPC 的热学力学性能和脆性冷流性，为防止在热加工过程中 PPC 发生解拉链降解反应，采用顺丁烯二酸酐对 PPC 进行封端。PLA（聚乳酸）、PBAT（聚对苯二甲酸－己二酸丁二醇酯）、PEG（聚对苯二甲酸乙二醇酯）等也常常用于对 PPC 的共混改性。

除了二氧化碳与环氧丙烷共聚物外，其他类型的二氧化碳环氧共聚物也逐渐成为研究热点。环氧环己烷是除环氧丙烷之外，与二氧化碳进行共聚反应活性最高的单体之一，所得聚合物是一类耐高温的生物降解脂肪族聚碳酸酯。环氧环己烷通过选择性开环可以获得不同规整度的聚合物。公开号为 CN102229745A 的专利申请公开的二氧化碳和环氧环己烷聚合物的全同结构为 88.0%～99.9%，水解后测量的二醇对映体选择性为 88.0%～99.9%。二氧化碳环氧乙烷共聚物也是研究较多的二氧化碳基聚合物，公开号为 CN1865311A 的专利申请将二氧化碳环氧乙烷共聚得到的聚碳酸酯二醇作为聚氨酯的原料，所得的聚碳酸亚乙酯聚氨酯弹性体具有较好的耐水解性和优良的微生物降解性，可用于医疗器械等用途。将二氧化碳与含缩水甘油基的环氧化物共聚，则可以获得官能化的二氧化碳共聚物。公开号为 CN101440157A 的专利申请将呋喃类缩水甘油醚与二氧化碳共聚得到了含呋喃侧基脂肪族聚碳酸酯。公开号为 CN1775828A 的专利申请则将烯丙基缩水甘油醚与二氧化碳共聚，得到了侧基含双键的二氧化碳共聚物，将其交联后耐热性能和力学性能显著提高，室温下不发生黏流现象。由此可见，通过选择不同的单体，可以合成出具有各种官能团的二氧化碳共聚物，这大大提升了二氧化碳共聚物的应用价值。

对于二氧化碳环氧共聚物的另一个热点是拓展这种聚合物的应用。公开号为 CN107991842A 的专利申请将二氧化碳基聚碳酸酯用作微电子光刻材料，相较于目前使用的 PMMA（聚甲基丙烯酸甲酯）电子束光刻胶提高了灵敏度，降低了曝光成本，同时也提高了分辨率。公开号为 CN111253563A 的专利申请将含有光敏基团或产酸基团的环氧化合物与二氧化碳共聚得到的共聚物用作光刻胶，具有低线边缘粗糙度、高灵敏度、高分辨率和高对比度的特点。公开号为 CN114551225A

的专利申请将 AB 型聚苯乙烯－（S）聚碳酸丙烯酯手性嵌段共聚物在（R）PPC 手性导向下进行自组装，在去除 PS（聚苯乙烯）相后得到了可用于图案转移的光栅结构硬模板，半节距为 9.7nm。

通过选择共聚单体的种类，能够获得两亲性嵌段二氧化碳/环氧共聚物。这类两亲性共聚物在生物显像、治疗或锂离子电池方面有潜在的应用。公开号为 CN111286011A 的专利申请先制备了含有酯基或双键的二氧化碳基嵌段共聚物，然后通过将酯基水解或者和巯基乙酸反应获得带羧基的嵌段共聚物，获得的共聚物生物相容性好，可应用于药物缓释、组织工程等领域。公开号为 CN101200554A 的专利申请采用二氧化碳、环氧丙烷、不饱和环状酸酐共聚后进行交联制成膜，将膜浸入液态电解质溶液活化得到聚合物电解质膜，用于生产锂离子电池。

二、其他种类的二氧化碳基聚合物

公开号为 CN106519193A 的专利申请将双官能团炔类单体、二氧化碳和二卤代物单体在有机溶剂中通过钨酸银等催化剂和碱共同作用进行聚合反应，得到了窄分布聚炔酯类化合物，部分聚合物表现出典型的聚集诱导发光性能。徐越超等人先使二氧化碳和 2－丁炔生成 α－甲撑－β－丁内酯，然后在非手性 salen 铝复合物催化下开环聚合得到半结晶间同立构聚酯。[1]

二氧化碳和多元胺可以生成聚脲。公开号为 CN111440315A 的专利申请将异佛尔酮二胺和 $C_4 \sim C_{10}$ 的二氨基氧杂烷与二氧化碳进行聚合反应，得到了一种透明的且具有自修复功能的热塑性聚脲弹性体。公开号为 CN113461938A 的专利申请将双胺功能化的离子液体和二氧化碳共聚到了具有良好的离子传导性和抗菌性的二氧化碳基离子型聚脲。二氧化碳还可以和环硫或环氮化合物加成共聚。公开号为 CN106045933A 的专利申请以二氧化碳与氮丙啶聚合物为原料合成聚氨酯，从而避免了有生物刺激性的异氰酸酯的使用。

三、二氧化碳基聚合物的产业应用及发展分析

（一）二氧化碳基聚合物的产业应用

具有产业应用价值的 PPC 通常需要数均分子量高于 100kg/mol。由于其良好的

---

[1] XU Y C, ZHOU H, SUN X Y, et al. Crystalline polyesters from CO₂ and 2－butyne via α－methylene－β－butyrolactone intermediate [J]. Macromolecules, 2016, 49 (16): 5782－5787.

生物降解特性，因此可以将其应用于包装袋、农用地膜等一次性膜制品。例如，山东淄博中南医药包装材料股份有限公司 2020 年起和中国科学院长春应用化学研究所（以下简称"长春应化所"）合作研发二氧化碳基农用地膜，近期年产百万亩二氧化碳基生物降解农地膜项目即将立项投产，投产后将减少二氧化碳排放 30 万吨。

二氧化碳基聚氨酯是由低分子量二氧化碳基多元醇（聚碳酸酯多元醇）和异氰酸酯所合成的新材料，其中的碳酸酯基团可增强 PU（聚氨酯）的机械性能和抗氧化性能，醚段则为其提供了优良的抗水解性能。公开号为 CN102241956A 的专利申请公开了一种聚碳酸亚丙酯基水性聚氨酯黏合剂，所得的黏合剂对木材、玻璃、织物等具有良好的黏合性能，且耐水解性好。公开号为 CN102010650A 的专利申请公开了将聚碳酸亚丙酯聚氨酯制成涂料，所得涂料具有较强的耐磨性、耐刮擦性，而且不发生水解。

二氧化碳基共聚物还被广泛用作阻隔材料。公开号为 US4142021A 的专利申请最早公开了二氧化碳环氧共聚物作为氧阻隔材料方面的应用，其利用热压和溶液涂覆的方式在聚乙烯基底上形成聚碳酸亚乙酯成膜，测得其氧阻隔性能明显优于聚乙烯。公开号为 CN103804879A 的专利申请以聚碳酸亚丙酯为基材，混入一定量聚乙烯醇、层状硅酸盐和增塑剂得到高阻隔聚碳酸亚丙酯基复合薄膜材料，其氧气透过率系数低至 $25cm^3 \cdot um/(m^2 \cdot 24h \cdot atm)$，水蒸气透过率系数低至 $56g \cdot um/(m^2 \cdot 24h)$。

（二）我国二氧化碳基聚合物相关产业的发展

自 20 世纪 90 年代起，中国科学院广州化学研究所（以下简称"广州化学所"）、浙江大学、兰州大学、长春应化所等相继开展了二氧化碳固定为可降解塑料的研究。

长春应化所自 1997 年以来一直从事 PPC 的合成、结构和性能调控的研究，是目前我国二氧化碳基聚合物领域的领军者。其最早的关于二氧化碳聚合的专利申请（CN1257885A）公开于 2000 年 6 月，此后从 2000 年到 2011 年每年都有专利公开，从 2012 年起每年公开的专利申请均保持在两位数，2021 年达到 18 件，截至 2022 年 6 月 30 日已公开相关专利申请数量约 160 件。专利申请的领域涉及二氧化碳基聚合物的合成催化剂体系、改性以及作为涂料、阻隔膜、泡沫塑料和地膜的应用。长春应化所在进行专利布局的同时，还积极将科研成果产业化：2002 年协助蒙西高新技术集团公司建成年产 3000 吨二氧化碳共聚物的生产线，这是我国第一条规模化的二氧化碳聚合物的生产线；2013 年，在浙江台州建成了世界首条万吨级 PPC 生产线后，又于 2017 年 4 月开始在吉林市化学工业循环经济示范园区建设 5 万吨 PPC 生产线；2021 年 12 月，参与创建的博大东方新型化工（吉林）有限公司 30 万吨/年二氧化碳基生物降解塑料（PPC）项目主装置核心反应试车成功，投产后将成为国内工业化规模最大的 PPC 项目。

广州化学所也是最早从事二氧化碳基聚合物研究的科研机构之一，其第一项专利申请于 1989 年，现已公开了 20 余项专利申请，其研发的重点主要在于催化剂体系的开发。广州化学所也积极探索成果的产业化应用。广州化学所于 2003 年与金龙公司合作成立金龙绿色化学公司。2004 年广州化学所的合作项目"利用二氧化碳制备脂肪族聚碳酸亚乙酯和降解型聚氨酯泡沫塑料"在二氧化碳催化活化技术、聚氨酯泡沫塑料的高生物降解性等方面达到了国际先进水平。利用该技术每消耗 1 吨二氧化碳能生产出约 3 吨脂肪族聚碳酸亚乙酯树脂，并生产出约 6 吨降解型聚氨酯泡沫塑料。广州化学所参股的江苏中科金龙化工股份有限公司年产 2 万吨二氧化碳树脂的连续生产线于 2007 年 6 月初投产，这是世界上第一条万吨级二氧化碳制备全生物降解塑料生产线。

中山大学从 2002 年开始进行二氧化碳基聚合物相关的专利布局，目前已经申请了约 60 项相关专利。其研究领域涉及聚合催化剂的开发、生产工艺的改进、多嵌段共聚物的开发等。1997 年，中山大学与河南天冠集团合作，对酒精发酵中产生的二氧化碳深加工利用展开了深入研究。2009 年，中山大学与天冠集团联合成立天冠集团中山大学环境与能源新材料研究中心，同年天冠集团建成全国首条年产 5000 吨全降解塑料产业化生产线。

如今，我国的二氧化碳基聚合物专利申请量已经达到 4000 多件，排名前三位的申请主体为长春应化所、巴斯夫欧洲公司和国际壳牌研究有限公司。2010 年以后相关的专利申请迅速增长，2013 年以后每年的申请量几乎都在 300 件以上。其研究重点也从早期的聚合催化体系的开发转变为二氧化碳基聚合物共混改性以及具体应用的开发。由此可见，二氧化碳基聚合物正成为炙手可热的研究领域。

第二节　二氧化碳基聚合物在专利审查中的重点难点分析

通过上述对二氧化碳基聚合物的技术介绍可知，二氧化碳基聚合物的性能和应用已成为研发重点。这使得在权利要求的撰写中，采用产品的性能、参数进行限定会越来越普遍，因为这种撰写方式便于对发明构思进行概括。然而，采用性能、参数限定也给专利审查带来了困难，经常会衍生出诸多需要讨论的问题，涉及权利要求的保护范围是否清楚、是否能得到说明书的支持、说明书公开是否充分以及新颖性和创造性的评判。而其中，性能、参数限定与新颖性和创造性评判之间的关系是其中的重点。因此，接下来将详细讨论在专利申请的新颖性和创造性审查中如何看待性能、参数限定。

一、性能、参数特征与所限定的产品的结构和/或组成的关系

参数通常是能直接测量的性能值（如物质熔点、钢的抗弯强度、电导体的电阻），或者可被定义为公式形式的几个变量的数学组合。参数本身具有复杂性，其表现形式多种多样。参数可分为表征产品结构和/或组成的参数、表征产品功能和/或效果的参数等；根据参数的通用程度，参数还可分为标准参数、通用参数、不常见参数等。

鉴于参数的复杂性，《专利审查指南2010》对什么情况下能够使用参数限定作了一些说明。《专利审查指南2010》第二部分第二章第3.2.2节指出："当产品权利要求中的一个或多个技术特征无法用结构特征予以清楚地表征时，允许借助物理或化学参数表征……使用参数表征时，所使用的参数必须是所属技术领域的技术人员根据说明书的教导或通过所属技术领域的惯用手段可以清楚而可靠地加以确定的。"

从上面可以看出，《专利审查指南2010》对产品技术特征的表征方式的顺序作了规定。从权利要求保护范围清楚以及清楚确认产品的角度看，采用结构和/或组成无疑是最优选的。而采用参数进行限定，往往会使问题变得复杂。尽管如此，采用性能参数对产品进行限定仍然是高分子领域非常常用的权利要求撰写方式。

接下来，我们进一步探讨性能、参数限定与所表示的结构和/或组成的关系。《专利审查指南2010》第二部分第三章第3.2.5节中规定："如果该性能、参数隐含了要求保护的产品具有区别于对比文件产品的结构和/或组成，则该权利要求具备新颖性；相反，如果所属领域的技术人员根据该性能、参数无法将要求保护的产品与对比文件产品区分开，则可推定要求保护的产品与对比文件产品相同，因此申请的权利要求不具备新颖性，除非申请人能够根据申请文件或现有技术证明权利要求中包含性能、参数特征的产品与对比文件产品在结构和/或组成上不同。"

由此可见，考察性能、参数限定的一个核心问题是判断这些限定是否隐含了要求保护的产品具有特定的结构和/或组成。性能、参数限定归根结底是结构和/或组成的一种反映。采用性能、参数限定主要是为了解决一些结构和/或组成难以用文字表达清楚或表达完整的问题。审查时判断"是否隐含"的过程实际就是确定所限定的性能和参数与结构和/或组成对应关系的过程。只有经过这样的分析和

判断过程，在和其他技术方案进行对比时才能避免将隐含的结构和/或组成遗漏掉。性能、参数可能由隐含的结构和/或组成单独决定，也可能是由隐含的结构和/或组成与权利要求中文字记载的技术特征共同决定。如果没有隐含特定的结构和/或组成，它就完全由权利要求中文字记载的技术特征来决定，此时性能、参数可以看作权利要求文字记载的特征所带来的必然结果。

二、涉及性能、参数限定的新颖性和创造性审查

（一）新颖性审查

根据《专利审查指南2010》规定，在进行新颖性判断时，如果发明与对比文件公开的发明技术领域、所解决的技术问题、技术方案和预期效果实质上相同，则认为二者为同样的发明。而判断技术方案是否实质上相同，主要是判断发明的所有技术特征是否均已经被一份对比文件公开。

对于采用性能、参数表征的产品权利要求，如果用于对比的技术方案中也涉及相应的性能、参数，此时可以很方便地将二者进行比较。但审查实践中更常见的情况是：虽然对比文件公开的产品看起来与本发明要求保护的产品非常相似，甚至相同，但没有公开相应的参数，此时确定二者是否实质上相同成为难题。

《专利审查指南2010》规定，当本领域的技术人员根据性能、参数限定无法将要求保护的产品与对比文件产品区分开时，可以推定要求保护的产品与对比文件产品相同，从而得出权利要求不具备新颖性的结论。对于化学领域，《专利审查指南2010》第二部分第十章第5.3节进一步强调，对于用物理化学参数表征的化学产品权利要求，如果无法依据所记载的参数对由该参数表征的产品与对比文件公开的产品进行比较，从而不能确定二者的区别，则推定用该参数表征的产品权利要求不具备新颖性。

《专利审查指南2010》的上述相关规定在专利审查中建立了推定审查的原则。推定新颖性成为评判含性能、参数限定的权利要求是否具备新颖性的主要方法。推定所得出的结论应该是建立在对比文件高度盖然性基础上的结论。当申请人不认可该推定时，《专利审查指南2010》也给出了解决办法，即"除非申请人能够根据申请文件或现有技术证明权利要求中包含性能、参数特征的产品与对比文件产品在结构和/或组成上不同"，这是赋予了申请人抗辩的权利和举证的义务。特别是申请文件所用的性能、参数是申请人自己定义的性能、参数或者是申请人采用特定的、非常规的方法测定得到的性能、参数时，申请人更应当履行举证义务。

（二）创造性审查

在创造性评判中，如何看待性能、参数限定呢？《专利审查指南 2010》规定对于新颖性评判中对性能、参数限定的审查基准同样适用于创造性判断中对该类技术特征是否相同的对比判断。因此，在评判创造性时，依然要判断性能、参数限定是否隐含了请求保护的主题具有特定的结构和/或组成，并进一步判断隐含的结构和/或组成是否构成了和对比文件进一步的区别。

如果性能、参数特征是由权利要求和所对比的现有技术的共同特征决定的，则该性能、参数并不构成区别。如果该性能、参数特征与区别特征有关，则它们也构成了区别特征，在后续确定实际解决的技术问题、认定技术启示时都需要考虑。

下文将结合二氧化碳基聚合物领域相关申请的实际审查过程进一步理解性能、参数在新颖性和创造性评判中的处理方式。

第三节　专利审查案例分析

一、性能、参数隐含特定的结构和/或组成

【案例 2 - 7 - 1】 一种包含聚碳酸亚烷基酯树脂及聚酮树脂的高分子组合物

涉案申请要求保护一种包含聚碳酸亚烷基酯树脂及聚酮树脂的高分子组合物。一个从属权利要求中限定所述高分子组合物进一步包含源自生物的聚酯树脂。另一个从属权利要求限定所述高分子组合物满足通式 $P_1 < P_2$，其中，P_1 是所述高分子组合物进行挤出加工时的扭矩范围，P_2 是聚酮树脂进行挤出加工时的扭矩范围。

PK（聚酮树脂）在单独加工时，往往由于黏度的急剧上升而无法进行正常挤出。申请人发现这是因为在加工时存在羟醛缩合等反应。通过与聚碳酸亚烷基酯树脂混合使用，可以抑制热加工中的分解或交联反应，使组合物热稳定性提高，更利于加工。申请人发现在聚酮中加入助剂聚碳酸亚烷基酯（例如 PPC）树脂后可以满足上述通式所描述的扭矩关系。而通过加入源自生物的聚酯树脂（例如 PLA）能够使聚酮树脂的加工温度范围调节更加多样化，并且实现改善挤出加工性能的效果。实施例 1～7 和对比例 1～3 均证明 PPC 单独和 PK 混合、单独和

PLA 混合以及和 PK 与 PLA 的混合物混合得到的组合物的扭矩范围均低于 100% 的 PK 或 PLA 的扭矩范围。

最接近的现有技术公开了一种包含聚酮和聚碳酸酯的共混物，可选的聚碳酸酯包括 PPC。因此，国家知识产权局的审查意见认为独立权利要求不具备新颖性。对于第一个从属权利要求，另一篇现有技术文献公开了 PLA 能对 PPC 显示出极好的增强作用，加入 PLA 能使复合材料的拉伸强度和热稳定性得到提高。因此，本领域的技术人员有动机在包含聚酮和 PPC 的共混物中加入 PLA。对于权利要求中限定的扭矩参数，审查意见认为在最接近的现有技术的基础上，本领域的技术人员根据加工性能需求可以通过调节组分含量及组分种类来实现上述参数关系，也即认定上述参数关系属于本领域的技术人员能够常规调节的范畴。

申请人将上述两个从属权利要求并入独立权利要求后，审查部门认为现有技术没有给出动机使本领域的技术人员通过将三种组分混合的方式来实现所上述扭矩关系，该发明最终在国内获得授权。

美国专利商标局对该案进行审查时，采用的现有技术同时公开了聚碳酸亚烷基酯树脂、聚酮树脂和聚乳酸三个组分。对于权利要求中的扭矩参数，美国专利商标局认为该参数和现有技术的组合物无法区分，也即推定其不具备新颖性。申请人将三种组分的用量关系限定入权利要求后，专利申请也获得了授权。

该案中将特定的扭矩关系限定入权利要求后，该参数限定不仅排除了使组合物扭矩高于聚酮扭矩的组分的添加，而且也隐含了各组分的相对用量必须足以使高分子组合物的扭矩小于聚酮树脂。涉案发明正是利用这种扭矩关系来解决聚酮难加工的问题，因此修改后的权利要求也体现出了发明点，和现有技术作出了明确的区分。在现有技术没有公开这种扭矩关系和加工性能之间的联系的情况下，本领域的技术人员没有动机构建符合该参数的包含聚酮、聚碳酸亚烷基酯和聚乳酸的组合物。

美国专利商标局基于不同的现有技术，直接采用了推定新颖性的方式。由此可见，现有技术的选取不同也会影响对参数限定权利要求的审查策略。该案同族申请在韩国知识产权局和欧洲专利局尚处于审查阶段，目前申请人已将权利要求修改为和中国授权文本相同的形式，对于其审查方式，后续值得关注。

二、对性能、参数限定推定新颖性

【案例 2 - 7 - 2】一种共混物阻隔薄膜

涉案申请要求保护一种共混物阻隔薄膜，其包含至少一种脂族聚碳酸酯和至少一种聚烯烃，实际测得的该阻隔薄膜的氧渗透率小于预测的一半（预测方法为体积相加模型或麦克斯韦模型），即小于根据共混物中的每种聚合物的氧渗透率值计算出的薄膜渗透率的一半；其中所述脂族聚碳酸酯包含二氧化碳和一种或多种环氧化物的共聚物。

食品包装膜由于能阻隔氧气，因此可以减少氧气对食品和饮料的氧化，从而使食品和饮料的保质期更长。涉案发明通过将脂肪族聚碳酸酯和聚烯烃烯烃共混，获得了一种对氧气具有高阻隔性的薄膜。

对于共混薄膜的气体渗透率的预测，本领域存在两个方法，即体积相加模型和麦克斯韦模型。根据这两个模型预测由 LLDPE（线性低密度聚乙烯）和 PPC 组成的阻隔薄膜的氧渗透率应为 $301cc-mil/(100in^2 \cdot d)$（体积相加模型）和 $248cc-mil/(100in^2 \cdot d)$（麦克斯韦模型），而涉案发明实测得到的氧渗透率只有 $41cc-mil/(100in^2 \cdot d)$，由此可见，涉案发明的阻隔薄膜所具有的阻隔效率已经远超本领域的技术人员的预期。通过扫描电子显微镜分析，可以发现 LLDPE/PPC 聚合物共混物薄膜的分散相呈现特殊的共连续层状形态，从而对氧气形成扭曲路径，使得氧气不易扩散。

现有技术公开了一种脂肪族聚碳酸酯组合物，其包含脂肪族聚碳酸酯和其他聚合物，如聚丙烯、聚乙烯，所述脂肪族聚碳酸酯由二氧化碳和环氧化物共聚得到。对于权利要求中限定的参数，国家知识产权局的审查意见认为，虽然现有技术未公开所述方法测定的氧渗透率，但对本领域的技术人员来说，无法通过该参数限定将所要求保护的阻隔薄膜和现有技术的阻隔薄膜区分开。涉案申请被驳回后进入复审程序。在复审程序中，合议组持同样的观点，复审请求人最终放弃了国内申请。

对于该案，欧洲专利局认为所限定的参数是不清楚的，认为这属于用所追求的结果来对权利要求进行限定，同时它也不属于《欧洲专利局审查指南》F 部分第Ⅳ章第4.10节所规定的可以例外的情形，因为它完全可以用更具体的方式限定清楚，比如得到这个参数相关的方法等。申请人将该参数删除后在欧洲专利局获得授权。

韩国知识产权局在审查时认为，涉案发明的膜在组成上和现有技术没有实质的差别，而氧气透过率也属于材料的固有性质参数，所以不能认为二者之间在氧气透过率上存在差别。即使存在着差别，本领域的技术人员也可以通过对组分用量简单地调整和优化获得所需的氧气透过率。其观点和我国国家知识产权局相似。

日本特许厅的驳回决定认为这种参数限定得不到说明书的支持，然而最终法院撤销了驳回决定。

美国专利商标局在审查过程中，由于单一性问题，申请人将含有透气率参数的权利要求删除，因此不涉及参数限定的审查。

该案申请人确实发现了超出本领域的技术人员预期的技术效果，即两种聚合物共混后所得的阻隔膜具有预料不到的更好的氧气阻隔性，并且也将这一效果通过参数的方式限定入了权利要求，为何仍被驳回呢？涉案发明请求保护的主题是一种具有上述氧气阻隔参数的产品，而非提升氧气阻隔性能的方法。对于产品主题，在判断新颖性和创造性时，是用该产品的结构和/组成与现有技术进行对比。该发明虽然限定了所能实现的氧气阻隔性能，然而这是脂族聚碳酸酯和聚烯烃共混之后的固有性质。当将这两种聚合物共混后，无论本领域的技术人员在主观上是否能够意识到它们所发生的形态学变化，它们都会遵从客观规律形成特有的形态。因此，权利要求中所限定的氧气阻隔参数并没有隐含所要求保护的薄膜还需具有何种特定的结构和/或组成。如果现有技术已经将这两种聚合物共混，虽然本领域的技术人员并不知道所得的膜的性质，但仅就这个产品而言，二者不可区分。

欧洲专利局和日本特许厅的审查体现了参数限定与多个法条的关联性，这种判定同样会受到各国审查政策的影响。韩国知识产权局的审查观点与我国国家知识产权颇为相似，不同的是，在推定新颖性的同时，还进行了假设性评述。

三、针对性能、参数限定推定新颖性的抗辩

【案例2-7-3】 一种自黏膜

涉案申请要求保护一种自黏膜，其包含一定量的聚碳酸亚乙酯和碳酸亚乙酯，其中，所述自黏膜满足下式：$|(A_0 - A_{85})/A_0| < 0.3$。

在上式中，A_0 表示根据对玻璃基底的 180 度剥离试验，在 $20℃ \pm 5℃$ 的温度和 $50℃ \pm 2\%$ 的相对湿度下测量的膜的黏合强度，A_{85} 表示在 $85℃ \pm 5℃$ 的温度和 $85℃ \pm 2\%$ 的相对湿度下老化附着在玻璃基底上的膜 2 小时后，然后在与 A_0 相同的条件下测得的膜的黏合强度。

自黏膜在重复黏附和分离的过程中容易在黏合体的表面留下残余物。此外，它们的黏合强度也会根据周围的温度和湿度急剧改变，例如在高温环境下黏合强度会快速增加，而在高温和高湿环境下由于对水的溶胀，黏合强度又会急剧降低。涉案发明的自黏膜在重复使用时可对各种黏合体显示出优异的黏合强度，而且不留下残余物，并且其黏合强度随温度和湿度条件的变化率低。该发明的自黏膜用的树脂组合物包含聚碳酸亚乙酯和碳酸亚乙酯，其中碳酸亚乙酯在组合物中

是作为增塑剂使用的。

现有技术公开了一种用于玻璃层合的黏合膜组合物，包括聚亚烷基碳酸酯树脂、增塑剂以及异氰酸酯化合物；可用的聚亚烷基碳酸酯树脂包括聚碳酸亚丙酯或聚碳酸亚乙酯；所述增塑剂可以为具有如下结构的化合物：

或者为低分子量的聚碳酸亚乙基酯。

国家知识产权局的审查意见认为现有技术的黏合膜也具有自黏性，而所限定的参数使其产品和现有技术无法区分，也即推定现有技术的黏合膜也具有该参数。因此，该发明和现有技术的区别特征仅在于增塑剂的种类不同，该发明是碳酸亚乙酯，现有技术是特定结构的碳酸酯或低分子量聚碳酸亚乙基酯。由于该发明和现有技术中所列的增塑剂性质相似，因此容易想到替换，故该发明不具备创造性。

申请人基于该发明记载的实验数据进行抗辩。该发明包括 3 个实施例和 3 个对比例。其中对比例 1～3 均是在实施例 1 的基础上作的平行对比例，对比例 1 没有加入增塑剂，对比例 2 的增塑剂为碳酸亚丙酯，对比例 3 是分子量为 300 的聚碳酸亚乙酯。实验结果如表 2-7-1 所示。

表 2-7-1　案例 2-7-3 涉案申请说明书记载的实验结果

	A_0/（克/英寸）	A_{85}/（克/英寸）	｛$(A_0 - A_{85})/A_0$｝
实施例 1	12.5	16.0	0.28
实施例 2	13.0	15.2	0.17
实施例 3	13.0	14.4	0.11
对比例 1	8.9	13.7	0.54
对比例 2	8.7	13.3	0.53
对比例 3	9.6	14.6	0.52

通过对比可以看出，相同条件下将增塑剂替换为碳酸亚丙酯或低分子量的聚碳酸亚乙酯均无法满足权利要求限定的黏性关系。这也就说明增塑剂的种类会影响到自黏膜的黏性性能。然而，审查意见所作出的推定是建立在黏性性能和增塑剂种类无关、替换为相似结构的增塑剂后所得效果相似的基础上，因此推定不成立。由于上述推定不成立，因此，本领域的技术人员没有动机在现有技术的基础上选择碳酸亚丙酯作为增塑剂，从而将自黏膜的黏性性能调整为符合所限定的关

系式。最终涉案发明在国内获得授权。

美国专利商标局采用的现有技术公开的增塑剂中包括了碳酸亚乙酯，其审查意见认为涉案发明的组成容易想到，进而必然能获得相同的性能参数。而对于申请人提到的上述实验数据，美国专利商标局认为实施例 1～3 与该发明权利要求 1 的范围并不相称，实施例的技术效果不能代表权利要求所能取得的效果。

欧洲专利局在审查该权利要求时认为，如果该参数是该特定结构自黏膜的固有性质，则这个限定是多余的。在权利要求里限定不需要的特征会导致权利要求不清楚。而如果这个参数对自黏膜的组成产生了限定作用，那这个参数限定是不清楚的，因为缺少表征 180 度剥离试验的基本信息，比如剥离速度、样品厚度等。最终，申请人删除该参数限定后在欧洲专利局获得授权。

在审查含性能、参数限定的产品权利要求时，推定新颖性是最常见的处理方式。在对推定新颖性进行抗辩时，申请人需要了解清楚审查意见进行推定的逻辑基础是什么，然后才能有针对性地进行反驳。比如该案中，审查意见所依据的是增塑剂的种类与所限定的不等式所体现出的黏性性能没有关系，这时申请人可以通过证明增塑剂的种类和这种黏性性能存在关联来反驳。举证的方式可以是补充实验数据（在原始申请文件的实验数据证明力不足的情况下可以采用），其中最直接的做法是根据现有技术的技术方案进行实验并测得相关性能，以此证明现有技术不具有涉案发明所限定的参数。

美国专利商标局的审查意见认为现有技术直接公开了碳酸亚乙酯增塑剂的技术方案，因此进行了新颖性推定，申请人所作的对比例无法抗辩这种推定。而对于实验数据却采用了另外一种说理，即实施例所验证的具体参数值只能代表实施例条件下的参数值，不能推广到整个权利要求范围内。在欧洲专利局的审查中体现了其对参数限定更加严格的审查政策，要么该参数限定是多余的（也即没有隐含特定结构和/或组成）因而需要删除，要么虽然不多余但使权利要求不清楚。

四、判定性能、参数限定使权利要求具有新颖性后的继续审查

【案例 2-7-4】一种基于聚碳酸亚烷基酯的膜

涉案申请要求保护一种基于聚碳酸亚烷基酯的膜，其包含聚碳酸亚烷基酯树脂和聚酮树脂，所述膜具有通过 ASTM D638 测量的 $200kgf/cm^2 \sim 300kgf/cm^2$ 的拉伸强度。

在聚碳酸亚烷基酯树脂中共混一些具有优异拉伸强度的树脂通常可以提高拉

伸强度。然而，这往往又会导致伸长性质和撕裂强度的变差。涉案发明提供的共混树脂克服了上述缺陷，其包含的聚碳酸亚烷基酯树脂和聚酮树脂的相容性优异，不需要其他增容剂。

最接近的现有技术公开了一种聚合物组合物，包含了聚酮和聚碳酸酯。然而，现有技术的组合物达不到涉案发明限定的拉伸强度。因此拉伸强度构成了区别特征。在确定权利要求具备新颖性后，继续审查其创造性。

考察涉案发明说明书可知，涉案发明实施例所验证的组合物均为掺了一定比例聚乳酸的共混物，聚乳酸的作用是改善聚碳酸亚烷基酯树脂的热稳定性，使其能更稳定地进行与聚酮树脂的捏合；如果聚乳酸的含量不足，在高温下捏合聚酮和聚碳酸亚烷基酯时可能发生聚碳酸亚烷基酯的分解。可见，涉案发明实现较高拉伸强度的方法是加入一定量聚乳酸，权利要求采用所实现的拉伸强度参数概括了发明点。

然而，本领域公知影响聚合物组合物拉伸强度的因素很多，为了提升拉伸强度，本领域的技术人员并非一定要通过涉案发明公开的特定手段来实现拉伸强度的提升。权利要求中的参数限定涵盖了通过常规调整实现该参数的方式。国家知识产权局的审查意见在评判创造性时指明了涉案发明的智慧贡献所在，在申请人将聚乳酸限定入权利要求后予以授权。

美国专利商标局在审查该案同族申请时，采用了推定新颖性的方式。申请人将聚碳酸亚烷基酯的结构限定入权利要求后获得授权。欧洲专利局对原始的权利要求直接认可了新颖性和创造性。韩国知识产权局则认为权利要求中的参数是可以通过调节一些影响因素获得的，现有技术给出了使用相同组成的技术启示（评判思路和我国国家知识产权局近似）。日本特许厅则认为原始的权利要求得不到说明书的支持，申请人在进一步限定了聚碳酸亚烷基酯和聚酮树脂的含量后获得授权。

由以上案例可见，产品权利要求中所限定的性能、参数特征所隐含的特定的结构和/或组成既可以来源于本发明所采用的特定手段，也可以来源于本领域的常规手段。而在专利审查时，需要将其中包含的显而易见的技术方案去除，如此才能使专利的保护范围与申请人作出的智慧贡献相匹配。

美国专利商标局采取了推定新颖性的审查策略。韩国知识产权局的审查思路再一次与我国国家知识产权局不谋而合。日本特许厅则适用了不支持条款来进行审查，本质上和我国的审查达到了相同目的，都是通过使申请人对权利要求进行限缩从而使其智慧贡献与权利要求保护范围相匹配，而我国则采用了证据优先的原则。

五、总结分析

申请人可以巧妙运用性能、参数限定与现有技术作出恰当的区分，并获得最有利的保护范围。在运用性能、参数限定时，应当合理分析这些性能、参数限定与所隐含的特定结构和/或组成（通常对应的是一些技术手段）之间的关系，使这些隐含的特定结构和/或组成与其他特征共同体现出发明的核心。

通过与国外主要专利局审查过程的对比可知，对于相同案件，每个国家所采用的审查策略会存在差异，比如欧洲专利局对参数限定的使用有相对更严格的要求，日本特许厅更倾向于适用不支持条款来审查性能参数限定。美国专利商标局更多地使用推定新颖性的策略。韩国知识产权局与我国的审查思想存在更多的相似之处。如果将来我国创新主体要将成果推向世界，则需要更深刻地理解各国或地区审查政策的异同和特点。

第四节　专利审查规则辨析

一、权利要求的撰写

在撰写权利要求时，如何恰当地使用性能、参数限定是需要仔细思考的问题。按照《专利审查指南 2010》的要求，应当优先采用结构特征来对产品进行限定，当无法用结构特征清楚地表征时，允许借助性能、参数进行限定。采用结构特征对产品进行限定可以使产品权利要求更清楚，更有利于与现有技术划清界限，使专利申请实质审查、后续的专利侵权判定等更容易进行；采用性能、参数限定则容易衍生出问题，例如权利要求是否清楚、说明书公开是否充分等。然而，如前所述，恰当地运用性能、参数限定可以获得最有利的保护范围。运用好性能、参数限定需要明确性能、参数与所要反映的结构和/或组成的关系，并且使之与智慧贡献相匹配。同时，应该注意所用的性能、参数应是本领域的技术人员能够清楚理解的，其测试方法也是本领域公知或者在说明书中明确记载的。

二、推定新颖性原则

在对含性能、参数限定的产品权利要求进行新颖性或创造性评判时，首先应该确定性能、参数特征与权利要求的主题之间的关系，也即是否使权利要求的主题隐含了特定的结构和/或组成［有时这种隐含的结构和/或组成对应于本发明所采用的某一（些）特定技术手段或制备方法］。从专利审查角度看，审查时需要对本领域的技术水平以及本发明的技术构思，包括本发明的实验数据进行详细的考察。

当一篇对比文件公开了一项产品权利要求中除性能、参数特征以外的其他全部特征时，权利要求是否具备新颖性则取决于性能、参数限定是否能将两个产品区分开。因为在一些情况中，所限定的性能、参数可能仅仅是来源于对一个已知产品进行了某方面性能的测试，获取一个已知产品的性能、参数并不能给产品本身带来新颖性。为了排除这种情况，审查时通常需要进行新颖性推定。当有理由认为对比文件大概率也具有本发明的性能参数时，则可以推定涉案发明不具备新颖性。因此，推定新颖性是站位于本领域的技术人员，在所属技术领域范围内，通过合乎逻辑的分析和推理得出的建立在对比文件高度盖然性基础上的结论。

申请人在收到推定新颖性的审查意见时，可以进行澄清或修改。如果申请人不接受审查意见中的推定，可以根据说明书中记载的实验数据或者本领域的技术常识来陈述所限定的性能、参数可以将两个产品进行区分的理由，也可以提供补充实验数据进行证明。对于申请人补充的实验数据，在符合审查指南的相关规定的情况下，应当予以审查。

三、性能、参数限定隐含特定的结构和/或组成的处理

如果权利要求中性能、参数限定所反映的技术内容并不是完全由权利要求中所记载的其他特征决定的，则上述限定通常会隐含特定的结构和/或组成。

如何确定所限定的性能、参数与结构和/或组成之间的对应关系往往是专利审查中的一个难点。一种情形是，性能、参数是由多因素决定的，从本发明公开的内容无法明确确认性能、参数和本发明所采用的技术手段之间的对应关系。从专利审查的角度看，为了确定其可专利性，审查时需要基于本领域技术常识判断这些性能、参数是否是本领域的技术人员通过常规手段即可获得的。如果可以通过本领域常规手段获得，则继续进行创造性的评判。

还有一种情形是，本发明的性能、参数的获得与说明书中提及的特定的技术手段之间存在着对应关系。在专利审查时，通常会优先考察本领域的技术人员是否有动机在最接近的现有技术中引入上述技术手段。在得到否定答案后，通常还需要考察在现有技术的基础上本领域的技术人员是否有动机通过其他常规手段来引入相应的性能、参数。

第八章　半导体材料领域包含参数限定的权利要求的审查

当前我国已经进入新发展阶段，进一步发展面临新的机遇和挑战。《"十四五"规划和 2035 年远景目标纲要》中明确将高纯靶材等关键材料的研发、碳化硅和氮化镓等宽禁带半导体发展列为科技攻关前沿领域。半导体相关领域的改进多体现在材料的微观结构层面，因此很多申请对其表征多采用参数限定。不同专利申请关注材料的不同方面，参数也呈现出多样化的特点。如何给予与申请人贡献相适应的保护范围是审查中的一大难点。

第一节　半导体材料的发展概况

半导体是指常温下导电性能介于导体与绝缘体之间的一种材料，其电阻率约在 $1m\Omega \cdot cm \sim 1G\Omega \cdot cm$ 范围内。常见的半导体材料有硅、锗、砷化镓等，在集成电路、消费电子、通信系统、光伏发电、照明、大功率电源转换等领域都有应用。半导体材料可以分为三代[1]：第一代半导体材料可称为元素半导体材料，以硅和锗为代表，导致了以集成电路为核心的微电子工业的发展和信息技术产业的飞跃，主要应用于低压、低频、低功率晶体管和探测器。第二代半导体材料以砷化镓和磷化铟为代表，适用于制作高速、高频、大功率以及发光电子器件，奠定了信息产业的基础。第三代半导体材料是指带隙宽度大于或等于 2.3eV 的宽禁带半导体材料，以氮化镓、氮化铝、碳化硅、氧化锌、金刚石薄膜等为代表的宽禁带半导体材料，凭借其宽禁带、高热导率、高击穿电场强度、高抗辐射能力等特点，在半导体照明、新一代移动通信、智能电网、高速轨道交通、新能源汽车等领域拥有广阔的应用前景，是支撑信息、能源、交通、国防等产业发展的重点新材料。

---

[1]　郝建群，高伟，赵璐冰，等. 第 3 代半导体发展概述及我国的机遇、挑战与对策［J］. 新材料产业，2016（11）：6-7.

第三代半导体材料目前研究重点多集中于碳化硅和氮化镓。碳化硅技术研究进展较快，技术最为成熟，而氮化镓技术应用广泛。氮化镓主要是采用异质外延制备工艺，在异质材料上面外延生长氮化镓层。氮化镓外延层主要通过金属有机化学气相沉积、卤化物气相外延、分子束外延技术以及悬空外延术等工艺方式制备。❶ 硅衬底上氮化镓外延片由于具有较高的性价比，被认为是 LED 及民用氮化镓电子器件的理想技术路线之一。在微波射频器件方面，氮化镓高电子迁移率晶体管（high electron mobility transistors，HEMT）是新一代固态射频功率器件的研究热点，在光电子器件方面，国内外多家公司推出了大尺寸硅衬底上产业化大功率氮化镓 LED 芯片产品，光效达到 130 ~ 140lm/W，其高性价比得到了产业界的极大关注。我国氮化镓微波功率器件在低频范围内的部分性能参数已经接近国际先进水平，但在可靠性、工艺技术等方面还存在较大差距：氮化镓的大尺寸单晶生长技术还不成熟，氮化镓材料的缺陷导致临界击穿电场下降、Buffer 衬底漏电等，致使氮化镓功率器件无法达到其材料理论极限；氮化镓与蓝宝石、碳化硅等衬片之间的不匹配导致器件的寿命缩短、阈值电流上升、性能下降、发热量增大等。继续寻找合适的衬片，提高氮化镓的质量仍然是今后研究的热点。❷

第二节　半导体领域参数限定的情况及面临的审查问题

随着技术的发展和专利申请数量的不断增加，参数限定逐渐成为产品权利要求中十分常用的一种限定方式。❸ 半导体相关领域中，一方面，其改进多体现在材料的微观结构层面，因此很多申请对其表征多采用参数限定，不同专利申请关注材料的不同方面，体现的发明点并不相同，参数也呈现出多样化的特点；另一方面，由于该领域技术发展迅速，属于前沿发展领域，对审查中相关技术的了解和掌握提出了更高的要求，相关参数技术含义的准确理解、参数与技术效果之间的关系分析等也更加复杂。因此，如何针对参数进行准确合理的审查一直是审查所面临的热点和难点❹：参数的表现形式多种多样，与对比文件常常难以比较，审查员不具备实验手段，很难提出有理有据的反对理由，说理困难；容易出现推定不

❶ 许景通，王二超，常青松，等．"双碳"目标下三代半导体的发展分析［J］．电子工艺技术，2022，43（1）：5．
❷ 张波，邓小川，陈万军，等．宽禁带功率半导体器件技术［J］．电子科技大学学报，2009，38（5）：621；冯玉春，施炜．新一代半导体材料新贵 GAN［J］．深圳特区科技，2005（9）：86．
❸ 魏静，张殊卓．浅议参数限定产品权利要求创造性的审查［J］．审查业务通讯，2018（12）：34．
❹ 魏静，李欣玮．浅议参数限定产品权利要求新颖性的审查［J］．审查业务通讯，2017（7）：24．

当的情形。因此，审查实践中如何在给予与申请人贡献相适应的保护范围的同时避免申请人可能的用参数掩盖其发明缺乏新颖性和创造性缺陷的意图，是相关审查规则建立和完善应关注的核心问题，也是对此类参数限定如何准确审查提出的具体要求。

通过分析半导体领域参数的特点，有助于更好地分析半导体领域参数限定申请的审查思路和方式，依据不同审查条款，同时对参数进行分类，从而分析讨论不同的审查策略。一般而言，可以将半导体相关材料的参数分为以下三类：一是涉及材料结构和组成的参数，例如密度、晶粒尺寸、晶相分布等；二是涉及材料性能的参数，例如电阻率、介电常数等；三是涉及材料制备工艺的参数，例如烧结温度、升温速率等。下面将通过相关具体案例，对该领域涉及参数限定申请的具体审查进行分析讨论。

第三节　专利审查案例分析

无论是结构参数、性能参数还是工艺参数限定的权利要求，都应满足公开充分、清楚和以说明书为依据、新颖性的要求。

一、《专利法》第 26 条第 3 款

【案例 2-8-1】一种半导体薄膜

涉案权利要求如下：

> 一种 XYO_3 半导体薄膜，其特征在于，具有 1～20nm 的纳米晶粒结构。

说明书中记载现有技术只存在 20nm 以上晶粒结构的 XYO_3 半导体薄膜，同时记载得到该半导体薄膜的方法为：在衬底上形成非晶 YO_2 层；在所述非晶 YO_2 层上形成 XO 气氛；以及在 400～800℃ 的温度下使所述 YO_2 层与 XO 反应从而在所述衬底上形成具有 1～20nm 的纳米晶粒结构的 XYO_3 半导体薄膜。说明书中没有记载具体的气体流量，仅记载了控制 XO 流量的目的是防止固体 XO 沉积，当 XO 的流入流量大于 XO 的再蒸发时，XO 沉积容易发生在较高的 XO 流入流量。

对于该申请是否满足充分公开的要求，观点一认为：气相法中，反应时间、反应温度以及通入气体流量对反应制得的晶粒尺寸是具有决定性作用的。作为一

个完整的技术方案，反应时间、反应温度以及通入气体流量据必须清楚公开，这样才能根据说明书记载制得需要的晶粒。而该申请并未记载具体的气体流量，说明书中给出的技术手段是含糊不清的，所属领域的技术人员根据说明书记载，无法实施该发明，不符合《专利法》第26条第3款的规定。

观点二认为：对于制造产品的方法，只要本领域的技术人员经过常规实验手段通过对技术效果的监测能够得到合理的参数，那么用技术效果描述的方式就是允许的。对于该案，虽然涉案申请说明书中关于XO流量的控制并未给出流量到底是多少，而是仅仅给出控制效果，即防止固体XO沉积，但是由于该效果可以被监测，根据是否有固体XO沉积，本领域的技术人员利用常规实验手段进行尝试就可获得恰当的XO流量以及相应保持该流量的工艺参数。因此，根据说明书的相关记载，所属领域的技术人员能够实现涉案申请所述的技术方案。

上述两种观点实际上代表了在对待涉及该类案件充分公开问题时两种不同的角度，即一种观点认为由于半导体制备技术的前沿性，而且所述晶粒的大小是本申请相对于现有技术的主要改进点，因此在考察所述充分公开问题时需要谨慎扩展本领域的技术人员的水平和能力；而另一种观点认为，只要说明书中公开了相应的效果，本领域的技术人员就能够作出合适的选择或尝试，并不会导致公开不充分。因此，关键在于准确把握本领域的技术人员的水平和能力。就该案而言，虽然气体流量缺少较为关键的参数，但涉案申请并非完全没有提及，仅是没有给出具体的范围。在涉案申请已经记载了"控制XO流量的目的是防止固体XO沉积"的基础上，基于本领域的技术人员的能力，是可以获得相应的气体流量范围的。

二、《专利法》第26条第4款（清楚）

【案例2-8-2】 一种光半导体元件搭载用基板

涉案权利要求如下：

> 一种光半导体元件搭载用基板，其特征在于，使用含有热固化性成分和白色颜料的光反射用热固化性树脂组合物来构成，在模塑温度100～200℃、模塑压力20MPa以下、模塑时间60～120s的条件下，传递模塑时产生的溢料长度为5mm以下。

说明书中记载了"在模塑温度180℃、模塑压力6.9MPa及模塑时间90秒的条件下，传递模塑时产生的溢料长度为5mm以下"的实施例。

专利权人认为：上述溢料指的是"渗出溢料"，在权利要求 1 的范围内的任一条件下溢料长度为 5mm 即可。

无效宣告决定认为：①说明书中记载了多种溢料，除了"渗出溢料"外，还有"狭缝溢料"，基于该案申请文件的记载，本领域的技术人员无法确定权利要求中的溢料指的是哪种溢料；②权利要求中限定的测量溢料长度的条件不是一个具体的条件，可以理解为两种情况，一是在所限定的温度、压力和时间的范围内均满足溢料长度为 5mm 以下，二是在所限定的温度、压力和时间的范围内任一条件下满足溢料长度为 5mm 以下均可。所以权利要求中的"溢料长度"这一参数不清楚。

由该案例可见，使用参数表征时，所使用的参数必须是所属技术领域的技术人员根据说明书的教导或通过所属技术领域的惯用手段可以清楚而可靠地加以确定的。而对于涉及参数的测量方法，如果现有技术中存在导致不同结果的多种测定方法，则应当说明测定它的方法；若为特殊方法，应当详细加以说明，使所属技术领域的技术人员能实施该方法。该案中，"溢料长度"这一参数并不具有本领域通常的含义，而依据说明书的记载，也无法确定清楚地得到其含义，其测量方法也是不明确的，因此该权利要求是不清楚的。

三、《专利法》第 26 条第 4 款（支持）

【案例 2 - 8 - 3】 一种氮化铝陶瓷粉体、其制备方法和封装基板

涉案权利要求如下：

一种氮化铝陶瓷粉体，其特征在于，所述氮化铝陶瓷粉体在 20 ～ 70GHz 范围内的介电常数为 7.8 ～ 9.0，介电损耗角正切为 0.002 ～ 0.008。

该发明要解决的技术问题是，现有技术中氮化铝陶瓷粉体在 20 ～ 70GHz 范围内的介电常数和介电损耗过大，无法适用于 5G 通信消费电子芯片封装陶瓷基板及玻璃陶瓷共烧基板等应用领域。根据该申请说明书的记载，该技术效果是通过将原料湿混物在高压流体气氛中干燥实现的。

对于参数限定尤其是性能参数限定的权利要求，是否应该将其视为一种"功能性限定"的权利要求，其能否得到说明书支持，一直以来是争议的焦点，也是审查的难点。对于该案而言，权利要求中限定的介电常数和介电损耗是涉案申请所希望达到的技术效果，其实际是一个纯功能限定的权利要求。不同微观结构的氮化铝陶瓷可能具有相当的介电常数和介电损耗。该权利要求包含了所有可能实现相应介电常数和介电损耗的微观结构的氮化铝陶瓷，而该申请的说明书中仅仅

记载了通过一种特定的制备方法制备得到的特定的微观结构的氮化铝陶瓷来实现所述的低介电常数和低介电损耗。本领域的技术人员从说明书充分公开的内容中不能得到或概括得出所要求保护的技术方案，该权利要求得不到说明书的支持。

此外，参数通常是一个数值范围，在考虑是否得到说明书支持时，还应该考虑是否在整个数值范围内都能得到说明书的支持。

四、《专利法》第 22 条第 2 款

在新颖性审查实践中，通常依据参数的特点将其分为结构参数、性能参数和工艺参数，审查中的侧重点有所不同。

（一）结构参数

【案例 2 - 8 - 4】一种半导体陶瓷组合物

涉案权利要求如下：

> 一种半导体陶瓷组合物，包括 $BaTiO_3$，该组合物在晶粒边界处具有 P 型半导体，其中根据用扫描电容显微镜的观察，所述 P 型半导体的面积浓度是 0.01% 或更高。

涉案申请说明书中记载了相应产品的制备方法，其通过不完全烧结法得到了具有上述参数的产品，也即通过更低的烧结温度和更短的烧结时间，使陶瓷不完全烧结，进而使晶体边界处具有相应浓度 P 型半导体。

对比文件同样公开了一种 $BaTiO_3$ 半导体陶瓷组合物，但没有明确记载晶粒边界处是否具有 P 型半导体或其浓度，因此无法直接通过 P 型半导体的面积浓度来比较涉案申请和对比文件。但是，对比文件没有记载 P 型半导体的面积浓度并不意味着其一定不具有相应的 P 型半导体的面积浓度，如果涉案申请仅是采用另一种方式对已知的产品进行描述，那么对其进行授权显然是不合适的。一个突破点在于，说明书中必然记载了获得具有该参数的产品的方法，而制备方法是可以进行比较的，如果制备方法相同，那么它获得的产品也必然应该是相同的。比较对比文件的制备方法，其烧结的温度与时间均落在涉案申请优选的温度和时间范围内，即其同样采用了涉案申请的不完全烧结法来制备陶瓷组合物。在用不完全烧结法制备的陶瓷组合物中，是否在其晶粒边界处具有 P 型半导体以及该 P 型半导体的浓度，主要由烧结的温度和时间决定。因此，对比文件得到的陶瓷组合物，也应在其晶粒边界处具有 P 型半导体，进而影响涉案申请权利要求的新颖性。

晶粒边界处具有 P 型半导体及 P 型半导体的面积浓度并非本领域常见的对陶瓷结构的表征，除该案外，几乎没有用该参数进行表征的现有技术。该案中通过详细分析涉案申请获得具有该参数的产品的制备方法中的主要因素，对该申请与对比文件的制备方法中的相关因素进行了比较，对产品进行了合理的推定。

（二）性能参数

【案例 2 - 8 - 5】一种氧化物烧结体及其制造方法、溅射靶和半导体器件

涉案权利要求如下：

> 一种溅射靶，其包含氧化物烧结体，所述氧化物烧结体包含铟、钨和锌，相对于铟、钨和锌的总量，钨的比率为 $0.5 \sim 5.0$ 原子%，锌的比率为 $1.2 \sim 18$ 原子%，锌与钨的原子比为 $1.0 \sim 60$，所述氧化物烧结体包含红绿柱石型晶相作为主要成分，所述溅射靶制备得到的氧化物半导体膜具有 $10^{-1}\Omega \cdot cm$ 以上的电阻率。

对比文件 1 公开了除"所述溅射靶制备得到的氧化物半导体膜具有 $10^{-1}\Omega \cdot cm$ 以上的电阻率"以外的其他特征。涉案申请的说明书记载了"为了实现该电阻率值，综合考虑上述膜厚度、钨含量比率、锌含量比率和锌/钨之比以及溅射法形成氧化物半导体膜之后在含氧气氛中实施加热处理"。

氧化物半导体膜的电阻率与靶材有关的仅是靶材的组成和晶相结构，其他相关因素涉及制膜过程，与靶材本身无关。而靶材的组成和晶相结构都已为对比文件 1 所公开，因此，即使氧化物半导体膜的电阻率存在差异，其可能是由膜的厚度、热处理过程等制膜过程带来的，而非靶材本身带来的，这一性能参数的限定并没有隐含权利要求的溅射靶与对比文件 1 的溅射靶在结构与组成上不同。该权利要求不具备新颖性。

【案例 2 - 8 - 6】一种 GaN 晶体衬底及其制造方法以及制造半导体器件的方法

涉案申请权利要求 1 如下：

> 1. 一种 GaN 晶体衬底，包括：与晶体生长表面相对的后表面，所述后表面具有满足 $-35\mu m \leqslant w(R) \leqslant 45\mu m$ 的翘曲 $w(R)$，其中所述翘曲 $w(R)$ 被定义为后表面的最凸起部分的位移值和最凹入部分的位移值之间的高度差。

对比文件 1 公开了一种氮化镓晶体衬底，直径为 45mm 以上，形成有具有一个极大点或极小点的均匀翘曲，中央部的高度 H 为 12μm 以下。

复审决定认为：本领域的技术人员无法将对比文件中限定的参数性能"H 为 12μm 以下"与该申请权利要求 1 中所限定的参数性能"后表面具有满足 $-35μm ≤ w(R) ≤ 45μm$ 的翘曲"直接进行对比，因而无法将对比文件 1 中的产品与涉案申请权利要求 1 限定的产品区分开，因此推定涉案申请权利要求 1 请求保护的产品与对比文件 1 中的产品相同，即该权利要求不具备新颖性。

涉案申请和对比文件 1 都关注了翘曲值这一参数，不同在于二者分别用不同的表示方式对翘曲值进行描述，但是二者之间也存在一定的关系，对比文件 1 中的 H 值属于涉案申请中的 $w(R)$ 值的一种情形，其也落在涉案申请 $w(R)$ 值的范围内，因此，对比文件 1 中的产品很有可能落在涉案申请权利要求的保护范围内，可以由此推定其不具备新颖性而将举证的责任移交给申请人。在申请人无法提供证据证明二者不同时，应认定涉案申请不具备新颖性。

由案例 2-8-5 和案例 2-8-6 可以看出，对于包含参数特征的产品权利要求，应当首先考虑权利要求中参数特征是否隐含具有该特征的产品与对比文件中的产品在结构和/或组成上不同。

如果难以判断权利要求中包含参数特征的产品与对比文件中的产品在结构和/或组成上不同，即所属领域的技术人员根据该参数特征无法将请求保护的产品与对比文件中的产品区分开来，则可推定请求保护的产品与对比文件中的产品相同。

对于性能参数限定的产品，同样也可以通过制备方法的比较来判断涉案申请与对比文件的产品是否实质上相同。这与结构参数限定的产品的判断方式是相同的，在此不再赘述。

(三) 工艺参数

【案例 2-8-7】 一种半导体陶瓷

涉案权利要求如下：

> 一种半导体陶瓷，其特征在于：含有具有 X 组成，所述晶粒的平均粒径小于 130nm，在烧成所述半导体陶瓷的工序中，升至最高温度为止的升温速度为 100℃/min 以上。

对比文件中的升温速度为 90℃/min，但其获得的产品的粒径同样小于 130nm。申请人认为，该升温速度能够在获得充分特性的同时，得到晶粒的平均粒径小的陶瓷层。

公知常识证据表明，升温速率加快，可以使样品在很短的时间内达到所要求的温度，晶粒的生长时间会大大减少，有利于抑制晶粒的长大，得到大小均匀的细晶粒陶瓷。

该案中，虽然本领域公知升温速率会影响产品的粒径，但粒径已为对比文件所公开；涉案申请和对比文件的升温速率也相差不大，在对比文件和涉案申请的升温速率的范围内，实际无法确定其对产品的结构带来了何种影响，在晶粒尺寸已经被对比文件公开的情况下，该升温速率是否还进一步隐含了产品具有特定的结构和/或组成并没有证据予以证明。因此，可以推定该权利要求不具备新颖性。

五、总结分析

对于参数限定的权利要求，无论是结构参数、性能参数还是工艺参数，首先都应满足公开充分、清楚和以说明书为依据的要求。

新颖性和创造性判断中，对于结构参数，其通常都具有限定作用。当申请文件所采用的参数并非常见的参数或对比文件没有公开相应的参数而导致无法直接进行比较时，可以通过说明书中记载的制备方法的比较来判断产品是否有实质上的区别。而判断的过程中，需要考虑本领域公知的技术知识以及说明书中记载的影响产品结构或组成的重要技术手段。

对于性能参数，应考虑其是否隐含了产品具有特定的结构和/或组成，也可以通过制备方法来判断本申请与对比文件的产品是否实质上相同。

对于工艺参数，同样需要考虑其是否隐含了产品具有特定的结构和/或组成，其可以通过本申请和说明书记载的结构和/或组成的比较结果，或本申请中记载的相关工艺参数对产品的结构和/或组成的影响，或本领域相关工艺参数对产品的结构和/或组成的影响的公知常识来判断。

第四节 专利审查规则辨析

一、国外关于参数特征表征的产品专利申请的审查规则

（一）欧洲专利局

《欧洲专利局审查指南》中对于参数尤其是不常见参数符合清楚和公开充分的

要求作了详细的说明和规定。❶ 为了符合清楚和公开充分的要求，本领域的技术人员至少在阅读了本申请的说明书后，应该清楚地知道参数本身的定义、测量参数的方法和获得具有该参数的产品的方法。而对于这类权利要求的新颖性和创造性如何判断，欧洲专利局也给出了通过其他方面的比较并特别提及了通过原料和制造过程的比较合理推定新颖性的方式进行审查，而申请人则需要承担已知产品和所要求保护的产品不同或非显而易见的举证责任。

（二）日本特许厅

日本特许厅对于合理推定新颖性的情形作了更为详细的介绍，除了通过比较原料和制备过程这一方式外，还可能通过参数之间的转换、根据测量条件之间的关系进行推断、申请日后公开的可证明申请日前公开的产品的结构的证据、问题和有益效果的对比等方式来进行判断。❷

（三）美国专利商标局

美国专利商标局同样认为特性或功能是产品固有的，重点还是在于判断产品的结构和组成是否相同。其同样也提到了可以通过生产工艺的比较来进行合理的推定，也明确了申请人的举证责任。❸

（四）小　结

欧洲专利局对于参数表征产品的审查作了最为详细的规定，涉及清楚、支持、公开不充分以及新颖性等，对于审查实践有较大的借鉴意义。日本特许厅对于可以推定新颖性的情形的介绍最为详细。欧洲专利局、日本特许厅、美国专利商标局都强调了需要考虑与现有技术公开的产品结构和/或组成是否相同，尤其强调了从制备方法入手进行判断，也都明确了申请人的举证责任。

二、我国关于参数特征表征的产品专利申请的审查规则

《专利审查指南2010》中对于参数表征的产品权利要求作出了明确的规定。总的来说，我国的审查规定与其他主要专利局的总体思想和基本原则是一致的，参数必须是清楚的且能够用来确认所表征的产品，即公开充分。对于参数表征产

---

❶ 《欧洲专利局审查指南》F部分第Ⅳ章4.11、6.4，G部分第Ⅵ章6。
❷ 《日本发明和实用新型审查手册》第Ⅲ部分第2章第3219条。
❸ 美国专利商标局《专利审查程序手册》第2100章第2112.01条。

品权利要求的审查，同样强调了从参数对产品结构和/或组成是否有实质的影响进行分析判断，也提出了推定新颖性审查规则以及举证责任转移。而如何具体运用上述原则，仍是实际审查中面临的难点之一。

三、审查规则辨析

下面将结合前述案例和各国或地区已有审查规定对半导体材料领域参数限定产品权利要求的审查规则进行初步分析和探讨。

（一）参数的公开充分和清楚

对于权利要求中的参数而言，首先应满足公开充分和清楚的要求。之所以将公开充分和清楚放在一起讨论，是因为二者之间存在一定程度的竞合。例如，如果参数的定义是不清楚的，而该参数对于本申请技术问题的解决是至关重要的，则可能会导致说明书的公开不充分。

1. 参数的定义

半导体领域参数类型多样，既有公知的参数，也有申请人自定义的参数。《专利审查指南 2010》中规定了所使用的参数必须是所属技术领域的技术人员根据说明书的教导或通过所属技术领域的惯用手段可以清楚而可靠地加以确定的。也就是说，所使用的参数，其含义应当是本领域公知的，或者在说明书中有清楚的记载。对于非本领域公知的自定义的参数，通常要求其含义应记载在权利要求中，以满足权利要求清楚的要求。案例 2 - 8 - 3 中的介电常数、介电损耗角正切以及案例 2 - 8 - 5 中的电阻率等，是本领域公知的参数，其含义对于本领域的技术人员而言是清楚的；而案例 2 - 8 - 6 中的翘曲 $w(R)$ 并非本领域常见的参数，对此权利要求中就明确记载了其定义从而满足了清楚的要求。案例 2 - 8 - 2 中的"溢料长度"不是本领域公知的参数，虽然其本身的含义不难从字面上进行理解，即溢料的长度，但问题在于本领域的技术人员无法确定其中的溢料指的是何种溢料，进而导致不清楚。

2. 参数的测量方法

参数一般需要借助于测试来获得。欧洲专利局在其指南中要求参数的测量方法也必须是清楚的。《专利审查指南 2010》第二部分第十章第 3.1 节中涉及化学产品效果的部分规定："对于表示发明效果的性能数据，如果现有技术中存在导致不同结果的多种测定方法，则应当说明测定它的方法，若为特殊方法，应当详细加以说明，使所属技术领域的技术人员能实施该方法。"审查实践中，可以参考上述规定针对参数及其测量方法进行审查。例如案例 2 - 8 - 4 中，其记载了"P 型半导体的面积浓度"这一参数的获得方法是用扫描电容显微镜观察；案例 2 - 8 - 5 中，"电阻率"这一参数的测量方法是本领域公知的，且所有的测量方法获得的结果在误差范围内是基本相同的，因此无须明确其测量方法。案例 2 - 8 - 3 中记载了介电常数和介电损耗测量的频率条件，而未记载具体的测量方法和其他测试条件，但是介电常数和介电损耗的测量方法是本领域公知的，虽然温度等其他测试条件对于介电常数和介电损耗的数值也有影响，但在没有特别说明的情况下，本领域通常认为是在常温下进行测试，因此，其测试条件也是清楚的。

而在案例 2 - 8 - 2 中，其虽然记载了溢料长度的测试条件"模塑温度 100 ～ 200℃"、"模塑压力 20MPa 以下"及"模塑时间 60 ～ 120s"，但无法确定是要在该温度、压力和时间范围内均满足溢料长度的要求还是其中任一点值条件下满足溢料长度的要求即可，因此存在"不清楚"的缺陷。与之形成对比的是案例 2 - 8 - 3 中的频率测试条件虽然也是一个范围（20 ～ 70GHz），但并没有被认为不清楚。究其原因在于案例 2 - 8 - 3 的实施例中对 20 ～ 70GHz 范围内的多个点值都进行了测量，都满足其介电常数和介电损耗的要求，且其要解决现有技术中在 20 ～ 70GHz 范围内的介电常数和介电损耗过大的技术问题，本领域的技术人员可以清楚地知道其要保护的是在 20 ～ 70GHz 范围内都满足相应的介电常数和介电损耗的要求，而非仅是其中的任一频率点值下满足。从案例 2 - 8 - 2 和案例 2 - 8 - 3 中可以看出，记载的参数测量条件应是明确的，尽量避免以数值范围的方式对测量条件进行描述，除非申请人可以证明在该范围内的测量条件下均可以满足相应的参数要求或者该范围内的测量条件下获得的参数基本是一致的。

3. 产品的获得

《欧洲专利局审查指南》中明确指出了由可测量参数限定的已知化合物有关的一类权利要求，如果说明书没有公开技术教导，也无法通过应用公知常识或常规实验使技术人员能够制造具有该参数的化合物，这种权利要求既得不到支持，也没有得到充分的公开。

《专利审查指南 2010》第二部分第十章第 3.1 节中规定："对于化学产品发明，说明书中应当记载至少一种制备方法，说明实施所述方法所用的原料物质、工艺步骤和条件、专用设备等，使本领域的技术人员能够实施。"这一规定显然也适用于参数限定的产品。如果无法获得该产品，那么本领域的技术人员显然是无法实施本申请的技术方案的，也就不符合说明书公开充分的要求。

但即使是涉及半导体材料领域等前沿的技术领域，要求说明书中记载其制备方法，也并不意味着需要记载所有的技术细节而忽视本领域的技术人员所具有的普通技术知识和能力，审查实践中还应该注重对说明书记载内容的具体分析，从而作出客观合理的结论。例如案例 2-8-1 中，虽然涉案申请说明书中关于 XO 流量的控制并未给出流量到底是多少而是仅仅给出控制效果，但是由于该工艺本身是本领域所熟知的，而通过控制效果的描述实际上给出了本领域的技术人员可供选择和参考的范围，并不会影响到本领域的技术人员对上述方案的实施，因此，说明书是公开充分的。

（二）权利要求得到说明书支持

参数限定的产品权利要求也须符合关于权利要求得到说明书支持的要求。

1. 功能性限定

在半导体材料领域，对于采用性能参数限定的权利要求，由于有些参数是材料本身性能的体现，实际上也是所要达到的技术效果的具体体现，因此实质上其相当于一种功能性限定，所以对于此类权利要求的审查，应当符合《专利审查指南 2010》中关于功能性限定的相关规定。例如案例 2-8-3 中，权利要求中限定的材料的介电常数和介电损耗，从说明书可以看出，正是由于所述材料具有所述的介电常数和介电损耗，才能解决现有技术中氮化铝陶瓷粉体在 20～70GHz 范围内的介电常数和介电损耗过大的技术问题，所述介电常数和介电损耗实际上是涉案申请所述材料达到的技术效果，所述限定是一种功能性的表达，申请人并没有对所述材料进行结构和/或组成的限定。涉案申请只记载了获得所述两个参数的产品的一种制备方法，而未记载其他替代方式。其实际对应于某一种特定微观结构的氮化铝陶瓷，但权利要求的保护范围却包含了所有可能实现相应介电常数和介电损耗的微观结构的氮化铝陶瓷，其概括的内容超出了说明书公开的范围，该权利要求得不到说明书的支持。

2. 数值范围

审查实践中，对于以数值范围形式体现的参数，应考虑说明书是否给出了足够的实施例以证明该数值范围内的技术方案都能解决发明所要解决的技术问题。例如案例 2-8-2 中，说明书实施例给出的溢料长度，均是在特定的温度、压力和时间下的测定值，而本领域的技术人员公知，测定条件对于测试结果影响很大，那么即使按照申请人的理解方式，其是否在权利要求限定的温度、压力和时间的范围内任一条件下满足溢料长度为 5mm 以下均能解决涉案申请所要解决的技术问题、达到预期的技术效果是难以预测的。

（三）新颖性

新颖性评判是参数限定产品权利要求审查的重点和难点。由于关注的问题不同，相同的产品在不同的现有技术中可能以不同的方式进行表达。包括我国国家知识产权局在内的几个主要专利局都明确了涉及参数限定或与参数有关的特性或功能限定的产品权利要求的新颖性判断主要考虑产品的结构或组成是否实质上相同，有的专利局还提出可以从制备方法入手，对产品的结构或组成是否相同作出初步的判断，同时将举证的责任转移给申请人。审查实践中，此类申请很大一部分对现有技术的改进也在于对制备方法中的某一手段进行改进，进而获得具有相应参数的产品。因此，通过制备方法来判断此类产品的新颖性/创造性有其合理性、可行性和必要性。

根据半导体领域的特点，下文将其参数分为结构参数、性能参数和工艺参数分别进行讨论。

1. 结构参数

随着半导体领域技术的发展，一些新的创新成果可能涉及微观结构的改进，难以仅用常规的组成和结构方式来进行描述，这时申请人可能会采用一些不常见的结构参数对其产品进行描述。结构参数顾名思义是对结构本身的描述，在与对比文件公开的产品进行比对时，首先考虑的是对比文件公开的产品是否也具有相同的结构参数。在对比文件未明确公开该结构参数的情况下，往往需要借助本申请和对比文件公开的其他内容来进行判断，例如制备方法。还有一种情况是，本申请还记载了该结构参数对应的产品性能，对比文件虽然没有以本申请的方式对产品的结构进行描述，但其公开的性能落在本申请的范围内。因为性能往往是结构的外在表现，所以这种情况下也可以质疑产品的结构实质上是相同的，将举证的责任转移给申请人。

对于此类参数限定的产品，由于其本身即表达了产品的结构特征，因此，当采用推定这种方式来质疑新颖性时，需要对比文件公开尽可能多的制备方法、产品性能等其他信息，以与本申请的产品进行多方面的比对，从而使质疑的理由更加充分。如果对比文件仅是简单地提及产品或者产品的制备方法与性能和本申请差异较大，通常不适合推定新颖性。

在通过制备方法的比较来判断新颖性时，日本特许厅的规定中并未要求制备方法完全相同，而是认为如果制备方法相似，例如制备过程相同、制备原料相似，或者制备过程相似、制备原料相同的情形也可进行合理的推定。美国专利商标局采用的则是"相同或基本相同的工艺生产"的表述，其也并不要求制备方法严格相同。那么，在通过制备方法进行产品新颖性判断的过程中，对于"相似"或者"基本相同"如何进行认定，又在何种情形下可以进行推定需要综合分析和判断。

首先，制备方法最好属于同一技术路线，例如碳化硅的制备方法包括二氧化硅碳还原法、碳－硅直接合成法、聚合物高温热解法以及化学气相沉积法等，将二氧化硅碳还原法的产品和化学气相沉积法的产品进行对比就难以令人信服。

其次，应当对采用的原料予以关注。欧洲专利局和日本特许厅在给出通过制备方法推定产品新颖性的规定时，都明确建议了对原料和制备过程进行比较。在通过制备方法推定产品新颖性的时候，采用原料应是相同的，或者是公知的可相互替代且不会对产品的结构和组成造成显著影响的原料，例如在制备半导体陶瓷时，氧化物和碳酸盐常常是可以相互替代的原料，碳酸盐在高温下分解可得到氧化物，在本申请没有强调原料形式对产品结构带来不同的前提下，可以认为二者是相似的原料且不会造成产品结构或组成的差异。

最后，应当关注可能影响产品结构或组成的重要的工艺步骤和参数。这可能是本领域通常认为会对产品结构有影响的工艺步骤或参数，例如半导体陶瓷制备过程中的烧结温度和时间等，也可能是在本申请说明书中强调的尤其是提供了对比例的对产品结构产生影响的工艺步骤或参数。对于通常不会认为对产品的结构有重要的影响且说明书中也未强调的工艺步骤和参数，如果存在不同，可先不予考虑，由申请人负责举证和澄清。在案例 2－8－4 中，说明书中采用不完全烧结法来制备产品，而所谓的不完全烧结法通过较低的烧结温度和较短的烧结时间来实现。由此可见，烧结温度和时间是影响涉案申请结构的最重要的参数，也是在判断新颖性、创造性时主要关注的参数，因此，当对比文件的原料相同、烧结温度和时间落在涉案申请的范围内的时候，认为对比文件中的产品也具有相同的结构是合理的。

综上所述，对于结构参数限定的产品权利要求，如果无法直接与对比文件进行对比，可通过申请文件和对比文件记载的其他信息如制备方法和产品性能等对产品是否实质上相同进行对比。在通过制备方法进行对比时，主要考虑的因素有技术路线、原料、重要步骤和重要工艺参数等。

2. 性能参数

半导体材料领域，在用常规的组成和结构难以对产品的改进点进行描述时，也常用性能参数限定的方式对产品进行描述。性能参数与结构参数的不同在于，性能参数不是对产品结构和组成的直接描述，其仅是产品结构和组成的一种外在表现。

产品的结构和组成是影响性能的重要因素，但不是唯一因素。因此，在判断性能参数限定的产品的新颖性时，除了判断对比文件公开的产品是否具有相同的性能以外，还应考虑即使本申请和对比文件公开的产品的性能不同，这种不同是由产品的结构和组成带来的，还是其他因素带来的，是否会导致产品的结构或组成具有实质的不同。在案例 2 - 8 - 5 中，"溅射靶制备得到的氧化物半导体膜具有 $10^{-1}\Omega\cdot cm$ 以上的电阻率"这一性能参数的影响因素有很多，除了靶材本身的结构和组成以外，还包括制膜的工艺过程。对于靶材这一产品而言，制膜的工艺过程与靶材的结构和组成是无关的，即使涉案申请与对比文件 1 中制得的半导体膜的电阻率不同，也并不必然意味着靶材本身的结构和组成存在区别。因此，在对比文件 1 已经公开了权利要求中限定的组成和结构特征的基础上，不能认为该性能参数隐含了其具有特定的结构或组成。

另外，本申请和对比文件可能都对同一性能进行了测定，但采用不同的方式进行描述进而导致难以通过性能参数进行直接的对比。这种情况可参考日本特许厅的审查规定来进行判断。日本特许厅认为请求保护的发明与引用的对比文件具有相同或相似的功能、特性等，但测量条件或评价方法不同，当二者测量条件或评价方法之间存在某种关系，且引用的对比文件的功能、特征等用请求保护发明的测量条件或评价方法测量或评估时，引用的对比文件的功能、特征等包含在请求保护的发明的功能、特征等中的概率很大时，也可以推定不具备新颖性。案例 2 - 8 - 6 就属于这种情形，涉案申请和对比文件都对"翘曲"这一性能进行了测量，不同之处在于涉案申请限定的是后表面（10r）具有满足 $-35\mu m \leqslant w(R) \leqslant 45\mu m$ 的翘曲 $w(R)$，而对比文件则通过"形成有具有一个极大点或极小点的均匀翘曲，中央部的高度 H 为 $12\mu m$ 以下"来进行表述。后表面的翘曲和中央部的高度都是翘曲的一种表现形式，二者之间有一定的关系。基于二者公开的数值，可以认为如果用涉案申请的方法进行表达，对比文件的翘曲大概率也是落在涉案申请的范围内的。

总而言之，对于性能参数限定产品权利要求的审查，首先应注意性能参数的不同是否是由产品本身的结构或组成的不同带来的；对于以不同方式表达性能参数，如果有合理的理由认为二者大概率是相同的，可以进行合理的不具备新颖性的推断。

3. 工艺参数

半导体领域中，申请人有时也采用某一重要的工艺参数对产品进行限定，希望通过工艺参数将其与现有技术区分开来。工艺参数实际上是一种制备方法限定的产品权利要求，但又不是由完整的制备方法限定的权利要求，而经常仅限定了其中部分重要的工艺参数。对此类限定的产品权利要求同样需要关注其是否带来产品结构或组成上的实质区别。审查实践中，可以结合现有技术和本申请说明书的记载，判断该工艺参数会对产品的结构和组成带来何种影响。这种影响也可能通过某些结构或者性能体现，进而通过比较这些结构和性能来考察该工艺参数是否会导致本申请与对比文件公开的产品在结构或组成上存在实质区别。在案例2-8-7中，升温速率这一工艺参数主要影响晶粒尺寸，而在晶粒尺寸已经被对比文件公开的情况下，很难仅依据这一参数将涉案申请和对比文件公开的产品区分开来。

四、小　结

　　本节总结了中、美、日、欧四局涉及参数限定有关的审查规定，结合半导体材料领域的相关案例，对其涉及参数申请的产品权利要求的审查进行了分析并提出建议。对于此类权利要求，参数的含义、参数的测量方法应当是清楚的，同时还应在说明书中记载相应产品的制备方法，以满足说明书公开充分和权利要求清楚的要求。对于性能参数限定的权利要求，可以参考功能性限定的权利要求的相关规定考察其是否得到说明书的支持。在新颖性的审查中，将参数分为结构参数、性能参数和工艺参数三种类型并对这些参数分别进行分析讨论，重点讨论了如何分析这些参数本身是否对产品的结构或组成带来区别，如何通过例如制备方法来判断参数限定的产品是否实质上相同。通过上述内容，希望能对半导体材料领域参数限定的产品权利要求这一审查热点和难点有所助益，同时也对其他领域有借鉴作用。

第九章 盖板玻璃领域自定义参数表征的
产品类权利要求的创造性判断

智能手机催生了盖版玻璃的推广应用。近年来，移动通信网络技术由 4G 向 5G 升级，充电周边技术由有线向无线方向发展，外形设计由传统工业形象向现代时尚艺术靠拢，使得智能手机、平板电脑、可穿戴设备等智能产品中，越来越多的结构构件和功能构件引入了盖板玻璃材料，引领盖板玻璃相关行业飞速发展，全球研发的投入和热度升级，专利布局竞争激烈。盖板玻璃相关专利申请的撰写形式也发生变化，由玻璃组分、含量、制备工艺步骤的限定转变为利用非常规参数或自定义参数限定，给该领域创造性的审查带来挑战。

第一节 盖板玻璃领域的发展概况

盖板玻璃是触摸屏表面的玻璃层，其为一种超薄平板玻璃，具有抗冲击、耐磨损、耐油污和高透明的特点。美国康宁公司作为全球首家生产碱铝玻璃原片的厂家，2007 年在与苹果公司合作的过程中，为 iPhone 4 开发出首款高性能的盖板玻璃产品，这就是第一代康宁大猩猩玻璃（Gorilla Glass）。康宁公司也因此成为苹果公司盖板玻璃的主要供应商。大猩猩玻璃产品历经 6 次迭代发展至今，已成为全球手机制造商的首选盖板玻璃。2020 年 7 月康宁公司大猩猩玻璃最新系列为 Gorilla Glass Victus，按照产品序列为第 7 代产品，其同时显著改善了抗跌落和抗刮擦性能。2022 年 11 月康宁公司发布的 Gorilla Glass Victus 2 能从高达 1 米的高度跌落至模拟混凝土表面并保持完好无损。

随后有三家国际玻璃龙头公司（日本旭硝子集团、德国肖特公司、日本电气硝子公司）相继进入盖板玻璃市场。日本旭硝子集团是全球建筑及汽车玻璃、显示屏玻璃、化学品及其他高性能材料和组件的解决方案提供商，其推出"龙迹"（Dragontrail）系列高铝盖板产品进入市场以抗衡康宁大猩猩玻璃。德国肖特公司是全球特种玻璃和玻璃陶瓷领域领先的国际企业。将肖特公司的 Xensation 系列产品与康宁公司同期产品对比发现，肖特公司的产品在化学强化和力学性能上更加优秀。2020 年，肖特公司推出的 Xensation Flex 系列，是世界上最柔软的玻璃。日本电气硝子公司作为全球特种玻璃生产商，向世界各地供应着包括显示屏、电子产品、光学镜片、药用玻璃等类别在内的优秀玻璃产品，推出了 Dinorex 系列产品的碱铝盖板玻璃。该公司目前推出了 Dinorex 3 代，产品的抗冲击性明显提升，相同化学强化条件下离子交换速度提高到原来的 2 倍，同时提高了下游客户的加工良品率，降低了制造成本。

康宁公司在盖板玻璃上处于领先地位，盖板玻璃的演化发展和康宁大猩猩玻璃的演化基本同步进行。这种演化主要体现在材料体系和强化工艺两个方面。玻璃强化工艺可分为两种方式，一种是物理强化，另一种是化学强化。物理强化是将玻璃加热至接近玻璃的软化温度，然后将玻璃迅速冷却。由于玻璃外部迅速冷却，而内部冷却较慢，玻璃表面产生了压应力，内部产生张应力，这种玻璃处于内部受拉、外部受压的应力状态，玻璃的强度提高。而化学强化是通过改变玻璃表面成分的方法使玻璃强化，主要包括表面脱碱、涂覆热膨胀系数较小的玻璃、离子交换等方法。其中，使用最广泛的是离子交换方法，即将玻璃制品放在熔盐中，使玻璃中的碱金属离子与熔盐中的碱金属离子发生交换，改变玻璃的表面成分。化学强化的原理与物理强化相似，由于交换离子的粒径和热膨胀系数不同，在玻璃表面产生均匀分布的压缩应力，但是其应力分布与物理强化不同，应力分布呈线性分布，化学强化玻璃强度比物理强化高 2～5 倍。目前，各大玻璃盖板生产厂商主要采用化学强化方式生产加工强化玻璃。

化学强化玻璃以促进离子交换能力作为主要发展方向，通过获得更高的压缩应力强度和更深的压缩应力深度，以此提升化学强化玻璃最终的机械强度。除了外资寡头，以四川旭虹光电、彩虹股份、南玻集团、旗滨集团、福耀玻璃、洛玻集团为代表的国内企业，也在盖板玻璃领域深耕多年，盖板玻璃生产企业间竞争非常激烈。近年来，国内盖板玻璃行业技术发展很迅速。例如，南玻集团最早推出了二次强化工艺，代表性产品包括 KK6、KK6Plus；旭虹光电和旗滨集团也成功实现了二次强化玻璃的量产，旭虹光电推出的熊猫 1681 等产品可以对标康宁 GG5、GG6 产品。

根据《"十四五"规划和 2035 年远景目标纲要》要求，我国将进一步提升制造业核心竞争力，不断推动盖板玻璃等无机非金属材料取得突破，也将巨大推动盖板玻璃行业高速发展。随着我国盖板玻璃企业技术逐步进步，盖板玻璃的国产化率未来有望进一步提升，必将加大我国在玻璃新材料领域的竞争力，打破国外垄断，从源头上保障中国信息显示产业链安全。盖板玻璃产业也正成为国内升级新型消费、壮大数字经济、发展信息产业的重要驱动力。

第二节　玻璃制品领域创造性判断的难点

　　随着全球电子产品的兴起，尤其是平板显示、智能手机、平板电脑等市场的迅猛增长，盖板玻璃专利申请量和申请增长率均进入快速发展期，全球研发的投入和热度升级，尤其在 2004 年以后，盖板玻璃的专利申请量保持快速增长。盖板玻璃原片最终性能取决于多个参数影响，如材料组分配比（碱金属氧化物、Al_2O_3、SiO_2 三元组分的配比）、化学强化处理工艺（熔盐条件、处理温度、处理时间等）。通过多个参数组合可以形成大量的处理工艺条件，某几项参数的变动会显著影响最终材料的性能。鉴于工艺流程对材料性能的重要性，诸多企业已对碱铝玻璃原片制造及强化处理进行了专利布局，玻璃制造中组分配比、成型工艺、后处理等传统工艺方面已形成"专利丛林"，新进企业产品研发的突破难度很大。

　　伴随着在盖板玻璃专利申请布局上的激烈竞争，盖板玻璃相关专利申请的撰写形式也发生显著变化，由玻璃组分、含量、制备工艺步骤的限定转变为利用非常规参数或自定义参数限定。按照《专利审查指南 2010》的相关规定，对于产品专利权利要求，通常应采用组分和结构进行限定。对于用物理化学参数表征的化学产品权利要求，如果无法依据所记载的参数对由该参数表征的产品与对比文件的产品进行区别，则推定该参数表征的产品权利要求不具备《专利法》第 22 条第 2 款规定的新颖性。然而，对于参数限定的产品权利要求的创造性审查，特别是对于非常规参数或自定义参数，这些参数在现有技术中很少被提及，那么在审查中如何评判此类权利要求的创造性成为一个新的课题，也存在较大争议。

　　作为一般性原则，通常会围绕自定义参数对盖板玻璃结构或组成的影响、获得玻璃产品的难易程度、玻璃产品技术效果的可预期性等方面综合考量。由于参数特征与产品的结构（组成）特征有着必然联系，因此，针对参数表征的产品权利要求，在确定发明实际解决的技术问题时，不能将参数特征和结构（组成）特征分割考虑，而应站在本领域的技术人员的角度，具体分析参数特征与结构（组成）特征之间的关系，进一步分析与参数特征相关的结构和/或组成特征是否构成与最接近的现有技术之间的区别特征。当与参数特征相关联的结构和/或组成特征不构成与最接近的现有技术之间的区别特征时，该参数特征就不构成区别特征，在确定实际解决的技术问题过程中不再予以考虑；而当与参数特征相关联的结构和/或组成特征构成与最接近的现有技术之间的区别特征时，在确定实际解决的技术问题过程中就需要综合考虑参数特征和结构/组成特征两方面的区别特征，相应的"显而易见性"的判断也应是判断现有技术中是否存在对最接近的现有技术进行与所述结构/组成特征方面的区别特征相对应的改进，并实现与上述参数特征相对应的技术效果的技术启示。然而，获得特殊参数所限定的盖板玻璃产品是否容易，玻璃产品的性能是否构成预料不到的技术效果，以及本领域的技术人员为何有动机调整参数获得具有上述特殊参数的玻璃制品，这一系列的问题是审查的难点，在审查实践中存在困惑和争议。

第三节　专利审查案例分析

【案件 2 - 9 - 1】一种光学玻璃

涉案申请权利要求 1 如下：

1. 光学玻璃，其特征在于，包括：具体含量的 B_2O_3、La_2O_3、Gd_2O_3、ZrO_2、Nb_2O_5、SiO_2、TiO_2、Y_2O_3，TiO_2/Nb_2O_5 在 0.25 以下，$\lambda70$ 的范围为小于或等于 385nm。

从上述技术方案可以看出，权利要求 1 的玻璃产品通过三种类型的技术特征进行限定，即玻璃的组分、特定组分的比例关系式和特定光透射率的波长 $\lambda70$。其中，玻璃的组分属于常用的玻璃组成表征形式，特定组分的比例关系式可以通过现有技术公开玻璃组分含量进行计算后比对，因此，在创造性评判中，这两种类型的技术特征容易处理，一般不会产生太大分歧。

对于技术特征"$\lambda70$ 的范围为小于或等于 385nm"，根据涉案申请说明书中的记载可知，该申请用着色度（$\lambda70/\lambda5$）表征玻璃的短波透射光谱特性，$\lambda70$ 是指玻璃透射比达到 70% 时对应的波长，$\lambda5$ 是指玻璃透射比达到 5% 时对应的波长。其中，$\lambda70$ 的测定是使用具有彼此平行且光学抛光的两个相对平面的厚度为 10nm ± 0.1nm 的玻璃，测定从 280nm 到 700nm 的波长域内的分光透射率并表现出透射率 70% 的波长。玻璃的折射率越高，表面反射损失越大。在高折射率玻璃中，$\lambda70$ 的值小意味着玻璃自身的着色极少。

由此可见，$\lambda70$ 是该申请自定义的性能参数，并通过特定测定方法获得。$\lambda70$ 的范围为小于或等于 385nm 表示通过提高可见光短波长区域透射率以提高透明度。由于该性能参数并非通用的标准测量参数，因此难以直接通过 $\lambda70$ 将该申请请求保护的玻璃产品与现有技术中的玻璃产品进行比较。那么，在评判创造性时，对

于性能参数 λ70 如何考虑存在不同观点。有观点认为：涉案申请采用 λ70 的范围为小于或等于 385nm 性能参数进行限定，而该参数必然要求光学玻璃的组成和/或结构满足一定条件；如果对比文件没有公开相应的性能参数，也未给出如何调整玻璃组分或结构以获得相应 λ70 的范围为小于或等于 385nm，则该申请具备创造性。同时也有观点认为：虽对比文件并未披露 λ70 的范围为小于或等于 385nm，但对比文件中公开了玻璃组分对于光学玻璃透射率的影响，调整玻璃组分自然会改变可见－短波长区域透射率，本领域的技术人员同样有动机调整玻璃的相关组分，并且容易获得具有该申请利用 λ70 限定的玻璃产品。

当权利要求请求保护的玻璃产品通过自定义性能参数进行限定，无法通过该性能参数进行比对时，如何评判创造性呢？我们认为，既不能因为自定义参数无法比较而直接得出具备创造性的结论，也不能简单地以无法通过该参数将请求保护的玻璃产品与现有技术中的玻璃区分开而否定创造性。对于自定义性能参数限定的玻璃产品权利要求，重点在于考量现有技术是否给出调整玻璃组分含量以获得相应性能的启示。该案审查过程中所引用的对比文件公开了 "TiO_2 成分是调节玻璃的折射率的成分，TiO_2 过量时在 500nm 以下的可见光短波长下玻璃的透射率也会变差；Nb_2O_5 成分是提高玻璃折射率的成分；WO_3 成分是提高玻璃的折射率成分，特别是可以使可见－短波长区域（小于 500nm）的透射率难以下降"。由此可知，对比文件披露了影响可见－短波长区域透射率的组分主要涉及 TiO_2、Nb_2O_5、WO_3 以及优选的含量范围，其中可见－短波长区域透射率即对应于涉案申请通过 λ70 表征的性能。可见，为了尽可能改善可见光区域玻璃的透明度，在对比文件上述内容的技术启示下，本领域的技术人员有动机对玻璃成分进行调整以获得所期望的可见－短波长区域透射率，很容易获得与涉案申请用 λ70 限定的玻璃透射率性能。综上所述，尽管对比文件未公开 λ70 性能参数，但由于其给出了如何调整玻璃组分以获得相应透明度性能的教导，本领域的技术人员在对比文件的基础上，有动机根据光学玻璃透明度的实际需求，对玻璃相关组分进行调整，从而容易得到涉案申请请求保护的光学玻璃产品。因此，涉案申请请求保护的技术方案不具备创造性。

对于玻璃产品权利要求相对于最接近的现有技术包括性能参数相关的区别技术特征时，如果性能参数相关的区别技术特征是在现有技术的教导下根据具体的需求而容易获得的性能参数，则该玻璃产品权利要求不具备创造性。由于自定义性能参数在对比文件中很难找到直接唯一的技术启示，可以在对比文件中分析相关的技术启示，只要相关启示与获得自定义性能参数的启示趋势相同或相近即可，本领域的技术人员同样也有动机调整相关组分而获得预期的自定义参数。

【案例 2 - 9 - 2】 一种夹层玻璃

涉案申请权利要求 1 如下：

1. 一种夹层玻璃，其具备第一夹层玻璃部件、第二夹层玻璃部件以及含有热塑性树脂的中间膜，其中，

在所述第一夹层玻璃部件与所述第二夹层玻璃部件之间配置有所述中间膜，

在下述第一光照射试验后的所述夹层玻璃的端部未产生空隙或者该端部起朝向内侧距离 1mm 以下产生空隙，

下述第一光照射试验后与下述第一光照射试验前从所述夹层玻璃端部起朝向内侧距离 2mm 的位置处所述中间膜的与所述夹层玻璃部件相接的层中的所述热塑性树脂的重均分子量之比为 0.6 以上，

自定义的第一光照射试验。

该案权利要求所述技术方案包括玻璃制品层的结构特征和性能参数特征，其中权利要求中限定的测试参数包括第一光照射试验后夹层玻璃的端部中间膜产生间隙的尺寸，以及第一光照射试验后与第一光照射验前所述热塑性树脂的重均分子量比值。根据涉案申请说明书的记载，当通过特定测定方法获得的测试参数满足要求时，可以抑制夹层玻璃的中间膜产生空隙，从而良好地保持夹层玻璃的外观。

对比文件 1 公开了由第一夹层玻璃部件、第二夹层玻璃部件以及含有热塑性树脂中间膜形成夹层玻璃的结构特征。涉案申请权利要求 1 与对比文件 1 相比，区别技术特征在于通过第一光照试验测试前后中间膜产生空隙的尺寸和热塑性树脂重均分子量比值。由于第一光照试验的具体操作步骤为该申请自行设计的特定测试方法，那么通过第一光照试验所测得的热塑性树脂重均分子量比值属于自定义的性能参数。由此导致权利要求 1 中第一光照测试后中间膜产生空隙的数值和热塑性树脂重均分子量变化比值难以与现有技术进行比较，这给创造性评述带来困难。

当权利要求请求保护的玻璃产品通过自定义的测试方式获得的性能参数进行限定时，如何评判创造性呢？对此，笔者认为，玻璃产品的性能参数通常锚定于材料组成和制备方法，可以从自定义性能参数所锚定的玻璃组分和制备方法的角度进行分析：如果现有技术公开了相近的玻璃组分和制备方法，而且本领域的技术人员对玻璃组分或制备方法的常规调整容易获得涉案申请的玻璃产品，则也容易获得与该玻璃组分和制备方法对应的性能参数。

涉案申请说明书记载了中间膜的热塑性树脂、增塑剂、隔热性物质、金属盐、抗氧化剂、光稳定剂的组成和配比，同时也记载了所述中间膜的制造方法没有特别限定。通过比较发现，对比文件1与该申请中间膜的材料配比和制备方法基本相同，其中对比文件1的实施例1所公开中间膜的材料组分配比均在该申请所记载中间膜的材料组分配比范围内。对比文件1实施例1的中间膜与该申请实施例1的中间膜仅仅是增塑剂重量份数有所差异，同时对比文件1说明书同样记载了增塑剂含量的调整范围，本领域的技术人员在对比文件1基础上对增塑剂进行常规调整容易获得与该申请相同的中间膜。该申请控制通过第一光照射试验所测得的性能参数，目的在于抑制中间膜产生空隙，良好地保持夹层玻璃的外观，进而抑制夹层玻璃透明性的降低。对比文件1的中间膜同样追求高透明性，能够将可见光线透射率调整为70%以上，这与该申请抑制夹层玻璃透明性降低的技术效果相同。由此可知，该申请通过第一光照射试验测试的性能参数锚定于夹层玻璃中间膜的材料组分和制备方法，在对比文件1披露了十分相近的中间膜材料组分和制备方法，且给出了中间膜材料组分配比调整范围的基础上，本领域的技术人员通过常规调整很容易获得与该申请相同的中间膜，即容易获得该申请中通过自定义测试方式获得的性能参数。

【案例2-9-3】包含金属氧化物浓度梯度的可熔合成形的基于玻璃的制品

涉案申请权利要求1如下：

1. 一种基于玻璃的制品，其包括：

第一表面和与所述第一表面相对的第二表面的厚度（t）（mm）；

金属氧化物的浓度在厚度范围变化；

具体的表面压缩应力以及中心张力（CT）；

以及所述基于玻璃的制品包含6微米～20微米的钾渗透深度（钾DOL），所述钾渗透深度（钾DOL）处的压缩应力为50MPa～200MPa；

以及

其中所述基于玻璃的制品源自具有具体组成的碱性铝硅酸盐玻璃基材。

权利要求1请求保护的是一种玻璃基制品，其技术特征部分涉及该玻璃制品的组成配比和性能参数。对于玻璃制品的组成配比都具有十分宽泛的取值范围，属于常规的玻璃组成。性能参数包括钾离子渗透深度（钾DOL）处的应力大小，然而强化玻璃的应力通常采用表面压缩应力或者应力层厚度进行表征，权利要求限定的钾离子渗透处的压缩应力值，属于自定义的应力性能参数。

在评判创造性时，对于自定义性能参数"钾离子渗透深度处的应力大小"如何考虑存在不同观点。有观点认为：钾离子渗透深度处的应力大小具有改善耐断裂性及改善化学耐久性的优异效果。对比文件1不具有改善耐断裂性以及化学耐久性的启示，在现有技术中并无钾离子渗透深度及其应力大小的记载，因而本领域的技术人员没有动机获取相应的钾离子渗透深度处的应力值。也有观点认为：钾离子渗透深度处的压缩应力是由混合盐浴或两次离子强化所产生的，对比文件1公开了玻璃强化可以采用混合盐浴，而混合盐浴强化处理必然使玻璃具有某一数值的钾离子渗透深度，在对比文件1应力曲线以及本领域公知的应力大小影响因素的基础上，本领域的技术人员通过调整混合盐浴的浓度、温度以及离子交换时间等常规强化处理条件参数，容易获得相应钾离子渗透深度处的压缩应力值。

笔者认为：当权利要求请求保护的玻璃产品通过自定义的性能参数进行限定时，可以通过考量现有技术中是否给出调整与自定义性能参数锚定的玻璃组分含量和制备方法以获得与涉案申请相同性能的技术启示。钾离子渗透深度处的应力大小属于自定义参数限定，现有技术中并无相关钾离子渗透深度处的应力大小的参数记载。钾离子渗透位置是离子强化过程中盐浴内的钾离子与玻璃中锂或钠离子进行交换的必然结果。也就是说，采用含钾离子盐浴对玻璃制品进行强化处理后，在玻璃内部必然存在钾离子渗透的深度位置，钾离子渗透深度处的应力大小也是遵循离子强化条件而在相应深度产生的应力值，其对应应力曲线上的某个点值。通过上述分析，具体钾离子渗透深度处的应力大小是客观存在的，仅仅是现有技术并未进行测量，本领域的技术人员知晓离子强化条件对应力曲线的影响趋势，在对比文件1与涉案申请的应力曲线形态相同的情况下，也容易获得钾离子渗透深度处的应力大小。

根据涉案申请说明书的记载，涉案申请的离子强化条件属于常用的离子强化条件。对比文件1公开了采用硝酸钠和硝酸钾混合的盐浴进行离子强化，玻璃基板化学强化方法与涉案申请中的方法相近，虽未公开具体的盐浴温度和浓度，但具体的盐浴温度和浓度属于离子强化条件的常规调整，使用对比文件1的工艺方法得到的玻璃基制品也很容易具有与涉案申请相同或类似的性能。对比文件1给出了增加压缩应力厚度利于改善耐碎裂性的启示和具体的调整方法，其应力曲线为无平台的抛物线，这和涉案申请的应力曲线形态相同，因此本领域的技术人员通过常规调整容易获得如涉案申请所限定的钾离子渗透深度处的应力值。

对于自定义参数产品权利要求的创造性判断，应从现有技术出发，分析影响因素。发明相对于最接近的现有技术的区别在于某一自定义参数，由于该参数并非本领域常规的性能参数，在显而易见性的判断中，可以从锚定该参数的生产方法和组分配比去考虑，判断现有技术中是否存在对最接近的现有技术进行与获得该自定义参数相对应的生产方法加以改进并实现相应技术效果的启示。虽然现有技术中玻璃组成和制备方法不尽相同，但如果仅仅通过简单调整即可获得相同的产品组成和制备方法步骤，本领域的技术人员容易获得与之锚定的自定义测试参数。

【案例 2 - 9 - 4】 一种中等比热容的玻璃

涉案申请权利要求 1 如下：

1. 一种玻璃，包含：一定配比的 SiO_2、Al_2O_3、B_2O_3、M_2O、RO；其中，M 是碱金属，R 是碱土金属；$CaO/(CaO + SrO)$ 为 $0.4 \sim 1$；所述玻璃的比热容为 $0.85 \sim 0.91 kJ/(kg \cdot ℃)$。

该案玻璃产品权利要求的撰写特点为通过玻璃的组分、特定组分的比例关系式和比热容进行限定。对于玻璃的组分以及特定组分的比例关系式可以通过现有技术公开玻璃组分含量进行计算后比对，容易进行创造性评判。对于玻璃的比热容参数，其表示单位质量的某种物质温度升高（或降低）1℃所吸收（或放出）的热量，代表物质提高温度所需热量的能力。涉案申请说明书中记载了"本申请可以调整比热容，可以更好地与光伏装置匹配"。由此可知，涉案申请中调整玻璃制品的比热容是为了使玻璃制品与光伏装置更好地黏结匹配。本领域的技术人员熟知两种基材的黏结匹配性通常以热膨胀系数作为评估参数，而比热容并非与基材黏结关联的常规表征参数。所以，在应用领域相同的玻璃制品中，很难通过比热容数值将涉案申请请求保护的玻璃产品与现有技术中的玻璃产品进行比较。

在评判创造性时，对于性能比热容如何考虑也存在不同观点。一种观点认为：涉案申请中调整玻璃的比热容，可以使其更好地与光伏装置匹配，对比文件 1 的目的是实现基板玻璃与碱石灰玻璃相同的热膨胀系数进行黏结，与涉案申请的基板黏结的光伏装置不同，同时对比文件 1 的热膨胀系数与涉案申请的比热容也不具有可比性，所以涉案申请具备创造性。另一种观点认为：对比文件 1 虽未公开涉案申请的比热容，但给出了作为基板玻璃需要与连接体保持相同水平热膨胀系数的启示，比热容与热膨胀系数密切相关，并与热膨胀系数有着相似的规律，本领域的技术人员同样有动机调整玻璃的相关组分而获得相应的热膨胀系数，进而容易获得具有一定比热容的玻璃。

就该案而言，对比文件 1 公开了适合用作电子基板的平板玻璃，为此需要高耐热性与通常的钠钙硅玻璃相同水平的热膨胀系数，即其给出了作为基板玻璃需要与连接体保持相同水平热膨胀系数的启示。本领域的技术人员容易想到根据玻璃实际应用场景，对热膨胀系数进行适应性调整。对于本领域的技术人员来说，玻璃的热膨胀系数主要与其组成相关，并且比热容与热膨胀系数密切相关，并与热膨胀系数有着相似的规律，而通过调整玻璃组成中碱土金属氧化物、碱金属氧化物等含量的方式很容易就能获得具有一定比热容的玻璃。

对比文件 1 虽未公开玻璃的比热容参数，但给出了作为基板玻璃需要与连接体保持相同水平热膨胀系数的启示，调整玻璃基体的膨胀系数与光伏装置相近也属于本领域的普遍需求。本领域的技术人员熟知玻璃的热膨胀系数取决于玻璃组成，通常与玻璃各组分的膨胀加和系数及其含量相关，玻璃组成中碱金属氧化物膨胀加和系数大，其是影响玻璃热膨胀系数的主要组分，通过调整碱金属氧化物含量的方式即可获得相应的热膨胀系数。由于比热容与热膨胀系数有着相似的规律，在调整玻璃组分获得热膨胀系数时伴随着获得相应的比热容。所以，涉案申请请求保护的技术方案不具备创造性。

综上所述，当区别技术特征为非常规参数时，对比文件通常不会给出调整玻璃相关组分以获得该参数的明确启示，需要考量对比文件中的技术启示与本申请非常规参数的对应关系。当对比文件给出调整相关组分以获得相应性能的技术启示与本申请调整非常规参数的技术启示趋势相同或相近时，或者与本申请的非常规参数趋势相同或相近的技术启示为本领域的普遍追求时，本领域的技术人员同样也有动机调整相关组分而获得预期的非常规参数。

【案例 2 - 9 - 5】 一种化学强化用玻璃

涉案申请权利要求 1 如下：

1. 一种化学强化用玻璃，其中，化学强化用玻璃含有一定配比 SiO_2、Al_2O_3、Li_2O、Y_2O_3、ZrO_2、TiO_2、B_2O_3 和 P_2O 并且

由下式表示的 I 值为 600 以下，

$$I = -4.8 \times [SiO_2] + 102 \times [Al_2O_3] + 81 \times [Li_2O] - 272 \times [Na_2O] - 281 \times [K_2O] - 16 \times [MgO] - 25 \times [Y_2O_3] + 0.028 \times [ZrO_2] + 63$$

并且

由下式表示的 I_2 值为 3.1 以下，

$$I_2 = 0.27 \times [SiO_2] + 1.4 \times [Al_2O_3] - 1.1 \times [Na_2O] - 1.7 \times [K_2O] + 0.38 \times [MgO] - 1.36 \times [Y_2O_3] - 0.59 \times [ZrO_2] - 23$$

各成分的以摩尔百分率表示的含量。

权利要求 1 基于组分含量构建了多组分含量公式，这种基于多组分含量构建

的公式也属于自定义参数。对于多组分含量公式 I 和 I_2，涉案申请说明书中记载："对化学强化用玻璃的玻璃组成和失透特性进行了研究，发现前述 I 值与后述玻璃的在 700℃～1200℃下的晶体生长速度具有高相关性。发现如果是前述 I_2 值小的玻璃组成，则在从液相温度以上的温度开始冷却玻璃时不易发生失透。"由此可知，涉案申请限定 I 值和 I_2 值的化学强化用玻璃，实现了晶体生长速度小、不易产生失透、制造容易的技术效果。

由于多组分含量公式 I 和 I_2 是多种组分根据不同加和系数进行计算后的数值，因此难以直接通过含量公式 I 和 I_2 将涉案申请请求保护的玻璃产品与现有技术中玻璃产品进行比较。那么，在评判创造性时，如何考量公式 I 和 I_2 定义的参数呢？

当权利要求请求保护的玻璃产品通过多组分加和系数的公式进行限定时，重点在于考量多组分公式中与之对应的玻璃各组分含量在现有技术中是否给出调整的技术启示。对于包括多组分含量公式的权利要求，通常采用对比文件中的实施例进行特征对比。从玻璃组分含量来看，涉案申请权利要求 1 中大部分组分含量都被对比文件 1 实施例 6 公开了，仅仅 Al_2O_3 和 Y_2O_3 含量有所差异。对比文件 1 虽然未明示 I_2 公式含量范围，但是该值是客观存在的，并且计算可知对比文件 1 实施例 6 的 $I_2 = 3.27$，与权利要求 1 中的 I_2 值十分接近，同样具有不易发生失透的效果。对比文件 1 中 Y_2O_3 可避免在熔融时玻璃容易发生失透以及影响化学强化玻璃的品质，而玻璃失透主要是由于玻璃析晶造成的，对比文件 1 中 Y_2O_3 同样会在相应熔融温度条件下降低析晶速度而增加耐失透效果。同时对比文件 1 也记载了 Al_2O_3 的作用是提高化学强化时的离子交换性能，增大强化后的表面压应力有效的成分，增大玻璃的黏性，降低熔融性等，这与其在涉案申请中的作用相同。由此可知，对比文件 1 给出了调整两组分以提高耐失透效果的技术启示。综合涉案申请和对比文件 1 的内容来看，该有限的调整并不会给涉案申请带来预料不到的技术效果，不能使权利要求 1 的技术方案具备创造性。

基于多种组分含量构建计算公式成为玻璃产品权利要求的一种新撰写方式，然而所构建计算公式仅仅是一种对玻璃组分含量的表达形式，具有相同玻璃组分的现有技术同样也可利用该技术公式进行表达。在创造性评判过程中，如果现有技术给出了对各组分含量进行调整的方向或效果趋势，对各组分含量在合理范围进行调整容易获得权利要求所限定计算公式数值，那么由此限定的技术方案是显而易见的，其技术效果也是可以合理预期的。需要指出的是，对于用参数限定的玻璃产品权利要求，在考察是否具有突出的实质性特点时，也需综合考虑所能取得的技术效果。如果一项权利要求与最接近的现有技术之间的区别特征仅在于性能参数限定，但该参数限定与技术效果之间的关联性不明确，使得本领域的技术人员无法确定该参数限定的技术方案相对于现有技术产生了新的或改善的技术效果，那么这种参数限定只能被认为是通过常规测量所确定和选择的，这样的权利要求不具备创造性。

第四节　专利审查规则辨析

一、国内外关于参数特征表征的产品专利申请的审查规定

《欧洲专利局审查指南》G 部分第Ⅵ章第 6 节规定：在相关现有技术中提到了不同的参数，或者根本没有提及参数，如果已知产品和所要求保护的产品在所有其他方面都是相同的（例如，如果原料和制造过程相同，则将预期是相同的），则首先提出缺乏新颖性的反对意见，参数构成区别特征的举证责任在于申请人。如果申请人不提供证据支持其主张，则不能给予其任何疑点利益。另外，如果申请人能够证明，例如通过适当的比较试验，在参数方面确实存在差异，则可以提出以下疑问，即申请是否公开了制造具有权利要求中限定的参数的产品所必需的所有特征。

美国专利商标局《专利审查程序手册》规定：产品和设备权利要求——当现有技术中记载的结构与请求保护的结构基本相同时，请求保护的特性或功能被推定为是固有的。如果请求保护的和现有技术的产品在结构或组成上相同或基本相同，或者通过相同或基本相同的工艺生产，则已经确立了可预见性或显而易见性的表面上证据确凿的案件。当专利商标局有充分的理由相信申请人的产品与现有技术相同时，申请人有责任证明它们的不同。上述初步证据确凿的案件可以通过证明现有技术产品不一定具有权利要求保护的产品的特征的证据来反驳。对于组合物权利要求，如果组合物根本上是相同的，则其必然具有相同的性质。化学成分相同的产品不会具有相互排斥的性质。化学成分及其性质是密不可分的。因此，如果现有技术教导相同的化学结构，则必然呈现申请人公开的和请求保护的特性。

《日本发明和实用新型审查手册》规定：在某些情况下，很难将采用产品所具有的功能、特性等进行表征的产品权利要求与引用的对比文件进行对比。在这种情况下，审查员无须将要求保护的产品与对比文件的产品进行精确对比就有理由怀疑二者是相同的产品而没有其他区别，可以以缺乏新颖性为理由发出通知书。申请人可以通过提交书面意见或实验结果证据等进行争辩或澄清。该手册还详细

列举了合理推定新颖性的情形。

欧洲专利局、美国专利商标局、日本特许厅都强调了需要考虑参数与现有技术公开的产品结构和/或组成是否相同，以此推定参数表征的产品权利要求是否存在区别特征，这与我国《专利审查指南2010》的相关规定基本上是一致的。总体来说，对于参数限定的产品权利要求的创造性审查，特别是对于非常规参数或自定义参数，几大专利局主要给出了是否构成区别特征的判断指引，而当构成区别特征时如何考虑没有明确标准。

二、对于特定参数限定的盖板玻璃的创造性评判

盖板玻璃相关专利申请撰写的新特点是利用非常规参数或自定义参数进行限定，在创造性评判过程中存在一定困惑和争议。通过以上5个案例的分析比较，可提供一些审查思路。

对性能参数限定的产品权利要求，首先要考虑对比文件自身是否给出调整性能参数的技术启示。由于自定义参数在对比文件中很难找到直接唯一的技术启示，可以在对比文件中分析相关的技术启示，只要相关启示与获得自定义性能参数的启示趋势相同或相近即可，这种情况下本领域技术人员也有动机调整相关组分而获得预期的自定义参数。

对于自定义性能参数，也要关注与之锚定的组成和/或结构特征，进而判断性能参数是否通过常规技术手段获得，即在对比文件组合物组成和制备方法相同的情况下，是否容易调整获得其锚定的性能测试参数。在对比文件中组合物组成和制备方法不尽相同的情况下，也要综合考虑性能参数与之锚定的组合物结构和/或组成和制备方法是否仅仅是在有限的范围内选择调整即可得到本申请相应的结构和/或组成，从而也就容易调整获得与之锚定的性能参数。

如果对比文件给出的相关启示与获得非常规性能参数的启示趋势相近，调整相应组分含量以获得相应的非常规性能参数是容易做到的。如果非常规性能参数与本领域的普遍技术追求趋势相同，也就是说在考量对于性能参数调整的技术启示时，在对比文件未给出相关技术启示的情况下，也可以考量现有技术中是否存在与非常规参数相同或相近的技术追求。在本领域普遍追求的基础上，调整获得玻璃制品的非常规性能参数的具体手段属于常规技术手段。

而对于构建多组分之间的运算公式在某一数值范围内进行限定，在现有技术给出了各组分各自调整的效果的情况下，由于公式含量范围值是客观存在的，只要多组分可以在合理范围且作用相近的情况下即可，进而容易调节运算公式的数

值范围，其技术效果也是可以合理预期的。

如果本领域的技术人员无法确定自定义参数限定的技术方案相对于现有技术产生了新的或改善的技术效果，那么这种参数限定只能被认为是通过常规测量所确定和选择的，这样的权利要求也不具备创造性。

三、结　语

本章梳理了盖板玻璃领域关于自定义参数表征的产品类权利要求的创造性判断的案例，根据审查经验给出了创造性判断的一些观点，主要需要综合考量现有技术中是否给出了调整产品组成、制备方法以获得自定义参数或非常规参数的技术启示，使创造性判断化繁为简，事半功倍。

第三编

现代机械及光电技术

- ➢ 智能制造
- ➢ 智慧医疗
- ➢ 智能家居
- ➢ 智能交互

概　　述

　　迎接数字时代，加快建设数字经济、数字社会、数字政府，以数字化转型整体驱动生产方式、生活方式和治理方式变革，是《"十四五"规划和2035年远景目标纲要》勾勒的数字中国蓝图。在这一蓝图下，传统的机械和光电技术必将与数字技术深度融合，在新的应用场景下焕发出新的生机。如同该纲要具体指出的，要"充分发挥海量数据和丰富应用场景优势，促进数字技术与实体经济深度融合，赋能传统产业转型升级，催生新产业新业态新模式，壮大经济发展新引擎"。本编重点讨论的智能制造、智慧医疗和智慧家居是典型的数字化应用场景，智能语音交互是这些应用场景下典型的底层支撑技术。这些应用场景及底层支撑技术的发明创新，是制造业、制造服务业、互联网、大数据、计算机和生物医药等领域高度交叉融合的产物，技术复杂度也随之倍增，对审查员准确站位本领域的技术人员提出了更高的要求。如何更好地审查，满足关键技术领域高质量专利的保护需求，是本编重点考虑的问题。

　　智能制造的发展使传统制造业在生产、管理和经营等各环节产生了巨大革新，通过智能技术与传统技术的结合提升生产的品质和效能。反映到专利申请中，往往表现为算法或类商业规则和方法的非技术特征与传统制造的技术特征相互交织，相互作用。审查实践中，常会引发是否属于智力活动的规则和方法以及是否属于《专利法》第2条第1款规定的技术方案的讨论。而对于特定领域如飞行器领域，智能制造更是系统工程，由于其技术创新体现在机械、材料、控制等多领域，相当比例的申请以参数限定来表征形状结构和功能性能。此时的创造性评判因为事实核查困难，造成客观准确地评判创造性高度的困难。

　　手术机器人是智慧医疗的重要发展方向之一，由于其直接应用于手术，毫无疑问对于方法权利要求，专利审查中一般会涉及是否属于外科手术方法的判断。但受限于医疗领域专利申请中方法权利要求的撰写特点，通常难以清晰地判断其目的、具体实施对象，以及是否涉及创伤性或者介入性处置等，从而难以快速得出准确结论，需要站在更全面宏观的视野去思考问题，例如：对于此类涉及人民生命健康的申请，如何准确把握专利法的立法本意，如何实现激励创新和社会公共利益兼得。

智慧家居领域竞争白热化，创新主体多以产品权利要求结合方法权利要求编织专利保护网，控制方法或操作方法类权利要求尤为多见。审查中多能检索到装置和方法类似、发明目的却不同的对比文件。创造性审查中是否考虑发明目的、如何考虑发明目的对保护主题的限定作用是个难题，直接影响到权利要求的理解、最接近现有技术的选取、结合启示的判断，进而决定了创造性评判的正确与否。

智能语音交互的发明专利申请以对语音的处理方法和处理算法的改进为主，技术特征多且特征间关系复杂，与现有技术对比时特征难以一一对应，这对准确理解权利要求、合理确定保护范围、正确评价创造性等方面都形成了障碍。如何把握整体原则，综合考虑特征间的协同关系、步骤的执行顺序等是审查的关键。

本编针对这些应用场景和技术，选取了 5 个具体方向对上述问题进行深入探讨。同样，各章首先从产业发展状况和技术特点出发，提炼审查中的疑难问题，再结合具体案例，深入阐述对审查规则的理解。希望相关探讨对现代机械及光电领域创新保护起到积极作用。

第一章　现代智能制造领域发明的客体审查

深入实施智能制造工程，推动制造业高端化智能化绿色化，是《"十四五"规划和2035年远景目标纲要》提出的推动制造业优化升级、深入实施制造强国战略的重要任务。智能制造是信息技术和制造业深度融合的集中体现，是新领域新业态中经济增长动力蓝图的主攻方向，也是《"十四五"规划和2035年远景目标纲要》描绘的建设数字化中国图景中的十大应用场景之一。因此，准确把握智能制造领域专利审查标准，对于加强智能制造领域的创新保护具有重要意义。

第一节　智能制造技术的发展概况

自18世纪蒸汽机引领机械化革命以来，随着电力和信息技术的发展，制造模式相继经历了19世纪早期的装配线大规模生产及20世纪后期的自动化生产。随后，在计算机和网络技术的推动下，一系列先进的制造模式如雨后春笋般涌现，如计算机集成制造、虚拟制造、敏捷制造、网络化制造、全球制造等。这些制造模式的应用简化了企业的组织结构，提升了资源配置能力，革新了生产、管理和经营方式，进而确保了企业能够以更低的成本、更快的速度生产出质量更好、更符合市场需求的产品。当前，新一代信息技术的发展又为制造业变革注入了新的动力，智能制造应运而生。智能制造综合运用了物联网、大数据分析、生产调度、云制造、智能服务、人工智能等先进技术，通过感知、人机交互、决策、执行等环节实现产品全生命周期的智能化，以信息技术与制造业的深度融合以及多种先进制造模式理念的融合，共同推动了传统制造的智能化升级。

智能制造技术中应用了机器学习、人工智能、数据挖掘、神经网络等新技术，这些新技术与传统制造业的交叉融合，使传统制造在新模式、新业态下产生变革并得到提升，同时也催生出例如产品优化设计与全流程仿真、基于机理和数据驱动的混合建模、多目标协同优化等基础技术，基于人机协作的生产过程优化、装备与生产过程数字孪生、质量在线精密检测、生产过程精益管控、复杂环境动态生产计划与调度、生产全流程智能决策、供应链协同优化等共性技术，以及5G、人工智能、大数据、边缘计算等新技术在典型行业质量检测、过程控制、工艺优化、计划调度、设备运维、管理决策等方面的适用性技术等。如果这些技术创新希望得到专利权的保护，必将会以解决方案的形式反映在专利申请中。

智能制造是未来制造业发展的必然方向，是第四次工业革命的核心动力。美国"先进制造业领导力战略"、德国"国家工业战略2030"、日本"社会5.0"等以重振制造业为核心的发展战略，均以智能制造为主要抓手，力图抢占全球制造业新一轮竞争制高点。为加速我国制造业转型升级、提质增效，2015年5月，国务院发文提出推动新一代信息技术与制造技术融合发展，把智能制造作为"两化"深度融合的主攻方向；着力发展智能装备和智能产品，推进生产过程智能化，培育新型生产方式，全面提升企业研发、生产、管理和服务的智能化水平，在重点领域试点建设智能工厂/数字化车间。2021年发布的《"十四五"智能制造发展规划》中指出发展智能制造对于巩固实体经济根基、建成现代产业体系、实现新型工业化具有重要作用。2022年1月国务院印发的《"十四五"数字经济发展规划》中也强调全面深化重点产业数字化转型，深入实施智能制造工程，大力推动装备数字化，开展智能制造试点专项行动，完善国家智能制造标准体系。

作为制造强国建设的主攻方向，智能制造发展水平关乎我国未来制造业的全球地位。发展智能制造，对于加快发展现代产业体系、巩固壮大实体经济根基、构建新发展格局、建设数字中国具有重要意义。而随着智能制造技术的不断深入以及专利申请量的快速增长，该领域内新形式、新特征的专利申请也不断涌现，催生出与保护客体相关的新问题。

第二节　智能制造领域专利申请客体判断的难点

传统制造领域的专利申请一般以机器、部件的组成/结构抑或是组装/加工工艺为主要特征，通常不涉及专利权保护客体问题。但智能制造技术相关的专利申请越来越多地涉及计算机程序、神经网络、外部技术数据输入及使用等，其中有的涉及算法模型的创新与改进，有的涉及生产全流程智能决策、供应链协同优化，有的涉及生产计划调度。在我国当前的审查实践中，上述专利申请可能会被认为不属于专利权保护客体，而以不符合《专利法》第2条第2款或属于《专利法》第25条第1款第（二）项规定的情形予以排除。

近年来，国家知识产权局为全面贯彻党中央、国务院关于加强知识产权保护的决策部署，回应创新主体对进一步明确涉及人工智能等新领域新业态专利申请审查规则的需求，在 2017 年，对《专利审查指南 2010》中"涉及计算机程序的发明专利申请的审查基准"部分内容进行了修改，明确"计算机程序本身"不属于专利保护的客体，而"涉及计算机程序的发明"可以获得专利保护，同时进一步明确允许采用"介质＋计算机程序流程"的方式撰写权利要求；2019 年 12 月 31 日发布、2020 年 2 月 1 日起施行的《国家知识产权局关于修改〈专利审查指南〉的决定》在《专利审查指南 2010》第二部分第九章中新增了第 6 节"包含算法特征或商业规则和方法特征的发明专利申请审查相关规定"，确立了审查的一般原则，强调对权利要求的整体考虑原则并明确了权利要求是否属于智力活动的规则和方法的审查标准和是否属于技术方案的审查标准。

但对于"智能制造"领域专利申请出现的保护客体新问题，《专利审查指南 2010》中没有进一步细化的规范，也没有类似的案例，缺乏清晰的操作指引，审查员对此类申请很难作出准确而统一的判断，申请人对于此类专利申请是否属于授权客体，也存在诸多困惑。因此，在当前法律框架下，结合现有案例，消除关键概念的模糊性，尽可能为专利保护客体判断提供合理明确的分析方法，确保此类申请在保护客体方面审查标准的执行一致性，提高申请人和社会公众的可预期性，是目前亟待解决的问题。

第三节　专利审查案例分析

根据智能制造的环节，可将智能制造系统细分为辅助设计、生产管理和系统活动等几个系统，这些系统均存在涉及客体问题的情况。限于篇幅，同时考虑到审查标准在各环节适用的通用性，本章将主要以辅助设计、生产管理环节为例，对智能制造领域存在的专利权客体判断问题进行研究。

本章将对上述两种情形下所产生的专利申请，结合具体案例和现有法律规则，尝试就何种情况下属于《专利法》第 25 条第 1 款规定的智力活动的规则和方法，如何准确认定技术方案三要素从而判断是否构成《专利法》第 2 条规定的技术方案，提供合理明确的客体判断分析方法。

一、智能制造辅助设计环节

新一代智能制造辅助设计中，广泛使用数学模型、优化算法、机器学习等计算机技术，深度参与机械设计的模拟和优化，以促进设计过程智能化及优化运行。智能制造中的数学建模，主要是针对制造中的载体（如数控加工机床、机器人等）、制造过程（如加工过程中的力、热、液等问题）和被加工对象（如被制造的汽车、飞机、零部件），甚至是智能车间、智能调度过程中一切需要研究的对象（实体对象或非实体化的生产过程等问题），应用机械、物理、力学、计算机和数学等学科知识，对研究对象的一种近似表达。随着技术的发展，"大量的仿真模拟 + 少量的实验"已经成为智能制造的重要趋势。因此，反映在智能制造辅助设计专利申请的表达形式，一般会涉及数学建模、计算机程序、互联网和大数据等手段，例如制造设计中的信息算法处理、采用数学建模的数控机床设计、基于互联网可扩展应用的机器人系统、应用计算机程序的机械加工设计方法等。

【案例 3 - 1 - 1】一种机床锥配合固定结合部动力学参数识别方法

该方法建立了一种 32 节点的刀柄 - 主轴结合部动力学模型，其中 1 ～ 8、9 ～ 16、17 ～ 24、25 ～ 32 均为等分点，锥配合结合部单元的运动则通过 1 点和 17 点、2 点和 18 点、3 点和 19 点……16 点和 32 点之间的相对运动体现出来。基于模态实验，涉案申请以频响矩阵与阻抗矩阵的乘积是单位矩阵这一理论特性，将实验的频响矩阵和有限元理论得到的子结构的刚度矩阵、质量矩阵相结合，通过初值试凑的方法，运用非线性最小二乘拟合优化算法对模型参数进行识别，充分考虑刀柄 - 主轴锥度结合部节点各自由度之间的耦合关系，具有更高的精度及通用性。

该案主要争议观点如下。观点一认为：涉案申请涉及的机床锥配合固定结合部的动力学参数识别方法，通过有限元建立机床锥配合固定结合部动力学模型的 MATLAB 数学模型，说明书仅记载了"该方法提高了建模的精度，并且模型具有较好的通用性"的效果，因此其仅涉及一种数学模型，虽然方案中具有技术特征，不属于智力活动的规则或方法，但权利要求 1 解决的是模型本身的精度问题，不属于技术问题，也未利用技术手段，获得技术效果，因此不属于《专利法》第 2 条第 2 款规定的技术方案。观点二则认为：尽管说明书仅记载"该方法提高了建模的精度，并且模型具有较好的通用性"，但是基于本领域的技术人员的知识可以确定，通过提高机床建模精度，必然能够解决机床锥孔和锥面的精确配合的技术问题，因此该数学建模的方法采用了技术手段，也解决了技术问题，因此属于《专利法》第 2 条第 2 款规定的技术方案。可见，该案的争议焦点主要集中在权利要求的方案是否采用了技术手段，所解决的问题是否属于技术问题，从而产生权利要求的方案是否属于技术方案判断上的不同这几方面。

【案例 3-1-2】　一种基于伪随机向量的假设模态集构造方法

该方法包括以下步骤：采用有限单元法构建 N 自由度系统动力学方程；对系统进行特征值分析，得到系统若干阶模态；生成一组伪随机向量，所述伪随机向量个数根据得到的模态数确定；采用得到的系统模态和伪随机向量组，构造假设模态集；将得到的假设模态集与系统模态组成新的模态集，用于构造系统剩余柔度矩阵。涉案申请可以根据任意已知模态向量组构造假设模态集，并且极大地简化了子结构模态综合技术计算剩余柔度矩阵的过程。

该案主要争议观点如下。观点一认为：权利要求中仅提到构建系统动力学方程，并未限定具体技术领域的具体参数，在构造系统剩余柔度矩阵的过程中，并未应用到具体的动力学领域，其本质上是数学算法上的改进，因此，请求保护的内容属于基于抽象算法的模型构建方法，属于《专利法》第 25 条第 1 款第（二）项规定的智力活动的规则和方法，不属于《专利法》保护的客体。观点二认为：涉案申请的方案涉及工程结构设计中的多自由度系统，即针对工程结构设计过程中需要面对越来越多的大型复杂结构而设计的，解决了简化子结构模态综合技术计算剩余柔度矩阵的技术问题，不属于智力活动的规则或方法，其属于技术方案。

二、智能制造生产管理环节

生产管理部分的技术创新更加不同于传统模式。智能生产所包含的就是使用高新科技对过程控制、智能物流、制造执行系统、信息物理系统组成的人机一体化系统，按照工艺设计要求，实现整个生产制造过程的智能化生产、有限能力排产、物料自动配送、状态跟踪、优化控制、智能调度、设备运行状态监控、质量追溯和管理、车间绩效等；对生产、设备、质量的异常作出正确的判断和处置，实现制造执行与运营管理、研发设计、智能装备的集成；实现设计制造一体化、管控一体化。当以上技术创新以方案的方式反映到专利申请中时，通常表现为人工智能算法、神经网络、大数据挖掘、数学建模、人机交互等技术与传统生产制造中技术手段的结合。而随着智能制造领域生产管理技术的纵深发展，其专利申请解决方案中人的参与度会越来越高，明确何种情况下属于智力活动的规则和方法，如何正确认定是否属于技术方案，成为客体判断的难点所在。

【案例 3-1-3】　一种多产品批量生产规划方法

该方法包括：通过拉格朗日松弛算法将多产品批量生产规划转换成多个单产

品批量生产规划；通过动态规划算法对多个所述单产品批量生产规划进行计算，并判断由计算后的多个单产品批量生产规划组合的目标多产品批量生产规划是否满足预设约束条件；若否，则通过贪婪启发式算法调整所述目标多产品批量生产规划，以使所述目标多产品批量生产规划满足预设约束条件，从而在保证多产品批量完成的情况下，使得总生产成本最低。

该案主要争议观点如下。观点一认为：涉案申请要解决的技术问题是如何保证企业在多方面约束条件的情况下，能按时完成多批量产品的生产，且达到最低成本；采用了通过计算机程序编写的拉格朗日松弛算法和动态规划算法处理多产品批量动态生产中的目标函数和约束条件这一遵循自然规律的技术手段；得到了以下技术效果，即能够提高多产品批量生产规划的准确性，从而保障了企业在顾及多方面的约束条件的情况下，能按时完成多批量产品的生产且成本最低，有效地避免了因生产规划存在问题对企业造成损失。因此，涉案申请属于《专利法》第2条第2款规定的技术方案，属于专利保护的客体。观点二认为：涉案申请想要解决的问题是如何实现在保证多产品批量完成的情况下生产成本最低；采用的主要手段是，以最小的各产品批量生产的成本为目标来满足规划期内的动态需求，其核心的目标函数是追求生产成本、外包成本、库存成本、启动成本的综合生产成本的最小化，遵循的是经济规律而不是自然规律；方案中涉及拉格朗日松弛算法、动态规划算法、贪婪启发式算法等手段属于单纯的数学计算方法，利用该数学计算方法对经济模型的求解过程不属于利用自然规律的技术手段，该方案不是技术方案；因此，涉案申请实质上解决的是如何更有效地利用经济学规律来降低成本的问题，属于经济问题而非技术问题，未利用技术手段，达到的生产成本最低的效果也非技术效果。因此，涉案申请不属于《专利法》第2条第2款规定的技术方案。

【案例3-1-4】 一种用于对制造过程进行建模的方法

该方法中通过制造执行系统（MES）实施所建模的制造过程并且规划和/或控制在车间进行的相应制造，该方法包括如下步骤：在车间提供多个实际机器，并且通过包括机器属性的实际机器模块来对每个实际机器进行描述以便控制所述实际机器的执行；在制造过程中定义特定的制造活动，所述特定的制造活动要求执行实际机器的独特的子集以便进行该子集的特定的生产活动，通过组合在所述子集中所包括的实际机器来提供虚拟设备，并且通过虚拟设备模型来对所述虚拟设备进行描述以规划并控制所述特定的生产活动，所述虚拟设备模型包括规划级模型和控制级模型。

该案主要争议观点如下。观点一认为：权利要求 1 的方案虽然使用了在车间提供的多个实际机器，但其中所述的各个步骤并没有对实际机器的内部性能带来改进，也没有给实际机器的构成或功能带来任何技术上的改变；其解决的问题是如何设计规划控制流程以便兼顾对工厂设备的控制活动和规划活动进行控制，这种设计规划完全依赖于人的主观意志，不构成技术问题；采用的手段是根据人为制定的规则或方法将对工厂设备的控制活动与规划活动结合起来建立模型，不是技术手段；获得的效果是提供一种模型，具有充足的建模灵活性以便满足规划和控制两方面的需求，也不属于技术效果。因此，涉案申请不属于《专利法》第 2 条第 2 款规定的技术方案。观点二认为：涉案申请使生产建模器能够对在车间现有的实际机器的子集所表示的虚拟设备进行建模，完全不是依赖于主观意志的智力活动，而是当虚拟设备对象能够在生产建模器中被编程以便借助于现有实际机器的组合提供实际设备给后面的执行层时的实际的占位机制；在执行期间，MES 生产控制器依赖于控制级模型，该控制级模型例如识别对于实际生产过程将被观察的重要的喷嘴机器的油墨液位、液位、强度和其他参数，在生产建模中所完成的所有工作形成生产过程的物理执行的基础，因此要解决的也是实际物理过程中出现的技术问题，采用的也是利用了自然规律的技术手段。

三、总结分析

由上述 4 个案例可知，具有算法特征或类商业规则和方法的特征，与传统制造领域的技术特征交织，在功能上彼此相互支持、存在相互作用关系是智能制造类专利申请的典型特点之一。在这类申请的专利客体判断上，在法律规定层面，我国以及世界主要国家或地区的专利审查部门往往具体适用计算机实施的发明的客体判断标准和步骤。一般先判断是否属于智力活动的规则和方法：如果属于，则认为该申请不属于专利法授权的客体；如果不属于，则需要进一步判断是否属于专利法意义上的技术方案。如果相关发明创造使用技术手段解决了技术问题，取得了技术效果，则可以认为它属于专利法意义上的技术方案。

在实际审查中，纯智力活动的规则和方法的申请比较少，即使遇上纯智力活动的规则和方法例如数学方法、企业管理方法等案件，也比较容易判断是否属于可授权客体。而对于具有传统制造领域的技术特征，同时这些技术特征又与算法、模型或商业规则与方法特征交织的智能制造领域辅助设计及生产管理环节的专利申请，判断的难点主要在于所请求保护的权利要求是否属于技术方案。从上述几个案例来看，智能制造领域判断是否属于技术方案的主要焦点又在于权利要求中采用的手段是否属于技术手段，所要解决的问题是否是技术问题以及是否取得了技术效果的判断上。由此可见，智能制造类专利申请客体判断的关键核心就在于如何准确理解技术方案的定义，以及准确适用对要解决的技术问题所采取的利用了自然规律的技术手段的集合等这一判断原则。

第四节　专利审查规则辨析

一、主要国家或地区相关法律法规

对美、日、欧等国外主要专利局的相关审查标准进行梳理，未发现国外主要专利局有专门针对智能制造领域申请的客体问题的审查标准。而对于算法、人工智能相关智能制造的客体判断，欧洲专利局认为纯粹的算法不是专利的保护客体，但如果权利要求限定的数学方法是在技术领域的特定应用，且该数学方法为技术处理过程（technical process），就不是试图就数学方法本身寻求保护，属于专利法保护的客体范围。❶ 美国专利商标局主要采用 Alice 两步测试法：若属于方法、机器、制造品、合成物质或组合的专利申请不直接指向任何自然法则、自然现象或抽象概念，则属于保护客体；若权利要求直接指向任何自然法则、自然现象或抽象概念，则需要考察具有足以使抽象概念转化为发明性概念的附加要素（包括个别或整体请求项），只有附加要素足以支持抽象概念可以转化为发明性概念，具有明显超过"熟知、例行、常规活动"❷ 的程度，才将其归入可专利范畴。日本特许厅对于涉及算法、人工智能等智能制造的专利申请的客体审查，主要依据日本特许厅审查指南中关于计算机软件或者计算机系统发明的专利"适格性"的有关规定，认为属于"利用了自然规律的技术构思的创造"方可成为专利客体，未使用自然规律或者单纯的信息展示的发明则不属于专利客体。从美、日、欧的审查过程和结论来看，对于涉及计算机程序限定的智能制造领域的专利申请，判断权利要求是否满足客体要求，欧洲专利局重点关注权利要求是否包含技术特征，美国专利商标局重点关注解决的技术问题，日本特许厅则重点关注是否包含利用自然规律的装置（硬件）。关于算法、人工智能等智能制造客体审查标准，美、日、

---

❶　参见李永红等《新形态、新业态所涉软件相关申请的专利保护热点问题研究》（国家知识产权局学术委员会 2016 年度一般课题研究项目成果）第 27 页和第 56 页。

❷　Mayo Collaborative Services. v. Prometheus Laboratories，Inc.，132 S. Ct. 1289，1298（2012）。

欧都认为纯粹算法或算法本身不是专利法保护的客体，但算法应用于具体领域，且利用自然规律起到技术构思的作用，则不是纯粹的算法本身，属于专利法的保护客体，这与我国国家知识产权局关于算法客体判断的规定实质相同。❶

《专利审查指南 2010》第二部分第九章第 6 节给出了包含算法特征或商业规则和方法特征的发明专利申请审查的相关规定。如果权利要求涉及抽象的算法或者单纯的商业规则和方法，且不包含任何技术特征，则这项权利要求属于《专利法》第 25 条第 1 款第（二）项规定的智力活动的规则和方法，不应当被授予专利权。例如，一种基于抽象算法且不包含任何技术特征的数学模型建立方法，属于《专利法》第 25 条第 1 款第（二）项规定的不应当被授予专利权的情形。如果权利要求中除了算法特征或商业规则和方法特征，还包含技术特征，该权利要求就整体而言并不是一种智力活动的规则和方法，则不应当依据《专利法》第 25 条第 1 款第（二）项排除其获得专利权的可能性。如果要求保护的权利要求作为一个整体不属于《专利法》第 25 条第 1 款第（二）项排除获得专利权的情形，则需要就其是否属于《专利法》第 2 条第 2 款所述的技术方案进行审查。

对一项包含算法特征或商业规则和方法特征的权利要求是否属于技术方案进行审查时，需要整体考虑权利要求中记载的全部特征。如果该项权利要求记载了对要解决的技术问题采用了利用自然规律的技术手段，并且由此获得符合自然规律的技术效果，则该权利要求限定的解决方案属于《专利法》第 2 条第 2 款所述的技术方案。例如，如果权利要求中涉及算法的各个步骤体现出与所要解决的技术问题密切相关，如算法处理的数据是技术领域中具有确切技术含义的数据，算法的执行能直接体现出利用自然规律解决某一技术问题的过程，并且获得了技术效果，则通常该权利要求限定的解决方案属于《专利法》第 2 条第 2 款所述的技术方案。未解决技术问题，或者未利用技术手段，或者未获得技术效果的包含算法特征或商业规则和方法特征的发明专利申请，不属于《专利法》第 2 条第 2 款规定的技术方案，因而不属于专利保护的客体。例如一种通过计算机执行设定的返利规则算法给予消费用户现金券而提高用户消费意愿，为商家获得更多利润的方案，该方案解决的是如何促进用户消费的问题，不构成技术问题，所采用的手段是通过计算机执行人为设定的返利规则，不受自然规律的约束，因而未利用技术手段，获得的效果仅仅是促进用户消费，不是符合自然规律的技术效果，因而该方案不属于专利保护的客体。

---

❶ 参见孟俊娥、赵建军等《智能制造领域审查质量提升工程实施计划研究之三》（国家知识产权局学术委员会 2018 年度研究报告）。

由上可知,《专利审查指南2010》第二部分第九章第6.1节"审查基准"部分确立了涉及计算机实施的发明客体审查的一般原则。①强调对权利要求的整体考虑原则。涉及人工智能、大数据以及区块链等的发明专利申请,权利要求中往往包含算法、商业规则和方法等智力活动的规则和方法特征。在审查中,不应当简单割裂技术特征与算法特征或商业规则和方法特征,而应将权利要求记载的所有内容作为一个整体考虑。②明确权利要求是否属于智力活动的规则和方法的审查标准。如果权利要求涉及抽象的算法或者单纯的商业规则和方法,且不包含任何技术特征,则这项权利要求属于智力活动的规则和方法,不应当被授予专利权。但是,只要权利要求包含技术特征,该权利要求就整体而言并不是一种智力活动的规则和方法。③明确客体相关法律条款的审查顺序,即针对要求保护的主题,首先应当审查其是否不属于智力活动的规则和方法,再审查其是否属于《专利法》第2条第2款规定的技术方案。在判断一项权利要求是否是技术方案时,应当对其中涉及的技术手段、解决的技术问题和获得的技术效果,即对技术方案"三要素"进行分析。

二、智能制造辅助设计环节客体判断标准

智能制造辅助设计通常涉及数学模型、优化算法、机器学习等计算机技术,深度参与设计的模拟和优化,因此其专利申请的表现形式一般包括算法、数学建模、计算机程序、互联网和大数据等手段,与包含算法特征或商业规则和方法特征的申请较为类似,可以参照《专利审查指南2010》第二部分第九章第6节的规定来判断其是否属于专利保护客体。如前所述,在该类方案的客体判断上,可以分两步进行:首先判断该方案是否属于智力活动的规则和方法,如果该方案仅为单纯的数学模型,没有具体应用于智能制造辅助设计模拟与优化等领域中,不包括任何技术特征,则属于智力活动的规则与方法,不符合《专利法》第25条第1款第(二)项的规定;如果方案中具有技术特征,例如设定了辅助设计的物理参数以及参数间的关系,算法模型与智能制造辅助设计等特定应用领域相互结合,则不属于智力活动的规则与方法,此时需要进一步判断其是否属于技术方案。如果该模型中的各参数代表了智能制造领域中的技术指标或具有技术含义,各参数之间的联系反映了自然规律,受到自然规律的约束,因而以各参数及参数的计算方法为基础构建的设计模型也遵循自然规律,以该设计模型为基础架构的整体技术方案也利用了遵循自然规律的技术手段,且解决了智能制造领域的技术问题,取得了技术效果,则该方案属于技术方案。

对于案例 3 – 1 – 1，涉案申请涉及的机床锥配合固定结合部的动力学参数识别方法，通过有限元建立机床锥配合固定结合部动力学模型的 MATLAB 数学模型，并引入了一种与之对应的参数识别方法，考虑刀柄 – 主轴锥度结合部节点各自由度之间的耦合关系，并根据频响矩阵与阻抗矩阵的乘积为单位矩阵这一理论依据，运用数学模型对锥配合固定结合部的刚度矩阵和阻尼矩阵进行优化识别。首先，该方案中的数学模型应用于机床锥配合领域，具有"进行模态实验，获得锥配合固定结合部实验模型的前 N 阶固有频率"等技术特征，其不属于智力活动的规则与方法；其次，该模型中采用了各种具体技术参数构建相关公式，例如机床主轴子结构的刚度矩阵、主轴子结构的质量矩阵、刀柄子结构的刚度矩阵、刀柄子结构的质量矩阵、主轴子结构的阻尼矩阵、刀柄子结构的阻尼矩阵等，上述各参数代表了各项技术指标或具有技术含义，算法处理的数据是技术领域中具有确切技术含义的数据，且算法的执行能直接体现出利用自然规律解决某一技术问题的过程，且获得了技术效果。同时基于本领域的技术人员的知识可以确定，通过提高机床建模精度，能够解决机床锥孔和锥面的精确配合的技术问题。因此，该数学建模的方法采用符合自然规律的技术手段解决了技术问题，并获得了技术效果，因此属于《专利法》第 2 条第 2 款规定的技术方案。

关于案例 3 – 1 – 2，涉案申请的权利要求中尽管涉及 N 自由度系统动力学方程，然而，该" N 自由度系统动力学方程"只是一个通用的动力学方程，并未应用到具体的动力学领域中，例如并未涉及具体的动力学相关的物理参数，不能体现出在具体应用领域中的具体的物理含义，仅是单纯数学算法，即剩余柔度矩阵的计算。尽管申请人以某机翼结构有限元模型为例陈述其适用于大型复杂动力学结构，然而，权利要求并未限定具体应用领域，没有包括任何技术特征，仅涉及算法上的改进，属于智力活动的规则与方法，不属于专利法意义上的保护客体。

三、智能制造中生产管理环节客体判断标准

参照《专利审查指南 2010》第二部分第九章第 6 节的规定，涉及生产管理环节的专利申请的方案的客体判断，同样可以分两步：首先，该方案如果属于人为规定的生产管理规则，不受自然规律的约束，不包含任何技术特征，则属于智力活动的规则与方法，不符合《专利法》第 25 条第 1 款第（二）项的规定；其次，如果方案中除了算法特征或管理规则和方法特征，还包含技术特征，该权利要求就整体而言并不是一种智力活动的规则和方法，需要进一步判断是否属于技术方案。如果该生产管理方案采用了利用自然规律的技术手段，受到自然规律的约束，

且解决了智能制造生产管理领域的技术问题，获得了技术效果，则该方案属于技术方案。

对于案例 3 - 1 - 3，涉案申请权利要求 1 要求保护一种多产品批量生产规划方法。其方案中包括"计算机执行""多产品批量生产规划"等技术特征，因此该权利要求就整体而言并不是一种智力活动的规则和方法，需要进一步判断是否属于技术方案。根据背景技术可以了解，其所要解决的是如何在库存能力和生产工时同时受限的情况下外包的多产品动态批量生产问题，采用的主要手段是通过拉格朗日松弛算法将多产品批量生产规划转换成多个单产品批量生产规划，通过动态规划算法对多个单产品批量生产规划进行计算，最终使得计算后的目标多产品批量生产规划满足预设约束条件，实现了在保证多产品批量完成的情况下生产成本最低的效果。然而，拉格朗日松弛算法和动态规划算法都是单纯的数学算法，权利要求 1 使用的目标函数和约束条件中的参数为生产成本、外包成本、库存成本、生产工时、库存上界、生产量、库存量、启动量等，最终得到的结果是根据约束条件调整生产规划确保最低成本。这些参数属于经济学参数而非技术参数，各参数之间的联系仅受到经济规律的约束，以上述参数及参数的计算方法为基础构建的数学模型显然也未遵循自然规律的约束。因此，权利要求 1 的解决方案实际上解决的是如何更有效地利用经济学规律来降低成本的问题，并非技术问题，也不产生技术效果。因此，权利要求 1 不是技术方案，不符合《专利法》第 2 条第 2 款的规定。

对于案例 3 - 1 - 4，涉案申请权利要求 1 要求保护一种用于对由企业资源规划所规划并由车间进行生产的制造过程进行建模的方法。其方案中包含技术特征，例如"在车间提供多个实际机器，并且通过包括机器属性的实际机器模块来对每个实际机器进行描述以便控制所述实际机器的执行"，因此该权利要求就整体而言并不是一种智力活动的规则和方法，需要进一步判断是否属于技术方案。根据涉案申请说明书背景技术部分的记载，现有技术中用于同一组机器的控制级模型和规划级模型为两个分离的模型，由于存在建模差距不能被用在制造执行系统应用中，否则会导致重大的生产错误或者死锁状态，因此该申请要解决的是如何防止建模差距所带来的技术问题。该申请权利要求 1 根据实际机器来进行建模且控制实际机器的执行；同时定义的"实际机器的独特的子集"也是借助于现有实际机器的组合，在生产建模中所完成的所有工作形成实际生产过程的物理执行的基础，在执行期间模型识别对于实际生产过程机器的实际状况，整个方案中均基于实际机器和实际的生产制作过程，结合了具体的技术领域，并采用了技术手段且利用自然规律，解决了实际生产过程中由于建模差距而生产错误或者死锁状态的技术问题，并获得了充足的建模灵活性且同时满足规划和控制需求的技术效果，构成了专利法意义上的技术方案。虽然权利要求 1 没有"对实际机器的内部性能带来改进，也没有给实际机器的构成或功能带来任何技术上的改变"，但是并非只有对实际机器的性能、构成或功能带来技术上的改变的方案才是专利法意义上的技术方案，对整个制造过程中的实际机器进行规划并控制其运行以解决实际制造过程中技术缺陷的方案也是专利法意义上的技术方案。此外，权利要求 1 的设计规划并非完全依赖于人的主观意志，而是基于实际的机器和生产制作过程，以喷嘴机器为例，由于复合颜色喷涂器和黑色喷涂器二者都依赖于实际黑色喷嘴机器，因此客观上不可能规划将复合颜色喷涂器与黑色喷涂器同时使用，然而，因为该黑色喷涂器机器和青色喷涂器机器依赖于不同的机器，而有可能规划将黑色喷涂器机器和青色喷涂器机器同时使用，因此这种对生产设备进行的规划以及对生产流程进行的设计，是符合自然规律的，不是完全依赖人为意志设定的规则或方法。该案存在欧洲专利同族申请，欧洲专利局同样认为该申请符合《欧洲专利公约》第 52 条第 2 款和第 3 款规定的专利授权客体。

四、小　结

通过以上对智能制造领域辅助设计和生产管理环节相关专利申请方案特点的分析、对授权客体相关审查规则的梳理，并结合 4 个典型案例的具体分析判断，可以较为明晰得出智能制造领域专利申请客体审查的一般原则和分析路径。

智能制造领域的技术特点决定了其专利申请的权利要求一般包括算法、数学模型、计算机程序等手段，因此原则上可以参照《专利审查指南 2010》第二部分第九章中包含算法特征或商业规则和方法特征的申请的相关审查规则来判断其是否属于专利保护客体。在分析路径上，对于针对要求保护的主题，首先应当审查其是否属于智力活动的规则和方法，其次再审查其是否属于《专利法》第 2 条第 2 款规定的技术方案。在具体分析判断时，应将权利要求记载的所有内容作为一个整体考虑。如果权利要求仅涉及抽象的辅助设计数学模型或者人为规定的生产管理规则和方法，且不包含任何技术特征，则这项权利要求属于智力活动的规则和方法，不符合《专利法》第 25 条第 1 款第（二）项的规定。如果权利要求中包含技术特征，则该权利要求就整体而言并不是一种智力活动的规则和方法。在进一步判断一项权利要求是否是技术方案时，应当对其中涉及的技术手段、解决的技术问题和获得的技术效果，即对技术方案"三要素"进行分析。判断一项解决方案是否构成技术方案的关键在于确定技术手段的集合在解决技术问题时是否利用了自然规律，即问题与手段集合之间的关联或者手段集合本身是否受自然规律约束。如果为解决某问题而采用了利用自然规律或受自然规律约束的手段的集合，则该解决方案构成技术方案。如果方案所采用的手段集合与要解决的问题之间体现的是按照人为制定的规则，不受自然规律的约束，则该解决方案不构成技术方案。在判断含有设计模型的智能制造相关申请是否属于专利保护客体时，需要结合申请文件和本领域的技术人员的普通技术知识，判断该设计模型是否属于为解决技术问题而提供的技术手段。如果其仅为数学模型本身，或者仅反映机械部件之间运动关系的数学模型，而没有与具体应用领域相结合，没有解决智能制造领域中的技术问题，则不属于专利法意义上的保护客体。在判断涉及生产管理的智能制造领域方案时，主要考虑这种管理方案是依赖人的思维还是体现了自然规律的利用。如果管理方案完全取决于人的思维，受人的主观因素的支配而产生不同的结果，则这种方案没有利用自然规律，不构成技术方案。因此，智能制造领域的专利申请，需要尽可能突出技术性内容，算法等非技术性内容需要通过与外部物理现实产生有效关联和互动，服务于解决智能制造领域特定的技术问题，达到技术效果，以符合有关专利保护客体的规定。

第二章　飞行器领域结构参数限定
权利要求的创造性审查

　　航空航天是战略性新兴产业之一，它的发展是综合国力的集中体现和重要标志。各类飞行器实现在地球大气层内外的航行活动，离不开空气动力学部件。从最初的实现飞行，到飞行速度越来越快、飞行高度越来越高、飞行航程越来越远，都离不开空气动力学部件的发展，而飞行器重大实际需求又进一步推动了空气动力学部件的创新发展。空气动力学部件的研制技术，从风洞试验到理论研究，从数字化网络化到智能制造不断发展，也源源不断地涌现出许多新的专利申请。"翼型"是飞行器领域的典型代表空气动力学部件，其常以结构参数限定权利要求。对于这类权利要求，创造性高度的把握是一大难点。

第一节　飞行器翼型的发展概况

　　航空航天技术承载了人类遨游空天的梦想，飞机是最常见和最早实现飞行的飞行器。飞机能够在空中飞行，机翼功不可没，它不仅产生升力，还起到了一定的横向稳定和操纵作用。机翼的研究促成了飞机的诞生，此后，机翼设计、试验和改进也一直是飞机研制领域的关键性课题之一。

　　机翼的设计涉及空气动力学、结构设计、材料以及加工制造等多个方面。翼型是机翼结构设计的重要部分。翼型最初是指飞机机翼的截面形状，随着空气动力学和航空航天技术的发展，翼型的概念也逐渐推广应用到了飞机尾翼、直升机旋翼、导弹翼面、螺旋桨叶片、涡轮机叶片、风力机叶片等上。现在，翼型是指平行于飞行器对称面或垂直于前缘的剖面形状，也称翼剖面或叶剖面。翼型的设计是机翼气动外形设计的基本元素，也是影响飞机气动力与综合性能的核心因素之一。

翼型影响着巡航速度、起飞着陆速度、失速速度、飞行品质和气动效率。❶ 翼型设计主要是对翼型的性能参数和几何参数的选择。翼型的性能参数主要是指空气动力特性参数，包括升力系数、阻力系数、升阻比、力矩系数、翼型表面压力分布、气动中心和压力中心等。几何参数（参见图 3 - 2 - 1）是用来表征翼型的几何形状，主要包括：

弦长：翼型前缘为翼型最前端的点，后缘为最后端的点，前、后缘的连线长度为弦长；

前缘半径：翼型的前缘处内切圆的半径；

后缘半径、后缘角：翼型的后缘处内切圆的半径；当其非圆时，翼型上、下表面在后缘的切线的夹角的一半称为后缘角，用来表示尖锐程度；

厚度：垂直于翼弦而介于翼型的上、下表面间的直线段的长度；不同翼型沿翼弦的厚度分布规律不同，因而最大厚度以及该最大厚度与前缘的距离也是该参数的重要方面；

中线（骨线）：翼型轮廓线的内切圆的圆心连线；

弯度：翼型中线到翼弦的垂直距离；通常用最大弯度来表示翼型的弯曲程度，最大弯度与前缘的距离也是重要的参数；弯度的确定通常是保证翼型在正常巡航飞行时处于升力系数状态的基础。

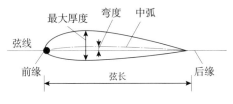

图 3 - 2 - 1　翼型几何参数❷

翼型的研究最初可以追溯到 19 世纪末。霍雷肖·弗雷德里克·菲利普斯（Horatio Frederick Phillips）通过风洞试验第一次发明了一系列翼型。❸ 莱特兄弟（Wright Orville 和 Wright Wilbur）测试多个自行设计的薄翼型，并于 1903 年首次实现了历史上的第一次动力飞行。❹ 早期的这些翼型，都是根据鸟翼截面形状设计而成，再通过测试来确定，通常是大弯度的薄翼型。

此后，尼古拉·叶戈罗维奇·茹科夫斯基（N. E. Joukowsky）提出了翼型理论并

---

❶ 刘虎. 飞机总体设计 ［M］. 北京：北京航空航天大学出版社，2019：77.
❷ 付强，魏岗，关晖，等. 高等流体力学 ［M］. 南京：东南大学出版社，2015：38 - 39.
❸ 田爱平，姜爱民，韩维，等. 理论力学 ［M］. 北京：国防工业出版社，2017：93.
❹ 李成智. 飞机机翼的发展 ［C］. 北京：中日机械技术史国际学术会议，1998.

设计出理论翼。相比早期的翼型，其前缘圆滑且具有较大的厚度。根据该翼型理论，各个航空发达国家都设计并推出了自己的翼型系列，比如英国皇家飞机制造厂（Royal Aircraft Factory）的 RAF 系列翼型（后改名为 RAE 翼型），美国航空航天咨询委员会的 USA 系列翼型、Clark Y 翼型和 NACA 翼型，德国的哥廷根系列翼型。1924 年，马克斯·芒克（Max M. Munk）提出了薄翼理论，并以该理论为基础设计出了 Munk 系列翼型。

计算机技术、计算流体力学、数值模拟等的发展改变了翼型结构设计的方法，而新的性能需求和翼型理论的提出，则进一步引发了翼型研究的热潮。翼型从早期翼型、层流翼型转向新的超临界翼型、高升力翼型，层流翼型也向着更多元的自然层流翼型方向发展。

20 世纪 60 年代，先是英国的 H. H. 皮尔赛（H. H. Pearcey）提出了尖峰翼型，该翼型上表面平坦，后缘处有反凹，上表面压力在前缘处有一尖峰分布；不久后，美国的 R. T. 惠特科姆（R. T. Whitcomb）提出了超临界翼型，该翼型前缘半径较大，上表面平坦，下表面在后缘处有反凹，且后缘较薄并向下弯曲。该翼型最早由美国国家航空航天局在 1971 年向美国专利商标局提出专利申请（US3952971A，参见图 3 – 2 – 2），此后陆续在美国、德国、法国、英国、日本、澳大利亚等国家获得授权。此后，美国国家航空航天局研发出了 NASA SC（1）～（3）系列超临界翼型，由于超临界翼型比尖峰翼型有更大的超声速区，能够获得更大的升阻比，因此更加广泛地应用于跨音速飞行的民航机，如波音、空客系列现代客机。中国大型客机作为中国第一架完全自主知识产权的民用飞机，它的翼型也采用了优化的超临界翼型。❶

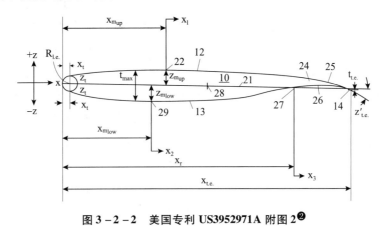

图 3 – 2 – 2　美国专利 US3952971A 附图 2❷

---

❶　陈迎春，张美红，张淼，等. 大型客机气动设计综述［J］. 航空学报，2019，40（1）：35 – 51.

❷　NASA. Airfoil shape for flight at subsonic speeds：US3952971A［P］. 1976 – 04 – 27.

提高升力、提升升阻比一直是翼型性能的重要追求之一。美国于 1972 年启动了"先进技术轻型双发"飞机研制计划（ATLIT），其中关键技术之一就是研究厚度较大的先进高升力翼型。GAW – 1、GAW – 2、GA 系列翼型陆续推出，它们具有较大的前缘半径，上表面比较平坦，下表面后缘有较大的弯度，并具有上、下表面斜率近似相等的钝后缘（参见图 3 – 2 – 3）。❶ 因为拥有良好的升力特性和失速特性，高升力翼型被广泛应用于通用航空飞机。

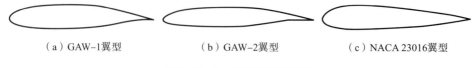

（a）GAW–1翼型　　　　　（b）GAW–2翼型　　　　　（c）NACA 23016翼型

图 3 – 2 – 3　高升力翼型示例

层流翼型进入了新的发展阶段。理查德·埃普勒（Richard Eppler）研究出的翼型设计和分析程序及复合材料技术的进步，推动了自然层流翼型的新发展。美国国家航空航天局先后设计了针对轻型通用飞机的低速系列翼型、针对高马赫数的问题的高速层流翼型、针对高空长航时无人机的低雷诺数自然层流翼型等。

进入 21 世纪之后，翼型研究更是呈现出多头并进的发展态势，直升机旋翼翼型、螺旋桨翼型、战斗机薄翼型、飞翼布局飞机翼型、高空长航时无人机翼型、跨声速与超声速运输机层流翼型、高超声速飞行器宽速域翼型、风力机翼型等专用翼型在各国蓬勃发展，翼型性能要求也更追求综合性能。近年来，先进的翼型数据被视作飞机设计的重要技术机密和商业竞争的重要手段，很少再被公开。

我国自 20 世纪 80 年代开始翼型的研究。西北工业大学的乔志德教授带领团队先后研发设计出了一系列性能优异的层流翼型、超临界翼型、高升力翼型等，并成功应用于运输机、无人机、直升机和螺旋桨设计。随着我国航空事业的发展，各大科研院校和航空单位也投入到翼型的研究中，并逐步完善了我国的翼型谱系。为实现"碳达峰"和"碳中和"，自 2007 年以来，我国许多科研单位和高校也投入到了风力机翼型的研发中，重庆大学、中国科学院工程热物理研究所、西北工业大学、南京航空航天大学、华北电力大学等先后研究并发展出新的风力机翼型系列。

翼型的理论、结构、设计方法等在近百余年中取得了长足的发展，翼型与飞行器的发展相辅相成，互相促进。翼型的关键技术在于形状的设计，而由于发明专利权的保护范围以权利要求的内容为准，因此这类专利申请的权利要求

---

❶　刘虎. 飞机总体设计 ［M］. 北京：北京航空航天大学出版社，2019：80.

通常采用关键结构参数、轮廓外形结构参数等进行限定。客观、准确地评判这类申请的创造性高度，是更好地保护这些技术创新的重要手段，对以翼型为代表的、涉及空气动力外形的诸多关键技术的保护具有普遍的意义。本章将结合具体案例，对结构参数限定的权利要求在创造性评述中存在的主要争议展开分析与探讨。

第二节 结构参数限定的权利要求创造性评述的难点

《专利审查指南 2010》中对参数的相关规定主要体现在新颖性的相关章节中，如第二部分第三章第 3.2.5 节中规定：对于包含性能、参数特征的产品权利要求，应当考虑权利要求中的性能、参数特征是否隐含了要求保护的产品具有某种特定结构和／或组成。如果该性能、参数隐含了要求保护的产品具有区别于对比文件产品的结构和／或组成，则该权利要求具备新颖性；相反，如果所属技术领域的技术人员根据该性能、参数无法将要求保护的产品与对比文件产品区分开，则可推定要求保护的产品与对比文件产品相同，因此申请的权利要求不具备新颖性，除非申请人能够根据申请文件或现有技术证明权利要求中包含性能、参数特征的产品与对比文件产品在结构和／或组成上不同。再如第二部分第十章第 5.3 节中规定了用物理化学参数或者用制备方法表征的化学产品的新颖性的评判。

对包含参数的权利要求的创造性如何审查，《专利审查指南 2010》第二部分第四章第 4.3 节中规定：如果发明是在可能的、有限的范围内选择具体的尺寸、温度范围或者其他参数，而这些选择可以由本领域的技术人员通过常规手段得到并且没有产生预料不到的技术效果，则该发明不具备创造性。

从上述规定可以发现，在《专利审查指南 2010》中，关于参数限定的权利要求的创造性审查的细化规定较少。

翼型发明的关键技术手段通常在形状方面，除了定性的形状描述和功能效果的描述外，越来越多的权利要求采用结构参数进行限定。对于该类型的权利要求，特别是包含多个结构参数的权利要求的创造性审查，目前存在一些困惑和争议：结构参数是否被公开，是否能够解决相同的技术问题并达到相同的技术效果，是否给出技术启示，结构参数的改进是否属于本领域的公知常识，以及预料不到的技术效果怎么考量等。

第三节　专利审查案例分析

一、翼型领域结构参数表征权利要求的典型形式

（一）数值范围形式的结构参数

【案例 3 - 2 - 1】一种垂直轴风力发电机组升力型叶片翼型

涉案申请权利要求 1 如下：

1. 一种垂直轴风力发电机组升力型叶片翼型，该叶片由翼型的上表面和翼型下表面构成，其特征在于：

（1）该叶片翼型的最大弯度 19.8% 在 30.4% 翼弦处；

（2）该叶片翼型的最大曲面 0.59% 在 22.3% 翼弦处；

（3）该叶片翼型前缘半径 1.8523%；

（4）该叶片翼型后缘厚度 0.15%。

（二）坐标式结构参数表征

【案例 3 - 2 - 2】临近空间低动态飞行器翼型

涉案申请权利要求 1 如下：

1. 临近空间低动态飞行器翼型，其特征在于：前缘点和相邻特征点之间、后缘点和相邻特征点均平滑过渡，翼型轮廓形状坐标为：

上特征点			下特征点		
	X	Y		X	Y
0	0	0	0	0	0
S1	0.000367	0.004097	P1	0.000157	-0.003952
S2	0.001112	0.00846	P2	0.001351	-0.007794
S3	0.003906	0.01801	P3	0.003781	-0.011252

	上特征点			下特征点	
	X	Y		X	Y
S4	0.006096	0.023216	P4	0.007201	-0.014179
S5	0.008919	0.028725	P5	0.011401	-0.016652
S6	0.012477	0.034545	P6	0.016336	-0.018726
S7	0.016898	0.040679	P7	0.022021	-0.020575
S8	0.022336	0.047123	P8	0.028554	-0.022288
S9	0.028965	0.053871	P9	0.036152	-0.023838
S10	0.036994	0.060895	P10	0.045117	-0.025251
S11	0.046673	0.068147	P11	0.055871	-0.026522
S12	0.058272	0.075572	P12	0.069055	-0.027631
S13	0.07206	0.083101	P13	0.085532	-0.028595
S14	0.088261	0.090628	P14	0.106236	-0.029419
S15	0.106988	0.097999	P15	0.131709	-0.030078
S16	0.128207	0.10502	P16	0.16136	-0.030547
S17	0.151707	0.1115	P17	0.193483	-0.030729
S18	0.177175	0.117268	P18	0.226539	-0.030473
S19	0.204244	0.122218	P19	0.259785	-0.029668
S20	0.232576	0.12628	P20	0.293025	-0.028246
S21	0.261887	0.129426	P21	0.326328	-0.026187
S22	0.291966	0.131662	P22	0.359804	-0.023497
S23	0.322662	0.133001	P23	0.393596	-0.020191
S24	0.353844	0.133473	P24	0.427892	-0.016325
S25	0.385447	0.133101	P25	0.462828	-0.011972
S26	0.417422	0.131918	P26	0.498424	-0.007274
S27	0.449749	0.129971	P27	0.534454	-0.0024
S28	0.48232	0.127319	P28	0.570387	0.002431
S29	0.514983	0.123997	P29	0.605733	0.007022
S30	0.547605	0.120024	P30	0.640298	0.011211
S31	0.580079	0.115402	P31	0.674077	0.014844
S32	0.61235	0.11012	P32	0.707164	0.017825

上特征点			下特征点		
	X	Y		X	Y
S33	0.6444	0.104161	P33	0.739575	0.020101
S34	0.676251	0.097505	P34	0.771221	0.021589
S35	0.707961	0.090128	P35	0.801973	0.022218
S36	0.73962	0.082011	P36	0.83167	0.021943
S37	0.771384	0.073124	P37	0.860016	0.020607
S38	0.803458	0.063457	P38	0.887449	0.01801
S39	0.836052	0.053051	P39	0.914217	0.01424
S40	0.869181	0.04207	P40	0.940048	0.009453
S41	0.902311	0.03092	P41	0.964353	0.003902
S42	0.962883	0.010824	P42	0.986352	0.002016
A	0	1	A	0	1

【案例 3 – 2 – 3】 一种高升力自然层流翼型

涉案申请权利要求 1 如下:

1. 一种高升力自然层流翼型,其特征在于,翼型呈前缘钝头、后缘弱反弯的流线形结构,翼型表面曲线几何单凸,不存在明显的曲率拐折,其 43 个特征点的几何坐标:

上表面		下表面	
X	Y	X	Y
0	0	0	0
0.0001	0.0023	0.00086	− 0.00552
0.00073	0.00638	0.0031	− 0.00899
0.00365	0.01491	0.00629	− 0.01198
0.00887	0.02387	0.01014	− 0.01462
0.01672	0.0333	0.01461	− 0.01701
0.02178	0.03825	0.01972	− 0.01917
0.02778	0.04337	0.02554	− 0.02114

续表

上表面		下表面	
X	Y	X	Y
0.03486	0.0487	0.03219	− 0.02297
0.04325	0.05428	0.03985	− 0.0247
0.0532	0.06017	0.04878	− 0.02635
0.065	0.0664	0.05934	− 0.02795
0.07896	0.07297	0.07203	− 0.02952
0.09534	0.07982	0.0875	− 0.03105
0.11425	0.08678	0.10646	− 0.03255
0.1356	0.09366	0.12946	− 0.03397
0.15908	0.1002	0.15646	− 0.03524
0.18426	0.10618	0.18664	− 0.03626
0.21066	0.11145	0.21891	− 0.03693
0.23789	0.11588	0.25241	− 0.03722
0.26564	0.11938	0.28672	− 0.03713
0.29373	0.12191	0.32161	− 0.03672
0.32206	0.12545	0.35693	− 0.03602
0.35062	0.12398	0.39253	− 0.0351
0.37946	0.1235	0.42827	− 0.03397
0.40864	0.12203	0.4641	− 0.03265
0.43825	0.11959	0.49993	− 0.03114
0.46839	0.11619	0.53572	− 0.02945
0.49917	0.11189	0.57138	− 0.02756
0.5307	0.10672	0.60688	− 0.02546
0.56314	0.10075	0.64224	− 0.02311
0.59668	0.09408	0.67756	− 0.02049
0.66631	0.07951	0.71289	− 0.0176
0.70173	0.07189	0.74831	− 0.01445
0.7372	0.06417	0.78379	− 0.01108
0.77252	0.05635	0.81898	− 0.0077
0.8076	0.04843	0.8531	− 0.00459

续表

上表面		下表面	
X	Y	X	Y
0.84234	0.04042	0.88538	-0.00193
0.87641	0.03239	0.91511	0.00008
0.90911	0.02454	0.94184	0.00121
0.96524	0.01037	0.96564	0.00131
0.98741	0.00419	0.98686	0.00031
1	0.00098	1	-0.00097

此外，翼型发明专利申请的权利要求还可以通过公式来表示和限定，如：

$$\frac{y_{up}}{C} = 0.0025\left(\frac{x}{C}\right) + \left(\frac{x}{C}\right)^{0.5}\left(1 - \frac{x}{C}\right) \cdot \sum_{j=0}^{4}\left(A_{up} \cdot \frac{4!}{i!(4-i)!}\left(\frac{x}{C}\right)^{i}\left(1 - \frac{x}{C}\right)^{4-i}\right)$$

$$\frac{y_{low}}{C} = -0.0025\left(\frac{x}{C}\right) + \left(\frac{x}{C}\right)^{0.5}\left(1 - \frac{x}{C}\right) \cdot \sum_{i=0}^{4}\left(A_{low} \cdot \frac{4!}{i!(4-i)!}\left(\frac{x}{C}\right)^{i}\left(1 - \frac{x}{C}\right)^{4-i}\right)$$

可见，翼型发明专利申请的权利要求通常通过结构参数对翼型的轮廓形状进行限定。这些结构参数，可以以数值、数值范围、公式和/或坐标表的形式来呈现，并且常会体现出两个或更多变量之间或简单或复杂的数学关系。

二、创造性评述的典型案例

下文仍以前述 3 个案例为例评述翼型发明专利申请的创造性。

【案例 3 - 2 - 1】 一种风力发电机组升力型叶片翼型

涉案申请要解决的技术问题：航空翼型不能满足风力机叶片工况；采用的关键技术手段：翼型轮廓设计；达到的技术效果：满足在雷诺数 150000 ~ 700000 之间更宽的攻角范围，在尾缘没有层流分离，降低噪声，且失速后升力系数降低有限，能够提高风能利用系数的技术效果。

涉案权利要求如前文所示。

观点一：翼型的最大弯度位置、最大曲面位置、前缘半径和后缘厚度均为本领域的常规参数，且各参数特征的作用均为本领域的技术人员的普通技术知识，从现有技术中选择具有这些参数的技术方案，并对其参数进行组合与进一步选择是本领域的常用技术手段，且没有带来预料不到的技术效果，因此权利要求不具备创造性。

观点二：各个参数和翼型坐标之间均相互关联、相互影响，任何一个参数的变化都会引起翼型整体气动性能的改变，包含4个参数的技术方案并不能从多个技术方案中单独选择并组合而成。

【案例3-2-2】临近空间低动态飞行器翼型

涉案申请要解决的技术问题：常规翼型在雷诺数15万~30万的可用升力系数低于1.0，不能满足临近空间低动态飞行器的气动力需求；采用的技术手段和达到的技术效果：采用特定的翼型轮廓形状，使得翼型满足临近空间低动态飞行器的气动力需求。

权利要求书如前文所示，主要限定了42个特征点的$X-Y$坐标。

该申请最接近的现有技术为文献A。该文献公开了一种高升力、高升阻比的翼型，主要设计出低速低雷诺数、高升力、高升阻比的翼型，从而实现在飞行马赫数小于0.3、雷诺数低于2.0×10^6的飞行环境中高升力、高升阻比的需求。其中，翼型形状采用了上、下翼面73个特征点的$X-Y$坐标进行描述。

观点一：权利要求中42个特征点坐标构成区别技术特征，本领域的技术人员在没有现有技术指引的情况下，没有动机对各个特征点的坐标进行调整，当前也没有证据表明其为本领域公知常识，且该翼型满足了临近空间低动态飞行器的气动力需求，因此权利要求具备创造性。

观点二：权利要求中42个特征点坐标构成区别技术特征，但是由于文献A翼剖面与涉案申请的机翼形状整体趋势相同，坐标存在的差距细微，本领域的技术人员在对比文件的技术启示下，通过有限次的空气动力学仿真和实验，容易得到涉案申请的翼型结构参数，且具体坐标值并没有为涉案申请带来预料不到的技术效果，因此权利要求不具备创造性。

【案例3-2-3】高升力自然层流翼型

涉案申请要解决的技术问题：常规自然层流翼型，在高升力状态，易引起层流转捩和流动分离，而常规的高升力翼型巡航效率有限；采用的技术手段：采用特定的翼型轮廓形状；达到的技术效果：便于加工制造，工作设计升力系数为1.1，俯仰力矩系数约为-0.1，层流流动稳定，失速后流动分离发展缓慢，全湍流工况相对于自由转捩升力系数下降在10%以内。

权利要求书如前文所示，主要限定了43个特征点的$X-Y$坐标。

该申请最接近的现有技术为文献 B。该文献公开了一种无襟翼滑翔机翼型。其要解决如何降低阻力、如何便于制造的技术问题，采用特定的翼型轮廓形状，达到降低阻力、质量小、刚度高、便于制造的技术效果。

观点一：权利要求中，钝头、弱反弯、不存在明显的曲率拐折与 43 个特征点坐标均构成区别技术特征，涉案申请的翼型与文献 B 的翼型在图形上存在明显区别，本领域的技术人员在没有其他现有技术指引的情况下，没有动机对各个特征点的坐标进行调整，也没有证据表明其为本领域公知常识；且该翼型达到了在自由转捩条件下，在设计升力系数对应的升阻比高、层流区长且层流稳定，满足安全性设计要求且便于加工制造的技术效果。因此，权利要求具备创造性。

观点二：权利要求中 43 个特征点坐标构成区别技术特征，但有限元分析或流体实验等作为翼型设计的常规实验手段已为本领域所公知，本领域的技术人员根据性能需求，通过常规实验手段，对特征点坐标进行最优化调整，是常用的技术手段，且没有产生预料不到的技术效果。因此，权利要求不具备创造性。

三、小　结

从上述案件的审查中可以发现，对于结构参数作为关键技术手段的发明专利申请的创造性审查中，技术特征是否公开，对比文件是否具有结合启示，结构参数数是否是有限的试验可以获得，是双方的主要争议焦点。

第四节　专利审查规则辨析

一、参数的含义和分类

《专利审查指南 2010》中并未明确参数的含义和分类。在《现代汉语词典》第 7 版中，参数的含义是：表明任何现象、机构、装置的某一种性质的量，如电导率、热导率、膨胀率等。从这个含义可以看出，其是一种量，该量能表明性质，具有复杂性。根据量的形式，可分为数值、数值范围，也可以是以公式形式表达的数个量的复杂或数学组合；根据其表明的性质，参数可分为表征产品结构、形状的结构参数，表征产品功能和/或效果的物化参数，表征工艺方法的工艺参数等。

二、各主要国家或地区专利法中对参数限定的权利要求的创造性审查比较

对于参数特征表征产品权利要求的创造性问题，各主要国家和专利组织的相关规定比较少，欧洲专利局、美国、我国的法律、法规、审查指南以及《专利合作条约》均没有相关规定。《日本发明和实用新型审查基准》中对该问题进行了规定❶，具体如下。

（1）当权利要求包含用"功能或特性等"定义产品的表述并且该功能或特性等属于特殊参数时，有时候很难将本发明与对比文件进行对比。在该情况下，如果审查员无须将要求保护的产品与对比文件的产品进行严格对比，就有理由根据初步印象怀疑要求保护的产品与对比文件中的产品相似、要求保护发明的产品没有创造性，审查员可以以不符合《日本专利法》第 29 条第 2 款为理由发出通知书。申请人可以针对上述通知书，提交书面意见或实验结果证据等进行争辩或澄清。申请人的反对理由起码要能改变审查员的判断至以下程度，即无法根据初步印象断定要求保护的产品与对比文件的产品相似，也无法根据初步印象断定要求保护的产品不具有创造性，才算是解决了以上通知书中不符合《日本专利法》第 29 条第 2 款的审查意见。

当申请人的意见陈述比较抽象或比较泛泛，无法改变审查员的判断至上述程度时，审查员可以以不符合《日本专利法》第 29 条第 2 款为理由发出驳回决定。

但是，如果定义对比文件的要素属于特殊参数时，不能应用以上的处理方法。

（2）有理由根据初步印象对创造性产生质疑的示例如下：①通过将"功能或特性等"转换成具有相同含义的不同定义或者测试、测量相同"功能或特性等"的不同方法，审查员确信可以以现有技术的产品为依据否定要求保护发明的创造性；②本发明和对比文件是由在不同测试条件或不同评估方法测试或评估、存在一定关系的相同或相似的"功能或特性等"定义的，并且如果定义对比文件的"功能或特性等"在以与要求保护发明相同的测试条件或相同的评估方法测试或评估时，很有可能与定义要求保护发明的"功能或特性等"相似，由此可以以之作为依据否定要求保护发明的创造性；③要求保护发明的产品与申请日之后的一种特定产品结构相同，并且审查员发现该特定产品可以根据申请日以前公知的发明来进行制备；④审查员发现了一篇对比文件，该对比文件公开的产品的制备方法

---

❶ 《日本发明和实用新型审查基准》第 Ⅱ 部分第 2 章第 2.6 节规定。

与要求保护发明的制备方法相同或相似，并且可以以之为依据否定要求保护发明的创造性（例如审查员发现了一篇对比文件，其起始原料与要求保护发明的其中一种制备方式的原料相似并且其制备过程与要求保护发明的其中一种制备方式相同；或者审查员发现了一篇对比文件，其起始原料与要求保护发明的其中一种制备方式的原料相同并且其制备过程与要求保护发明的其中一种制备方式相似；等等）；⑤除了定义产品的"功能或特性等"这个要素以外，本发明与对比文件的其他要素相同或者已经不具有创造性，并且对比文件具有与本发明用"功能或特性等"定义产品的表述相同或相似的目的或效果，对比文件可以作为依据否定要求保护发明的创造性。

三、审查实践中对结构参数限定的权利要求的创造性考量

由于《专利审查指南 2010》中没有进一步作出该类型权利要求创造性审查的细化规定，因此，对于该类产品的创造性评判，应当按照《专利审查指南 2010》中判断创造性的一般原则来进行，即判断要求保护的产品相对于最接近的现有技术是否具有突出的实质性特点和显著的进步，其中突出的实质性特点（即相对于现有技术是否显而易见）通常可以按照《专利审查指南 2010》中记载的"三步法"来进行。

（一）确定最接近的现有技术

"确定最接近的现有技术"是创造性判断的第一步，对创造性评述具有重要意义。最接近的现有技术是现有技术的代表，是本发明创新部分对比的基础，也是现有技术改进的基础。

《专利审查指南 2010》中指出：最接近的现有技术，是指现有技术中与要求保护的发明最密切相关的一个技术方案，它是判断发明是否具有突出的实质性特点的基础。最接近的现有技术，例如可以是：与要求保护的发明技术领域相同，所要解决的技术问题、技术效果或者用途最接近和/或公开了发明的技术特征最多的现有技术；或者虽然与要求保护的发明技术领域不同，但能够实现发明的功能，并且公开发明的技术特征最多的现有技术。应当注意的是，在确定最接近的现有技术时，应首先考虑技术领域相同或相近的现有技术。

在翼型专利申请的审查实践中，在最接近的现有技术选取的过程中，同样需要考虑技术领域、技术问题和技术效果。对于技术领域，往往优先考虑相同应用领域的，比如机翼－机翼、旋翼－旋翼；但是结合翼型发展历程，我们可以发现

机翼、尾翼、直旋翼、导弹翼面、螺旋桨叶片、涡轮机叶片、风力机叶片，甚至其他旋转机械的叶片都是一脉相承发展而来的，因此彼此之间也属于在技术上相互关联的相近的技术领域。对于技术问题和技术效果，通常优先考虑相同或相似的飞行条件，以及相同或相似的翼型性能。这是因为在不同的飞行条件下，对翼型性能有不同的追求，从而使得翼型结构设计向着不同的方向研发。例如，不同速域的翼型之间较难获得改进的路径。因此，在选取最接近的现有技术时，着重考虑现有技术与要求保护的翼型在应用领域、飞行条件、性能要求方面的相近程度，并结合结构组成、参数本身的相近程度。

（二）认定区别技术特征

对于参数表征的产品权利要求，如果对比文件中也公开了申请要求保护产品的相应参数，可以很方便地将二者进行比较以确定是否存在区别。但审查实践中常见的情况是：虽然对比文件实际公开了与申请要求保护的产品相同或相似的产品，但没有公开该用于表征产品的相应参数。因此，并不能直接认定二者为相同产品。这对于审查中比较申请要求保护的产品与对比文件产品二者的异同造成了一定困难。

《专利审查指南2010》中指出，对于性能、参数特征的产品权利要求，应当考虑权利要求中的性能、参数特征是否隐含了要求保护的产品具有某种特定结构和/或组成。如果该性能、参数隐含了要求保护的产品具有区别于对比文件产品的结构和/或组成，则该权利要求具备新颖性；相反，如果无法将要求保护的产品与对比文件产品区分开，则可推定要求保护的产品与对比文件产品相同，因此申请的权利要求不具备新颖性。也就是说，核心判断标准是，能否依据所记载的参数使得产品区别于对比文件公开的产品。

具体到翼型的专利申请中，最常见的表征参数是结构参数，该类型的参数必然是明确限定了产品具有某种特定结构，无论该参数是用数值、数值范围、公式还是坐标表等形式来表达。

当对比文件与本申请在结构表达上采用相同的形式来表达时（比如二者均采用相同参数的数值、公式或离散坐标值等），是容易进行比较的。但值得注意的是，即便采用相同的形式，如均采用离散坐标值来进行表达，由于其特征点选取不同，也会面临难以直接判断翼型结构是否相同的情况。此时，可以通过曲线描绘、图形验证的方式来帮助进行判断。曲线描绘可以将对比文件的翼型轮廓与本申请的翼型轮廓进行直观比较：当二者轮廓相同或高度吻合时，可以推定该要求保护的产品与对比文件产品相同；当二者轮廓吻合度不高时，应当将其列为区别特征；当难以判断其吻合程度时，也可以将其列为区别特征，然后进一步判断创造性。

当本申请和对比文件均采用不同的参数形式表达时，可以通过不同表达形式之间的换算来判断，或者通过曲线描绘的方式来帮助进行判断。

此外，值得注意的是，在翼型专利申请的案件中，结构参数无论是以公式的形式，还是以离散坐标的方式限定，当其共同描述翼型的轮廓时，如果各个结构参数之间是紧密联系、相互依存的，所有的结构参数共同描绘的轮廓形貌用来一同解决同一技术问题、产生技术效果，则应当将所有结构参数作为一个整体来考虑。

举个简单的例子，如果本申请采用公式形式描述翼型上表面轮廓线，当现有技术采用离散坐标对翼型上、下表面轮廓线进行描述时，某个或某几个离散坐标符合本申请公式的表达，并不能认定本申请的公式已经被公开，而应该将该表达轮廓线的公式整体作为区别技术特征。

（三）确定发明实际解决的技术问题

在确定了发明与最接近的现有技术之间的区别特征后，需要基于该区别特征确定发明实际解决的技术问题。在翼型专利申请的案件中，当区别技术特征仅在于结构参数时，通常其实际要解决的技术问题与说明书中声称的要解决的技术问题是一致的。有一个特殊情形，如本申请与最接近的现有技术相比，区别在于翼型轮廓的各个坐标值，但本申请与最接近的现有技术的轮廓线非常相似且整体趋势相同，并且本申请和最接近的现有技术中的翼型要解决的技术问题相同，且这些结构参数的区别并未给本申请带来相对于最接近的现有技术而言不同的技术效果，则发明实际解决的技术问题应当是提供一种解决该技术问题的替代方案。

（四）判断要求保护的发明对本领域的技术人员来说是否显而易见

应从最接近的现有技术和发明实际解决的技术问题出发，判断要求保护的发明对本领域的技术人员来说是否显而易见。判断过程中，要确定的是现有技术整体上是否存在某种技术启示，即现有技术中是否给出将上述区别特征应用到该最接近的现有技术以解决其存在的技术问题的启示。

判断现有技术中是否存在解决技术问题的技术启示，需要围绕发明实际解决的技术问题在现有技术中去寻找相关的技术手段。在判断现有技术公开的技术手段能否带来解决最接近的现有技术存在的技术问题的技术启示时，不仅需要关注技术手段本身及其在现有技术中所起的作用，还需要关注其与现有技术的技术方案中其他特征之间的关系。

在翼型专利申请的审查实践中，特别是采用关键几何参数来限定翼型结构的权利要求时，需要将这些几何参数整体关联考虑。如案例 3 - 2 - 1 中采用最大弯度位置、最大曲面位置、前缘半径和后缘厚度来共同限定翼型结构，并达到特定的技术效果。这些技术效果的达成，并不是依靠单独的某个结构参数，而是这 4 个结构参数共同限定的翼型轮廓来实现的。此时，即便有 4 篇现有技术，在 4 种翼型中分别公开了 4 个结构参数，但如果现有技术中没有给出将这些参数相互结合以解决涉案发明实际要解决的技术问题的启示，则不足以否定涉案发明的创造性。

在翼型专利申请的审查实践中，特别是在多个结构参数共同描绘整条轮廓时，很少能够找到与之完全相同的技术手段。因此，在审查实践中，在判断是否显而易见时，通常需要判断该区别技术特征是否为公知常识，例如，本领域中解决该重新确定的技术问题的惯用手段，或教科书或者工具书等中披露的解决该重新确定的技术问题的技术手段。

对该区别技术特征是否为公知常识的判断，同样取决于所属领域技术人员所具备的水平和能力。对于结构参数而言，特别是区别技术特征包含多个结构参数，如果现有技术中没有给出哪个或哪些是产生某技术效果的关键参数，也没有给出诸多参数的选择方向中哪一个可以成功的启示，调整参数时需要调整所有参数或尝试调整每一个参数，则这种试验的难度和强度在所属领域中是否属于常规需要更加慎重地考量。另外，对现有技术的发展状况、发展路线和趋势的充分了解，也有助于所属领域的技术人员进行更加客观的判断。

在案例 3 - 2 - 2 中，最接近的现有技术公开的翼型形状尺寸与涉案申请非常相似，二者整体轮廓相同，区别细微。且该最接近的现有技术已经明确给出了具体的翼型结构能够满足该特定的飞行条件，并达到预期的性能，也就是说现有技术已经给出了足够明确的指引。在这样的指引下，本领域的技术人员根据具体性能的需求，显然可以尝试在一定范围内调整翼型的结构参数，并且通过有限的试验得到涉案发明，得到的调整后的翼型结构并未使得翼型的性能技术效果超出所属领域的技术人员能够预料的范围，因此，该发明的技术方案是显而易见的。如果申请人强调具有预料不到的技术效果，则需要研究专利申请中记载的事实，包括但不限于记载在原始申请文件中的实验数据等，并判断技术效果是否属于所属领域的技术人员能够从原始申请文件公开的内容中得到的技术效果。

在案例 3 - 2 - 3 中，最接近的现有技术公开的翼型形状与涉案申请的翼型轮廓存在较为明显的区别。对所属领域的技术人员来说，在该证据公开的技术方案的基础上结合其掌握的知识和能力，并不会得到启示如何改进该翼型轮廓能够在高升力性能的同时，获得失速特性好、低头力矩小的技术效果。并且，涉案申请的飞行器的研发尚处于早期发展阶段，要设计出具有良好性能的翼型结构往往缺乏可供借鉴的现有技术，缺乏对技术效果和手段的成熟认识，参数的调整方向不明确。因此，在该最接近的现有技术的基础上，本领域的技术人员难以通过合乎逻辑的分析、推理或有限的试验得到涉案发明。因此，该发明的技术方案是非显而易见的。

综上可知，在审查实践中，结构参数限定的权利要求的创造性审查可以遵循《专利审查指南2010》中判断创造性的一般原则来进行。在事实认定中，通常认为结构参数本身就是对结构有限定作用的。在最接近的现有技术的确定中，着重考虑翼型在应用领域、飞行条件、性能要求方面的相近程度，并结合结构组成、参数本身的相近程度。在区别技术特征的认定中，应当关注各结构参数之间的协同作用；当其存在协同作用时，应当将其作为整体考量。在显而易见性的判断中，不仅需要关注技术手段本身及其在现有技术中所起的作用，还需要关注其与现有技术的技术方案中其他结构参数特征之间的关系。在有限的试验的能力上，应当关注现有技术是否给出参数调整的方向以及试验的难度和强度。另外，对现有技术的发展状况、发展路线和趋势的充分了解，也有助于所属领域的技术人员更加客观地判断创造性高度。

第三章 手术机器人领域外科手术方法的审查

近年来，人工智能、大数据等技术蓬勃发展，不断赋能医疗健康领域，使得智慧医疗进入加速发展阶段。手术机器人作为智慧医疗的重要发展方向之一，其专利申请也日趋活跃。由于手术机器人直接应用于手术，对涉及手术机器人控制或操作的方法类权利要求而言，判断其是否属于外科手术方法以及如何适用相关的不同法律条款是核心问题，也是审查难点，值得深入探究。

第一节 手术机器人领域的发展概况

手术机器人是集临床医学、生物力学、机械学、材料学、计算机科学、微电子学、机电一体化等诸多学科于一体的高端医用机器人。❶ 按照临床应用场景，可以将其分为腔镜手术机器人、骨科手术机器人、神经外科手术机器人、经自然腔道手术机器人、经皮穿刺手术机器人、血管介入手术机器人等。❷ 按照控制方式，可以将其分为被动支撑手术机器人、协同操作手术机器人、主动驱动手术机器人以及主从遥控操作手术机器人。❸

手术机器人的技术发展历经了1985—1993年的萌芽期、1994—2004年的成长期以及2005年至今的高速发展期。其中，1985年在美国诞生的手术机器人PUMA560是机器人技术在医疗领域的首次尝试，其可以在脑组织活检中对探针进行辅助导向定位。❹ 1994年，美国Computer Motion公司的AESOP手术机器人成为第一个获得美国食品药品监督管理局认证并被应用于腔镜手术的手术辅助器械，AESOP手术机器人实际上只有一个机械臂，用于辅助医生定位内窥镜设备，它代

---

❶ 龚朱，杨爱华，赵惠康. 外科手术机器人发展及其应用 [J]. 中国医学教育技术，2014，28 (3)：273.

❷ 倪自强，王田苗，刘达. 医疗机器人技术发展综述 [J]. 机械工程学报，2015，51 (13)：45 - 47.

❸ 思宇医械观察. 五类手术机器人的技术要点与应用：下 [N]. 中国医药报，2021 - 12 - 02 (004)；李治非，杨阳，苏月，等. 我国外科手术机器人研究应用现状与思考 [J]. 中国医学装备，2019，16 (11)：178.

❹ 徐红丽. 机器人技术的应用与研究 [M]. 镇江：江苏大学出版社，2019：17 - 21.

表着手术机器人技术的逐渐成长及临床应用；此后，Zeus、达芬奇等机器人系统相继被开发并获得应用。2006 年和 2014 年，美国 Intuitive Surgical 公司分别推出了达芬奇系列的 S、Xi 综合腔镜手术机器人，其在灵活度、精准度、成像清晰度等方面相继有了质的提升，是手术机器人技术的高速发展和日趋完善的突出代表。我国的手术机器人技术起步较晚。最早的手术机器人是 2001 年原解放军海军总医院与北京航空航天大学合作研发的黎元 BH－600 声控机器人，其可以用于进行脑外科立体定向远程遥控手术。此后，越来越多的国内研究主体参与到手术机器人技术的研发中，并且研发方向趋于多元化：2010 年，北京天智航医疗科技股份有限公司研发制造的骨科手术机器人面世，之后还相继推出了第二代和第三代天玑骨科手术机器人，它是国内首个获得原国家食品药品监督管理局认证的手术机器人；2015 年，医达健康医疗科技控股有限公司的 IQQA 经皮穿刺手术机器人获得了美国食品药品监督管理局认证，这是国内首个用于成人肺及腹部软组织实体器官的穿刺手术机器人；2021 年，北京柏惠维康科技股份有限公司的瑞医博口腔手术机器人获得国家药品监督管理局认证，这是国内首款口腔领域手术机器人获批产品；2022 年，上海微创医疗机器人（集团）股份有限公司的图迈腔镜手术机器人获得国家药品监督管理局的上市批准，成为唯一一款由中国企业研发并上市的四臂腔镜手术机器人。❶ 目前，手术机器人技术仍然保持着高速的发展趋势，向着轻量化、微创化、智能远程控制化等方向迈进。

随着手术机器人技术的成熟完善和多元化发展，手术机器人产业也相应进入了蓬勃发展时期。Frost & Sullivan 的报告显示，2015—2020 年，手术机器人全球市场规模从 30 亿美元增长至 83.2 亿美元，预计后续将继续快速增长，并于 2026 年达到 335.9 亿美元。其中，我国手术机器人市场规模仅占全球市场的 5.1%。

虽然我国目前的市场规模占比还不高，但是，据安信证券研究中心分析，出于需求放量、政策利好以及国产品牌崛起等多种原因，我国市场的增长潜力巨大。首先，我国目前已经加速进入了人口老龄化社会，人口的老龄化导致患病率增加，这使得对手术的需求急剧上升，并且老年人身体虚弱，在传统手术下存在术后恢复期长、容易引起并发症等问题，而手术机器人微创、精准、能够降低老年人术后风险的特点，使得对手术机器人的需求进一步提升。其次，近年来，国家大力支持手术机器人的产业发展，利好政策频出。《高端医疗器械和药品关键技术产业化实施方案（2018—2020 年)》《"十四五"医疗装备产业发展规划》等文件陆续

---

❶ 吴志红. 首款国产四臂腔镜手术机器人"图迈机器人"获准上市［N］. 人民政协报，2022－02－11（6）.

印发，鼓励发展手术机器人等高端医疗设备；上海、北京的医保局也先后将手术机器人治疗费用纳入医保支付范畴。最后，我国国产手术机器人也在不断发展，接连获准上市。国产手术机器人在给患者提供高质量手术服务的同时，降低了机器人手术的成本，扩大了进行机器人手术的患者规模。Frost & Sullivan 的报告显示，预计到 2026 年，我国手术机器人的市场规模占比将提升到 11.4%。

第二节　手术机器人领域专利审查的难点

手术机器人领域属于医疗领域，而在医疗领域的专利审查中，权利要求是否属于外科手术方法是审查时的核心问题。世界主要专利局均制定了相关规定来指导审查实践。

一、主要国家或地区相关规定

有关外科手术方法是否属于授权客体的问题，《与贸易有关的知识产权协定》（TRIPs）第 27 条第 3 款规定，各成员可拒绝对人类或动物的诊断、治疗和外科手术方法授予专利权。由此可见，该协定并没有强制要求各成员必须对外科手术方法授予或者不授予专利权，各成员可出于社会伦理、民众健康、技术发展推进等方面的考量，分别根据自己的情况进行规定。

（一）中　国

《专利法》第 25 条第 1 款规定："对下列各项，不授予专利权：……（三）疾病的诊断和治疗方法……"

《专利法》第 22 条第 4 款规定："实用性，是指该发明或者实用新型能够制造或者使用，并且能够产生积极效果。"

《专利审查指南 2010》中对"疾病的诊断和治疗方法"进行了解释：疾病的诊断和治疗方法，是指以有生命的人体或动物体为直接实施对象，进行识别、确定或消除病因或病灶的过程；治疗方法，是指为使有生命的人体或者动物体恢复或获得健康或减少痛苦，进行阻断、缓解或者消除病因或病灶的过程。同时其还指出了"疾病的治疗方法"不能授权的原因：出于人道主义的考虑和社会伦理的原因，医生在诊断和治疗过程中应当有选择各种方法和条件的自由。

《专利审查指南 2010》还指出：外科手术方法，是指使用器械对有生命的人体或者动物体实施的剖开、切除、缝合、纹刺等创伤性或者介入性治疗或处置的方法；以治疗为目的的外科手术方法，属于治疗方法，根据《专利法》第25条第1款第（三）项的规定不授予其专利权。非治疗目的的外科手术方法，由于是以有生命的人或者动物为实施对象，无法在产业上使用，因此不具备实用性。

（二）欧 洲

《欧洲专利公约》第53条（c）项规定："对下列各项不授予欧洲专利：……（c）通过外科手术或治疗来处理人体或者动物体的方法，以及在人体或者动物体上实施的诊断方法。"

《欧洲专利局审查指南》规定：外科手术定义了处理的实质而不是目的。

（三）美 国

美国目前的相关法律法规中并不排除针对人体或者动物体的诊断、治疗和外科手术方法的授权。但是，《美国专利法》第287条（c）款赋予医学从业者在从事医疗活动时使用针对人体的外科手术方法或治疗方法的免责权。

（四）日 本

日本的专利法和实施细则中没有关于诊断、治疗和外科手术方法不能被授予专利权的明文规定。但是《日本专利法》第29条第1款规定：凡提出在工业上可利用之发明的人，除下述发明外，其发明可获得专利。而日本的审查指南对于上述"工业上可利用之发明"规定："通过外科手术或治疗处置人体的方法和在人体上实施的诊断方法"被定义为"医疗活动"，通常由医生（包括由医生指导的人）施行，认为其是无法在产业上应用的发明，不能被授予专利权。

日本审查指南中还规定，只要医疗设备的功能表现为一种方法，则控制医疗设备操作的方法被认为不属于上述"通过外科手术或治疗处置人体的方法和在人体上实施的诊断方法"。然而，如果一种方法包括的限定所要求保护的发明主题的步骤涉及医生的行为和/或涉及通过设备在人体上作用的步骤，则这种方法被认为不属于控制医疗设备操作的方法。

由以上各国或地区的相关规定可知，出于人道主义和社会伦理等方面的考虑，目前除了美国之外，我国、欧洲专利局和日本对于外科手术方法均是没有放开授权的，并且我国与欧洲专利局、日本的基本判断原则是一致的，只是在法条适用以及实施对象和目的的判断细节上还存在一定差异。其中，欧洲专利局对于实施对象为人体或动物体的外科手术方法不授予专利权，并且不区分其目的。日本认为实施对象为人体的外科手术方法不具备工业实用性，也不区分其目的。我国对于外科手术方法的审查则最为复杂，即外科手术方法的实施对象应当为人体或动物体，但是需要判断其是治疗目的还是非治疗目的：对于治疗目的，认为其属于疾病的治疗方法，属于《专利法》第 25 条第 1 款第（三）项规定的不授权客体；对于非治疗目的，则认为其不具备《专利法》第 22 条第 4 款规定的实用性。

二、外科手术方法的审查难点

手术机器人领域的专利申请中，其权利要求通常包括涉及手术机器人的控制或使用的方法权利要求。对于该类方法权利要求的审查，首要关注的就是判断其是否属于外科手术方法。然而，一方面，说明书的记载内容虽会描述在医疗场景下的具体实施例，但是其撰写的发明目的通常在于提高对手术机器人操控的精准度、增加手术机器人的使用安全性等，而不在于治疗本身；另一方面，就该类方法权利要求记载的技术方案而言，通常不会出现与人体相关的文字表述，有时也难以直接看出技术方案与手术步骤的关联性以及技术方案的目的。因此，该领域的审查难点在于：难以判断发明是否属于外科手术方法，以及在法条适用时，是应当适用《专利法》第 25 条第 1 款第（三）项规定的疾病治疗方法，还是《专利法》第 22 条第 4 款规定的实用性。

在手术机器人领域发展态势迅猛的背景下，一方面要保障创新主体获得应得的专利权以促进该领域良性发展，另一方面也应当注意避免专利权的滥发而损害公众的利益，尤其是与公众医疗健康极其相关的外科手术方法方面的专利权。因此，在目前的专利审查工作中，有必要基于领域特点，研究更为细化的审查规则。

第三节　专利审查案例分析

本节分析手术机器人领域的各种典型疑难案例，不同案例"实施对象""创伤性或者介入性处置""目的"三个要素判断的难易程度不同，通过对这些案例所体现的审查难点的辨析，提炼其中所蕴含的细化审查规则。

一、"实施对象"和"目的"判断疑难案例

【案例 3-3-1】内窥镜手术中超声探头的机器人引导

涉案申请说明书主要记载了如下内容:"对超声探头进行机器人引导的方法可以便于对动脉或者其他感兴趣区域进行超声扫描。机器人可以通过患者体表的开口进入人体内并沿着预定路径将超声探头传送至目标位置。由于采用机器人,因此探头在体内位置是精确已知的,从而可以在该精确已知的位置处收集超声图像,这可以包括沿着预定路径提供超声图像。在微创冠状动脉搭桥手术中,由于动脉被脂肪组织覆盖,在内窥镜图像中看不到,因此上述引导方法的应用场景之一可以是微创冠状动脉搭桥手术。在该类手术中,当超声探头沿着预定路径到达目标位置之后,在进行搭桥之前可以使用超声探头来检测动脉斑块的位置。"

权利要求请求保护的技术方案如下:

一种用于手术机器人引导的方法,包括:

通过开口将具有视觉引导部件的机器人引入通向目标;

为所述机器人定义通向所述目标的位置的路径;

根据所述机器人的位置和取向,沿所述路径引导超声探头,从而允许所述探头进行接合以在沿所述路径的各位置处收集超声图像。

(1)"实施对象"判断

对于权利要求请求保护的用于手术机器人引导的方法,首要难点在于正确确定该方法的实施对象。该案中,虽然涉案方法的整个技术方案中并未记载与患者相关的文字,而仅限定了"通过开口将具有视觉引导部件的机器人引入",但是,由于说明书中与"开口"相关的唯一记载是"机器人可以通过患者体表的开口进入人体体内",因此结合该记载可知,用于引入机器人的开口即为患者身体上的开口,从而该方法是操纵手术机器人在有生命的人体上实施的方法,其实施对象为有生命的人体。

(2)"创伤性或者介入性处置"判断

该方法包括将机器人通过患者身体上的开口引入的步骤,因此涉及创伤性处置。

(3)"目的"判断

该案的另一难点在于如何基于说明书的记载内容来确定该方法的目的。有观点认为,说明书记载了在微创冠状动脉搭桥手术中,"当超声探头沿着预定路径到

达目标位置之后，在进行搭桥之前可以使用超声探头来检测动脉斑块的位置"，结合该记载可知，该方法与冠状动脉搭桥手术这个治疗过程是直接相关的，因此该方法的目的为治疗目的。但是上述观点并未深入分析权利要求实际限定的技术方案。在权利要求限定的方法步骤中，并无与微创冠状动脉搭桥手术或者检测动脉斑块相关的文字内容，并且步骤中限定的是"沿所述路径的各位置处"收集超声图像而不是"在目标处"收集超声图像，该步骤与说明书记载的"当超声探头沿着预定路径到达目标位置之后，在进行搭桥之前可以使用超声探头来检测动脉斑块的位置"并不相应。与该步骤相应的说明书记载内容应当是"可以在所述精确已知的位置处收集超声图像，这可以包括沿着预定路径提供超声图像"，基于该记载内容可以确定，该方法的目的应当是便于医生观察人体腔道的内部状况，也即该方法的目的为非治疗目的。

综上，该案权利要求属于非治疗目的的外科手术方法，不具备《专利法》第22条第4款规定的实用性。

【案例3-3-2】用于通过在零垂直空间内进行咬合同时发生零空间移动而定位操纵器臂的系统和方法

涉案申请说明书主要记载了如下内容："手术机器人的操纵器臂通常包括多个接头，以实现多个自由度的移动。操纵器臂的最远端连接末端执行器，当末端执行器被移动时，有可能导致操纵器臂近端部分的不期望或者大范围的移动，使得该近侧部分与邻近的臂或者人员发生碰撞。本申请使得医生能够在外科手术期间手动地反向驱动或重新定位末端执行器，同时操纵器臂的一个或更多个其他接头的移动在零空间内被驱动，以改善操纵器臂近侧部分的移动，避免产生上述碰撞。本申请可以用于对患者执行微创外科手术治疗程序。除了手术机器人，本申请也预期应用于例如工业机器人。"

权利要求请求保护的技术方案如下：

一种机器人方法，包括：

提供包括可移动远侧末端执行器、耦接到基座的近侧部分以及在所述末端执行器和所述基座之间的多个接头的操纵器臂，其中所述多个接头具有足够的自由度以允许针对在外科手术工作空间中的给定末端执行器状态的一系列不同的接头状态；

在雅可比矩阵的零垂直空间内浮动所述多个接头中的第一组接头，所述第一组接头与所述末端执行器在所述外科手术工作空间内的方位相关联，其中所述零垂直空间是所述第一组接头的移动导致所述末端执行器的移动的接头速度空间；

感测所述末端执行器到所述外科手术工作空间内的期望方位的手动反向驱动移动；

计算所述多个接头中的第二组接头的辅助移动以实现所述操纵器臂的近侧部分的期望的移动，其中计算所述辅助移动包括计算所述第二组接头在所述雅可比矩阵的零空间内的接头速度，所述零空间正交于所述零垂直空间；以及

根据计算的辅助移动来驱动所述第二组接头，同时发生所述第一组接头的浮动。

该案审查员发出第一次审查意见通知书之后，申请人答复时将权利要求中的"外科手术工作空间"均修改为"非外科手术工作空间"。

（1）权利要求修改前"实施对象"判断

权利要求请求保护的方法限定了操纵器臂远端的末端执行器位于"外科手术工作空间"中，并且末端执行器被手动移动到"外科手术工作空间内的期望方位"，虽然该方法的整个技术方案中并未记载与患者相关的文字，但是结合说明书记载的"本申请可以用于对患者执行微创外科手术治疗程序"可知，该方法的实施对象为患者，即有生命的人体。

（2）"创伤性或者介入性处置"判断

该方法包括末端执行器被手动移动到"外科手术工作空间内的期望方位"的步骤，该移动步骤即为对患者的创伤性或者介入性处置。

（3）"目的"判断

说明书中记载了涉案申请可以用于"微创外科手术治疗程序"，因此结合说明书的该记载可知，该方法以治疗为目的。

综上，该案修改前的权利要求属于治疗目的的外科手术方法，即属于《专利法》第25条第1款第（三）项规定的疾病治疗方法。

（4）权利要求修改后"实施对象"判断

由于原说明书记载了"除了手术机器人，本申请也预期应用于例如工业机器人"，因此当申请人以此为依据将权利要求中的"外科手术工作空间"均修改为"非外科手术工作空间"时，说明书中记载的"本申请可以用于对患者执行微创外科手术治疗程序"与权利要求中限定的"非外科手术工作空间"不再相应，从而不能再采用该记载内容来确定方法的实施对象。"非外科手术"的否定式修改方式实际上排除了该方法的实施对象为有生命的人体，因此修改后的方法不属于外科手术方法，克服了其属于疾病治疗方法的缺陷。

二、"创伤性或者介入性处置"判断疑难案例

【案例3-3-3】配置成使用吻合器重新装载的机器人外科手术吻合器组件

涉案申请说明书主要记载了如下内容:"腹腔镜外科手术机器人的机械臂上的吻合器可以穿过患者的切口以执行手术操作。本申请通过外科手术组件以实现手术机器人与不同类型吻合器的适配连接,具体的机械连接关系和功能如下:外科手术组件一端的滚动输入连接至手术机器人的滚动输出,另一端的基座滚动轴连接至吻合器的装载滚动轴,滚动输入通过基座滚动轴驱动机构与基座滚动轴连接,从而旋转手术机器人的滚动输出时能够将驱动力传递至吻合器的装载滚动轴,实现吻合器围绕其中心轴线的旋转;外科手术组件一端的夹紧/发射输入连接至手术机器人的夹紧/发射输出,另一端的基座夹紧/发射轴连接至吻合器的装载夹紧/发射轴,夹紧/发射输入通过基座夹紧/发射轴驱动机构与基座夹紧/发射轴连接,从而旋转手术机器人的夹紧/发射输出能够使得基座夹紧/发射轴沿其中心轴线平移,并导致吻合器的装载夹紧/发射轴随基座夹紧/发射轴一起沿中心轴线相应平移,其中装载夹紧/发射轴与吻合器的末端执行器驱动地耦连,装载夹紧/发射轴沿中心轴线的平移将致动末端执行器夹紧并吻合患者的组织。"

权利要求请求保护的技术方案如下:

一种致动吻合器的方法,包括:

将手术机器人的滚动输出与外科手术组件的滚动输入接合;将手术机器人的夹紧/发射输出与外科手术组件的夹紧/发射输入接合;

将外科手术组件的基座滚动轴与吻合器的装载滚动轴接合;将外科手术组件的基座夹紧/发射轴与吻合器的装载夹紧/发射轴接合;

通过旋转手术机器人的滚动输出而致动基座滚动轴驱动机构,从而旋转外科手术组件的基座滚动轴,所述基座滚动轴驱动机构将所述基座滚动轴与所述滚动输入驱动地耦连;

通过旋转手术机器人的夹紧/发射输出而致动基座夹紧/发射轴驱动机构,从而使基座夹紧/发射轴相对于所述吻合器平移,所述基座夹紧/发射轴驱动机构将所述基座夹紧/发射轴与所述夹紧/发射输入驱动地耦连。

(1)"创伤性或者介入性处置"判断

该案的难点在于判断权利要求请求保护的方法是否涉及创伤性或者介入性处

置。有观点认为：权利要求限定的仅是通过外科手术组件将吻合器与手术机器人进行连接，以及驱动手术机器人的部件从而使得外科手术组件内的部件旋转或平移的步骤，因此其仅仅是一种单纯的对吻合器的操作方法。但上述观点并未结合说明书的记载内容进行分析。基于说明书上述记载内容可知，由于外科手术组件的基座夹紧/发射轴与吻合器的装载夹紧/发射轴是接合在一起的，因此当基座夹紧/发射轴平移时，不需要另外的操作就能够直接带动吻合器的装载夹紧/发射轴平移，并且说明书中已经明确记载了装载夹紧/发射轴的平移将使得吻合器的末端执行器夹紧并吻合患者的组织。因此在该方法已经限定了"将外科手术组件的基座夹紧/发射轴与吻合器的装载夹紧/发射轴接合"的前提下，即使在方法步骤中没有描述，本领域的技术人员仍然可以确定方法步骤中的"通过旋转手术机器人的夹紧/发射输出而致动基座夹紧/发射轴驱动机构，从而使基座夹紧/发射轴相对于所述吻合器平移"必然实质上包含"吻合器的装载夹紧/发射轴平移从而使得末端执行器夹紧并吻合患者的组织"的过程，因此该方法涉及创伤性处置。

（2）"实施对象"判断

如上所述，该方法必然实质上包含"吻合器的装载夹紧/发射轴平移从而使得末端执行器夹紧并吻合患者的组织"的过程，而"患者的组织"说明该方法的实施对象为有生命的人体。

（3）"目的"判断

本领域的技术人员公知"末端执行器夹紧并吻合患者的组织"是一种具有治疗性质的外科手术操作，因此该方法以治疗为目的。

综上，该案权利要求属于以治疗为目的的外科手术方法，即属于《专利法》第 25 条第 1 款第（三）项规定的疾病治疗方法。

【案例 3-3-4】 一种手术机器人及其状态监测方法

涉案申请说明书主要记载了如下内容："本申请用于在针对患者的骨科手术过程中对手术机器人进行状态监测以便提高手术的安全性和成功率，该骨科手术例如是椎弓根螺钉内固定术、人工椎间盘置换术。手术机器人包括进给单元，例如用于钻骨的钻头。由于骨头不同深度处的骨质不同，从而造成进给单元受到的力是不同的，通过获取进给单元的受力信号和深度信息，并通过获取的深度信息/受力信号在预设路径的深度信息-受力信号对应表中查找其对应的受力信号/深度信息，并比较获取的深度信息/受力信号与查找的深度信息/受力信号是否相符，从而判断进给单元是否发生钻穿骨头或者钻偏等问题。"

权利要求请求保护的技术方案如下：

一种手术机器人的状态监测方法，包括：

通过安装在手术机器人的进给单元上的传感器获取进给单元的受力信号和深度信息；

根据获取的深度信息或受力信号，在预设进给路径的深度信息－受力信号对应表中，查找获取的深度信息所对应的受力信号或查找获取的受力信号所对应的深度信息；

判断获取的受力信号与查找的受力信号是否相同，或者判断获取的深度信息与查找的深度信息是否相同；

如果不同，则发送异常处理指令。

（1）"创伤性或者介入性处置"判断

该案的难点在于该权利要求请求保护的方法从文字记载而言限定的仅是采用传感器对进给单元进行数据监测的步骤，以及对数据进行处理、判断和发出指令的步骤，并不直接描述进给单元的操作，因此相比案例3－3－3，对于创伤性或者介入性处置的判断更为困难。但是，基于该方法步骤中限定的"通过安装在手术机器人的进给单元上的传感器获取进给单元的受力信号和深度信息"可以确定，由于要通过传感器来获取进给单元的受力信号和深度信息，则说明进给单元必然与某一对象进行交互并产生位置变动，从而才会产生受力信号和深度信息，也即该方法必然同时伴随着进给单元在某一对象里的移动操作。而说明书中关于进给单元给出的唯一实施例是在针对患者的骨科手术中用于钻骨的钻头，因此结合说明书的该记载内容可以确定，进给单元在某一对象里的移动操作实际上是采用进给单元对患者进行的创伤性处置，也即上述状态监测方法的实施同时伴随着创伤性处置的进行。同时，该方法中的数据处理、判断以及后续的发出指令的过程表明，该方法获得的监测结果可以用于指导创伤性处置的过程，提高其安全性和成功率，也即其与该创伤性处置是密不可分、存在交互的。因此该状态监测方法实际上就是采用进给单元对患者实施的创伤性处置过程中不可或缺的一部分，仍然属于外科手术方法。

（2）"实施对象"判断

由于说明书中关于进给单元给出的唯一实施例是在针对患者的骨科手术中用于钻骨的钻头，因此该方法的实施对象是有生命的人体。

（3）"目的"判断

基于说明书记载的"骨科手术例如是椎弓根螺钉内固定术、人工椎间盘置换术"可知，其中列举的手术均是以治疗为目的，因此可以确定该方法以治疗为目的。

综上，该案权利要求属于以治疗为目的的外科手术方法，即属于《专利法》第 25 条第 1 款第（三）项规定的疾病治疗方法。

【案例 3 - 3 - 5】用于运行医学机器人设备的方法

涉案申请说明书主要记载了如下内容："在借助医学机器人设备进行治疗手术时，由于手术的操作，患者的身体会产生移动，从而使得建立在医学机器人参照系统中的位置与建立在患者身体的参照系统中的位置产生偏差。例如在机器人辅助的脊柱手术过程中，在椎骨上钻孔会导致椎骨的移动，从而产生上述偏差，为了消除该偏差，需要重新定位医学机器人。"

权利要求请求保护的技术方案如下：

一种用于通过重新定位医学机器人设备补偿在手术中变差的医学机器人设备相对患者的身体的记录准确度的方法，所述医学机器人设备具有用于实施治疗措施的终端执行器，所述方法的步骤为：

a）在患者的身体的初始图像数据记录上选择终端执行器应当驶近的至少一个基准点；

b）相对患者的身体初始记录医学机器人设备；

c）在所述基准点附近定位所述终端执行器；

d）记录术中图像数据记录，在术中图像数据记录中获得所述终端执行器和身体的临近终端执行器的区域，其中，所述区域包括身体的局部，所述局部在所述初始图像数据记录中具有基准点；

e）在所述术中图像数据记录中确定终端执行器的位置和/或定向；

f）将所述位置和/或定向与所述基准点比较，并确定其偏差；

g）重新定位所述终端执行器用于补偿所述偏差。

（1）"创伤性或者介入性处置"判断

该案的难点在于涉案权利要求请求保护的方法的步骤中从文字记载而言限定的仅是图像数据的记录、位置的比较以及机器人的终端执行器的重新定位过程，并不像案例 3 - 3 - 3 一样必然包含对实施对象的创伤性处置，也不像案例 3 - 3 - 4 一样必然同时伴随着对实施对象的创伤性处置。但是，基于权利要求主题名称中的"在手术中变差"、步骤 d 和步骤 e 中的"术中图像数据记录"、步骤 f 中的"确定其偏差"，并结合说明书记载的"由于手术的操作，患者的身体会产生移动，从而使得建立在医学机器人参照系统中的位置与建立在患者身体的参照系统中的位置产生偏差"进行分析可知，该方法是在手术过程中实施的方法，并且要补偿的偏差是创伤性或者介入性处置所导致的偏差，也即该方法的实施有赖于创伤性或者介入性处置的实施。另外，由于该方法的步骤 g 实现了对终端执行器的重新定位，补偿了手术中的偏差，从而其实施结果可以用于手术过程，提高手术准确性，也即其与手术过程是密不可分、存在交互的，因此该方法实际上是对患者实施的创伤性或者介入性处置过程中不可或缺的一部分，仍然属于外科手术方法。

（2）"实施对象"判断

该方法的主题名称中限定了"补偿在手术中变差的医学机器人设备相对患者的身体的记录准确度"，方法步骤中限定了"相对患者的身体初始记录医学机器人设备""在术中图像数据记录中获得所述终端执行器和身体的临近终端执行器的区域"，从而可以确定该方法是采用医学机器人设备针对"患者的身体"实施的，也即该方法的实施对象是有生命的人体。

（3）"目的"判断

基于权利要求中限定的"所述医学机器人设备具有用于实施治疗措施的终端执行器"可以确定，该方法用于实施治疗措施，即以治疗为目的。

综上，该案权利要求属于以治疗为目的的外科手术方法，即属于《专利法》第 25 条第 1 款第（三）项规定的疾病治疗方法。

第四节　专利审查规则辨析

通过对以上典型疑难案例的解析，可以初步提炼总结出手术机器人领域涉及外科手术方法的专利申请的细化审查规则。

一、准确把握权利要求技术方案的实质

在进行手术机器人领域外科手术方法专利申请的审查时，审查的对象是权利要求。权利要求通常是由说明书记载的一个或者多个实施方式概括而成的，因此在进行外科手术方法的判断时，应当以权利要求书和说明书所记载的整体技术内容为依据，准确把握权利要求技术方案的实质，合理地采用说明书的记载内容来确定权利要求实际限定的技术方案，而不宜仅局限于权利要求文字限定的内容，轻易得出其不属于外科手术方法的结论。需要注意的是，上述"合理地采用说明书的记载内容来确定权利要求实际限定的技术方案"指的是应当以权利要求文字限定的内容为基础，寻找说明书中与权利要求的该文字限定内容相应的记载，然

后将权利要求文字限定的内容以及说明书的相应记载进行结合分析以确定权利要求实际限定的技术方案。对于说明书中与权利要求的该文字限定内容不相应的记载，则不能用于上述结合分析，否则可能会导致得到错误的结论。

二、紧抓判断三要素

基于《专利审查指南 2010》中对外科手术方法的定义以及不同目的的外科手术方法适用不同法条的法律现状，在进行外科手术方法专利申请的审查时，应当抓住"实施对象""创伤性或者介入性处置""目的"这三个要素进行考量。

对于权利要求限定的方法的"实施对象"，可以合理地采用说明书的记载内容来确定，并且要厘清器械与实施对象的关系：手术机器人或者其上安装的手术工具只是方法中采用的器械，该方法采用器械进行交互的对象才是该方法实际的实施对象。

对于权利要求限定的方法是否涉及"创伤性或者介入性处置"，除了权利要求的文字明确限定了创伤性或者介入性处置之外，还可能包括以下三种典型情形：①合理地采用说明书的记载内容可以确定其方法步骤中必然包含创伤性或者介入性处置，"必然包含"应理解为仅基于权利要求限定的方法步骤无须实施另外的方法步骤就能够确定包含；②合理地采用说明书的记载内容可以确定其方法步骤中必然同时伴随着创伤性或者介入性处置，并且该方法步骤与该创伤性或者介入性处置是密不可分、存在交互的；③合理地采用说明书的记载内容可以确定其方法步骤的实施有赖于创伤性或者介入性处置的实施，并且该方法步骤与该创伤性或者介入性处置是密不可分、存在交互的。

对于权利要求限定的方法的"目的"，同样可以合理地采用说明书的记载内容来确定。

三、权利要求的排除式修改

《专利审查指南 2010》中关于"治疗方法"规定："对于既可能包含治疗目的，又可能包含非治疗目的的方法，应当明确说明该方法用于非治疗目的，否则不能被授予专利权。"可见，为了克服授权客体问题，对权利要求的修改可以包括排除式的修改。

参照与上述规定类似的思路，为了确保申请人应得的权利，可以允许申请人通过排除式的方式来修改权利要求，该排除式的修改例如可以将有生命的人体或者动物体排除在方法的实施对象之外，从而使得该方法不再属于外科手术方法。

需要注意的是，能够进行排除式修改的前提是原申请文件中应当有非手术机器人的相关记载。如果原申请文件中仅记载了手术机器人的实施例，那么这样的排除式修改是超范围的。而如果说明书中的具体实施例以手术机器人为例进行了描述，但是也笼统记载了该申请的机器人也可以是其他领域的机器人，如工业机器人时，即使对于其他领域的机器人没有以实施例的方式进行详细描述，也应当认为说明书中有非手术机器人的相关记载，在此前提下，应当允许申请人采用排除式的方式修改权利要求。

在实际审查工作中，可能会遇到各种各样更为复杂的案例，以上细化审查规则还有待在审查实践中进行检验，并不断被更新和完善。

第四章　智能家居领域创造性审查中对发明目的的考量

智能家居是以住宅为平台，通过物联网技术将家中的各种设备连接到一起，提供照明控制、暖通控制、家电控制等多种功能和手段，是在互联网影响之下物联化的体现。目前，在智能家居领域出现了大量涉及智能控制的专利申请，它们一个显著的特点就是说明书中记载的发明目的非常明确，然而现行的《专利法》《专利法实施细则》《专利审查指南 2010》中都没有关于发明目的在创造性审查中如何考量的规定，审查实践中对于评价这类申请的创造性时是否要考虑发明目的和如何考虑发明目的，以及发明目的对申请文件的整体具有何种影响存在较大的争议。

第一节　智能家居的发展概况

智能家居作为物联网、云服务和人工智能技术的产业化应用，涉及计算机视听觉、生物特征识别、新型人机交互、智能决策控制等相关先进技术，受到国家政策的大力支持。

智能家居在中国的发展经历了 4 个阶段，分别是萌芽期（1994—1999 年）、开创期（2000—2005 年）、徘徊期（2006—2010 年）、融合演变期（2011—2020 年）。2020 年以后，各大厂商开始密集布局智能家居，越来越多的厂商的介入和参与使得智能家居的未来已不可逆转，智能家居企业如何发展自身优势并与其他领域进行资源整合，成为企业乃至行业的"站稳"要素。

一、智能家居领域的专利纠纷迭起

伴随着互联网巨头和传统家电企业的加入，智能家居领域的专利侵权纠纷开始迭起。以空调领域为例，格力与奥克斯之间有关专利权的诉讼有至少 78 件，包括格力赔偿奥克斯1.67亿元的天价压缩机案；同样，格力和美的之间也存在多项专利纠纷等。

在空调、冰箱乃至白色家电领域，企业之间的竞争日趋激烈，专利开始成为主要的"卖点"之一，格力、美的、海尔等企业在提及自身竞争力的时候均着重提及了专利。拥有数量庞大的高价值专利，既是一家企业科研和技术创新能力的"肌肉秀"，也是一个品牌在市场中具有竞争力的体现。在未来发展中，智能家居企业只有不断地加强技术创新，建立以高价值专利为核心的专利战略，强化专利的布局和运营，并将技术和专利相互联动，方可进退有据，步步为营，才能在智能家居领域抢占先机。

二、智能家居领域的专利申请新动态

智能家居可以分为家居设备和智能控制。传统企业的研发重点仍然是家居设备，但是随着家居设备的日趋成熟，谋求结构上的创新已较为困难，研发热点开始转向智能控制，尤其是实现特定发明目的的控制方法。同时，依据《专利法》第11条的规定，我国对产品权利要求提供的是"绝对保护"，即未经许可不得制造、使用、许诺销售、销售或者进口该专利产品；而对方法权利要求提供的是"相对保护"，即未经许可不得使用该专利方法，以及使用、许诺销售、销售、进口依照该专利方法直接获得的产品。后者即所谓的"延伸保护"❶，也即方法权利要求可以同时获得"使用"保护和对依照该方法直接获得的产品的"延伸保护"❷。

因此，当前智能家居领域专利申请的审查难点不仅在于家居设备的创造性判断，还包括智能控制的创造性把握。并且，智能控制的专利申请不仅有各式各样的控制策略，还包括特定的发明目的，同时相关的申请量特别大。因此，有必要针对审查实践中出现的智能家领域涉及发明目的创造性判断的案件进行深入剖析，以供参考和借鉴。

第二节　专利审查案例分析

在智能家居领域，以控制方法或操作方法撰写的权利要求非常普遍，它们通

---

❶　张宇. 浅谈包含方法特征的产品权利要求［C］//中华全国专利代理人协会. 发展知识产权服务业支撑创新型国家建设：2012年中华全国专利代理人协会年会第三届知识产权论坛论文选编. 北京：知识产权出版社，2012：379－383.

❷　尹新天. 中国专利法详解［M］. 北京：知识产权出版社，2011：158－166.

常会在说明书中记载详细发明目的，但是发明目的不一定能够在权利要求中得到体现，同时根据《专利法》第 64 条第 1 款的规定，审查实践中通常仅针对权利要求的技术方案来评价创造性。因此，如果对比文件公开了和本申请类似的装置和方法，但是二者的发明目的实际上并不相同，在评价创造性时是仅考虑权利要求，还是要适当考虑说明书中记载的发明目的，以及如何考虑发明目的，在审查实践中存在很大的争议。

一、典型案例介绍

【案例 3 - 4 - 1】除湿机的控制方法

涉案申请涉及一种除湿机的控制方法，用于避免除湿机的湿度传感器误判断导致除湿机误开启，通过在湿度传感器获取实时环境湿度时提前开启风机，在测量时使风机处于运行状态，从而促使除湿机内部与外部环境进行空气交换，防止因为湿度传感器检测不准导致除湿机的频繁开闭，延长除湿机的使用寿命。

对比文件 1 公开了一种除湿机的控制方法，可以去除泄漏的可燃制冷剂，以确保除湿机运行的安全性。该文件具体公开了以下内容：开机后，在除湿机压缩机运行前首先启动风机运行，压缩机连续运行，直到环境湿度小于等于设定湿度时，压缩机停止运行，在压缩机停止运行时风机再延长运行一段时间。图 3 - 4 - 1 显示了除湿机运行曲线。

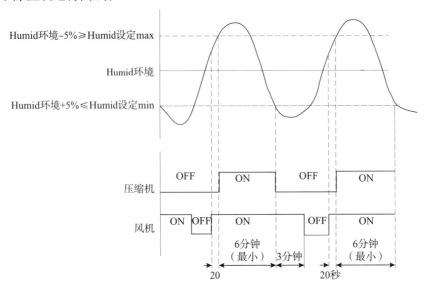

图 3 - 4 - 1 对比文件 1 公开的除湿机运行曲线

该案的争议焦点在于：对比文件 1 是否公开了"在除湿机待机期间，风机在需要获取实时环境湿度时才提前开启"。

实质审查阶段审查意见认为：对比文件 1 披露了"风机在获取实时环境湿度时提前开启，以及湿度传感器在获取环境湿度时，风机保持运行"这一技术内容。虽然涉案申请与对比文件 1 的发明目的不同，但由于采用了相同的技术手段，客观上起到了相同的技术效果，仅仅目的不同不会带来意想不到的技术效果。因此，权利要求 1 不具备创造性，涉案申请被驳回。

复审阶段审查意见认为：虽然对比文件 1 记载了预吹风在除湿机判断环境工况之前，但是综合说明书第 12～13 段、第 31 段以及附图 3（如图 3－4－1 所示）可知，无论是否有预吹风步骤，湿度传感器从开机后就一直处于监测状态，其湿度曲线连续不间断，因此对比文件 1 中风机的开启与湿度传感器是否需要获取实时环境湿度并没有关系。而涉案申请中风机的提前开启与湿度传感器需要获取实时环境湿度是相关联的。因此，对比文件 1 并未公开"在除湿机待机期间，风机在需要获取实时环境湿度时才提前开启"这一技术手段。对于该技术手段，对比文件 1 和涉案申请的发明目的不同，而目的的不同隐含了解决的技术问题也不同，目的同时决定了是否具有作出改进发明的动机。在对比文件 1 不存在预吹风与湿度检测准确性直接关联的基础上，本领域的技术人员在看到对比文件 1 利用预吹风解决易燃制冷剂泄漏存在安全隐患的技术问题时，完全没有动机想到将预吹风与湿度检测更加准确地建立起联系，即控制风机在何种条件下提前开启以使湿度检测更加准确，这超出了本领域的技术人员的合理预期。因此，驳回决定被撤销。

二、案例审查过程分析

案例 3－4－1 是智能家居领域典型的争议焦点涉及发明目的的案件。申请人在说明书中记载的发明所要解决的技术问题与其在意见陈述中强调的发明目的一致，均为"保证环境湿度检测的精确性，防止因为湿度传感器检测不准导致的除湿机频繁开闭的问题"，实现该发明目的的关键技术手段是"在除湿机待机期间，风机在需要获取实时环境湿度时才提前开启"，但是涉案申请的原始权利要求没有包括体现发明目的的关键技术手段。而对比文件 1 恰好公开了"湿度传感器在获取环境湿度时，风机保持运行；且预吹风步骤在除湿机判断环境工况之前"，因此第一次审查意见通知书认为对比文件 1 公开了与涉案申请相同的技术手段，即待机期间湿度传感器获取实时环境湿度时风机处于运行状态，是没有问题的。申请人在答复第二次审查意见通知书时意识到了其权利要求限定的技术内容没有体现出发明目的，于是在权利要求 1 中加入了关键技术手段——"且在除湿机待机期间，风机在需要获取实时环境湿度时提前开启"，并强调了对比文件 1 和涉案申请的目的完全不同，对比文件 1 的发明目的是将泄漏的制冷剂及时排出机体外，以免造成隐患（申请人强调的对比文件 1 的发明目的与其说明书中记载的所要解决的技术问题也是一致的）。之后，审查员在驳回决定中坚持认为对比文件 1 公开了"在除湿机待机期间，风机在需要获取实时环境湿度时才提前开启"这一关键技术手段，则存在事实认定偏差。

存在上述事实认定偏差的主要原因在于：审查员对申请人争辩的涉案申请与对比文件 1 发明目的不同的重视程度不够，忽略了发明目的对技术方案整体可能带来的影响，忽略了技术特征之间的关联，从而将技术特征简单地进行拆分对比。审查员认为对比文件 1 公开了权利要求 1 限定的风机和湿度传感器的工作状态和先后顺序，由此认为技术手段已被公开，从技术手段相同可以推知客观上能够获得相同的技术效果，所以认为二者发明目的不同不会影响对涉案申请创造性的判断。然而，上述事实认定忽略了发明目的不同会导致风机运行和湿度传感器工作状态之间的关系不同：基于涉案申请的湿度检测准确性的目的，风机的运行和湿度传感器如何工作是关联在一起的；而基于对比文件 1 通过将泄漏的易燃制冷剂吹散而实现安全运行的目的，风机的运行和湿度传感器如何工作没有任何关联。所以二者的技术手段实质是不同的，该技术手段的不同通过"在除湿机待机期间，风机在需要获取实时环境湿度时才提前开启"这个条件关系已经得到充分体现，因此上述文字中所体现的关系特征不能认为已被对比文件 1 公开。

此外，申请人在实质审查阶段的意见陈述中，一直采用"发明目的"进行争辩，而创造性判断"三步法"中涉及的相关规范术语为"发明所要解决的技术问题""发明实际解决的技术问题""发明所要达到的技术效果"等。"发明目的"这种表述方式与上述规范术语所表达的含义显然是有所不同的，审查员也没有很好地将"发明目的"所体现的不同具体落实到对上述相关规范术语的影响上，所以，在技术手段初步认定的基础上，即推定出能实现相同的技术效果，对于发明目的的不同只是简单地断言"仅仅目的不同不会带来意想不到的技术效果，也不会使本申请具备创造性"。不难看出，审查员将"发明目的"与创造性审查中相关的"发明所要解决的技术问题""发明实际解决的技术问题"等规范术语进行了割裂，并单独考虑了创造性，从而导致最终的判断结果出现了偏差。

在复审阶段，申请人从争辩"发明目的"不同变为争辩"解决的技术问题"不同，相关的技术手段也不相同，从而无法获得技术启示，对于创造性的争辩理由更具有针对性。合议组也将发明目的、发明所要解决的技术问题、发明所要达到的技术效果、发明所采用的技术手段进行了更为细致的整体考量，并将发明目的与发明所要解决的技术问题以及获得的技术效果进行了关联考虑，认为涉案申请的发明目的与其所要解决的技术问题实质相同，均为"保证环境湿度检测的精确性，防止因为湿度传感器检测不准导致的除湿机频繁开闭"；解决这一技术问题的手段是"在除湿机待机期间，风机在需要获取实时环境湿度时才提前开启"，该手段充分体现了风机开启与湿度传感器获取湿度的密切关系，而这一关系并未被对比文件1公开；对比文件1只公开了风机开启与温度传感器工作的先后顺序和状态，但是二者并无关联性，因为对比文件1要解决的技术问题是制冷剂泄漏导致的安全性问题，风机用于吹散泄漏的制冷剂，跟湿度传感器测定是否准确没有任何关系。合议组由此得出二者采用的技术手段看似相同但实质不同，所要解决的技术问题、实现的发明目的以及获得的技术效果均完全不同，从而得出对比文件1无法给出技术启示的结论。

从对上述案例审查过程的分析可以看出，在创造性审查中考量发明目的时，首先要看发明目的是否在权利要求的技术方案中得以体现；其次要看"发明目的"与"发明所要解决的技术问题"和"发明实际解决的技术问题"以及"技术效果"之间是否具有密切的联系，其并非审查中一个独立的考量因素。虽然在上述案例中，涉案申请的发明目的、发明所要解决的技术问题、发明相对于对比文件1实际解决的技术问题均是一致的，对比文件1的发明目的、发明所要解决的技术问题也是一致的，并不存在各自认定的困难，但是当将二者进行对比考量时，在申请人提出了二者"发明目的不同"的争辩意见后，审查员在整个审查过程中对其分析出现了偏差，最终导致了结论的错误。可见，智能家居领域中"发明目的"的考量对创造性的判断有着非常重要的影响。从上文对案例的分析可以看出，"发明目的"的考量最终也要落实到技术问题、技术效果以及技术特征上，以此来准确认定发明实际要解决的技术问题、所采用的相关技术手段以及所获得的相应技术效果。

第三节　专利审查规则辨析

由案例3-4-1可以看出，如果在创造性审查中忽略发明目的的不同，则可能会得出截然相反的审查结论。因此，非常有必要对创造性审查中如何考量发明目的进行研究。为此，下文先梳理一下美国、欧洲专利局和中国涉及发明目的的相关规定。

一、主要国家或地区关于创造性中发明目的的审查规则

（一）美国专利商标局

美国专利商标局在评价创造性时采用"非显而易见性"，《美国专利法》第103条的规定以及美国联邦最高法院给出的 Graham 四要素组成了美国专利法上关于创造性审查的核心内容，同时美国联邦巡回上诉法院在1982年通过判例确立了TSM（Teaching – Suggestion – Motivation）准则，即"教导 – 启示 – 动机"准则。

2007年美国联邦最高法院在"KSR 案"中对联邦巡回上诉法院过于僵化和形式化地适用 TSM 准则进行了修正，认为在寻找技术启示来源时，不应当限于发明人所要解决的问题。因为联邦巡回上诉法院认为除非"现有技术提出了与专利技术试图解决的问题完全相同的问题"，否则该问题不会使发明人有动机去关注那些现有技术。但事实上，由于发明目的表述的多样性，发明人所表述的发明目的，只是诸多表述方式中的一个。常识会教导人们，某个技术方案或某个物件的用途并不唯一，都会有与其主要功能明显不同的其他用途。评价发明非显而易见性的"本领域普通技术人员"应该有能力把多个专利的教导捏合在一起。❶

美国联邦最高法院强调，发明人所表述的要解决的技术问题及该技术方案的效果，在非显易见性的判断过程中并不起决定作用，关键要看发明人要求保护的权利要求的范围是否伸入到现有技术的范围内。在判断非显易见性时仅仅考虑专利权人正试图解决的问题是错误的，判断的主体不是发明专利的申请人，而是该技术领域的普通技术人员。并且，美国《专利审查程序手册》规定，只要取得相同技术进步或者效果，发明人改进的原因与创造性判断者认为的原因不相同并不影响非显而易见性的判断；是否有技术启示应当根据发明人面临的普遍问题来确定，而不是由发明具体解决的问题来决定。同时，美国联邦最高法院也强调在确定技术问题时应注意客观性，在有的情况下不一定要与发明申请人或专利权人声称的技术问题相同。为此，美国联邦最高法院对"本领域普通技术人员"的定义进行了重新阐释，将其解释为有一般创造力的人。美国联邦最高法院所确定的准则为：在确定一项专利权利要求的主题是否具备创造性时，无论是专利权人的具体动机还是其宣称的目的都不起决定作用，关键要看权利要求的客观范围。

上述相关规定中，"发明人改进的原因"、"申请人或专利权人声称的技术问

---

❶ 张英. 美国 KSR 案对我国专利法上创造性判断的启示 [D]. 重庆：西南政法大学，2009：9 – 10.

题"、"专利权人意图解决的技术问题"和"发明目的"所指代的含义基本一致，从上面的规定也可以看出，发明目的与创造性的判断具有相关性，但由于发明目的具有多样性，故而不能僵化地应用 TSM 准则，强调创造性判断中确定技术问题时要客观，但是由于美国审查时不需要重新确定发明所要解决的技术问题，因此其提高了"本领域普通技术人员"的创造力。

（二）欧洲专利局

《欧洲专利局审查指南》中将客观、可预测的创造性判断方法归结为"问题 – 解决方案方法"（Problem – and – Solution Approach）。该方法包括三个步骤：①确定"最接近的现有技术"；②构建要解决的"客观技术问题"；③从最接近的现有技术以及客观技术问题出发，考虑所要保护的发明对所属领域技术人员而言是否显而易见。

在对最接近的现有技术进行选择时，《欧洲专利局审查指南》最先考虑的是"与本发明具有类似的目的或效果或者至少属于相同或相近的技术领域"的现有技术，并且指出，"在实践中，最接近的现有技术通常对应类似的用途，并且需要结构上、类型上改动最小以得到所要保护的发明"。

在构建"客观技术问题"时，《欧洲专利局审查指南》认为，由于客观技术问题基于客观构建的事实，特别是在诉讼过程中所披露的现有技术中呈现的事实，该现有技术可能不同于申请人在提交申请时所意识到的现有技术，之后所检索的现有技术可能会导致以完全不同的视角来看待本发明，因此"客观技术问题"可能需要重新形成，需要通过本发明与最接近的现有技术之间的"区别特征"确定其所达到的技术效果，并因此形成技术问题。但是，"客观技术问题的形成不得包含对技术方案的指向，因为当根据技术问题来评估现有技术的水平时，如果在技术问题的陈述中包括发明所提供的一部分技术方案，必然会在创造性的评价中导致'事后诸葛亮'的行为"。同时欧洲专利局认为，那些对发明的技术特性不具有任何贡献的特征不能形成技术问题，不能用于评价创造性。但是《欧洲专利局审查指南》也指出，"对于对发明的技术特性作出贡献的特征的确定需要基于整个发明的背景所取得的技术效果"而考虑，"有些特征单独采用时为非技术特征，但是在整个发明的场景下对产生用于技术目的的技术效果具有贡献，从而被认为是对本发明的技术特性具有贡献的特征"。

在判断显而易见性时，欧洲专利局强调客观技术问题的导向作用，认为针对客观的技术问题，如果"心中怀有特定的技术目的"的所属领域技术人员获得将现有技术结合的启示，则发明就是显而易见的，该启示范围不限于现有技术的记载、设计激励和市场力量。

欧洲专利局的相关规定中，"与本发明具有类似的目的""技术目的""心中怀有特定的技术目的"所指代的就是"发明目的"，且从上述内容可以看出，发明目的与技术问题、技术效果以及用途均密切相关，同时也强调了技术问题确定的客观性。

（三）中国国家知识产权局

《专利法》《专利法实施细则》《专利审查指南 2010》中都没有"发明目的"的相关规定，与其表述最接近的是 1985 年国务院批准的《专利法实施细则》中明确规定的"发明或者实用新型的目的"，但是在 2001 年第二次修改《专利法实施细则》时，这一表述被"发明或者实用新型所要解决的技术问题"所取代，并与"技术方案"和"有益效果"一起组成了说明书的第三部分，即发明内容。❶ 由此，可以认为"发明目的"与"发明所要解决的技术问题"的含义是基本等同的。

此外，审查实践中所持的一种观点是，申请文件记载的发明目的、所要解决的技术问题需要本领域的技术人员结合现有技术予以最终确认，如果没有实验数据证实和现有技术支撑技术效果，则不能认同实际解决了技术问题。可见，发明目的与发明所要解决的技术问题和所要达到的技术效果也是密切相关的，且真实的发明目的或解决的技术问题必须得到有效技术效果或实验数据的支撑。

（四）小 结

美国由于不采用"三步法"评价创造性，其对发明目的的关注度不高。虽然它也强调确定技术问题时要客观，但是由于发明目的的多样性，它认为发明人改进的动机不会影响显而易见性的判断，技术启示应当根据发明人面临的普遍问题来确定，而不是由发明具体解决的问题来确定。美国主要是通过提高"本领域的技术人员"的创造力来克服其缺少重新确定技术问题所带来的技术启示不明显的缺陷，本质上同样对创造性设置了门槛。欧洲专利局和我国的观点类似，均强调确定技术问题时要客观，需要根据检索获得的现有技术来重新确定发明与最接近的现有技术的区别特征，并确定其所达到的技术效果和形成"发明所要解决的客观技术问题"，认为该技术问题可以不同于申请人最初的发明目的。并且，在判断显而易见性时，二者均强调要以技术问题或作用为导向。

---

❶ 马云鹏. 专利侵权判定中发明目的理解与适用的实证分析 [J]. 电子知识产权，2019（9）：75 – 76.

可见，各主要国家或地区虽然没有明文将"发明目的"写入专利法中，但是在审查实践中，特别是在显而易见性的判断上，都进行了必要的考量，且都认为发明目的和发明要解决的技术问题或达到的技术效果最为相关。

二、审查观点探讨

本章在开头部分提到审查实践中对创造性审查时是否考虑发明目的、如何考虑发明目的以及发明目的对申请文件的整体具有何种影响争议很大，基于上文的典型案例分析并借鉴各国或地区的相关规定，笔者尝试从以下三个方面进行分析和讨论。

（一）创造性审查中是否需要考虑发明目的

发明目的通常是针对背景技术缺陷而提出的"发明所要解决的技术问题"或者"所要达到的技术效果"，还有可能涉及发明人作出发明的动机。一般情况下，可以认为发明目的就是"发明所要解决的技术问题"，并且发明目的与发明构思也密不可分，发明构思的产生来源于技术问题的提出；如果对比文件不存在与本申请相同的技术问题，则通常情况意味着二者的发明目的不同。因此，准确把握发明构思的关键之一就是找出申请文件真正的发明目的，这无论是对于判断发明整体上是否具备授权前景，还是在评价权利要求的创造性上都是非常重要的。

此外，从前述分析可知，美国、欧洲专利局、中国在创造性审查实践中均对发明目的有所考量。因此，在创造性审查中应当对发明目的进行考量是毫无疑问的，这不但有利于快速检索到解决的技术问题相同的对比文件，而且有助于我们以技术问题为导向来更好地把握发明实质，从而牢牢地抓住申请文件的发明构思，不脱离发明人的本意。

（二）创造性审查中应当如何考虑发明目的

首先，应当找到真实、有效的发明目的。因为只有真实、有效的发明目的对创造性的审查才具有实际意义。一方面，发明人在描述技术方案时，有可能为突出贡献程度而将不属于其实际能够解决的技术问题纳入说明书记载的范围，因此，我们需要根据技术方案能够实际达到的技术效果，从申请文件记载的多个可解决的技术问题中筛选出真实解决的技术问题，从而获知有效的发明目的。例如，对仅包含发明人的主观愿望却没有技术效果支撑的发明目的不能予以认可，包含了发明人的发明动机但最终的技术效果无法达到的发明目的同样不能被接受。另一方面，申请文件记载的发明实际解决的技术问题和技术效果有可能不太明确，我们需要结合对比文件公开的内容和本领域的公知常识予以客观分析，从而获知有效的发明目的。只有这样获得的真实、有效的发明目的，才是我们在创造性审查中需要考虑的发明目的。

其次，应当考察发明目的是否在权利要求中得以体现。由于实质审查阶段通常都是针对权利要求请求保护的技术方案来评价创造性，因此，创造性审查中考量发明目的时，需要关注发明目的是否在权利要求的技术方案中得以体现。在权利要求体现了发明目的的相关特征时，对权利要求创造性的判断就可以按照常规的"三步法"来进行；而在权利要求未体现发明目的时，则需要把握申请文件整体的授权前景。此时，可以按照先整体后局部的思想，先从整体上出发，站位本领域的技术人员的角度，全面理解发明的技术构思，准确认定发明目的、发明所要解决的技术问题和所要达到的技术效果，从整体上把握申请文件的授权前景。授权前景的判断应当优先于权利要求创造性的判断。在发明整体具备授权前景但由于权利要求未体现发明目的而不具备创造性时，应当引导申请人修改权利要求，将体现发明目的的相关特征补入权利要求中，而不宜机械地执行只要权利要求不具备创造性且符合驳回时机就作出驳回决定。如此可以避免审查程序延长所带来的行政资源浪费，也更符合专利法鼓励发明创造的立法本意。而在发明整体不具备授权前景时，则可以从局部入手，弱化发明目的对权利要求的影响，着重于判断权利要求本身是否具备创造性。此时无论权利要求是否体现发明目的，只要权利要求不具备创造性且符合驳回时机，就可以作出驳回决定。但是仍然建议审查员在检索时要尽量全面覆盖所有技术方案，避免由于不符合听证原则而延长审查程序和影响审查周期。

此外，在确认了真实、有效的发明目的并将其体现在权利要求中后，需要进一步判断发明目的对权利要求创造性的影响。通过前文分析可知，发明目的与发明所要解决的技术问题、发明所获得的技术效果都密切相关，而创造性审查的"三步法"中，实际解决的技术问题的确定以及技术启示的获得也与技术问题和技术效果密切相关。因此，对发明目的的考量，最终应体现在发明目的对实际解决的技术问题的确认以及技术启示的获得的影响上。

结合前述案例3-4-1，我们再梳理一下考量的逻辑。该案中对比文件1和涉案申请的发明目的完全不同，一个的目的是实现湿度的准确测量，另一个的目的是确保运行的安全性。在这种情况下，就需要审查员对实现发明目的的相关技术手段以及所获得的技术效果进行更为细致的考量。涉案申请实现湿度准确测量的关键技术手段为"在除湿机待机期间，风机在需要获取实时环境湿度时提前开启"，即风机的开启与湿度的测量是关联在一起的，而实现运行安全性的目的只需要风机运行将泄漏的制冷剂吹散即可，与湿度测量没有任何关系，因此，风机开启与湿度测量二者之间的关联性并未被对比文件1所公开，据此可以客观地得出涉案申请实际解决的技术问题为确保湿度检测的准确性，相应的技术启示的判断也就一目了然了，并不存在困难。这个案例中发明目的在创造性判断中所发挥的作用体现为，对技术特征之间关联性界定的影响，从而对实际解决的技术问题确定产生影响。如果忽略发明目的的不同，涉案申请与对比文件1二者技术手段之间关系的不同非常容易被忽视，因为二者技术方案的描述非常接近。正是由于对发明目的的重视，才得以客观地得出技术手段的不同、相应的实际解决的技术问题和获得的技术效果也不相同的正确结论。因此，在实际审查过程中，当发明目的不同时，审查员要予以足够的重视，特别是要对相关技术手段、技术问题和技术效果的认定进行更为细致的对比和分析，确保事实认定准确，进而保证创造性评判的准确。

另外，发明目的对创造性的影响还反映在最接近的现有技术的选取上。《欧洲专利局审查指南》强调最接近的现有技术应当与本发明具有类似的目的或效果；我国《专利审查指南2010》只是示例性地给出了寻找最接近的现有技术需要考量的因素，其优先考虑的是技术领域相同或相近的现有技术，并没有明确规定何种形式更加合适，在审查实践中通常会选取技术特征披露最多或所要解决的技术问题、技术效果或者用途最接近的现有技术作为最接近的现有技术；美国专利商标局对最接近的现有技术没有限制，认为就发明所涉及的主题而言，只要该现有技术符合逻辑，并引起发明人的注意即可。由此可见，美国、欧洲专利局、中国的主流观点是基本相同的，都是选择发明目的类似或接近的文件作为最接近的现有技术，因为这样在作出技术改进时是最容易的，改动也是最小的，是申请人最易于接受的。同样，在检索阶段我们也可以依据发明目的的相同或类似来寻找对比文件，这样可以更加准确地把握发明实质，更加客观地评价发明的创造性。

（三）发明目的对申请文件的整体具有何种影响

《专利法》第64条第1款中规定了说明书可以用于解释权利要求的内容，因此，记载于说明书中的发明目的可以用于解释权利要求。这就要求申请人在撰写说明书时，要尽可能客观地撰写发明目的，无论是发明所要解决的技术问题，还是发明所能达到的技术效果，如果申请人想将其作为发明目的并写入说明书中，就一定要尽可能地客观、真实、有效，不能主观臆想，要以能够解决其技术问题或达到其技术效果为目标。

另外，侵权判定过程中对权利要求进行解释时，现有的主流观点都非常关注发明目的，认为权利要求的解释应当符合说明书有关发明目的的描述❶。同时，最高人民法院也指出："权利要求的解释要考虑说明书中有关本专利发明目的的说明，即便权利要求中对某一特征没有进行明确限定，但被诉侵权技术方案明显采用了与实现本专利发明目的不同的技术手段的，不应认定构成侵权"❷。这同样对于专利申请的实质审查具有借鉴意义，因为在实质审查阶段最终依法获得授权的权利要求就是后续专利权人维权的基础。如果行政程序和司法程序对同一项权利要求存在不同的认定标准，则势必会造成申请人和社会公众的困扰，影响专利权评价的稳定性。所以，创造性审查中需要更加审慎、客观地运用"三步法"，合理地衡量权利要求中体现发明目的的技术特征是否对现有技术作出了智慧贡献，从而得出相对客观、公正的创造性结论，以尽可能地使授权、确权和维权程序中的判断标准趋于一致。

总之，笔者认为创造性审查中除了要考量常规因素外，还需要考虑记载于说明书中的发明目的，尤其是要考虑真实、有效的发明目的。可以按照先整体后局部的思想，从整体上把握发明目的对发明的创造性的影响，其中需要考量发明所要解决的技术问题、发明所要达到的技术效果、发明人作出发明的动机、发明的技术构思、权利要求的解释、审查逻辑的合理性等多个方面的因素，以作出正确、合理的创造性结论。

---

❶ 张晓都. 发明目的在权利要求解释中的作用 [J]. 中国专利与商标，2012（3）：45.

❷ 再审申请人青岛美嘉隆包装机械有限公司与被申请人青岛市知识产权局、一审第三人王承君专利侵权行政处理纠纷案 [（2018）最高法行申 1545 号]。

第五章　智能语音领域权利要求的
理解及创造性审查

智能语音产业作为我国七大战略性新兴产业之一，是软件产业中为数不多的掌握自主知识产权并处于国际领先水平的领域，一直受到国家高度重视，被列入多项国家科技发展规划和政策支持领域。[❶] 智能语音领域的专利申请以对语音信号的处理方法和处理算法的改进为主。面对这种方法类或计算机程序产品为主的权利要求，如何判断技术特征之间的关系，如何正确理解权利要求的保护范围，对创造性的评判有至关重要的作用。

第一节　智能语音技术的发展概况

智能语音是一门融合多项基础学科的交叉学科，它以语言学和声学等学科作为基础，通过应用信号处理、统计分析、模式识别及深度学习等技术手段而发展形成。早在一两千年以前，人们便对语音信号进行了研究。由于没有相应的仪器设备，长期以来，一直是由耳倾听和用口模仿来进行研究，因此这种语言研究常被称为"口耳之学"。语音信号处理真正意义上的研究可以追溯到 1876 年贝尔电话的发明，该技术首次用声电转换和电声转换技术实现了远距离的语音传输。1939 年，美国杜德莱提出并研制出第一个声码器，奠定了语音产生模型的基础，这一发明在语音信号处理领域具有划时代的意义。[❷] 20 世纪 80 年代以前，线性编码预测、动态规划等方法是语音领域最主要的成果，被广泛地应用在语音编码、语音识别、语音合成和说话人识别等领域。20 世纪 80 年代以后，以分析合成、矢量量化、隐马尔可夫模型等为代表的统计分析方法极大地推动了语音编码、语音识别领域的发展。20 世纪 90 年代后期，由于统计学习方法的技术缺陷，语音识别

---

❶ 宋伟，金畅，盛四辈. 我国智能语音行业专利战略研究：以科大讯飞为例 [J]. 科技进步与对策，2011，28（21）：107.

❷ 郭慧娟. 声纹识别系统研究 [D]. 成都：西华大学，2006.

的速度和精确度始终达不到实际应用的要求，智能语音陷入了将近十年的沉寂期，发展缓慢。近年来，随着以 DNN、CNN、LSTM、端到端模型等为代表的深度学习模型的引入，语音交互的精准率和自然性得到大幅度提高。此外，云计算和物联网技术的快速进步也将智能语音的应用提升到一个新的水平，智能语音与医疗、金融、公共交通、可穿戴设备等领域进一步融合，语音交互的场景更加丰富。

从发展趋势看，大量的计算语言学、自然语言处理技术被运用于智能语音领域，为语音识别、说话人识别和语音合成等领域提供新的技术手段，推动语音交互朝着更加智能化的方向发展。此外，相较于语音合成、说话人识别及语音编码，语音识别属于智能语音领域起步较早且技术手段更为丰富的研究领域，并随着物联网技术和 DNN 技术的成熟，被广泛地应用于智能终端设备中；尽管语音合成起步较晚，但和语音识别技术相比，语音合成技术发展得要更为成熟，是智能语音领域中较早实现产业化的领域。作为语音交互过程中的互逆过程，语音识别和语音合成二者的技术和市场联系紧密，共同构成语音交互的完整闭环。

我国的语音识别研究起始于 1958 年：中国科学院声学研究所（以下简称"中科院声学所"）利用电子管电路识别 10 个元音。但直至 1973 年中科院声学所才开始计算机语音识别研究。由于当时条件的限制，我国的语音识别研究工作一直处于缓慢发展的阶段。进入 20 世纪 80 年代以后，随着计算机应用技术在我国逐渐普及和应用以及数字信号技术的进一步发展，国内许多单位具备了研究语音技术的基本条件。与此同时，国际上语音识别技术在经过了多年的沉寂之后重新成为研究的热点，发展迅速。在这种形势下，国内许多单位纷纷投入这项研究工作。1986 年 3 月，我国"国家高技术研究发展计划"（"863 计划"）启动，语音识别作为智能计算机系统研究的一个重要组成部分而被专门列为研究课题。[1] 在"863 计划"的支持下，我国开始了有组织的语音识别技术的研究，并决定每隔两年召开一次语音识别的专题会议，从此我国的语音识别技术进入了一个前所未有的发展阶段。在国家"863"项目研究开发期间，中科院声学所承担了"多语言语音识别关键技术研究及应用产品开发"重点项目，研究成果包括面向电信、安全、教育、广电的语音识别引擎。此外，清华大学研发的非特定人汉语数码串连续语音识别系统的识别精度达到 95%；中国科学院自动化研究所于 2002 年推出的 PattekASR 产品，结束了汉语语音识别技术一直由国外垄断的状况；科大讯飞、百度语音、思必驰、出门问问等公司也逐步发展成为国内智能语音处理技术的支柱企业。[2]

---

[1] 张雷. 基于自然语言处理及语音识别方法的电信业务软件设计 [D]. 成都：电子科技大学，2014.
[2] 李刚. 智能语音识别技术的架构与设计 [J]. 电脑知识与技术，2018，14 (18)：175.

第二节　智能语音领域专利审查的难点

国内外智能语音产业的竞争一直非常激烈，而专利作为技术保护的一种有效手段，已被国内外各大公司和科研机构广泛使用。我国在语音处理方面的专利布局数量目前居全球首位，尤其近几年专利布局力度显著提升。

智能语音领域的发明专利，以对语音处理方法、步骤或是算法的改进居多，尤其是对语音识别、合成、编码等方法步骤或者流程作出改进和优化，以方法权利要求或者基于计算机流程的产品权利要求为主，技术方案中往往包括较多的技术特征，技术特征之间的关系复杂，有时步骤流程之间还具有一定的执行顺序。如何理解这种类型的权利要求和界定该权利要求的边界，如何划分区别技术特征以及评判其创造性，在审查实践中一直是难点。

专利权利要求的理解是确定专利权利要求真实含义的过程，也是确定专利保护范围的过程，在授权、确权、维权程序中均具有重要的核心地位。它是一个贯穿专利程序各个环节的动态过程，实践中不同程序阶段、不同判断主体对于相同专利或同类型案件依据不同的规则与原则可能会作出不同的权利要求理解。本章主要研究专利授权程序中权利要求的理解。

在专利授权程序中，对权利要求的解读是为了确定要求保护的技术内容，从而为确定该专利申请的技术方案是否具备新颖性和创造性提供基础。因为对于授权程序来说，其程序功能是判断申请人要求保护的技术内容是否达到授权的标准，即作出的智慧贡献是否符合新颖性和创造性等授权条件。这样的程序功能决定了在授权程序中对权利要求的解读应当是为了理解和确定权利要求要求保护的技术内容，从而为审查员针对该技术内容是否符合新颖性和创造性等专利授权条件进行评判提供基础。❶。

权利要求的技术方案是由技术特征来限定的，对权利要求的理解既包括对组成方案的具体技术特征的理解，也包括对技术特征之间的关系以及它们形成的整体技术方案的理解。我国对发明专利的审查程序中一直采用"三步法"作为创造性审查的工具。"三步法"意在模拟完成发明的过程，寻找发明的路径。《专利审查指南 2010》第二部分第四章第 3.2.1.1 节规定了"三步法"的步骤：①确定最接近的现有技术；②确定发明的区别技术特征和发明实际解决的技术问题；③判

---

❶　崔哲勇. 对专利授权确权审查程序中权利要求的理解［J］. 知识产权，2016（10）：76.

断要求保护的发明对本领域的普通技术人员来说是否显而易见。从上述过程可以发现，区别技术特征的认定及其实际解决的技术问题在整个创造性的评判中起到了承上启下的作用。当本申请的权利要求与最接近的现有技术存在较多的区别特征时，为了方便评述，审查实践中往往习惯于将不同的技术特征进行归类而形成多个区别技术特征，分别进行技术问题的认定以及创造性的判断。但是什么情况下技术特征可以分割，什么情况下技术特征之间不适合分割，不能分割的技术特征在创造性评价时如何考虑现有技术的结合启示，这些问题与对权利要求的理解有很大的关系。对于智能语音领域这种以步骤流程为主的发明专利申请，通常存在较多的区别特征，采用不同的思路或者原则来划分技术特征时会形成不同的区别技术特征，从而导致对发明所解决的技术问题的认定发生变化，以至于最终创造性的判定结果不同。

综上所述，有必要深入探讨智能语音领域的专利权利要求的理解以及创造性的审查标准。

第三节　专利审查案例分析

【案例 3 - 5 - 1】一种语音处理方法、装置及终端

1. 涉案发明的技术方案和对比文件的公开内容

（1）涉案发明的技术方案

涉案申请涉及一种语音处理方法（参见图 3 - 5 - 1）。现有技术语音数据转换成文字后，缺少对用户感兴趣或重要的文字所对应内容的进一步处理机制，特别是在语音不易识别的场合（如方言或者背景比较嘈杂），语音转文字会存在一定的错误率，更需要给用户设置处理接口。为了解决该技术问题，该申请提供一种语音处理方法和装置，将语音转换后的文字片段与至少一个动作链接（如播放链接）相关联，当所选中的动作链接为播放链接时，可以播放该选中文字片段对应的语音数据片段，从而使用户能够确定转换后的文字内容是否正确。该发明要求保护的主要技术方案如下：

> 一种语音处理方法，所述方法包括：
>
> 将语音数据转换成文字以进行显示；
>
> 接收对文字片段的选择，其中所述选中文字片段与至少一个动作链
>
> 接相关联；

接收对选中文字片段所关联的动作链接的选择；以及

执行所选择的动作链接对应的动作；

所述至少一个动作链接包括播放链接，并且

当所选中的动作链接为播放链接时，播放所述选中文字片段对应的语音数据片段。

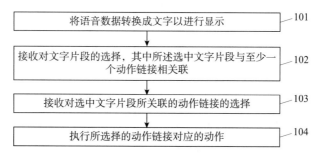

图3-5-1　案例3-5-1涉案申请的方法流程图

（2）对比文件的公开内容

对比文件1公开了一种识别语音的方法（参见图3-5-2）。现有技术通过识别用户的语音来控制显示设备，但不同的口语结构和发音会导致识别错误而无法控制显示设备。为了解决该问题，对比文件1采用的技术方案为："显示单元的用

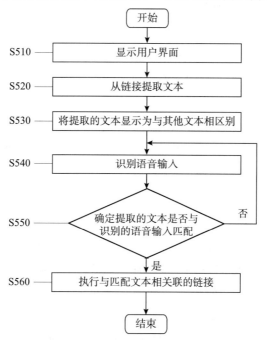

图3-5-2　案例3-5-1对比文件1的方法流程图

户界面包括具有链接的文本，提取文本中的关键词文本，语音识别设备识别用户的语音：如果提取的关键词文本与识别的语音输入匹配，则显示设备执行与匹配文本相关联的链接；如果不匹配，则继续识别语音输入。由此通过正确识别用户的语音来实现对显示设备的控制。"

2. 关于权利要求理解和创造性评判的争议焦点

观点一认为：权利要求 1 与对比文件 1 相比，区别特征为"将语音数据转换成文字以进行显示；所述至少一个动作链接包括播放链接，并且当所选中的动作链接为播放链接时，播放所述选中文字片段对应的语音数据片段"，而语音数据转文字显示以及采用播放链接来播放文字对应的语音数据均为语音处理领域的常规手段，因此权利要求 1 不具备创造性。

观点二认为：权利要求 1 与对比文件 1 相比，区别特征为"将语音转换为文字以进行显示，后接收对所述显示的文字片段的选择""提供与选中文字片段相关联的至少一个动作链接，接收对选中文字片段所关联的动作链接的选择；执行所选择的动作链接对应的动作；所述至少一个动作链接包括播放链接，并且当所选中的动作链接为播放链接时，播放所述选中文字片段对应的语音数据片段"。涉案申请首先将语音转换成文字以进行显示，然后为转换后的各个文字片段分配至少一个动作链接，而当用户选择了某个文字片段时将该至少一个动作链接关联到该文字片段，接收用户的链接选择执行播放操作，从而使用户能够判断转换后的文字内容是否正确。对比文件 1 中虽然也有链接，但是对比文件 1 中的链接是在显示单元的界面上显示的超链接，是显示单元一开始就显示的，并不是语音转文字后针对文字片段所形成的。也就是说，对比文件 1 中提供的链接并不是在提取文字片段之后，因而其也不是与所选择的文字片段关联的链接。对比文件 1 虽然也有语音识别的步骤，但是该语音识别在文本链接形成之后，用于与文本片段进行匹配，在对比文件 1 的基础上本领域的技术人员没有动机先进行语音转文字操作后生成文本片段的链接。涉案申请的方法步骤是具有一定执行顺序的，且先后步骤之间具有内在关联，其作为一个整体解决了现有技术中存在的问题。因此，权利要求 1 相对于对比文件 1 以及本领域公知常识的结合是非显而易见的。

上述观点一和观点二基于同样的最接近的现有技术，认定出不同的区别技术特征。其中观点一从权利要求的文字出发，将技术特征以逗号为界进行划分，每个技术特征分别比对，最终得出区别技术特征是本领域常规的手段的结论。观点二从整体发明构思出发，将具有先后执行顺序的多个特征作为一个整体与对比文件公开的内容进行比对，并且基于对比文件的方案考虑区别特征是否是显而易见的，最终得出权利要求相对于对比文件具备创造性的结论。该案复审采纳了观点二。

【案例3－5－2】　一种翻译处理方法

1. 涉案发明的技术方案和对比文件的公开内容

（1）涉案发明的技术方案

涉案申请涉及一种翻译处理方法（参见图3－5－3）。现有技术进行跨语种翻译时，通常是对说话者进行语音识别，将语音内容转换成文字后通过翻译引擎翻译成目标语言的文字，最后通过语音合成技术生成目标语言的语音。然而在语音识别过程中会出现识别不准确的情况，从而导致翻译准确度降低。为了解决该技术问题，该申请提供一种翻译处理方法，通过端到端翻译模型将第一语种的语音直接转换为第二语种的文本，再对第二语种的文本信息进行语音合成，从而避免了将语音识别步骤的错误传递给翻译步骤，提高了语音翻译的准确性。该发明要求保护的主要技术方案如下：

1. 一种翻译处理方法，其特征在于，包括以下步骤：

获取第一语种的第一语音信号，对所述第一语音信号进行梅尔频率倒谱分析生成第一维度的语音特征向量，根据所述端到端翻译模型的输入信息维度对所述第一维度的语音特征向量进行变换处理，生成与所述输入信息维度匹配的第二维度的语音特征向量；

将所述语音特征向量输入到预先训练的从第一语种语音到第二语种文本的端到端翻译模型中进行处理，获取与所述第一语音信号对应的所述第二语种的文本信息，其中，在获取到的第一语种的语音语料为小语种训练语料时，通过语音识别系统对所述第一语种的语音语料进行识别处理获取所述第一语种的文本语料，通过翻译引擎将所述第一语种的文本语料翻译成所述第二语种的文本语料，根据所述第一语种的语音语料与对应的所述第二语种的文本语料的翻译训练语料训练预设模型的处理参数，生成所述端到端翻译模型；

对所述第二语种的文本信息进行语音合成，获取对应的第二语音信号并播放。

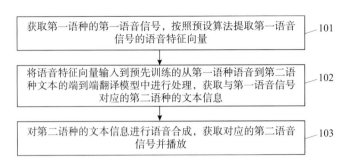

图 3-5-3　案例 3-5-2 涉案申请的方法流程图

（2）对比文件的公开内容

对比文件 1 公开了一种翻译处理方法。现有技术的跨语种语音转录，首先通过语音识别工具对输入的语音进行转录生成文本；然后通过机器翻译的方法，对前面生成的文本进行翻译；最后得到跨语种的语音转录文本结果，但如果语音识别工具识别错误，那么机器翻译得到的语音转录文本也会发生错误。为了解决该问题，对比文件 1 采用的技术方案为：不先进行语音识别再进行机器翻译，而是直接根据预先训练的跨语种转录模型进行跨语种转录，具体地：将待转录的语音数据进行预处理，获取多个声学特征；所述待转录的语音数据采用第一语种表示；根据多个所述声学特征以及预先训练的跨语种转录模型，预测所述语音数据对应的转录后的翻译文本；其中，所述翻译文本采用第二语种表示，所述第二语种不同于所述第一语种；预先训练的跨语种转录模型可以为预先经过深度学习训练得到的网络模型。

2. 关于权利要求的理解和创造性评判的争议焦点

观点一认为：权利要求 1 与对比文件 1 相比，区别特征为生成语音特征向量的方法、获得训练模型语料的方法，以及对第二语种文本信息进行语音合成，获取对应第二语音信号并播放。上述区别特征是相互关联的，不属于本领域的常规手段，因此权利要求 1 具备创造性。

观点二认为：权利要求 1 与对比文件 1 相比，区别特征如下。①权利要求 1 中对所述第一语音信号进行梅尔频率倒谱分析生成第一维度的语音特征向量，根据所述端到端翻译模型的输入信息维度对所述第一维度的语音特征向量进行变换处理，生成与所述输入信息维度匹配的第二维度的语音特征向量；而对比文件 1 中提取的是 Fbank 格式的声学特征向量，也未提及维度转换。②权利要求 1 中训练翻译模型时，当获取到的第一语种的语音语料为小语种训练语料时，通过语音识别系统对所述第一语种的语音语料进行识别处理获取所述第一语种的文本语料，通过翻译引擎将所述第一语种的文本语料翻译成所述第二语种的文本语料；而对比文件 1 中是从网络上或者已经成功转录的数据库中采集数条第一语种表示的训练语音数据以及各条训练语音数据转录为第二语种表示的真实翻译文本。③权利要求 1 中还包括对所述第二语种的文本信息进行语音合成，获取对应的第二语音信号并播放。上述区别特征之间没有必然的联系，分别解决了如下技术问题：①提供另一种语音特征向量的获取方式并与翻译模型输入特征向量维度适配；②对于小语种提供另一种可行的获取训练语料的方式；③通过另一种方式将翻译结果展示给用户。在对比文件 1 的基础上，上述区别特征均为语音处理领域的常规手段，因此权利要求 1 不具备创造性。

上述观点一认为区别特征之间相互联系，无法分割。观点二基于整体发明构思，认为区别特征是分属于不同实施步骤的具体手段，它们之间没有必然的联系，因此可以划分成几个区别特征分别判断。观点一和观点二对区别特征的认定虽然在文字上是相同的，但是它们的划分方式不同，导致最后创造性结论的差异。该案复审采纳了观点二。

上述两个案例从正反两个角度展示了对权利要求的理解不同，会导致区别技术特征的认定或者划分出现差异，从而判断出实际解决技术问题的不同，最终给出不同的创造性结论。可见，对于这类案件如何判断技术特征之间的联系，如何确定区别技术特征以及正确分类，是我们需要深入探讨的。

第四节　专利审查规则辨析

一、权利要求的理解

权利要求的理解是贯穿于专利审查整个过程中的。权利要求限定了所要求保护的技术方案，技术方案是对要解决的技术问题所采取的利用了自然规律的技术手段的集合，技术手段通常是由技术特征来体现的。而技术方案并不是离散的技术特征的堆叠，技术特征之间是彼此联系的。

（一）技术特征之间关系的判断

《专利审查指南 2010》第二部分第二章第 3.1.1 节规定："通常情况下，在确定权利要求的保护范围时，权利要求中的所有特征均应当予以考虑，而每一个特征的实际限定作用应当最终体现在该权利要求所要求保护的主题上。"即我们在解读权利要求的技术方案时，不仅要考虑每一个特征本身，还要考虑特征和特征之间的关系。技术特征之间的关系主要有三种：协同关系、叠加关系以及选择关系。协同关系是指几个技术特征之间具有协同作用，相互联系或相互支持，它们共同解决一个技术问题，密不可分，缺一不可。叠加关系是指几个技术特征彼此之间没有联系或支持，相互独立，仅仅是一种简单的叠加组合，各自解决不同的技术问题。选择关系是指几个特征之间是可选择替换的，存在其中一个或部分即可，它们单独存在就能够解决某个技术问题，不需要同时存在。在审查实践中，我们在进行权利要求的理解和分析时，习惯借助技术特征分析表将权利要求的技术特征进行一定程度的分解，这样在与对比文件进行特征比对时更加明确和直观。此时就要充分考虑技术特征之间的内在联系，不能粗暴地以标点符号去分割技术方案，这样将技术方案拆解为支离破碎的特征点的分解只是一种肢解。在进行技术特征的分解时应当考虑将存在紧密联系的技术特征作为一个不可拆分的整体。显然，对于上述三种关系，具有协同关系的技术特征之间是不可分割的，要作为一个整体分析，例如案例 3 - 5 - 1；而叠加关系和选择关系的特征之间可以视情况进行分割，认定为不同的区别特征，例如案例 3 - 5 - 2。

（二）技术特征之间顺序的判断

方法步骤类权利要求除了需要关注各技术特征之间的关系外，还需要关注步骤的执行顺序，其关键是判断这些步骤是否必须以特定的顺序实施以及这种互换是否会带来技术功能或者技术效果上的实质性差异。《专利审查指南 2010》第二部分第二章第 3.2.2 节规定：方法权利要求通常应当用工艺过程、操作条件、步骤或者流程等技术特征来描述。但是，《专利审查指南 2010》中并没有就方法权利要求中的步骤或者流程的先后实施顺序的限定进行具体规定。因此，在权利确定和权利行使的阶段，经常会遇到对方法权利要求中的各个步骤的实施顺序的不同解释的问题。若方法权利要求中明确记载了技术步骤的先后实施顺序，那么该方法权利要求的保护范围被明确记载的这些技术步骤的实施顺序所限定。但是，若方法权利要求中仅仅是罗列出该方法包含多个技术步骤，并没有明确这些步骤之间的实施顺序，那么，是否也应当认为这些步骤的罗列顺序隐含了这些技术步骤的实施顺序？

针对该问题，《最高人民法院关于审理侵犯专利权纠纷案件应用法律若干问题的解释（二）》（法释〔2016〕1 号）第 11 条规定："方法权利要求未明确记载技术步骤的先后顺序，但本领域普通技术人员阅读权利要求书、说明书及附图后直接、明确地认为该技术步骤应当按照特定顺序实施的，人民法院应当认定该步骤顺序对于专利权的保护范围具有限定作用。"

参照该条司法解释的规定，方法权利要求未明确记载按特定步骤顺序实施的，则一般不认定专利的保护范围限于撰写的步骤顺序。只有在满足一定条件时才可以认定其具有限定作用，这一条件就是本领域普通技术人员阅读权利要求书、说明书及附图后直接、明确地认为该技术步骤应当按照特定顺序实施。❶ 这一原则在专利授权程序中也是有借鉴意义的。

例如上述案例 3 - 5 - 1，虽然权利要求中没有直接限定各个步骤之间按照顺序依次执行，但是根据说明书和附图的记载可以确定：将语音转换为文字进行显示、接收对所显示文字中的文字片段的选择、提供与选中文字片段相关联的动作链接（如播放链接）、接收对动作链接的选择、执行对应的动作（如播放）这几个步骤是依次执行的，它们具有内在的先后顺序，而这种执行顺序不能颠倒互换，否则无法解决相应的技术问题。即步骤顺序对权利要求的保护范围是有限定作用的，在分析权利要求以及和对比文件进行比对时需要考虑步骤顺序。

（三）站位"本领域的技术人员"

在进行技术特征之间是否具有协同关系以及步骤顺序对专利权的保护范围是否起到限定作用的判断时，应该站位"本领域的技术人员"。《专利审查指南2010》在第二部分第四章第 2.4 节中规定：对创造性的审查应当站位"所属技术领域的技术人员"。虽然这一名词的定义出现在"创造性"一章中，但实际上这个主体应当是贯穿在整个专利审查过程中的。在进行权利要求的解读时，需要综合考虑本申请的技术方案以及现有技术的水平，这不仅包括本申请给出的背景技术、要解决的技术问题、采用的技术手段和产生的技术效果，也包括该领域现有的整体技术水平。站位"本领域的技术人员"，意味着要从技术层面去考虑各个步骤之间是否有内在联系，步骤之间是协同关系还是叠加关系，是否共同解决同一个技术问题，从而判断特征之间能否进行分割。上述案例 3 - 5 - 1 和案例 3 - 5 - 2 分别请求保护一种语音处理方法，采用多个步骤来解决特定领域的特定问题。站位本领域的技术人员会发现：案例 3 - 5 - 1 的几个步骤环环相扣，层层递进，具有密切的联系；而案例 3 - 5 - 2 也包括多个步骤，但是它们之间并不是完全不可分割或者无法替代的，本领域的技术人员结合现有技术完全有动机对某个步骤进行改进或替换。如果脱离本领域的技术人员机械地理解技术特征之间的关系，把各

---

❶ 闫文军. 方法专利中的步骤顺序对保护范围的限定作用：OBE - 工厂·翁玛赫特与鲍姆盖特纳有限公司与浙江康华眼镜有限公司侵犯专利权纠纷案［J］. 中国发明与专利，2019（6）：112 - 113.

步骤完全分开考虑或者只要是方法步骤就认为无法分割，会得出截然不同的审查结论。

二、创造性的审查

在专利授权程序中对权利要求的理解是为了确定要求保护的技术内容，从而为新颖性和创造性的评判准备基础，因此权利要求的理解和创造性的评判是相辅相成的。

《专利审查指南 2010》第二部分第四章第 3.1 节和第 3.2.1.1 节分别规定：在评价发明是否具备创造性时，审查员不仅要考虑发明的技术方案本身，而且还要考虑发明所属技术领域、所解决的技术问题和所产生的技术效果，将发明作为一个整体看待；判断过程中，要确定的是现有技术整体上是否存在某种技术启示。从上述规定可以看出，整体原则是创造性评价中应当遵循的基本原则，在审查中理解和运用整体原则是全面理解发明、准确把握实质、客观评价贡献的前提。整体原则的内涵具体包括以下三个方面。①对技术方案的各组成部分之间整体考虑。一个技术方案应作为整体进行把握，其中每个技术特征都是技术方案的有机组成部分，是彼此联系的，例如有协同关系、制约关系、支持关系、顺序关系等，不能忽略特征之间的关系而割裂地考虑各个特征。②技术方案与其所属技术领域、所要解决的技术问题以及所产生的技术效果应作为一个整体考虑。③不仅本发明要整体把握，现有技术也需要整体把握。具体表现为对每一份对比文件中披露的技术方案，应结合其技术领域、技术问题和技术效果来整体考虑，组成技术方案的各技术特征之间的关系要整体考虑，同时多份对比文件之间是否有相互远离的教导、是否存在原理上的相互冲突也需要整体考虑。

可见，权利要求的正确理解是"整体原则"的题中之义。要想正确理解权利要求，就必须把握发明构思。对于发明人来说，发明的过程就是在发明构思的指引下通过整合一定的技术手段形成技术方案以解决技术问题，并达到技术效果的过程。而对于审查员来说，发明构思是本领域的技术人员从申请文件记载的背景技术出发，结合该领域的公知常识，基于发明解决的技术问题获取申请人对现有技术的改进思路的过程。显然，发明构思是将技术问题、技术方案和技术效果三者联系起来的纽带。整体原则要求对发明的技术问题、技术方案和技术效果整体考虑，就具体体现为对三者联系的纽带进行充分考虑，因而创造性评判中坚持整体原则实际上就是要对发明构思进行整体把握。进一步地，整体原则还应该体现为对技术方案中包括的所有技术特征构成的整体进行考虑，而发明构思也需要体现在技术特征相互之间的关联。具体而言，创造性评判中如果把握了发明构思，则会关注到整体方案的差异，不仅看到具体特征的区别，还会同时考虑到特征之间的内在联系，不会割裂技术特征，会更好地考虑到区别技术特征背后的前因后果，以技术问题为指引考虑现有技术整体上给出怎样的教导，避免主观臆断，由此能很好地遵循整体原则；如果忽视发明构思，则容易陷入"事后诸葛亮"的主观判断，仅关注区别本身是否被公开，忽略现有技术整体上是否存在指引。

通过案例 3 - 5 - 1 我们可以发现，涉案申请应用于语音不易识别的场合，要解决的问题是如何对语音不易识别时的重要信息进行有效处理。基于上述应用场合和问题，该申请将语音转换后的文字片段与播放链接相关联，当选择该播放链接时，可以播放选中文字片段对应的语音数据片段，从而用户能够确定转换后的文字内容是否正确。而对比文件 1 要解决的问题是防止语音识别错误无法控制显示设备，通过将识别的语音输入与显示设备上已显示的文字信息进行匹配，若匹配成功则执行与匹配文本相关联的链接，由此通过正确识别用户的语音来实现对显示设备的控制。显然，从整体上看涉案申请和对比文件 1 要解决的技术问题不同，采用的技术手段不同，虽然部分技术特征有重叠，但是整体的发明构思是不同的。

对于案例 3 - 5 - 2，涉案申请和对比文件 1 都是为了解决跨语种翻译时语音识别不准确导致的翻译准确度低问题，采用的主要技术手段也都是通过机器学习模型将第一语种的语音直接转换为第二语种的文本，从而避免了将语音识别步骤的错误传递给翻译步骤。可见，从整体上看二者的发明构思是相同的。

在使用"三步法"判断创造性时，为了避免"事后诸葛亮"，应注重对技术方案进行整体考量，应以本领域的技术人员为主体，全面、整体理解权利要求以及涉及的每一项现有技术的技术方案，并在"区别技术特征""实际解决的技术问题""技术启示"的具体判断过程中，坚持对权利要求和现有技术的技术方案进行整体考量，并具体关注以下几点。①在理解权利要求技术方案以及将其与最接近的现有技术进行比对时，均应从发明构思出发，基于其保护的主题、各特征在技术方案中所起的作用及其相互之间的关系等，从整体上进行考量；不应脱离发明构思，将各特征割裂、脱离技术方案而孤立地理解。②"实际解决的技术问题"不是单个区别技术特征本身的功能，而是根据区别特征使得技术方案所能达到的技术效果而确定的发明实际解决的技术问题。单个区别特征应用于技术方案中，往往与其他特征共同发挥作用。脱离技术方案整体来确定技术问题，通常会忽略发明创造的真正贡献。应注意关注多个区别技术特征之间的相互关联以及在整个技术方案中的共同作用，综合判断它们使得技术方案整体所产生的技术效果。

③判断现有技术整体上存在"技术启示",不仅要求现有技术披露了与区别特征相同的技术手段,且该技术手段在其整体技术方案中所起到的作用与区别技术特征在权利要求整体技术方案中所起到的作用相同。不能将被公开的区别技术特征从对比文件的整体技术方案中孤立出来,简单地认为相同的技术手段客观上必然能起到相同的作用;并且还需要考虑最接近的现有技术的整体方案中是否能够接纳该区别技术特征。也即要对最接近的现有技术的技术方案进行整体考量,不但要考察其与权利要求技术方案对应的技术特征,还应当考察其他非对应技术特征对结合启示的影响,判断该最接近的现有技术是否客观上存在与发明实际解决的技术问题相一致的技术缺陷。

从上述规则中不难发现,整体考量原则是贯穿于专利审查的整个过程中的,从专利申请技术方案的理解到最接近的现有技术的理解,从创造性审查时区别技术特征以及实际解决的技术问题的认定到现有技术是否给出"结合启示",均需要站位本领域的技术人员进行"整体考量",不仅需要考虑技术特征本身、技术特征之间的关系,还需要结合技术领域、技术问题和技术效果去综合判断技术方案的创造性。只有这样才能把握发明实质,作出客观公正的评判。

三、小　结

智能语音领域的方法类权利要求多涉及语音处理步骤或处理算法,要正确理解权利要求的技术内容和范围,站位本领域的技术人员"整体考量"技术方案的创造性。在方法步骤不完全相同时,应着重分析存在区别的步骤在整个处理方法中所处的地位。不仅要分析该区别特征本身,还要分析其与前后步骤之间的协同关联性、是否可以改变其顺序等因素,因为其同样对权利要求的保护范围起限定作用。避免将具有关联关系的区别特征割裂,影响"结合启示"的判定及说理。当然,对于方法主题的权利要求,并不是说步骤顺序不一样或者有差别,其就一定具备创造性。因为在不同的领域,技术发展水平不一样,在某些技术应用非常成熟,技术特征组合的方式以及产生的效果非常显而易见,或者虽然具有多个步骤,但步骤之间联系并不紧密,未对发明作出实际的贡献时,创造性的结论可能会有所不同。

对于权利要求的理解和创造性的审查还是需要站位本领域的技术人员,去整体考量技术方案的技术领域、技术问题、采用的技术手段和产生的技术效果,从而得到正确的审查结论。